计算机导论

JISUANJI DAOLUN

主 编 潘银松 颜 烨 高 瑜

副主编 姚 韵 张 强 刘晓彤

重庆大学出版社

内容提要

本书从应用型人才的培养目标和培养要求出发,介绍了计算机相关各个专业方向的培养目标、知识体系、学生能力和素质的要求,以及所学专业的知识体系和主要课程。同时全面介绍了计算机的发展、计算机硬件和软件系统、计算机中数据的表示、操作系统与网络知识、程序设计基础、软件开发基础、计算机信息安全技术、云计算基础、大数据处理基础、人工智能基础等内容。通过学习本书可以使计算机相关专业的入门者对计算机学科有一个整体认识,并了解本专业应具有的基础知识、基本技能和职业道德,以及应遵守的法律原则。

本书可作为高等学校计算机及相关专业计算机导论课程的教材,也可作为计算机爱好者的自学教材。

图书在版编目(CIP)数据

计算机导论/潘银松,颜烨,高瑜主编.--重庆:
重庆大学出版社,2020.10(2024.9重印)
计算机科学与技术专业本科系列教材
ISBN 978-7-5689-2468-9

Ⅰ.①计… Ⅱ.①潘… ②颜… ③高… Ⅲ.①电子计
算机—高等学校—教材 Ⅳ.①TP3

中国版本图书馆 CIP 数据核字(2020)第 192394 号

计算机导论

主编 潘银松 颜烨 高瑜
副主编 姚韵 张强 刘晓彤
策划编辑:杨粮菊

责任编辑:范琪 荀荟羽 版式设计:杨粮菊
责任校对:邹忌 责任印制:张策

*

重庆大学出版社出版发行
出版人:陈晓阳
社址:重庆市沙坪坝区大学城西路 21 号
邮编:401331
电话:(023)88617190 88617185(中小学)
传真:(023)88617186 88617166
网址:http://www.cqup.com.cn
邮箱:fxk@ cqup.com.cn(营销中心)
全国新华书店经销
POD:重庆市圣立印刷有限公司

*

开本:787mm×1092mm 1/16 印张:19.5 字数:502 千
2020 年 10 月第 1 版 2024 年 9 月第 5 次印刷
ISBN 978-7-5689-2468-9 定价:59.90 元

前　言

实证思维、逻辑思维和计算思维是人类认识世界和改造世界的三大思维。计算机的出现为人类认识世界和改造世界提供了一种更有效的手段，以计算机技术和计算机科学为基础的计算思维已成为人们必须具备的基础性思维。如何以计算机思维为切入点，通过重构计算机导论的课程体系和知识结构，促进计算思维能力培养，提升大学生综合素质和创新能力是计算机导论课程改革面临的重要课题。

本书是编者在总结多年教学实践和教学改革经验的基础上，针对应用型本科人才培养模式、突出"应用"的特点编写而成的。在内容设计时，不仅要传授、训练和拓展大学生在计算机方面的基础知识和应用能力，更要展现计算思维方式。因此，科学地将计算思维融入知识体系，培养大学生用计算机解决问题的思维和能力，提升大学生的综合素质，强化大学生创新实践能力是当前大学计算机教育的核心任务。做到在促进计算思维能力培养基础上，既能适应学生总体知识需求，又能满足学生个体深层要求，本书正是教学团队在这方面所做的努力和尝试。全书主要内容包括：计算机专业知识体系、计算机的发展、计算机硬件和软件系统、计算机中数据的表示、操作系统与网络知识、程序设计基础、软件开发基础、计算机信息安全技术、云计算基础、大数据处理基础、人工智能基础。本书可作为高等学校"计算机导论"及相关课程的教材，也可作为计算机爱好者的自学教材。

本书的主要特点：

①内容新颖，涵盖了计算机相关专业的培养目标、知识体系及学生能力和素质的要求，还包含了所学专业的知识体系和主要课程等内容。

②体系完整、结构清晰、内容全面、实例丰富、讲解细致、图文并茂。每章均以"学习目的"作为本章内容的引导，便于教师备课和学生自主学习，各章后设置的习题便于学生巩固提高，学以致用。在内容上，强调对基础知识的理解和掌握，同时每个章节都有深化满足学生的深层次学习需求。

③面向应用，突出应用，理论部分简明，应用部分翔实。书中所列举的知识点，都是作者从多年积累的教学经验中精选出

1

来的,具有很强的针对性。

④为适应计算机专业教学新形势发展的要求,我们在编写本书时,希望在培养学生操作技能的同时兼顾理论知识的内容,以此培养和提高大学生在计算机理论方面的素养。例如,书中融入了云计算、大数据、人工智能等计算机前沿技术,并作了详细的讲述。

本书由潘银松、颜烨、高瑜任主编,姚韵、张强、刘晓彤任副主编。第1章、第4章由潘银松编写;第2章、第3章、第9章由颜烨编写;第5章、第10章由高瑜编写;第7章、第8章由姚韵编写;第6章由张强编写;第11章由刘晓彤编写。颜烨负责审稿、统稿、定稿,潘银松对全书进行了审校。

限于编者的水平,书中难免有不妥之处,恳请读者批评指正。

编　者
2020 年 5 月

目录

3

第 **1** 章
计算机类专业知识体系

计算机科学与技术、软件工程、网络空间信息安全等计算机类学科,统称为计算学科。计算学科通过在计算机上建立模型和系统,模拟实际过程进行科学调查和研究,通过数据搜集、存储、传输与处理等进行问题求解,包括科学、工程、技术和应用。其科学部分的核心在于通过抽象建立模型实现对计算规律的研究;其工程部分的核心在于根据规律,低成本地构建从基本计算系统到大规模复杂计算应用系统的各类系统;其技术部分的核心在于研究和发明用计算机进行科学调查与研究中使用的基本手段和方法;其应用部分的核心在于构建、维护和使用计算系统实现特定问题的求解。其根本问题是"什么能且如何被有效地实现自动计算",学科呈现抽象、理论、设计 3 个形态,除了基本的知识体系外,还有学科方法学的丰富内容。

随着计算机和软件技术的发展,继理论和实验后,计算成为计算机科学第三大研究范型,从而使计算思维成为现代人类重要的思维方式之一。信息技术的发展,正在改变着人们的生产和生活方式。计算技术是信息化的核心技术,其应用已经深入各行各业。这些使计算学科、计算机类专业人才在经济建设与社会发展中占有重要地位。作为计算机类专业的学生,应具备什么样的知识体系、能力和素质,才能适应继续深造或从事实际工作的需要。本章主要介绍教学质量标准对学生知识体系及能力和素质的要求,应用型计算机类专业知识体系和课程体系,以及实践教学体系。

学习目标

- 理解计算机类专业归属与相关学科
- 了解教学质量标准对培养目标与知识体系及学生能力与素质的要求
- 掌握所学专业的知识体系和主要课程
- 了解所学专业实践教学体系

1.1 专业归属与相关学科

(1)主干学科

计算机类专业的主干学科是计算学科,相关学科有信息与通信工程和电子科学与技术。

（2）计算机类专业

计算机类专业包括计算机科学技术、软件工程、数据科学与大数据技术、区块链工程、网络工程、信息安全、物联网工程等专业，其中数据科学与大数据技术专业和区块链工程专业为新增专业。相关专业包括电子信息工程、电子科学与技术、通信工程、信息工程等电子信息类专业，以及自动化专业。

（3）交叉专业

计算机与信息科学交叉的专业包括网络与虚拟媒体专业、地理信息系统专业、地理信息科学与技术专业、生物信息专业、地理空间信息工程专业、信息对抗技术专业、信息管理与信息系统专业、电子商务专业、信息资源管理专业和动画专业。

1.2　教学质量标准对知识体系及学生能力与素质的要求

1.2.1　教学质量标准对培养目标的要求

为建立健全教育质量保障体系，提高人才培养质量，2018年1月教育部发布了《普通高等学校本科专业类教学质量国家标准》（以下简称《标准》），这是我国发布的第一个高等教育教学质量国家标准。《标准》明确了包括计算机类专业在内的92个本科专业类的培养目标和培养规格等内容。

《标准》对计算机类专业培养目标的描述：本专业培养具有良好的道德与修养，遵守法律法规，具有社会和环境意识，掌握数学与自然科学基础知识以及与计算系统相关的基本理论、基本知识、基本技能和基本方法，具备包括计算思维在内的科学思维能力和设计计算解决方案、实现基于计算原理的系统的能力，能清晰表达，在团队中有效发挥作用，综合素质良好，能通过继续教育或其他终身学习途径拓展自己的能力，了解和紧跟学科专业发展，在计算机系统研究、开发、部署与应用等相关领域具有就业竞争力的高素质专门技术人才。

《标准》对学校制订专业培养目标也提出要求：培养目标必须符合所在学校的定位，体现专业点及其支撑学科的点，适应社会经济发展需要。专业人才培养目标需反映毕业生的主要就业领域与性质、社会竞争优势。

1.2.2　对专业知识体系的要求

（1）学科基础知识

学科基础知识被视为专业类基础知识，培养学生计算思维、程序设计与实现、算法分析与设计、系统能力等专业基本能力，能够解决实际问题。

《标准》建议教学内容覆盖以下知识领域的核心内容：

程序设计、数据结构、计算机组成、操作系统、计算机网络、信息管理，包括核心概念、基本原理以及相关的基本技术和方法。

（2）专业知识

不同专业的课程需覆盖相应知识的核心内容，并培养学生将所学的知识运用于复杂系统的能力，能够设计、实现、部署、运行或者维护给予计算原理的系统。

1）计算机科学与技术专业知识体系

培养学生将基本原理和技术运用于计算机科学研究以及计算机系统设计、开发与应用等工作的能力。教学内容应包含数字电路、计算机系统结构、算法设计、程序设计语言、软件工程、并行分布计算、智能技术、计算机图形学、人机交互等知识领域的基本内容。

2）软件工程专业知识体系

培养学生将基本原理和技术运用于对复杂软件系统进行分析、设计、验证、确认、实现、应用和维护以及软件系统开发管理等工作的能力。教学内容应包含软件建模与分析、软件设计与体系结构、软件质量保证与测试、软件过程与管理等知识领域的基本内容。

3）网络工程专业知识体系

培养学生将基本原理和技术运用于计算机网络系统规划、设计、开发、部署、运行、维护等工作的能力。教学内容应包含数字通信、计算机系统平台、网络系统开发与设计、软件安全、网络安全、网络管理等知识领域的基本内容。

4）信息安全专业知识体系

培养学生将基本原理和技术运用于信息安全科学研究、技术开发和应用服务等工作的能力。教学内容应包含信息科学基础、信息安全基础、密码学、网络安全、信息系统安全、信息内容安全等知识领域的基本内容。

5）物联网工程专业知识体系

培养学生将基本原理和技术运用于物联网及其应用系统的规划、设计、开发、部署、运行、维护等工作的能力。教学内容应包含电路与电子技术、标识与感知、物联网通信、物联网数据处理、物联网控制、物联网信息安全、物联网工程设计与实施等知识领域的基本内容。

1.2.3 对学生能力和素质的要求

计算机类专业承担着培养计算机类专业人才的重任，本专业类的大规模、多层次、多需求的特点以及社会的高度认可，使其成为供需两旺的专业类。计算机类专业人才的培养质量影响着我国的经济建设和社会发展。各高校结合自身的办学定位和人才培养目标，根据经济建设和社会需求，培养多种类型的人才，如研究型人才、工程型人才和应用型人才等。

研究型人才需要系统且扎实地掌握计算机科学基础理论知识、计算机软硬件系统知识及计算机应用知识，具备较强的创新能力和实践能力。将来主要是在研究机构、高等院校及大型IT公司的研发中心从事计算机基础理论与核心技术的创新性研究工作。

工程型人才需要系统地掌握计算机科学理论、计算机软硬件系统知识及计算机应用知识，具备较强的工程实践能力。将来主要是在IT公司从事系统集成、网络设计、软件开发等工作，将计算机领域的基本理论和技术用于解决具有一定规模的工程问题。

应用型人才需要较好地掌握计算机科学基础理论知识、计算机软硬件系统知识及计算机应用知识，具备较强的实践能力和动手能力。将来主要是在各种企事业单位从事所在单位的信息化建设工作，也包括大型信息系统及网络环境的日常维护工作。

相对来说，研究型人才更加强调基础理论知识的掌握和创新能力的培养，需要通过攻读硕士、博士学位进一步强化基础理论知识的掌握；工程型人才更加强调将计算机软硬件系统知识与技术应用于解决实际工程问题，更加注重通过实际工作培养工程实践能力；应用型人才更加强调计算机应用知识的掌握和所在单位业务知识与管理模式的了解及组织协调能力的培养。然而,三者之间没有严格的界限,只是有所侧重而已,而且在一定条件下可以相互转变。

实践表明,无论哪种类型的人才,无论从事何种工作,一个人事业的成功,只靠专业知识是不够的,还需要有远大的理想、宽广的胸怀、持之以恒的奋斗、良好的团队意识等。

1.3 应用型计算机类专业知识体系

知识、能力、素质是相互联系、相互影响的,没有合理的知识体系支撑,就不可能有强能力和高素质。知识是能力和素质的基础,具备了较强的能力和较高的素质,又可以更好、更快地获取知识。各高校按照《标准》,根据人才发展的不同需求,突出人才培养的不同特点,在培养目标和课程设置等方面进行了多样化的改革和探索。

1.3.1 计算机科学与技术专业

(1)培养目标

培养满足地方经济及社会发展需要,德、智、体全面发展,具有坚实的数理基础,掌握计算机软硬件基础理论及计算机系统设计、研究、开发及综合应用方法,具有较强的计算机系统程序设计能力和程序分析能力,受到良好的科学实验素养训练,了解计算机科学与技术的新发展,能在计算机网络工程和计算机系统应用领域从事相关的系统设计、开发的技术工作和管理工作的应用型人才。

(2)能力要求

本专业培养具有良好科学素养、系统地掌握计算机软硬件与应用的基本理论、基本知识和基本技能的人才,并受到计算机应用和网络系统的工程训练。

①系统地掌握本专业领域的基本理论、基本知识,以及计算机系统的分析和设计的基本方法。

②具有从事工程开发的坚实的专业基础知识,初步掌握本学科工程技术项目的思想、方法、技术路线;具有规范的工程素质,动手能力强,掌握多种专业技能。

③具有一定的计算思维能力,算法设计与分析能力,程序设计能力,计算机系统的认知、分析、设计和应用的能力。

④了解计算机科学与技术的发展动态,具有开发计算应用系统的初步能力。

(3)主要课程

主要课程包括电工学、数字逻辑、程序设计技术、离散数学、数据结构、计算机组成原理、数据库技术、操作系统、汇编语言、计算机网络、C++程序设计、Java程序设计、Web开发技术、嵌入式系统、嵌入式软件开发、Linux基础、计算机系统结构、软件工程、编译原理等。

(4)就业方向

学生毕业后主要面向各类科研院所、计算机类公司、IT企业、大数据及云服务公司、企事业单位、政府机关、行政管理部门等从事计算机科学与技术相关领域工作,包括计算机与嵌入式系统、软件系统、信息系统等的设计、开发与运维等工作。

1.3.2　软件工程专业

(1)培养目标

以软件企业人才需求为导向,面向国民经济信息化建设和发展的需要,按"宽口径,厚基础,综合应用能力、实践能力强"的要求培养,培养掌握扎实的计算机软硬件系统基础知识、软件工程基本理论知识,具有创新能力、较强的工程实践能力和团队协作能力,德、智、体、美、劳全面发展,适应区域社会经济发展以及国际竞争力的复合型、应用型人才。

(2)能力要求

①具有实际软件开发项目的能力,具备作为软件工程师从事工程实践所需的专业能力。

②具备个人工作与团队协作的能力、人际交往和沟通能力以及一定的组织管理能力,能够运用所学知识进行自主创业的能力。

③能跟踪软件工程相关领域的最新发展动态,在基础研发、工程设计和实践等方面具有一定的创新意识和创新能力,使自己专业能力保持与学科的发展同步,并能迅速适应新型软件开发模式。

④能够运用所学知识、技能和方法对系统的各种解决方案进行合理的判断和选择,具备一定的批判性思维能力。

(3)主要课程

主要课程包括程序设计技术、数据结构、操作系统、计算机网络、计算机组成原理、C++程序设计、Java 程序设计、App 软件开发、数据库系统、软件工程概论、软件体系结构、软件项目管理、移动设备操作系统、嵌入式技术应用等。

(4)就业方向

学生毕业后主要面向各类软件公司、信息产品与服务公司、研究所、国防、各级行政管理部门、金融机构、科研单位等部门,从事 App 软件、软件系统、数据库、信息管理及信息系统等的分析、设计、管理、评价和运维工作。

1.3.3　数据科学与大数据技术专业

(1)培养目标

以"实基础、适口径、重应用、强素质"为主要原则,以培养多学科交叉型、应用实践型人才为主要的人才培养特色,培养满足地方经济及社会发展需要,具有一定的文化素养和工程素养,掌握计算机软、硬件专业理论,熟悉主流大数据管理及分析平台、各种数据分析算法与工具,具备较全面的大数据平台的应用与管理运维能力,有一定的大数据平台架构能力,有一定数据分析与算法实现能力,有较强的创新意识和初步的大数据工程实践能力,适宜在 IT 企业或相关企事业单位从事大数据应用开发、大数据系统管理运维等工作的应用型人才。

(2)能力要求

①具备大数据应用开发的基本能力,熟悉各种分布式数据存储技术与分布式数据库技术。

②掌握大数据分析与处理、大数据挖掘与计算、大数据平台运维等专业基本理论知识,了解运用大数据技术解决相关问题的方法和途径。

③通过系统化的软件工程训练,具有一定的工程掌控能力和软件项目开发能力。

④综合运用所学理论和技能,分析、解决具体行业的实际问题,具备基本的主导实施解决方案,并参与相关评价的能力。

(3)主要课程

主要课程包括离散数学、计算机网络、程序设计技术、数据结构、计算机组成原理、数据库技术、深度学习、数据仓库与数据挖掘、大数据分析、大数据统计、Linux 基础、大数据平台架构与应用开发、虚拟化与云计算、大数据基础、大数据可视化、Hadoop 系统基础、Spark 及其应用、数据清洗、大数据系统运维。

(4)就业方向

学生毕业后面向涉及大数据分析、处理、应用的各类科研机构、计算机公司、IT 企业、大数据及云服务公司、企事业单位、政府机关、行政管理部门等从事数据科学与大数据技术相关的工作,包括大数据采集和清洗、数据挖掘及大数据系统运维等工作。

1.3.4　网络工程专业

(1)培养目标

培养德、智、体、美、劳全面发展,掌握计算机软硬件及网络的基础知识、基本方法和技能,熟悉现代计算机网络系统环境和网络设备的安装、调试与管理,了解本专业学科的前沿信息和发展动态,具备扎实的基础理论、宽厚的专业知识,具有良好的科学素养和创新意识,具有较强的计算机网络系统分析、设计和工程实践能力,能在企事业单位、各级政府机关、社会团体从事计算机网络系统的规划、设计、实施和维护管理等方面工作的应用人才。

(2)能力要求

通过学习计算机网络方面的基础理论、基础知识和设计方法,以及计算机网络工程实践训练,具备从事计算机网络与集成系统的设计、开发、调测、管理、维护和工程应用的能力。通过学习要求应获得能力:

①具备研究、开发、调测计算机网络软硬件的基本能力。

②掌握文献检索、资料咨询的基本方法,具有获取信息的能力,具有较强的自学能力、创新意识和较高的综合素质。

③能胜任计算机信息产业、部门的网络系统应用和信息服务等工作,以及政府部门、研究单位、金融、商业、通信等多种行业计算机网站开发和管理工作。

④能获得一至两项职业资格证书,具备网络工程师的能力。

(3)主要课程

主要课程包括高等数学、计算机科学与技术导论、程序设计基础、面向对象语言程序设计、离散数学、计算机组成原理、计算机网络、计算机网络工程、组网技术与应用、汇编语言、数据结构、Java 语言程序设计、网络通信程序设计、数据库系统概论、高级数据库技术、数据挖掘与数据仓库、操作系统、UML 与可视化建模、软件工程等。

(4)就业方向

学生毕业后主要面向国家机关、科研机构、学校、工厂等单位从事计算机应用软件及网络技术的研究、设计、制造、运营、开发等工作,具体岗位有售前/售后技术支持工程师,技术支持/维护工程师,Helpdesk,技术支持工程师,售前/售后技术支持管理,技术支持,软件工程师,ERP 实施顾问,技术支持/维护经理,实施工程师。

1.3.5 信息安全专业

(1)培养目标

培养德、智、体、美、劳全面发展,适应我国经济建设实际需要,具备宽厚、扎实的数理基础和电子技术、通信技术、计算机技术基础,掌握信息安全的基本理论、基本知识、基本技能及综合应用方法,具有较强的信息安全系统分析与设计、安全防护、安全策略制订、操作管理、综合集成、工程设计和技术开发能力,能在科研院所、企事业单位和行政管理部门从事信息系统以及信息系统中信息安全技术的研究、设计、技术开发、应用、管理等工作的应用型人才。

(2)能力要求

①具有较强的自学能力、表达能力、社交能力和计算机应用能力。

②具有较强的应用知识解决问题的能力、综合实验能力、工程实践能力和工程综合能力。

③具有基本的创新性思维能力、创新实验能力、技术开发与科学研究能力。

④具有研究与开发计算机安全软硬件系统的能力。

⑤具有设计与开发安全的网络与信息系统的能力。

⑥具有一定的组织协调和项目管理能力。

(3)主要课程

主要课程包括信息安全导论、信息安全数学基础、模拟电路与逻辑、程序设计、数据结构与算法、计算机组成与系统结构、EDA技术及应用、操作系统原理及安全、编译原理、信号与系统、通信原理、密码学、计算机网络、网络与通信安全、软件安全、逆向工程、可靠性技术、嵌入式系统安全、数据库原理及安全、取证技术、内容安全等。

(4)就业方向

学生毕业后可在政府机关、国家安全部门、银行、金融、证券、通信领域从事各类信息安全系统,以及计算机安全系统的研究、设计、开发和管理工作,也可在IT领域从事计算机应用工作。

1.3.6 物联网工程专业

(1)培养目标

培养德、智、体、美、劳全面发展,具有物联网的相关理论、方法和技能,具有较强的通信技术、网络技术、传感技术和电子信息技术的能力,掌握文献检索、资料查询的基本方法,在物联网工程产品设计、应用、开发方面具备综合职业能力和全面素质的高端应用型技术人才。

(2)能力要求

学生主要学习物联网工程的基础理论和基本知识,受到相关领域工程技术的基本训练,学生应具备以下能力:

①熟悉物联网系统/产品的研发和生产的环节,具备物联网系统的分析设计、开发、测试和维护能力。

②具有综合应用的能力和创新精神,分析问题、解决问题的能力和竞争意识。

③掌握物联网的标准和规范,并能以此作为与团队交流和协作的共同基础。

④具有物联网项目管理和质量评审的基本能力。

(3)主要课程

主要课程包括电路原理、信号与系统、模拟电子技术、数字电子技术、单片机原理及应用、现代通信技术、计算机网络基础、RFID理论与应用、传感器原理及应用、嵌入式技术应用、无线传感网原理及应用、物联网控制等。

（4）就业方向

学生毕业后主要面向物联网相关的企业、机关、科研院所、大中专院校，从事物联网的通信架构、网络协议、无线传感系统、信息安全等的设计、开发、管理、维护及教学科研等工作。

1.4 主要课程内容介绍

（1）高等数学（Advanced Mathematics）

通过本课程的学习，使学生掌握高等数学的基本概念、基本理论和基本运算技能，具备学习其他后续课程所需的高等数学知识，培养学生综合运用数学方法分析问题、解决问题的能力，培养学生的抽象概括能力、逻辑推理能力和空间想象能力。本课程主要包括函数与极限、导数与微分、微分中值定理、不定积分、定积分、空间解析几何与向量代数、多元函数微积分、重积分、曲线积分与曲面积分、无穷级数和微分方程等内容。

（2）线性代数（Linear Algebra）

通过本课程的学习，使学生掌握必要的代数基础及代数的逻辑推理思维方法，培养学生运用线性代数的知识解决实际问题的能力，培养学生逻辑思维能力和推理能力，为后续相关课程的学习打下良好的代数基础。本课程主要包括行列式、矩阵的基本运算、线性方程组、向量空间与线性变换、特征值与特征向量和二次型等内容。

（3）概率统计（Probability Theory and Mathematical Statistics）

通过本课程的学习，使学生掌握概率论与数理统计的基本概念和方法，学会处理随机现象的基本思想和方法，培养学生用概率统计知识解决实际问题的能力，培养学生的抽象思维和逻辑推理能力，为后续课程的学习打下必要的概率统计基础。本课程主要包括随机事件与概率、随机变量的分布及其数字特征、随机向量、抽样分布、统计估计、假设检验和回归分析等内容。

计算机类专业类硕士研究生招生考试（初试）中，全国统考课程的数学（一）试卷包括高等数学、线性代数和概率统计的内容，可见这三门课程在计算机类专业知识体系中的重要地位。

（4）离散数学（Discrete Mathematics）

离散数学是以离散结构为主要研究对象且与计算机科学技术密切相关的一些现代数学分支的总称。本课程主要包括命题逻辑、谓词逻辑、集合与关系、函数、代数结构、格与布尔代数和图论等内容，形式化的数学证明贯穿全课程。该课程是后续若干门专业（基础）课程的先修课程。图论的概念用于计算机网络、操作系统和编译原理等课程，集合论用于软件工程和数据库原理及应用等课程，命题逻辑和谓词逻辑用于人工智能等课程。

（5）普通物理学（Common Physics）

普通物理学是研究物质的基本结构、相互作用和物质最基本最普遍的运动形式及其相互转化规律的学科。通过本课程的学习，使学生系统地掌握物理学的基本原理和基本知识，培养学生利用物理学知识分析问题、解决问题的能力，也为电路分析、数字电路、模拟电路等后续课程的学习打下物理学知识基础。本课程主要包括力和运动、运动的守恒量和守恒定律、刚体和流体的运动、相对论基础、气体动理论、热力学基础、静止电荷的电场、恒定电流的磁场、电磁感应与电磁场理论、机械振动和电磁振荡、机械波和电磁波、光学、量子论和量子力学基础、激光固体的量子理论、原子核物理和粒子物理等内容。

（6）**电路分析**（Circuit Analysis）

通过本课程的学习，使学生掌握电路分析的基本概念、基本理论和基本方法，具有初步分析、解决电路问题的能力，并为学习数字电路和模拟电路等课程打下基础。本课程主要包括电路模型及电路定律、电阻电路的等效变换、电阻电路的一般分析、电路定理、含有运算放大器的电阻电路、一阶电路和二阶电路、相量法、正弦稳态电路的分析和含有耦合电感的电路等内容。

（7）**模拟电路**（Analog Circuit）

通过本课程的学习，使学生掌握主要半导体器件的原理、特性及参数，基本放大电路的工作原理及分析方法，负反馈放大电路的原理及分析方法，集成运算放大器的原理及应用，低频半导体模拟电子线路的基本概念、基本原理和基本分析方法。具有初步分析、设计实际电子线路的能力，并为学习计算机组成原理等课程打下基础。本课程主要包括半导体器件、放大电路的基本原理、集成运算放大电路、放大电路中的反馈、模拟信号运算电路与信号处理电路、波形发生电路与功率放大电路和直流电源等内容。

（8）**数字电路**（Digital Circuit）

通过本课程的学习，使学生掌握数字电路的基础理论知识，理解基本数字逻辑电路的工作原理，掌握数字逻辑电路的基本分析和设计方法，具有应用数字逻辑电路知识初步解决数字逻辑问题的能力，为学习计算机组成原理、微机原理及应用、单片机原理等后续课程以及从事数字电子技术领域的工作打下扎实的基础。本课程主要包括代数基础、门电路、组合逻辑电路、触发器、时序逻辑电路、脉冲的产生与整形电路和数模与模数转换电路等内容。

（9）**计算机导论**（Introduction to Computer Science）

计算机导论是学习计算机知识的入门课程，是计算机类专业完整知识体系的绪论。通过本课程的学习，使学生对计算机的发展历史、计算机类专业的知识体系、计算机学科方法论及计算机类专业人员应具备的业务素质和职业道德有一个基本的了解和掌握，这对于计算机类专业学生四年的知识学习、能力提高、素质培养和日后的学术研究、技术开发、经营管理等工作具有十分重要的基础性和引导性作用。本课程主要包括计算机发展简史、计算机基础知识、计算机类专业知识体系、操作系统与网络知识、程序设计知识、软件开发知识、计算机系统安全知识与职业道德、人工智能知识和计算机领域的典型问题等内容。

（10）**高级语言程序设计**（High Level Language Programming）

计算机类专业学生应具备的重要能力之一就是程序设计能力，通过本课程的学习，使学生在掌握一种高级语言（C 或 C++）的基本语法规则和基本程序设计方法的基础上，提高编写和调试程序的能力，培养程序设计思维。本课程主要包括概述、运算符与表达式、变量的数据类型与存储类别、程序的基本结构、函数的定义和调用、数组、指针、用户建立的数据类型和文件操作等内容。

（11）**计算机组成原理**（Computer Organization and Architecture）

作为计算机类专业的学生，不仅要熟练使用计算机，还要较深入地理解计算机的基本组成和工作原理，这既是设计开发高质量计算机软硬件系统的需要，也是学习操作系统、计算机网络、计算机体系结构等后续课程的基础。通过本课程的学习，使学生掌握计算机系统的基本组成和结构的基础知识,尤其是各基本组成部件有机连接构成整机系统的方法,建立完整清晰的整机概念,培养学生对计算机硬件系统的分析、设计、开发、使用和维护的能力。本课程主要包括计算机系统的硬件结构、系统总线、存储器、输入输出系统、计算机的运算方法、指令系统、CPU 的功能与结构、控制单元的功能等内容。

(12) **数据结构**(Data Structure)

本课程主要介绍如何合理地组织和表示数据,如何有效地存储和处理数据,如何设计出高质量的算法以及如何对算法的优劣作出分析和评价,这些都是设计高质量程序必须要考虑的。通过本课程的学习,使学生深入理解各种常用数据结构的逻辑结构、存储结构及相关算法;全面掌握处理数据的理论和方法,培养学生选用合适的数据结构,设计高质量算法的能力;提高学生运用数据结构知识编写高质量程序的能力。本课程主要包括线性表、栈、队列、串、数组、树与二叉树、图与图的应用、查找与排序等内容。

(13) **操作系统**(Operating System)

操作系统是管理计算机软硬件资源、控制程序运行、方便用户使用计算机的一种系统软件,为应用软件的开发与运行提供支持。由于有了高性能的操作系统,才使人们对计算机的使用和操作变得简单而方便。通过本课程的学习,使学生掌握操作系统的功能和实现这些功能的基本原理、设计方法和实现技术,具有分析实际操作系统的能力。本课程主要包括操作系统概论、进程管理、线程机制、CPU 调度与死锁、存储管理、I/O 设备管理、文件系统、操作系统实例等内容。

(14) **数据库原理及应用**(Principle and Application of Database)

对信息进行有效管理的信息系统(数据库应用系统)在政府部门及企事业单位中发挥着重要作用,而设计开发信息系统的核心和基础就是数据库的建立。通过本课程的学习,使学生掌握建立数据库及开发数据库应用系统的基本原理和基本方法,具备建立数据库及开发数据库应用系统的能力。本课程主要包括数据模型、数据库系统结构、关系数据库、关系数据库标准语言 SQL、数据库安全性、数据库完整性、关系数据理论、数据库设计、数据库编程、关系查询处理和查询优化、数据库恢复技术、并发控制、数据库管理系统、数据库技术新发展等内容。

(15) **软件工程**(Software Engineering)

软件工程的含义就是用工程化方法来开发大型软件,以保证软件开发的效率和软件的质量。通过本课程的学习,使学生掌握软件工程的基本概念、基本原理和常用的软件开发方法,掌握软件开发过程中应遵循的流程、准则、标准和规范,了解软件工程的发展趋势。本课程主要包括软件工程概述、可行性分析、需求分析、概要设计、详细设计、系统实现、软件测试、系统维护、面向对象软件工程、软件项目管理等内容。

(16) **编译原理**(Principle of Compiler)

相对于机器语言和汇编语言,用高级语言编写程序简单方便,编写出的程序易于阅读、理解和修改,但高级语言源程序并不能直接在计算机上执行,需要将其翻译成等价的机器语言程序才能在计算机上执行,完成这种翻译工作的程序就是编译程序。通过本课程的学习,使学生掌握设计开发编译程序的基本原理、基本方法和主要技术。本课程主要包括文法和语言、词法分析、语法分析、语法制导翻译和中间代码生成、代码优化、课程符号表、目标程序运行时的存储组织、代码生成、编译程序的构造等内容。

（17）**计算机网络**（Computer Network）

微型机的出现和计算机网络技术的快速发展促进了计算机应用的广泛普及，网络已成为人们工作、学习、娱乐和日常生活的重要组成部分。构建网络环境、编写网络软件、维护网络安全是计算机类专业毕业生的重要就业领域。通过本课程的学习，使学生对计算机网络的现状和发展趋势有一个全面的了解，深入理解和掌握计算机网络的体系结构、核心概念、基本原理、相关协议和关键技术。本课程主要包括数据通信基础、广域网、局域网、网络互联和 IP 协议、IP 路由、网络应用、网络安全等内容。

（18）**计算机体系结构**（Computer Architecture）

计算机体系结构培养学生从总体结构、系统分析这一角度来研究和分析计算机系统的能力，帮助学生从功能的层次上建立整机的概念。通过本课程的学习，使学生掌握有关计算机体系结构的基本概念、基本原理、设计原则和量化分析方法，了解当前技术的最新进展和发展趋势。本课程主要包括计算机系统设计技术、指令系统、存储系统、输入输出系统、标量处理机、向量处理机、网络互联与消息传递机制、SIMD 计算机、多处理机、多处理机算法、计算机体系结构的新发展等内容。

（19）**人工智能**（Artificial Intelligence）

本课程介绍如何用计算机来模拟人类智能，即如何用计算机完成诸如判断、推理、证明、识别、感知、理解、设计、思考、规划、学习和问题求解等智能性工作。通过本课程的学习，使学生掌握人工智能的基本概念、基本原理和基本方法，激发学生对人工智能的兴趣，掌握人工智能求解方法的特点，会用知识表示方法、推理方法和机器学习等方法求解简单问题。本课程主要包括知识表示方法、搜索推理技术、神经计算、模糊计算、进化计算、专家系统、机器学习、自动规划、自然语言理解、智能机器人等内容。

（20）**计算机图形学**（Computer Graphics）

计算机图形学的主要研究内容就是如何在计算机中表示图形以及利用计算机进行图形的计算、处理和显示的相关原理与算法。本课程主要包括图形学概述、计算机图形学的构成、三维形体的创建、自由曲面的表示、三维形体在二维平面上的投影、三维形体的变形与移动及隐藏面的消去方法、计算机动画、科学计算可视化与虚拟现实简介等内容。

（21）**数据仓库与数据挖掘**（Data Warehouse and Data Mining）

通过本课程的学习，学生应能理解数据库技术的发展为何导致需要数据挖掘，以及数据挖掘潜在应用中的重要性；掌握数据仓库和多维数据结构、OLAP（联机分析处理）的实现以及数据仓库与数据挖掘的关系；熟悉数据挖掘之前的数据预处理技术；了解定义数据挖掘任务说明的数据挖掘原语；掌握数据挖掘技术的基本算法，为将来从事数据仓库的规划和实施以及数据挖掘技术的研究工作打下一定的基础。本课程主要内容包括数据仓库和数据挖掘的基本知识；数据清理、数据集成和变换、数据归约以及离散化和概念分层等数据预处理技术；DMQL 数据挖掘查询语言；用于挖掘特征化和比较知识的面向属性的概化技术，用于挖掘关联规则知识的基本 Apriori 算法和它的变形，用于挖掘分类和预测知识的判定树分类算法和贝叶斯分类算法以及基于划分的聚类分析算法等；了解先进的数据库系统中的数据挖掘方法，以及对数据挖掘和数据仓库的实际应用问题展开讨论。

（22）**大数据分析**（Data Analysis）

本课程主要介绍数据分析的基本方法、工具和知识。本课程主要内容包括数据分析工具，数据预处理、试探性数据分析、预测模型的建立,时间序列数据分析预测,数据分类方法、异常值发现、数据聚类方法、半监督预测模型、数据降维及维度选择方法等,以及 MapReduce、Hadoop 等大规模数据处理模型和系统的应用。

1.5　计算机类专业实践教学体系

在组成计算机类专业知识体系的课程中,有多门课程除理论教学外还有相应的实践教学。实践教学是计算机类专业培养方案和教学计划的重要组成部分,实践教学与理论教学相辅相成,对于学生深入理解理论课程的内容,提高动手能力和综合运用所学知识解决实际问题的能力,培养创新意识和团队精神,均具有十分重要的作用。同时,对于提高学生对实际工作的适应能力和增强学生的就业竞争力也十分重要。

实践教学对于提高教学质量具有重要作用。所谓高质量的教学,就是让学生能够真正理解教师所讲解的内容,并用所学到的知识去解决实际问题。计算机类专业中大量的基本概念和基本原理需要经过实践过程才能真正理解,如操作系统的基本原理、计算机网络的基本原理、编译系统的基本原理等,如果只是听教师的讲解和看书,没有相应的实践环节,是很难真正理解的。再如高级语言程序设计、数据结构、数据库原理及应用等课程,如果不实际编写、分析一定量的程序,也是很难提高程序设计能力、算法设计能力和系统开发能力的。

实践教学对于培养高素质人才具有重要作用。科学的教学指导思想是坚持传授知识、培养能力和提高素质协调发展,更加注重能力培养,着力提高大学生的学习能力、实践能力和创新能力,全面推进素质教育。作为一个高素质的计算机类专业大学毕业生,实践能力和创新能力是必不可少的,而这些能力的培养和提高更多的是通过科学的实践教学体系来完成的。

实践教学对于提高学生的就业竞争力和对工作的适应性具有重要作用。在现实的就业环境下,既具有扎实的基础理论知识,又具有较强的实际动手能力,能够尽快适应工作环境的毕业生更容易找到理想的工作单位和工作岗位。动手能力的培养,对实际工作的适应性和对理论知识的深入理解都需要高质量的实践教学的支持。

教师和学生都要充分认识到实践教学的重要性,教师要像对待理论教学一样,认真备课、认真准备教学环境,高质量完成实践教学任务;学生要像学习理论知识一样,认真完成各实践教学环节的学习任务。

要想充分发挥实践教学的重要作用,真正培养出基础理论知识扎实、具有较强的实践能力和创新能力的高素质人才,需要科学合理的实践教学体系支撑。一个完整的实践教学体系包括课程实验、课程设计、研发训练、毕业设计(论文)等层次的实践教学活动。教学质量国家标准中要求四年总的实验当量不少于两万行代码。

课程实验是与理论教学课程配合的实验课程,主要是以单元实验为主,辅以适当的综合性实验,以本学科基础知识与基本原理的理解、验证和基本实验技能的训练为主要实验内容,与学科基础课程的理论知识体系共同构成本学科专业人才应具备的基础知识和基本能力。课程实验中的单元实验主要是配合理论课程中某个知识点的理解而设计的实验项目,综合性实验是为综合理解和运用理论课程中的多个知识点而设计的实验项目。

　　课程设计是独立于理论教学课程而单独设立的实验课程,以综合性和设计性实验为主,需要综合几门课程的知识来完成实验题目。例如:在软件工程课程设计中,需要综合运用软件工程、高级语言程序设计及数据结构等课程的知识;在数据库课程设计中,需要综合运用数据库、高级语言程序设计、软件工程等课程的知识;在操作系统课程设计中,需要综合运用操作系统、高级语言程序设计、软件工程、数据结构等课程的知识;在计算机系统结构课程设计中,需要综合运用计算机组成原理、微机原理及应用等课程的知识;等等。

　　研发训练是鼓励和支持学有余力的高年级本科生参与教师的研发项目或在教师的指导下独立承担研发项目,鼓励和支持学生积极参加各种面向大学生的课外科技活动,如程序设计大赛、数学建模竞赛等。研发训练项目是一种研究性实验、一种探索性实验。研发训练能够提高学生的探究性学习能力,使学生尽早进入专业科研领域,接触学科前沿,了解本学科发展动态,形成合理的知识结构;为那些成绩优秀、学有余力的学生提供发挥潜能、发展个性、提高自身素质的有利条件;对于提高学生的实践能力和创新能力效果显著。

　　计算机类专业的学生完成毕业设计并撰写毕业论文,是整个本科教学计划的重要组成部分。毕业设计对于培养和提高学生的实践能力、研发能力和创新能力,培养和提高学生综合运用所学专业知识独立分析问题和解决问题的能力,培养学生严肃认真的工作态度和严谨务实的工作作风,培养学生的书面表达能力和口头表达能力,培养学生组织协调能力和团结协作精神,具有至关重要的作用,也是其他教学环节不能替代的。毕业设计是一个综合性的实践教学环节,不仅要在教师的指导下独立完成设计任务,还要查阅资料,撰写论文,参加答辩,是对学生综合能力和综合素质的训练。在毕业设计期间,根据具体情况,学生在求职单位或学校指定的实习基地完成毕业实习环节,在实际工作环境中培养学生的实践能力和适应实际工作的能力。

习　　题

1. 计算机类专业的主干学科有哪些?
2. 计算机类专业包括哪些专业?
3. 教学质量标准对知识体系及学生能力和素质各有什么要求?
4. 你所学专业的培养目标是什么? 有哪些主要课程?
5. 如何学好自己的专业? 如何定位自己的发展方向?

第 **2** 章
计算机的基础知识

计算机是一种能够按照程序运行,自动、高速处理海量数据的现代化智能电子设备,是20世纪最伟大的科学技术发明之一。其发明者是著名数学家约翰·冯·诺依曼(John Von Neumann)。计算机对人类的生产活动和社会活动产生了极其重要的影响,并以强大的生命力飞速发展。它的应用领域从最初的军事科研应用扩展到社会的各个领域,已形成了规模巨大的计算机产业,带动了全球范围的技术进步,由此引发了深刻的社会变革。计算机已遍及学校、企事业单位,进入寻常百姓家中,成为信息社会必不可少的工具。它是人类进入信息时代的重要标志之一。

学习目标

- 了解计算机的先驱
- 了解计算机的发展
- 理解计算机的特点
- 掌握计算机的应用
- 掌握计算机的分类
- 掌握计算机的硬件系统和软件系统
- 理解科学思维的三种思维方法
- 理解计算思维的概念和特点

2.1 计算机的先驱

在原始社会时期,人类使用结绳、垒石或枝条等工具进行辅助计算和计数。

在春秋时期,我们的祖先发明了算筹计数的"筹算法"。

公元6世纪,中国开始使用算盘作为计算工具,算盘是我国人民独特的创造,是第一种彻底采用十进制计算的工具。

人类一直在追求计算的速度与精度的提高。1620年,欧洲的学者发明了对数计算尺;1642年,布莱斯·帕斯卡(Blaise Pascal)发明了机械计算机;1854年,英国数学家布尔(George

Boole)提出符号逻辑思想。

(1)查尔斯·巴贝奇——通用计算机之父

19 世纪,英国数学家查尔斯·巴贝奇(Charles Babbage,1792—1871)提出通用数字计算机的基本设计思想,于 1822 年设计了一台差分机。其后巴贝奇又提出了分析机的概念,将机器分为堆栈、运算器、控制器三个部分,并于 1832 年设计了一种基于计算自动化的程序控制分析机,提出了几乎完整的计算机设计方案,如图 2.1 所示。

用现在的说法,把它叫作计算器更合适。但相对于那时的科学来说,巴贝奇的机械式计算机已经是一个相当的进步了,从"0"到"1"的艰辛及伟大的实践更是难能可贵。

图 2.1　巴贝奇和机械式计算机

(2)约翰·阿塔那索夫——电子计算机之父

约翰·阿塔那索夫(John Vincent Atanasoff,1903—1995),美国人,保加利亚移民的后裔。将机械式计算机改成了电子晶体式的 ABC 计算机(Atanasoff Berry Computer),如图 2.2 所示。

图 2.2　阿塔那索夫和 ABC 计算机

(3)艾伦·麦席森·图灵——计算机科学之父

艾伦·麦席森·图灵(Alan Mathison Turing,1912—1954),英国数学家、逻辑学家。第二次世界大战期间,图灵曾帮助英国破解了德军的密码系统,并提出了"图灵机"的设计理念,为现在的计算机逻辑工作方式打下了良好的基础。但是,图灵的计算机只是一个抽象的概念,在当时并没有实现。如今,计算机中的人工智能已经被研发出并开始应用,它所用到的就是图灵的设计理念。因此,计算机界将图灵也称为"人工智能之父"。与此同时,计算机界最高奖项"图灵奖"也是以图灵的名字来命名的,目的是纪念图灵为计算机界所作出的突出贡献,如图2.3所示。

图 2.3　图灵和图灵奖

(4)约翰·冯·诺依曼——现代计算机之父

在此之前,计算机还只是能做计算和编程而已,要发展成现在用的计算机,还得依靠约翰·冯·诺依曼(John von Neumann,1903—1957)的计算机理论,如图2.4所示。

1943 年,冯·诺依曼提出了"存储程序通用电子计算机方案",也就是现在的处理器、主板、内存、硬盘的计算机组合方式,这时计算机技术才正式步入时代的大舞台。根据冯·诺依曼所作出的突出贡献,大家便赋予了他"现代计算机之父"的称号。

图 2.4　冯·诺依曼

2.2　计算机的发展

2.2.1　第一代计算机

第二次世界大战期间,美国和德国都需要精密的计算工具来计算弹道和破解电报,美军当时要求实验室为陆军炮弹部队提供火力表,千万不要小看区区的火力表,每张火力表都要计算几百条弹道,每条弹道的数学模型都是非常复杂的非线性方程组,只能求出近似值,但即使是求近似值也不是容易的事情。以当时的计算工具,即使雇用 200 多名计算员加班加点也需要 2～3 个月才能完成一张火力表。在战争期间,时间就是胜利,没有人能等这么久,按这种速度可能等计算结果出来,战争都已经打完了。

第二次世界大战使美国军方产生了快速计算导弹弹道的需求,军方请求宾夕法尼亚大学的约翰·莫克利博士研制具有这种用途的机器。莫克利与研究生普雷斯泊·埃克特一起用真空管建造了电子数字积分计算机(Electronic Numerical Integrator and Computer,ENIAC),如图2.5 所示,这是人类第一台全自动电子计算机,它开辟了信息时代的新纪元,是人类第三次产业革命开始的标志。这台计算机从 1946 年 2 月开始投入使用,直到 1955 年 10 月最后切断电源,服役 9 年多。它包含了 18 000 多只电子管,70 000 多个电阻,10 000 多个电容,6 000 多个开关,质量达 30 t,占地 170 m^2,耗电 150 kW,运算速度为 5 000/s 次加减法。

图 2.5　ENIAC

ENIAC 是第一台真正意义上的电子数字计算机。硬件方面的逻辑元件采用真空电子管,主存储器采用汞延迟线、阴极射线示波管静电存储器、磁鼓和磁芯,外存储器采用磁带,软件方面采用机器语言、汇编语言,应用领域以军事和科学计算为主。其特点是体积大、功耗高、可靠性差、速度慢(一般为每秒数千次至数万次)、价格昂贵,但为以后的计算机发展奠定了基础。

ENIAC(美国)与同时代的 Colossus(英国)、Z3(德国)被看成现代计算机时代的开端。

2.2.2　第二代计算机

第一代电子管计算机存在很多缺陷,例如:体积庞大,使用寿命短。就如上节所述的 ENIAC 包含了 18 000 个真空管,但凡有一个真空管烧坏了,机器就不能运行,必须人为地将烧坏的真空管找出来,制造、维护和使用都非常困难。

1947 年,晶体管(也称"半导体")由贝尔实验室的肖克利(William Bradford Shockley)、巴丁(John Bardeen)和布拉顿(Walter Brattain)所发明,晶体管在大多数场合都可以完成真空管的功能,而且体积小、质量小、速度快,它很快就替代了真空管成了电子设备的核心组件。首先使用晶体管技术的是早期的超级计算机,主要用于原子科学的大量数据处理,这些机器价格昂贵,生产数量极少。1954 年,贝尔实验室研制出世界上第一台全晶体管计算机 TRADIC,装有 800 只晶体管,功率仅 100 W,它成为第二代计算机的典型机器。其间的其他代表机型有 IBM 7090(图 2.6)和 PDP-1(后来贝尔实验室的 Ken Thompson 在一台闲置的 PDP-7 主机上创造了 UNIX 操作系统)。

计算机中存储的程序使得计算机有很好的适应性,主要用于科学和工程计算,也可以更有效地用于商业用途。在这一时期出现了更高级的 COBOL 语言和 FORTRAN 语言等,以单词、语句和数学公式代替了含混晦涩的二进制机器码,使计算机编程更容易。新的职业(程序员、分析员和计算机系统专家)和整个软件产业由此诞生。

图 2.6　IBM 7090

2.2.3　第三代计算机

1958—1959 年,德州仪器与仙童公司研制出集成电路(Integrated Circuit,IC)。所谓 IC,就是采用一定的工艺技术把一个电路中所需的晶体管、二极管、电阻、电容和电感等元件及布线互连在一起,制作在一小块或几小块半导体晶片或介质基片上,然后封装在一个管壳内,这是一个巨大的进步。其基本特征是逻辑元件采用小规模集成电路 SSI(Small Scale Integration)(图 2.7)和中规模集成电路 MSI(Middle Scale Integration)。集成电路的规模生产能力、可靠性、电路设计的模块化方法,确保了快速采用标准化集成电路代替了设计使用的离散晶体管。第三代电子计算机的运算速度每秒可达几十万次到几百万次,存储器进一步发展,体积越来越小,价格越来越低,软件也越来越完善。

集成电路的发明,促使 IBM 决定召集 6 万多名员工,创建 5 座新工厂。1964 年 IBM 生产出了由混合集成电路制成的 IBM 350 系统,这成为第三代计算机的重要里程碑。其典型机器是 IBM 360,如图 2.8 所示。

图 2.7　小规模集成电路

图 2.8　IBM 360

由于当年计算机昂贵,IBM 360 售价为 200 ~ 250 万美元(约合现在的 2 000 万美元),只有政府、银行、航空和少数学校才能负担得起。为了让更多人用上计算机,麻省理工学院、贝尔实验室和通用电气公司共同研发出分时多任务操作系统 Multics[UNIX 的前身,绝大多数现代操作系统都深受 Multics 的影响,无论是直接的(Linux,OS X)还是间接的(Microsoft Windows)]。

Multics 的概念是希望计算机的资源可以为多终端用户提供计算服务(这个思路和云计算基本是一致的),后因 Multics 难度太大,项目进展缓慢,贝尔实验室和通用电气公司相继退出此项目,曾参与 Multics 开发的贝尔实验室的程序员肖·汤普森(Ken Thompson)因为需要新的操作系统来运行他的《星际旅行》游戏,在申请机器经费无果的情况下,他找到一台废弃的 PDP-7 小型机器,开发了简化版的 Multics,就是第一版的 UNIX 操作系统。丹尼斯·里奇(Dennis MacAlistair Ritchie)在 UNIX 的程序语言基础上发明了 C 语言,然后汤普森和里奇用 C 语言重写了 UNIX,奠定了 UNIX 坚实的基础。

2.2.4　第四代计算机

1970 年以后,出现了采用大规模集成电路(Large Scale Intergrated Circuit,LSI)(图 2.9)和超大规模集成电路(Very Large Scale Intergrated Circuit,VLSI)为主要电子器件制成的计算机,重要分支是以大规模、超大规模集成电路为基础发展起来的微处理器和微型计算机。

1971 年 1 月,Intel 的特德·霍夫(Teal Hoff)成功研制了第一枚能够实际工作的微处理器 4004,该处理器在面积约 12 mm^2 的芯片上集成了 2 250 个晶体管,运算能力足以超过 ENICA。Intel 于同年 11 月 15 日正式对外公布了这款处理器。主要存储器使用的是半导体存储器,可以进行每秒几百万到千亿次的运算,其特点是计算机体系架构有了较大的发展,并行处理、多机系统、计算机网络等进入使用阶段:软件系统工程化、理论化、程序设计实现部分自动化的能力。

图 2.9　大规模集成电路

同时期,来自《电子新闻》的记者唐·赫夫勒(Don Hoefler)依据半导体中的主要成分硅命名了当时的帕洛阿托地区,"硅谷"由此得名。

1972 年,原 CDC 公司的西蒙·克雷(S. Cray)博士独自创立了"克雷研究公司",专注于巨型机领域。

1973 年 5 月,由施乐 PARC 研究中心的鲍伯·梅特卡夫(Bob Metcalfe)组建的世界上第一个个人计算机局域网络——ALTO ALOHA 网络开始正式运转,梅特卡夫将该网络改名为"以太网"。

1974 年 4 月,Intel 推出了自己的第一款 8 位微处理芯片 8080。

1974 年 12 月,电脑爱好者爱德华·罗伯茨(E. Roberts)发布了自己制作的装配有 8080 处理器的计算机"牛郎星",这也是世界上第一台装配有微处理器的计算机,从此掀开了个人电脑的序幕。

1975 年,克雷完成了自己的第一个超级计算机"克雷一号"(CARY-1),实现了 1 亿次/s 的运算速度。该机占地不到 7 m^2,质量不超过 5 t,共安装了约 35 万块集成电路。

1975 年 7 月,比尔·盖茨(B. Gates)在成功为"牛郎星"配上了 BASIC 语言之后从哈佛大学退学,与好友保罗·艾伦(Paul Allen)一同创办了微软公司,并为公司制订了奋斗目标:"每一个家庭每一张桌上都有一部微型电脑运行着微软的程序!"

1976 年 4 月，斯蒂夫·沃兹尼亚克(Stephen Wozinak)和斯蒂夫·乔布斯(Stephen Jobs)共同创立了苹果公司，并推出了自己的第一款计算机：Apple-Ⅰ，如图 2.10 所示。

图 2.10　Apple-Ⅰ

1977 年 6 月，拉里·埃里森(Larry Ellison)与自己的好友鲍勃·米纳(Bob Miner)和爱德华·奥茨(Edward Oates)一起创立了甲骨文公司(Oracle Corporation)。

1979 年 6 月，鲍伯·梅特卡夫(Bob Metcalfe)离开了 PARC，并同霍华德·查米(Howard Charney)、罗恩·克兰(Ron Crane)、格雷格·肖(Greg Shaw)和比尔·克劳斯(Bill Kraus)组成一个计算机通信和兼容性公司，这就是现在著名的 3Com 公司。

以上是前四代计算机发展历程的介绍，将其归纳总结见表 2.1。

表 2.1　计算机发展

发展阶段	逻辑元件	主存储器	运算速度 /(次·s^{-1})	特　点	软　件	应　用
第一代 (1946—1958)	电子管	电子射线管	几千到几万	体积大、耗电多、速度低、成本高	机器语言、汇编语言	军事研究、科学计算
第二代 (1958—1964)	晶体管	磁芯	几十万	体积小、速度快、功耗低、性能稳定	监控程序、高级语言	数据处理、事务处理
第三代 (1964—1971)	中小规模集成电路	半导体	几十万到几百万	体积更小、价格更低、可靠性更高、计算速度更快	操作系统、编辑系统、应用程序	开始广泛应用
第四代 (1971—至今)	大规模、超大规模集成电路	集成度更高的半导体	上千万到上亿	性能大幅度提高、价格大幅度降低	操作系统完善、数据库系统、高级语言发展、应用程序发展	渗入社会各级领域

2.2.5　第五代计算机

第五代计算机也称"智能计算机",是将信息采集、存储、处理、通信同人工智能结合在一起的智能计算机系统。它能进行数值计算或处理一般的信息,主要能面向知识处理,具有形式化推理、联想、学习和解释的能力,能够帮助人们进行判断、决策、开拓未知领域和获得新的知识。人机之间可以直接通过自然语言(声音、文字)或图形图像交换信息。

第五代计算机是为适应未来社会信息化的要求而提出的,与前四代计算机有着本质的区别,是计算机发展史上的一次重大变革。

(1)基本结构

第五代计算机的基本结构通常由问题求解与推理、知识库管理和智能化人机接口三个基本子系统组成。

问题求解与推理子系统相当于传统计算机中的中央处理器。与该子系统打交道的程序语言称为核心语言,国际上都以逻辑型语言或函数型语言为基础进行这方面的研究,它是构成第五代计算机系统结构和各种超级软件的基础。

知识库管理子系统相当于传统计算机主存储器、虚拟存储器和文件系统的结合。与该子系统打交道的程序语言称为高级查询语言,用于知识的表达、存储、获取和更新等。这个子系统的通用知识库软件是第五代计算机系统基本软件的核心。通用知识库包含:日用词法、语法、语言字典和基本字库常识的一般知识库;用于描述系统本身技术规范的系统知识库;以及将某一应用领域,如超大规模集成电路设计的技术知识集中在一起的应用知识库。

智能化人-机接口子系统是使人能通过说话、文字、图形和图像等与计算机对话,用人类习惯的各种可能方式交流信息。这里,自然语言是最高级的用户语言,它使非专业人员操作计算机,并为从中获取所需的知识信息提供可能。

(2)研究领域

当前第五代计算机的研究领域大体包括人工智能、系统结构、软件工程和支援设备,以及对社会的影响等。人工智能的应用将是未来信息处理的主流,因此,第五代计算机的发展,必将与人工智能、知识工程和专家系统等的研究紧密相联。

电子计算机的基本工作原理是先将程序存入存储器中,然后按照程序逐次进行运算。这种计算机是由美国物理学家冯·诺依曼首先提出理论和设计思想的,因此又称"诺依曼机器"。第五代计算机系统结构将突破传统的诺依曼机器的概念。这方面的研究课题应包括逻辑程序设计机、函数机、相关代数机、抽象数据型支援机、数据流机、关系数据库机、分布式数据库系统、分布式信息通信网络等。

2.2.6　计算机的发展趋势

计算机作为人类最伟大的发明之一,其技术发展深刻地影响着人们生产和生活。特别是随着处理器结构的微型化,计算机的应用从之前的国防军事领域开始向社会各个行业发展,如教育系统、商业领域、家庭生活等。计算机的应用在我国越来越普遍,改革开放以后,我国计算机用户的数量不断攀升,应用水平不断提高,特别是互联网、通信、多媒体等领域的应用取得了骄人的成绩。据统计,2019 年 1 月至 2019 年 11 月,全国电子计算机累计产量达到 32 277 万台,截至 2019 年 11 月中国移动互联网活跃用户高达 8.54 亿人,截至 2019 年 12 月我国网站数量为 497 万个。

计算机从出现至今,经历了机器语言、程序语言、简单操作系统和 Linux、Macos、BSD、Windows 等现代操作系统,运行速度也得到了极大的提升,第四代计算机的运算速度已经达到几十亿秒。计算机也由原来的仅供军事、科研使用发展到人人拥有。由于计算机强大的应用功能,从而产生了巨大的市场需要,未来计算机性能应向着巨型化、微型化、网络化、智能化、网格化和非冯·诺依曼式计算机等方向发展。

(1)巨型化

巨型化是指研制速度更快、存储量更大和功能更强大的巨型计算机。主要应用于天文、气象、地质和核技术、航天飞机和卫星轨道计算等尖端科学技术领域,研制巨型计算机的技术水平是衡量一个国家科学技术和工业发展水平的重要标志。

(2)微型化

微型化是指利用微电子技术和超大规模集成电路技术,将计算机的体积进一步缩小,价格进一步降低。计算机的微型化已成为计算机发展的重要方向,各种笔记本电脑和 PDA 的大量面世和使用,是计算机微型化的一个标志。

(3)多媒体化

多媒体化是对图像、声音的处理,是目前计算机普遍需要具有的基本功能。

(4)网络化

计算机网络是通信技术与计算机技术相结合的产物。计算机网络是将不同地点、不同计算机之间在网络软件的协调下共享资源。为适应网络上通信的要求,计算机对信息处理速度、存储量均有较高的要求,计算机的发展必须适应网络发展。

(5)智能化

计算机智能化是指使计算机具有模拟人的感觉和思维过程的能力。智能化的研究包括模拟识别、物形分析、自然语言的生成和理解、博弈、定理自动证明、自动程序设计、专家系统、学习系统和智能机器人等。目前,已研制出多种具有人的部分智能的机器人,可代替人在一些危险的岗位上工作。如今家庭智能化的机器人将是继 PC 机之后下一个家庭普及的信息化产品。

(6)网格化

网格技术可以更好地管理网上的资源,它将整个互联网虚拟成一个空前强大的一体化信息系统,犹如一台巨型机,在这个动态变化的网络环境中,实现计算资源、存储资源、数据资源、信息资源、知识资源、专家资源的全面共享,从而让用户从中享受可灵活控制的、智能的、协作式的信息服务,并获得前所未有的使用方便性和超强能力。

(7)非冯·诺依曼式计算机

随着计算机应用领域的不断扩大,采用存储方式进行工作的冯·诺依曼式计算机逐渐显露出局限性,从而出现了非冯·诺依曼式计算机的构想。在软件方面,非冯·诺依曼语言主要有 LISP,PROLOG 和 F.P,而在硬件方面,提出了与人脑神经网络类似的新型超大规模集成电路——分子芯片。

基于集成电路的计算机短期内还不会退出历史舞台,而一些新的计算机正在跃跃欲试地加紧研究,这些计算机是能识别自然语言的计算机、高速超导计算机、纳米计算机、激光计算机、DNA 计算机、量子计算机、生物计算机、神经元计算机等。

1）纳米计算机

纳米计算机是用纳米技术研发的新型高性能计算机。纳米管元件尺寸在几到几十纳米范围，质地坚固，有着极强的导电性，能代替硅芯片制造计算机。"纳米"是计量单位，$1 \text{ nm} = 10^{-9}\text{m}$，大约是氢原子直径的 10 倍。纳米技术是从 20 世纪 80 年代初迅速发展起来的科研前沿领域，最终目标是让人类按照自己的意志直接操纵单个原子，制造出具有特定功能的产品。纳米技术正从微电子机械系统起步，把传感器、电动机和各种处理器都放在一个硅芯片上而构成一个系统。应用纳米技术研制的计算机内存芯片，其体积只有数百个原子大小，相当于人的头发丝直径的 1/1 000。纳米计算机不仅几乎不需要耗费任何能源，而且其性能要比今天的计算机强许多倍。

2）生物计算机

20 世纪 80 年代以来，生物工程学家对人脑、神经元和感受器的研究倾注了大量精力，以期研制出可以模拟人脑思维、低耗、高效的生物计算机。用蛋白质制造的电脑芯片，存储量可达普通电脑的 10 亿倍。生物电脑元件的密度比大脑神经元的密度高 100 万倍，传递信息的速度也比人脑思维的速度快 100 万倍。

3）神经元计算机

神经元计算机的特点是可以实现分布式联想记忆，并能在一定程度上模拟人和动物的学习方式。它是一种有知识、会学习、能推理的计算机，具有能理解自然语言、声音、文字和图像的能力，并且还能够用自然语言与人直接对话，它可以利用已有的和不断学习的知识，进行思维、联想、推理并得出结论，能解决复杂问题，具有汇集、记忆、检索有关知识的能力。

在 IBM Think 2018 大会上，IBM 展示了号称是全球最小的电脑，需要显微镜才能看清，因为这部电脑比盐粒还要小很多，只有 1 mm^2 大小，而且这个微型电脑的成本只有 10 美分。麻雀虽小，也是五脏俱全。这是一个货真价实的电脑，里面有几十万个晶体管，搭载了 SRAM（静态随机存储芯片）芯片和光电探测器。这部电脑不同于人们常见的个人电脑，其运算能力只相当于 40 多年前的 X86 电脑。不过这个微型电脑也不是用于常见的领域，而是用在数据的监控、分析和通信上。实际上，这个微型电脑是用于区块链技术的，可以用作区块链应用的数据源，追踪商品的发货，预防偷窃和欺骗，还可以进行基本的人工智能操作。

2.3 计算机的分类

计算机分类的方式有很多种。按照计算机处理的对象及其数据的表示形式可分为数字计算机、模拟计算机、数字模拟混合计算机。

①数字计算机：该类计算机输入、处理、输出和存储的数据都是数字量，这些数据在时间上是离散的。

②模拟计算机：该类计算机输入、处理、输出和存储的数据是模拟量（如电压、电流等），这些数据在时间上是连续的。

③数字模拟混合计算机：该类计算机将数字技术和模拟技术相结合，兼有数字计算机和模拟计算机的功能。

按照计算机的用途及其使用范围可分为通用计算机和专用计算机。

①通用计算机:该类计算机具有广泛的用途,可用于科学计算、数据处理、过程控制等。

②专用计算机:该类计算机适用于某些特殊的应用领域,如智能仪表,军事装备的自动控制等。

按照计算机的规模可分为巨型计算机(超级计算机)、大/中型计算机、小型计算机、微型计算机、工作站、服务器,以及手持式移动终端、智能手机、网络计算机等类型。

2.3.1 超级计算机

巨型计算机又称超级计算机(super computer),诞生于 1983 年 12 月。它使用通用处理器及 UNIX 或类 UNIX 操作系统(如 Linux),计算的速度与内存性能、大小相关,主要应用于密集计算、海量数据处理等领域。它一般都需要使用大量处理器,通常由多个机柜组成。在政府部门和国防科技领域曾得到广泛的应用,诸如石油勘探、国防科研等。自 20 世纪 90 年代中期以来,巨型机的应用领域开始得到扩展,从传统的科学和工程计算延伸到事务处理、商业自动化等领域。国际商业机器公司 IBM 曾致力于研究尖端超级计算,在计算机体系结构中,在必须编程和控制整体并行系统的软件中和在重要生物学的高级计算应用。而 Blue Gene/L 超级计算机(图 2.11)就是 IBM 公司、利弗摩尔实验室和美国能源部为此而联合制作完成的超级计算机。在我国,巨型机的研发也取得了很大的进步,推出了"天河""神威"(图 2.12)等代表国内最高水平的巨型机系统,并在国民经济的关键领域得到了广泛应用。

图 2.11 Blue Gene/L 超级计算机　　　　　图 2.12 神威·太湖之光

我国超级计算机的发展,见表 2.2。

表 2.2 我国超级计算机的发展

系　列	研究单位	计算机名称	研制成功时间	运行速度/(次·s⁻¹)	备　注
银河系列	国防科技大学计算机研究所	银河-Ⅰ	1983 年	1 亿	
		银河-Ⅱ	1994 年	10 亿	
		银河-Ⅲ	1997 年	130 亿	
		银河-Ⅳ	2000 年	1 万亿	
		银河-Ⅴ	未知	未知	军用

系　列	研究单位	计算机名称	研制成功时间	运行速度/（次·s⁻¹）	备　注
天河系列	国防科技大学计算机研究所	天河一号	2009 年	1 206 万亿（2009 年） 2 566 万亿（2010 年及以后）	
		天河二号	2014 年	3.39 亿亿	
曙光系列	中科院计算技术研究所（曙光信息产业股份有限公司）	曙光一号	1992 年	6.4 亿	
		曙光-1000	1995 年	25 亿	
		曙光-1000A	1996 年	40 亿	
		曙光-2000Ⅰ	1998 年	200 亿	
		曙光-2000Ⅱ	1999 年	1 117 亿	
		曙光-3000	2000 年	4 032 亿	
		曙光-4000L	2003 年	4.2 万亿	
		曙光-4000A	2004 年	11 万亿	
		曙光-5000A	2008 年	230 万亿	
		曙光-星云	2010 年	1 271 万亿	
		曙光-6000	2011 年	1 271 万亿	采用曙光星云系统
神威系列	国家并行计算机工程技术中心	神威-Ⅰ	1999 年	3 840 亿	
		神威 3000A	2007 年	18 万亿	
		神威-Ⅱ	在研	300 万亿	军用
		神威·太湖之光	2016 年	9.3 亿亿	
深腾系列	联想集团	深腾 1800	2002 年	1 万亿次	
		深腾 6800	2003 年	5.3 万亿	
		深腾 7000	2008 年	106.5 万亿	
		深腾 X	在研	1 000 万亿	

截至 2020 年 6 月，世界超级计算机排名前 10 位，见表 2.3。

表 2.3　2020 年 6 月世界超级计算机排名前 10 位

排　名	超级计算机名称	制造商	参　数	简　介
NO.1	Fugaku（日本）	富士通	处理器核芯：7 299 072 个； 峰值（Rmax）：415 530 TFlop/s	Fugaku 原来被称为"Post K"，是曾经的世界第一超级计算机 K computer 的第四代，采用 ARM 架构的富士通 A64FX 处理器，性能为 Summit 的 2.8 倍

续表

排　名	超级计算机名称	制造商	参　数	简　介
NO.2	Summit（美国）	IBM	处理器核芯：2 414 592 个； 峰值（Rmax）：148 600 TFlop/s	Summit 是 IBM 和美国能源部橡树岭国家实验室（ORNL）推出的超级计算机，比同在橡树岭实验室的 Titan——前美国超算记录保持者要快接近 8 倍。在其之下，近 28 000 块英伟达 Volta GPU 提供了 95% 的算力
NO.3	Sierra（美国）	IBM	处理器核芯：1 572 480 个； 峰值（Rmax）：94 640 TFlop/s	Sierra 超级计算机，助力科学家在高能物理、材料发现、医疗保健等领域的研究探索。其中在癌症研究方面将用于名为"CANcer 分布式学习环境（CANDLE）"的项目
NO.4	神威·太湖之光（中国）	中国国家并行计算机工程技术研究中心	处理器核芯：10 649 600 个； 峰值（Rmax）：93 015 TFlop/s	我国的神威"太湖之光"超级计算机曾连续获得四届 top 500 冠军，该系统全部使用中国自主知识产权的处理器芯片
NO.5	TH-2 天河二号（中国）	国防科技大学	处理器核芯：4 981 760 个； 峰值（Rmax）：61 445 TFlop/s	天河二号曾经获得 6 次冠军，它采用麒麟操作系统，目前使用英特尔处理器，将来计划替换为国产处理器。它不仅助力探月工程、载人航天等政府科研项目，还在石油勘探、汽车和飞机的设计制造、基因测序等民用方面大显身手
NO.6	HPC5（意大利）	Dell EMC	处理器核芯：669 760 个； 峰值（Rmax）：35 450 TFlop/s	由 DELL EMC 公司为 Eni 能源公司打造的功能强大的工业用超级计算机，它的混合体系结构使分子模拟算法特别有效
NO.7	Selene（美国）	Nvidia	处理器核芯：277 760 个； 峰值（Rmax）：27 580 TFlop/s	Selene 基于 Nvidia 的 DGX SuperPOD 架构研发，这是一种针对人工智能工作负载而开发的新系统。Selene 已被部署来解决诸如蛋白质对接和量子化学等方面的问题，这些问题是人类进一步了解冠状病毒以及可能治愈 COVID-19 疾病的关键

续表

排　名	超级计算机名称	制造商	参　数	简　介
NO.8	Frontera(美国)	Dell EMC	处理器核芯:448 448 个; 峰值(Rmax):23 516 TFlop/s	由 DELL EMC 公司为德克萨斯高级计算中心(TACC)打造,计划用于多领域科研计算
NO.9	Marconi-100 (意大利)	IBM、 NVIDIA	处理器核芯:347 776 个; 峰值(Rmax):21 640 TFlop/s	意大利的 Marconi-100 系统,由 IBM Power9 处理器和 NVIDIA V100 GPU 组成,采用双轨 Mellanox EDR InfiniBand 作为系统网络
NO.10	Piz Daint(瑞士)	Cray	处理器核芯:387 872 个; 峰值(Rmax):21 230 TFlop/s	采用 Cray XC50 系统,同时配备了 Intel Xeon 处理器和 NVIDIA P100 GPU。提供了相比其他 Cray 超级计算机"最高性能的密度",让客户可以应对更大、更复杂的工作负载

2.3.2　大型计算机

大型计算机作为大型商业服务器,在今天仍具有很强活力。它们一般用于大型事务处理系统,特别是过去完成的且不值得重新编写的数据库应用系统方面,其应用软件通常是硬件成本的好几倍,因此,大型机仍有一定地位。

大型机体系结构的最大好处是无与伦比的 I/O 处理能力。虽然大型机处理器并不总是拥有领先优势,但是它们的 I/O 体系结构使它们能处理好几个 PC 服务器才能处理的数据。大型机的另一些特点包括它的大尺寸和使用液体冷却处理器阵列。在使用大量中心化处理的组织中,它仍有重要的地位。

由于小型计算机的到来,新型大型机的销售速度已经明显放缓。在电子商务系统中,如果数据库服务器或电子商务服务器需要高性能、高效的 I/O 处理能力,可以采用大型机。

(1)发展历史

在 20 世纪 60 年代,大多数主机没有交互式的界面,通常使用打孔卡、磁带等。

1964 年,IBM 引入了 System/360,它是由 5 种功能越来越强大的计算机所组成的系列,这些计算机运行同一操作系统并能够使用相同的 44 个外围设备。

1972 年,SAP 公司为 System/360 开发了革命性的"企业资源计划"系统。

1999 年,Linux 出现在 System/390 中,第一次将开放式源代码计算的灵活性与主机的传统可伸缩性和可靠性相结合。

(2)大型计算机的特点

现代大型计算机并非主要通过每秒运算次数 MIPS 来衡量性能,而是可靠性、安全性、向后兼容性和极其高效的 I/O 性能。主机通常强调大规模的数据输入输出,着重强调数据的吞吐量。

大型计算机可以同时运行多操作系统,不像是一台计算机而更像是多台虚拟机,一台主机可以替代多台普通的服务器,是虚拟化的先驱,同时主机还拥有强大的容错能力。

大型机使用专用的操作系统和应用软件,在主机上编程采用 COBOL,同时采用的数据库为 IBM 自行开发的 DB2。在大型机上工作的 DB2 数据库管理员能够管理比其他平台多 3～4 倍的数据量。

(3) 与超级计算机的区别

超级计算机有极强的计算速度,通常用于科学与工程上的计算,其计算速度受运算速度与内存大小所限制;而主机运算任务主要受到数据传输与转移、可靠性及并发处理性能所限制。

主机更倾向于整数运算,如订单数据、银行数据等,同时在安全性、可靠性和稳定性方面优于超级计算机。而超级计算机更强调浮点运算性能,如天气预报。主机在处理数据的同时需要读写或传输大量信息,如海量的交易信息、航班信息等。

2.3.3 小型计算机

图 2.13　军用小型计算机

小型计算机(图 2.13)是相对于大型计算机而言的,小型计算机的软件、硬件系统规模比较小,但价格低、可靠性高,便于维护和使用。小型计算机是硬件系统比较小,但功能却不少的微型计算机,方便携带和使用。近年来,小型机的发展也引人注目,特别是缩减指令系统计算机(Reduced Instruction Set Computer, RISC)体系结构,顾名思义是指令系统简化、缩小了的计算机,而过去的计算机则统属于复杂指令系统计算机(Complex Instruction Set Computer, CISC)。

小型机运行原理类似于 PC(个人电脑)和服务器,但性能及用途又与它们截然不同,它是 20 世纪 70 年代由 DCE 公司(数字设备公司)首先开发的一种高性能计算产品。

小型机具有区别 PC 及其服务器的特有体系结构,还有各制造厂自己的专利技术,比如美国 Sun、日本 Fujitsu(富士通)等公司的小型机是基于 SPARC 处理器架构;美国 HP 公司的则是基于 PA-RISC 架构;Compaq 公司是 Alpha 架构;另外,I/O 总线也不相同,Fujitsu 是 PCI,Sun 是 SBUS,等等。这就意味着各公司小型机机器上的插卡(如网卡、显示卡、SCSI 卡等)可能也是专用的。此外,小型机使用的操作系统一般是基于 UNIX 的,例如,Sun、Fujitsu 是用 Sun Solaris,HP 是用 HP-UNIX,IBM 是 AIX。所以小型机是封闭专用的计算机系统,使用小型机的用户一般是看中 UNIX 操作系统的安全性、可靠性和专用服务器的高速运算能力。

现在生产小型机的厂商主要有 IBM、HP、浪潮及曙光等。IBM 典型机器有 RS/6000、AS/400 等。它们的主要特色在于年宕机时间只有几小时,所以又统称为 z 系列(zero,零)。AS/400 主要应用在银行和制造业,还有用于 Domino 服务器,主要技术在于 TIMI(技术独立机器界面)、单级存储,有了 TIMI 技术可以做到硬件与软件相互独立。RS/6000 比较常见,一般用于科学计算和事务处理等。

为了扩大小型计算机的应用领域,出现了采用各种技术研制出超级小型计算机。这些高性能小型计算机的处理能力达到或超过了低档大型计算机的能力。因此,小型计算机和大型计算机的界线也有了一定的交错。

小型计算机提高性能的技术措施主要有以下四个方面：

①字长增加到 32 位，以便提高运算精度和速度，增强指令功能，扩大寻址范围，提高计算机的处理能力。

②采用大型计算机中的一些技术，如采用流水线结构、通用寄存器、超高速缓冲存储器、快速总线和通道等来提高系统的运算速度和吞吐率。

③采用各种大规模集成电路，用快速存储器、门阵列、程序逻辑阵列、大容量存储芯片和各种接口芯片等构成计算机系统，以缩小体积和降低功耗，提高性能和可靠性。

④研制功能更强的系统软件、工具软件、通信软件、数据库和应用程序包，以及能支持软件核心部分的硬件系统结构、指令系统和固件，软件、硬件结合起来构成用途广泛的高性能系统。

2.3.4　工作站

工作站是一种高端的通用微型计算机。它是由计算机和相应的外部设备以及成套的应用软件包所组成的信息处理系统，能够完成用户交给的特定任务，是推动计算机普及应用的有效方式。它能提供比个人计算机更强大的性能，尤其是图形处理能力和任务并行方面的能力。通常配有高分辨率的大屏、多屏显示器及容量很大的内存储器和外部存储器，并且具有极强的信息和高性能的图形、图像处理功能。另外，连接到服务器的终端机也可称为工作站。工作站的应用领域有科学和工程计算、软件开发、计算机辅助分析、计算机辅助制造、工程设计和应用、图形和图像处理、过程控制和信息管理等。

工作站应具备强大的数据处理能力，有直观的便于人机交换信息的用户接口，可以与计算机网络相连，在更大的范围内互通信息，共享资源。常见的工作站有计算机辅助设计（CAD）工作站（或称工程工作站）、办公自动化（OA）工作站、图像处理工作站等。

不同任务的工作站有不同的硬件和软件配置。

①一个小型 CAD 工作站的典型硬件配置为：普通计算机，带有功能键的 CRT 终端、光笔、平面绘图仪、数字化仪、打印机等；软件配置为：操作系统、编译程序、相应的数据库和数据库管理系统、二维和三维的绘图软件，以及成套的计算、分析软件包。它可以完成用户提交的各种机械的、电气的设计任务。

②OA 工作站的主要硬件配置为：普通计算机，办公用终端设备（如电传打字机、交互式终端、传真机、激光打印机、智能复印机等），通信设施（如局部区域网、程控交换机、公用数据网、综合业务数字网等）；软件配置为：操作系统、编译程序、各种服务程序、通信软件、数据库管理系统、电子邮件、文字处理软件、表格处理软件、各种编辑软件，以及专门业务活动的软件包，如人事管理、财务管理、行政事务管理等软件，并配备相应的数据库。OA 工作站的任务是完成各种办公信息的处理。

③图像处理工作站的主要硬件配置为：顶级计算机，一般还包括超强性能的显卡（由 CUDA 并行编程的发展所致），图像数字化设备（包括电子的、光学的或机电的扫描设备，数字化仪），图像输出设备，交互式图像终端；软件配置为：除了一般的系统软件外，还要有成套的图像处理软件包，它可以完成用户提出的各种图像处理任务。越来越多的计算机厂家在生产和销售各种工作站。

工作站根据软、硬件平台的不同，一般分为基于 RISC（精简指令系统）架构的 UNIX 系统工作站和基于 Windows、Intel 的 PC 工作站。

①UNIX 工作站是一种高性能的专业工作站,具有强大的处理器(以前多采用 RISC 芯片)和优化的内存、I/O(输入/输出)、图形子系统,使用专有的处理器(英特尔至强 XEON、AMD 皓龙等)、内存以及图形等硬件系统,Windows 7 旗舰版操作系统和 UNIX 系统,针对特定硬件平台的应用软件彼此互不兼容。

②PC 工作站则是基于高性能的英特尔至强处理器之上,使用稳定的 Windows 7 32/64 位操作系统,采用符合专业图形标准(OpenGL 4.x 和 DirectX 11)的图形系统,再加上高性能的存储、I/O(输入/输出)、网络等子系统,来满足专业软件运行的要求;以 Linux 为架构的工作站采用的是标准、开放的系统平台,能最大程度地降低拥有成本——甚至可以免费使用 Linux 系统及基于 Linux 系统的开源软件;以 Mac OS 和 Windows 为架构的工作站采用的是标准、闭源的系统平台,具有高度的数据安全性和配置的灵活性,可根据不同的需求来配置工作站的解决方案。

另外,根据体积和便携性,工作站还可分为台式工作站和移动工作站。

①台式工作站类似于普通台式电脑,体积较大,没有便携性,但性能强劲,适合专业用户使用。

②移动工作站其实就是一台高性能的笔记本电脑,但其硬件配置和整体性能又比普通笔记本电脑高一个档次。适用机型是指该工作站配件所适用的具体机型系列或型号。

不同的工作站标配不同的硬件,工作站配件的兼容性问题虽然不像服务器那样明显,但从稳定性角度考虑,通常还需使用特定的配件,这主要是由工作站的工作性质决定的。

按照工作站的用途可分为通用工作站和专用工作站。

通用工作站没有特定的使用目的,可以在以程序开发为主的多种环境中使用。通常在通用工作站上配置相应的硬件和软件,以适应特殊用途。在客户服务器环境中,通用工作站常作为客户机使用。

专用工作站是为特定用途开发的,由相应的硬件和软件构成,可分为办公工作站、工程工作站和人工智能工作站等。

①办公工作站是为了高效地进行办公业务,如文件和图形的制作、编辑、打印、处理、检索、维护,电子邮件和日程管理等。

②工程工作站是以开发、研究为主要用途而设计的,大多具有高速运算能力和强化了的图形功能,是计算机辅助设计、制造、测试、排版、印刷等领域用得最多的工作站。

③人工智能工作站用于智能应用的研究开发,可以高效地运行 LISP、PROLOG 等人工智能语言。后来,这种专用工作站已被通用工作站所取代。

④数字音频工作站一般由三部分构成,即计算机、音频处理接口卡和功能软件。计算机相当于数字音频工作站的"大脑",是数字音频工作站的"指挥中心",也是音频文件的存储、交换中心。音频处理接口卡相当于数字音频工作站的"连接器",负责通过模拟输入/输出、数字输入/输出、同轴输入/输出、MIDI 接口等连接调音台、录音设备等外围设备。功能软件相当于数字音频工作站的"工具",用鼠标点击计算机屏幕上的用户界面,就可以通过各种功能软件实现广播节目编辑、录音、制作、传输、存储、复制、管理、播放等工作。数字音频工作站的功能强大与否直接取决于其功能软件。全新的设计,极其人性化的用户界面,强大的浏览功能,多种拖放功能,简单易用的 MIDI 映射功能,与音频系统对应的自动配置功能,较好的音质,无限制的音轨数及每轨无限的插件数,支持各种最新技术规格,便利的起始页面,化繁杂为简单。如 Studio One Pro 及 Studio One Artist 等音乐制作工具都体现了下一代功能软件的特性。

需要注意的是,工作站区别于其他计算机,特别是区别于 PC 机,它对显卡、内存、CPU、硬盘都有更高的要求。

(1) 显卡

作为图形工作站的主要组成部分,一块性能强劲的 3D 专业显卡的重要性,从某种意义上来说甚至超过了处理器。与针对游戏、娱乐市场为主的消费类显卡相比,3D 专业显卡主要面对的是三维动画(如 3ds Max、Maya、Softimage|3D)、渲染(如 LightScape、3DS VIZ)、CAD(如 AutoCAD、Pro/Engineer、Unigraphics、SolidWorks)、模型设计(如 Rhino)以及部分科学应用等专业开放式图形库(OpenGL)应用市场。对这部分图形工作站用户来说,它们所使用的硬件无论是速度、稳定性还是软件的兼容性都很重要。用户的高标准、严要求使得 3D 专业显卡从设计到生产都必须达到极高的水准,加上用户群的相对有限造成生产数量较少,其总体成本的大幅上升也就不可避免了。与一般的消费类显卡相比,3D 专业显卡的价格要高得多,达到了几倍甚至十几倍的差距。

(2) 内存

主流工作站的内存为 ECC 内存和 REG 内存。ECC 主要用在中低端工作站上,并非像常见的 PC 版 DDR3 那样是内存的传输标准,ECC 内存是具有错误校验和纠错功能的内存。ECC 是 Error Checking and Correcting 的简称,它是通过在原来的数据位上额外增加数据位来实现的。如 8 位数据,则需 1 位用于 Parity(奇偶校验)检验,5 位用于 ECC,这额外的 5 位是用来重建错误数据的。当数据的位数增加一倍时,Parity 也增加一倍,而 ECC 只需增加 1 位,所以,当数据为 64 位时,所用的 ECC 和 Parity 位数相同(都为 8)。在那些 Parity 只能检测到错误的地方,ECC 可以纠正绝大多数错误。若工作正常时,不会发觉数据出过错,只有经过内存的纠错后,计算机的操作指令才可以继续执行。在纠错时系统的性能有着明显降低,不过这种纠错对服务器等应用而言是十分重要的,ECC 内存的价格比普通内存要昂贵许多。而高端的工作站和服务器上用的都是 REG 内存,REG 内存一定是 ECC 内存,而且多加了一个寄存器缓存,数据存取速度大大加快,其价格比 ECC 内存还要贵。

(3) CPU

传统的工作站 CPU 一般为非 Intel 或 AMD 公司生产的 CPU,而是使用 RISC 架构处理器,比如 PowerPC 处理器、SPARC 处理器、Alpha 处理器等,相应的操作系统一般为 UNIX 或其他专门的操作系统。全新的英特尔 NEHALEM 架构四核或者六核处理器具有以下几个特点:

① 超大的二级三级缓存,三级缓存六核或四核达到 12 M;

② 内存控制器直接通过 QPI 通道集成在 CPU 上,彻底解决了前端总线带宽瓶颈;

③ 英特尔独特的内核加速模式 turbo mode 根据需要开启、关闭内核的运行;

④ 第三代超线程 SMT 技术。

(4) 硬盘

用于工作站系统的硬盘根据接口不同,主要有 SAS 硬盘、SATA(Serial ATA)硬盘、SCSI 硬盘、固态硬盘。工作站对硬盘的要求介于普通台式机和服务器之间。因此,低端的工作站也可以使用与台式机一样的 SATA 或者 SAS 硬盘,而中高端的工作站会使用 SAS 或固态硬盘。

2.3.5　微型计算机

微型计算机简称"微型机"或"微机",由于其具备人脑的某些功能,所以也称其为"微电脑",又称为"个人计算机"(Personal Computer,PC)。微型计算机是由大规模集成电路组成的体积较小的电子计算机。它是以微处理器为基础,配以内存储器及输入输出(I/O)接口电路和相应的辅助电路而构成的裸机。

微型计算机的特点是体积小、灵活性大、价格便宜、使用方便。自1981年美国IBM公司推出第一代微型计算机IBM-PC以来,微型机以其执行结果精确、处理速度快捷、性价比高、轻便小巧等特点迅速进入社会各个领域,且技术不断更新、产品快速换代,从单纯的计算工具发展成为能够处理数字、符号、文字、语言、图形、图像、音频、视频等多种信息的强大多媒体工具。如今的微型机产品无论从运算速度、多媒体功能、软硬件支持,还是易用性等方面,都比早期产品有了质的飞跃。

许多公司(如Motorola等)也争相研制微处理器,推出了8位、16位、32位、64位的微处理器。每18个月,微处理器的集成度和处理速度就提高一倍,价格却下降一半。微型计算机的种类很多,主要分台式机(desktop computer)、笔记本(notebook)电脑和个人数字助理PDA三类(图2.14)。

图2.14　台式机、笔记本电脑和个人数字助理

通常,微型计算机可分为以下几类:

(1)**工业控制计算机**

工业控制计算机是一种采用总线结构,对生产过程及其机电设备、工艺装备进行检测与控制的计算机系统总称,简称"控制机"。它由计算机和过程输入/输出(I/O)两大部分组成。在计算机外部又增加一部分过程输入/输出通道,用来将工业生产过程的检测数据送入计算机进行处理;另一方面,将计算机要行使对生产过程控制的命令、信息转换成工业控制对象的控制变量信号,再送往工业控制对象的控制器中,由控制器行使对生产设备的运行控制。

(2)**个人计算机**

①台式机。台式机是应用非常广泛的微型计算机,是一种独立分离的计算机,体积相对较大,主机、显示器等设备一般都是相对独立的,需要放置在电脑桌或者专门的工作台上,因此命名为"台式机"。台式机的机箱空间大、通风条件好,具有很好的散热性;独立的机箱方便用户进行硬件升级(如显卡、内存、硬盘等);台式机机箱的开关键、重启键、USB、音频接口都在机箱前置面板中,方便用户使用。

②电脑一体机。电脑一体机是由一台显示器、一个键盘和一个鼠标组成的计算机。它的芯片、主板与显示器集成在一起,显示器就是一台计算机。因此,只要将键盘和鼠标连接到显示器上,机器就能使用。随着无线技术的发展,电脑一体机的键盘、鼠标与显示器可实现无线

连接,机器只有一根电源线,在很大程度上解决了台式机线缆多而杂的问题。

③笔记本式计算机。笔记本式计算机是一种小型、可携带的个人计算机,通常质量为 1 ~ 3 kg。与台式机架构类似,笔记本式计算机具有更好的便携性。笔记本式计算机除了键盘外,还提供了触控板(touchpad)或触控点(pointing stick),提供了更好的定位和输入功能。

④掌上电脑(PDA)。PDA(Personal Digital Assistant)是个人数字助手的意思。主要提供记事、通讯录、名片交换及行程安排等功能。可以帮助人们在移动中工作、学习、娱乐等。按使用来分类,分为工业级 PDA 和消费品 PDA。工业级 PDA 主要应用在工业领域,常见的有条形码扫描器、RFID 读写器、POS 机等;消费品 PDA 包括的比较多,比如智能手机、手持的游戏机等。

⑤平板电脑。平板电脑也称平板式计算机(Tablet Personal Computer,简称 Tablet PC、Flat PC、Tablet、Slates),是一种小型、方便携带的个人计算机,以触摸屏作为基本的输入设备。它拥有的触摸屏,允许用户通过手、触控笔或数字笔来进行作业而不是传统的键盘或鼠标。用户可以通过内置的手写识别、屏幕上的软键盘、语音识别或者一个外接键盘(如果该机型配备的话)实现输入。

(3)嵌入式计算机

嵌入式计算机即嵌入式系统,是一种以应用为中心、以微处理器为基础,软硬件可裁剪的,适用于应用系统对功能、可靠性、成本、体积、功耗等综合性严格要求的专用计算机系统。它一般由嵌入式微处理器、外围硬件设备、嵌入式操作系统及用户的应用程序四个部分组成。它是计算机市场中增长最快的,也是种类繁多、形态多种多样的计算机系统。嵌入式系统几乎包括了生活中的电器设备,如计算器、电视机顶盒、手机、数字电视、多媒体播放器、微波炉、数字相机、家庭自动化系统、电梯、空调、安全系统、自动售货机、消费电子设备、工业自动化仪表与医疗仪器等。

2.3.6　服务器

服务器是计算机的一种,它比普通计算机运行更快、负载更高、价格更贵。服务器在网络中为其他客户机(如 PC 机、智能手机、ATM 等终端甚至是火车系统等大型设备)提供计算或应用服务。服务器具有高速的 CPU 运算能力、长时间的可靠运行、强大的 I/O 外部数据吞吐能力以及更好的扩展性。根据所提供的服务,服务器都具备响应服务请求、承担服务、保障服务的能力。服务器作为电子设备,其内部结构十分复杂,但与普通的计算机内部结构相差不大,如 CPU、硬盘、内存、系统、系统总线等。

下面从不同角度讨论服务器的分类:

①根据体系结构不同,服务器可以分成两大重要的类别:IA 架构服务器和 RISC 架构服务器。

这种分类标准的主要依据是两种服务器采用的处理器体系结构不同。RISC 架构服务器采用的 CPU 是所谓的精简指令集的处理器,精简指令集 CPU 的主要特点是采用定长指令,使用流水线执行指令,这样一个指令的处理可以分成几个阶段,处理器设置不同的处理单元执行指令的不同阶段,比如指令处理如果分成三个阶段,当第 n 条指令处在第三个处理阶段时,第 $n+1$ 条指令将处在第二个处理阶段,第 $n+2$ 条指令将处在第一个处理阶段。这种指令的流水线处理方式使 CPU 有并行处理指令的能力,以至于处理器能够在单位时间内处理更多的指令。

IA 架构的服务器采用的是 CISC 体系结构(即复杂指令集体系结构),这种体系结构的特点是指令较长,指令的功能较强,单个指令可执行的功能较多,这样可以通过增加运算单元,使一个指令所执行的功能可并行执行,以提高运算能力。长时间以来两种体系结构一直在相互竞争中成长,都取得了快速的发展。IA 架构的服务器采用了开放体系结构,因而有了大量的硬件和软件的支持者,在近年有了长足的发展。

②根据服务器的规模不同可以将服务器分成工作组服务器、部门服务器和企业服务器。

这种分类方法是一种相对比较老的分类方法,主要是根据服务器应用环境的规模来分类,比如一个 10 台客户机的计算机网络环境适合使用工作组服务器,这种服务器往往采用一个处理器,较小的硬盘容量和不是很强的网络吞吐能力;一个几十台客户机的计算机网络适用部门级服务器,部门级服务器能力相对更强,往往采用两个处理器,有较大的内存和磁盘容量,磁盘 I/O 和网络 I/O 的能力也较强,这样才能有足够的处理能力来受理客户端提出的服务需求;而企业级的服务器往往处于 100 台客户机以上的网络环境,为了承担对大量服务请求的响应,这种服务器往往采用 4 个处理器、有大量的硬盘和内存,并且能够进一步扩展以满足更高的需求,由于要应付大量的访问,所以这种服务器的网络速度和磁盘速度也应该很高。为达到这一要求,往往要采用多个网卡和多个硬盘并行处理。

不过上述描述是不精确的,还存在很多特殊情况,比如一个网络的客户机可能很多,但对服务器的访问可能很少,就没有必要要一台功能超强的企业级服务器,由于这些因素的存在,使得这种服务器的分类方法更倾向于定性而不是定量。也就是说,从小组级到部门级再到企业级,服务器的性能是在逐渐加强的,其他各种特性也是在逐渐加强的。

③根据服务器的功能不同可以将服务器分成很多类别。

文件/打印服务器,这是最早的服务器种类,它可以执行文件存储和打印机资源共享的服务,至今这种服务器还在办公环境里广泛应用;数据库服务器,运行一个数据库系统,用于存储和操纵数据,向联网用户提供数据查询、修改服务,这种服务器也是一种广泛应用在商业系统中的服务器;Web 服务器、E-Mail 服务器、NEWS 服务器、PROXY 服务器,这些服务器都是 Internet 应用的典型,它们能完成主页的存储和传送、电子邮件服务、新闻组服务等。所有这些服务器都不仅仅是硬件系统,它们常常是通过硬件和软件的结合来实现特定的功能。

可从以下几个方面来衡量服务器是否达到了其设计目的:

1)可用性

对于一台服务器而言,一个非常重要的方面就是它的"可用性",即所选服务器能满足长期稳定工作的要求,不能经常出问题。其实就等同于可靠性(reliability)。

服务器所面对的是整个网络的用户,而不是单个用户,在大中型企业中,通常要求服务器是永不中断的。在一些特殊应用领域,即使没有用户使用,有些服务器也得不间断地工作,因为它必须持续地为用户提供连接服务,而无论是在上班还是下班,也无论是工作日还是节假日,这就是要求服务器必须具备极高的稳定性的根本原因。

一般来说,专门的服务器都要 24 h 不间断地工作,特别像一些大型的网络服务器,如大公司所用服务器、网站服务器,以及提供公众服务 iqdeWEB 服务器等更是如此。对于这些服务器来说,也许真正工作开机的次数只有一次,那就是它刚买回全面安装配置好后投入正式使用的那一次,此后,它要不间断地工作,一直到彻底报废。如果动不动就出毛病,则会严重影响公司的正常运行。为了确保服务器具有较高的"可用性",除了要求各配件质量过关外,还可采取必要的技术和配置措施,如硬件冗余、在线诊断等。

2)可扩展性

服务器必须具有一定的可扩展性,这是因为企业网络不可能长久不变,特别是在信息时代。如果服务器没有一定的可扩展性,当用户一增多就不能负担的话,一台价值几万甚至几十万的服务器在短时间内就要遭到淘汰,这是任何企业都无法承受的。为了保持可扩展性,通常需要服务器具备一定的可扩展空间和冗余件(如磁盘阵列架位、PCI 和内存条插槽位等)。

可扩展性具体体现在硬盘是否可扩充,CPU 是否可升级或扩展,系统是否支持 Windows NT、Linux 或 UNIX 等多种主流操作系统,只有这样才能保持前期投资为后期充分利用。

3)易使用性

服务器的功能相对于 PC 来说复杂得多,不仅指其硬件配置,更多的是指其软件系统配置。没有全面的软件支持,服务器要实现如此多的功能是无法想象的。但是,软件系统一多,又可能造成服务器的使用性能下降,管理人员无法有效操纵。因此,许多服务器厂商在进行服务器的设计时,除了要充分考虑服务器的可用性、稳定性等方面外,还必须在服务器的易使用性方面下足功夫。例如,服务器是不是容易操作,用户导航系统是不是完善,机箱设计是否人性化,有没有一键恢复功能,是否有操作系统备份,以及有没有足够的培训支持等。

4)易管理性

在服务器的主要特性中还有一个重要特性,那就是服务器的"易管理性"。虽然服务器需要不间断地持续工作,但再好的产品都有可能出现故障。服务器虽然在稳定性方面有足够的保障,但也应有必要的避免出错的措施,以及时发现问题,而且出了故障也能及时得到维护。这不仅可减少服务器出错的机会,同时还可大大提高服务器维护的效率。

服务器的易管理性还体现在服务器是否有智能管理系统、自动报警功能,独立的管理系统、液晶监视器等方面。只有这样,管理员才能轻松管理,高效工作。

因为服务器的特殊性,所以对于安全方面需要重点考虑。

1)服务器所处运行环境

对于计算机网络服务器来说,运行的环境是非常重要的。其中所指的环境主要包括运行温度和空气湿度两个方面。网络服务器与电力的关系是非常紧密的,电力是保证其正常运行的能源支撑基础,电力设备对于运行环境的温度和湿度要求通常比较严格,在温度较高的情况下,网络服务器与其电源的整体温度也会不断升高,如果超出温度耐受临界值,设备会受到不同程度的损坏,甚至会引发火灾。如果环境中的湿度过高,网络服务器中会集结大量水汽,很容易引发漏电事故,严重威胁使用人员的人身安全。

2)网络服务器安全维护意识

系统在运行期间,如果计算机用户缺乏基本的网络服务器安全维护意识,缺少有效的安全维护措施,对于网络服务器的安全维护不给予充分重视,终究会导致网络服务器出现一系列运行故障。与此同时,如果用户没有选择正确的防火墙软件,系统不断出现漏洞,用户个人信息极易遭泄露。

3）服务器系统漏洞问题

计算机网络本身具有开放自由的特性,这种属性既存在技术性优势,在某种程度上也会对计算机系统的安全造成威胁。一旦系统中出现很难修复的程序漏洞,黑客就可能借助漏洞对缓冲区进行信息查找,或攻击计算机系统,这样一来,不但用户信息面临泄露的风险,计算机运行系统也会遭到破坏。

2.4　现代计算机的特点

现代计算机主要具有以下一些特点:

(1)运算速度快

计算机内部的运算是由数字逻辑电路组成的,可以高速而准确地完成各种算术运算。当今计算机系统的运算速度已达到每秒万亿次,微机也可达每秒亿次以上,使大量复杂的科学计算问题得以解决。例如,卫星轨道的计算、大型水坝的计算、24 h天气预报的计算等,过去人工计算需要几年、几十年,如今,用计算机只需几天甚至几分钟就可完成。

(2)计算精度高

科学技术的发展,特别是尖端科学技术的发展,需要高度精确的计算。计算机的精度主要取决于字长,字长越长,计算机的精度就越高。计算机控制的导弹能准确地击中预定的目标,是与计算机的精确计算分不开的。一般计算机可以有十几位甚至几十位(二进制)有效数字,计算精度可由千分之几到百万分之几,是普通计算工具所望尘莫及的。

(3)存储容量大

计算机要获得很强的计算和数据处理能力,除了依赖计算机的运算速度外,还依赖于它的存储容量大小。计算机有一个存储器,可以存储数据和指令,计算机在运算过程中需要的所有原始数据、计算规则、中间结果和最终结果,都存储在这个存储器中。计算机的存储器分为内存和外存两种。现代计算机的内存和外存容量都很大,如微型计算机内存容量一般都在512 MB(兆字节)以上,最主要的外存——硬盘的存储容量更是达到了太字节(1 TB = 1 024 GB,1 TB = 1 024 × 1 024 MB)。

(4)逻辑运算能力强

计算机在进行数据处理时,除了具有算术运算能力外,还具有逻辑运算能力,可以通过对数据的比较和判断,获得所需的信息。这使得计算机不仅能够解决各种数值计算问题,还能解决各种非数值计算问题,如信息检索、图像识别等。

(5)自动化程度高

由于计算机具有存储记忆能力和逻辑判断能力,因此,人们可以将预先编好的程序存入计算机内,在运行程序的控制下,计算机能够连续、自动地工作,不需要人的干预。

(6)支持人机交互

计算机具有多种输入/输出设备,配置适当的软件之后,可支持用户进行人机交互。当这种交互性与声像技术结合形成多媒体界面时,用户的操作便可达到简捷、方便、丰富多彩。

2.5　冯·诺依曼体系结构

第二次世界大战期间,冯·诺依曼提出的逻辑和计算机思想指导设计并制造出历史上的第一台通用电子计算机。他的计算机理论主要受自身数学基础影响,且具有高度数学化、逻辑化特征,对于该理论,一般会叫作"计算机的逻辑理论"。其逻辑设计具有以下特点:

①将电路、逻辑两种设计进行分离,给计算机建立创造最佳条件。

②将个人神经系统、计算机结合在一起,提出全新理念,即生物计算机。

即便 ENIAC 机是通过当时美国乃至全球顶尖技术实现的,但它采用临时存储,故而缺点较多,比如存储空间有限、程序无法存储等,且运行速度较慢,具有先天不合理性。冯·诺依曼以此为前提制订以下优化方案:

①用二进制进行运算,大大加快了计算机速度。

②存储程序,也就是通过计算机内部存储器保存运算程序。如此一来,程序员仅仅通过存储器写入相关运算指令,计算机便能立即执行运算操作,大大加快运算效率。

③提出计算机由五个部分组成:运算器、控制器、存储器、输入设备和输出设备。

最终冯·诺依曼体系结构就是其所提出的计算机制造的三个基本原则,即采用二进制逻辑、程序存储和程序控制以及计算机由五个部分组成(运算器、控制器、存储器、输入设备、输出设备)。

现代计算机发展所遵循的基本结构形式始终是冯·诺依曼机结构。这种结构特点是"程序存储,共享数据,顺序执行",需要 CPU 从存储器取出指令和数据进行相应的计算。主要特点有:

①单处理机结构,机器以运算器为中心;

②采用程序存储思想;

③指令和数据一样可以参与运算;

④数据以二进制表示;

⑤将软件和硬件完全分离;

⑥指令由操作码和操作数组成;

⑦指令顺序执行。

但冯·诺依曼体系结构也存在局限性,例如,CPU 与共享存储器间的信息交换的速度成为影响系统性能的主要因素,而信息交换速度的提高又受制于存储元件的速度、存储器的性能和结构等诸多条件。归纳起来如下所述:

①指令和数据存储在同一个存储器中,形成系统对存储器的过分依赖。如果存储元件的发展受阻,系统的发展也将受阻。

②指令在存储器中按其执行顺序存放,由指令计数器 PC 指明要执行的指令所在的单元地址,然后取出指令执行操作任务。指令的执行是串行,这影响了系统执行的速度。

③存储器是按地址访问的,地址采用线性编址且属于一维结构,这样利于存储和执行机器语言指令,适用于作数值计算。但是,高级语言表示的存储器则是一组有名字的变量,按名字调用变量,不按地址访问。机器语言同高级语言在语义上存在很大的间隔,称为"冯·诺依曼

语义间隔"。消除语义间隔成了计算机发展面临的一大难题。

④冯·诺依曼体系结构计算机是为算术和逻辑运算而诞生的,目前在数值处理方面已经到达较高的速度和精度,而非数值处理应用领域发展缓慢,需要在体系结构方面有重大的突破。

⑤传统的冯·诺依曼型结构属于控制驱动方式。它是执行指令代码对数值代码进行处理,只要指令明确,输入数据准确,启动程序后自动运行而且结果是预期的。一旦指令和数据有错误,机器不会主动修改指令并完善程序。而人类生活中有许多信息是模糊的,事件的发生、发展和结果是不能预测的,现代计算机的智能还无法应对如此复杂的任务。

2.6 计算机的科学应用

(1)科学计算领域

从 1946 年计算机诞生到 20 世纪 60 年代,计算机的应用主要是以自然科学为基础,以解决重大科研和工程问题为目标,进行大量复杂的数值运算,以帮助人们从烦琐的人工计算中解脱出来。其主要应用包括天气预报、卫星发射、弹道轨迹计算、核能开发利用等。

(2)信息管理领域

信息管理是指利用计算机对大量数据进行采集、分类、加工、存储、检索和统计等。从 20 世纪 60 年代中期开始,计算机在数据处理方面的应用得到了迅猛发展。其主要应用包括企业管理、物资管理、财务管理、人事管理等。

(3)自动控制领域

自动控制是指由计算机控制各种自动装置、自动仪表、自动加工设备的工作过程。根据应用又可分为实时控制和过程控制。其主要应用包括工业生产过程中的自动化控制、卫星飞行方向控制等。

(4)计算机辅助系统领域

常用的计算机辅助系统介绍如下:

①CAD(Computer Aided Design),即计算机辅助设计。广泛用于电路设计、机械零部件设计、建筑工程设计和服装设计等。

②CAM(Computer Aided Manufacture),即计算机辅助制造。广泛用于利用计算机技术通过专门的数字控制机床和其他数字设备,自动完成产品的加工、装配、检测和包装等制造过程。

③CAI(Computer Aided Instruction),即计算机辅助教学。广泛用于利用计算机技术,包括多媒体技术或其他设备辅助教学过程。

④其他计算机辅助系统,如 CAT(Computer Aided Test)计算机辅助测试、CASE(Computer Aided Software Engineering)计算机辅助软件工程等。

(5)人工智能领域

人工智能(Artificial Intelligence,AI)是利用计算机模拟人类的某些智能行为,比如感知、学习、理解等。其研究领域包括模式识别、自然语言处理、模糊处理、神经网络、机器人等。

（6）电子商务领域

电子商务（Electronic Commerce,EC）是指通过使用互联网等电子工具（这些工具包括电报、电话、广播、电视、传真、计算机、计算机网络、移动通信等）在全球范围内进行的商务贸易活动。人们不再面对面地看着实物,靠纸等单据或者现金进行买卖交易,而是通过网络浏览商品、完善的物流配送系统和方便安全的网络在线支付系统进行交易。

2.7　计算思维概述

思维是人类所具有的高级认识活动。按照信息论的观点,思维是对新输入信息与脑内储存知识经验进行一系列复杂的心智操作过程,如图 2.15 所示。

从人类认识世界和改造世界的思维方式出发,科学思维可分为理论思维（theoretical thinking）、实验思维（experimental thinking）和计算思维（computational thinking）三种。

①理论思维:以推理和演绎为特征的推理思维（以数学学科为代表）;

②实验思维:以观察和总结自然规律为特征的实证思维（以物理学科为代表）;

③计算思维:以设计和构造为特征的计算思维（以计算机学科为代表）。

计算机的出现为人类认识和改造世界提供了一种更加有效的手段,而以计算机技术和计算机科学为基础的计算思维必将深刻影响人类的思维方式。

图 2.15　思维是复杂的心智操作过程

2.7.1　理解计算思维

2006 年 3 月,美国卡内基·梅隆大学计算机科学系主任周以真（Jeannette M. Wing）教授在美国计算机权威期刊《Communications of the ACM》杂志上给出并定义了计算思维。周教授认为:计算思维是运用计算机科学的基础概念进行问题求解、系统设计,以及人类行为理解等涵盖计算机科学之广度的一系列思维活动。2010 年,周以真教授又指出计算思维是与形式化问题及其解决方案相关的思维过程,其解决问题的表示形式应该能有效地被信息处理代理执行。

（1）利用计算思维解决问题的一般过程

国际教育技术协会（ISTE）和计算机科学教师协会（CSTA）于 2011 年给计算思维做了一个可操作性的定义,即计算思维是一个问题解决的过程,该过程包括以下特点:

①制订问题,并能够利用计算机和其他工具来帮助解决该问题。

②要符合逻辑地组织和分析数据。

③通过抽象（如模型、仿真等）,再现数据。

④通过算法思想（一系列有序的步骤）,支持自动化的解决方案。

⑤分析可能的解决方案,找到最有效的方案,并且有效结合这些步骤和资源。

⑥将该问题的求解过程进行推广,并移植到更广泛的问题中。

其中抽象(abstraction)和自动化(automation)是计算思维的两大核心特征。抽象是方法,是手段,贯穿整个过程的每个环节。自动化是最终目标,让机器去做计算的工作,将人脑解放出来,中间目标是实现问题的可计算化,体现在成果上就是数学模型、映射算法。

(2)计算思维的优点

计算思维吸取了问题解决所采用的一般数学思维方法,现实世界中巨大复杂系统的设计与评估的一般工程思维方法,以及复杂性、智能、心理、人类行为的理解等一般科学思维方法。计算思维建立在计算过程的能力和限制之上,由人与机器执行。计算方法和模型使人们能够去处理那些原本无法由个人独立完成的问题求解和系统设计。

计算思维中的抽象完全超越了物理的时空观,并完全用符号来表示。其中,数学抽象只是一类特例。与数学和物理科学相比,计算思维中的抽象显得更为丰富,也更为复杂。数学抽象的最大特点是抛开现实事物的物理、化学和生物学等特性,仅保留其量的关系和空间的形式,而计算思维中的抽象却不仅仅如此。

(3)计算思维的特性

1)概念化,不是程序化

计算机科学不是计算机编程。像计算机科学家那样去思维意味着远不止能为计算机编程,还要求能够在抽象的多个层次上思维。

2)是根本的,不是刻板的技能

根本技能是每一个人为了在现代社会中发挥职能所必须掌握的。刻板技能意味着机械的重复。具有讽刺意味的是,当计算机像人类一样思考之后,思维就真的变成机械的了。

3)是人的,不是计算机的思维方式

计算思维是人类求解问题的一条途径,但决非要使人类像计算机那样思考。计算机枯燥且沉闷,人类聪颖且富有想象力。人类赋予计算机激情,配置了计算设备,就能用自己的智慧去解决那些在计算时代之前不敢尝试的问题,实现"只有想不到,没有做不到"的境界。

4)数学和工程思维的互补与融合

计算机科学在本质上源自数学思维,因为像所有的科学一样,其形式化基础建筑于数学之上。计算机科学又从本质上源自工程思维,因为人们建造的是能够与现实世界互动的系统,基本计算设备的限制迫使计算机学家必须计算性地思考,不能只是数学性地思考。构建虚拟世界的自由使人们能够设计超越物理世界的各种系统。

5)是思想,不是人造物

计算机科学不只是人们生产的软件、硬件等人造物以物理形式到处呈现并时时刻刻触及人们的生活,更重要的是还有用以接近和求解问题、管理日常生活、与他人交流和互动的计算概念,而且面向所有的人和所有的地方。当计算思维真正融入人类活动的整体,以致不再表现为一种显式之哲学时,它就将成为一种现实。

计算思维教育不需要人人成为程序员、工程师,而是拥有一种适配未来的思维模式。计算思维是人类在未来社会求解问题的重要手段,而不是让人像计算机一样机械运转。

计算思维提出的初衷有三条:

①计算思维关注于教育。这种教育并非出于培养计算机科学家或工程师,而是为了启迪每个人的思维。

②计算思维应该教会人们该如何清晰地思考这个由数字计算所创造的世界。

③计算思维是人的思维而不是机器的思维,是关于人类如何构思和使用数字技术,而不是数字技术本身。

计算思维代表着一种普遍的态度和技能,不仅属于计算机专业人员,更是每个人都应学习和应用的思维。

习　题

1. 单选题

(1)世界上第一台电子计算机 ENIAC 诞生于(　　　)。

A. 1945 年　　　　　　　B. 1946 年　　　　　　　C. 1947 年　　　　　　　D. 1948 年

(2)个人计算机属于(　　　)。

A. 小巨型机　　　　　　B. 小型计算机　　　　　C. 微型计算机　　　　　D. 中型计算机

(3)第四代计算机的逻辑器件,采用的是(　　　)。

A. 晶体管　　　　　　　　　　　　　　　B. 大规模/超大规模集成电路

C. 中/小规模集成电路　　　　　　　　　D. 微处理器集成电路

(4)微型计算机诞生于(　　　)。

A. 第一代计算机时期　　　　　　　　　　B. 第二代计算机时期

C. 第三代计算机时期　　　　　　　　　　D. 第四代计算机时期

(5)当前使用的微型计算机,其主要器件是由(　　　)构成的。

A. 晶体管　　　　　　　　　　　　　　　B. 大规模和超大规模集成电路

C. 中/小规模集成电路　　　　　　　　　D. 微处理器集成电路

(6)过程控制的特点是(　　　)。

A. 计算量大,数值范围广　　　　　　　　B. 数据输入输出量大,计算相对简单

C. 需要进行大量的图形交互操作　　　　　D. 具有良好的实时性和较高的可靠性

(7)化工厂中用计算机系统控制物料配比、温度调节、阀门开关的应用属于(　　　)。

A. 过程控制　　　　　B. 数据处理　　　　　C. 科学计算　　　　　D. CAD/CAM

(8)不属于计算机数据处理的应用是(　　　)。

A. 管理信息系统　　　　　　　　　　　　B. 实时控制

C. 办公自动化　　　　　　　　　　　　　D. 决策支持系统

(9)不属于计算机 AI 的应用是(　　　)。

A. 计算机语音识别和语音输入系统　　　　B. 计算机手写识别和手写输入系统

C. 计算机自动英汉文章翻译系统　　　　　D. 决策支持系统

(10)人们经常收发电子邮件,这属于计算机在(　　　)方面的应用。

A. 过程控制　　　　　B. 数据处理　　　　　C. 科学计算　　　　　D. CAD/CAM

(11)1959 年 IBM 公司的塞缪尔编制了一个具有自学能力的跳棋程序,这属于计算机在

( )方面的应用。

    A. 过程控制   B. 数据处理   C. 计算机科学计算   D. 人工智能

(12)在计算机应用中,"计算机辅助制造"的英文缩写为( )。

    A. CAD   B. CAM   C. CAE   D. CAT

(13)在计算机的应用中,"MIS"表示( )。

    A. 管理信息系统   B. 决策支持系统   C. 办公自动化   D. 人工智能

(14)在计算机的应用中,"OA"表示( )。

    A. 管理信息系统   B. 决策支持系统   C. 办公自动化   D. 人工智能

(15)在计算机的应用中,"DSS"表示( )。

    A. 管理信息系统   B. 决策支持系统   C. 办公自动化   D. 人工智能

(16)办公自动化是计算机的一项应用,按计算机应用的分类,它属于( )。

    A. 科学计算   B. 实时控制   C. 数据处理   D. 辅助设计

(17)在计算机应用中,"计算机辅助设计"的英文缩写为( )。

    A. CAD   B. CAM   C. CAE   D. CAT

(18)在计算机应用中,"AI"表示( )。

    A. 管理信息系统   B. 决策支持系统   C. 办公自动化   D. 人工智能

(19)下面是关于微型计算机的叙述:

①微型计算机的核心是微处理器

②人们常以微处理器为依据来表述微型计算机的发展

③微处理器经历了 4 位、8 位、16 位和 32 位四代的发展过程

④微型计算机诞生于第三代计算机时代

其中全部正确的一组是( )。

    A. ①②④   B. ①③④   C. ①②③④   D. ①②③

(20)计算机系统由( )组成。

    A. 主机和系统软件   B. 硬件系统和应用软件

    C. 硬件系统和软件系统   D. 微处理器和软件系统

(21)计算机最主要的工作特点是( )。

    A. 程序存储与自动控制   B. 高速度与高精度

    C. 可靠性与可用性   D. 有记忆能力

(22)冯·诺依曼计算机工作原理的设计思想是( )。

    A. 程序设计   B. 程序存储   C. 程序编制   D. 算法设计

(23)世界上最先实现程序存储的计算机是( )。

    A. ENIAC   B. EDSAC   C. EDVAC   D. UNIVAC

(24)计算复杂性的度量标准是( )复杂性和空间复杂性。

    A. 思维   B. 速度   C. 时间   D. 容量

(25)下列关于计算思维,正确的说法是( )。

    A. 计算机的发展导致了计算思维的诞生   B. 计算思维是计算机的思维方式

    C. 计算思维的本质是计算   D. 计算思维是问题求解的一种途径

(26)从方法论的角度来说,计算思维的核心是( )。

A. 程序　　　　　　　　　　　　　　B. 计算机的思维方式

C. 计算　　　　　　　　　　　　　　D. 计算思维方法

(27) 人们具有的三大思维能力是(　　　)。

A. 逆向思维、演绎思维和发散思维　　B. 实验思维、理论思维和计算思维

C. 抽象思维、逻辑思维和形象思维　　D. 计算思维、理论思维和辩证思维

(28) 计算思维是指(　　　)。

A. 计算机相关知识

B. 算法与程序设计技巧

C. 知识与技术的结合

D. 蕴含在科学知识背后的具有贯通性和联想性的内容

(29) 智能机器人利用计算机来模拟人类思维而展开的系列活动,属于计算机应用中的
(　　　)。

A. 数值计算　　　　　B. 自动控制　　　　　C. 人工智能　　　　　D. 辅助教育

(30) 计算机发展的总体趋势是(　　　)。

A. 智能化、微型化、网络化　　　　　B. 机械化、自动化、简单化

C. 智能化、简单化、网络化　　　　　D. 人工化、网络化、复杂化

(31) 家用电脑属于(　　　)。

A. 巨型机　　　　　　B. 中型机　　　　　　C. 小型机　　　　　　D. 微型机

(32) 病人坐在家中,通过网上病情诊断网站获得医生对自己的病情诊断结果,这种应用
属于(　　　)。

A. 自动控制　　　　　B. 网络计算　　　　　C. 远程医疗　　　　　D. 虚拟现实

2. 填空题

(1) 计算机硬件由_____、_____、_____、
_____和_____共 5 大部件所组成。

(2) 信息技术(_____,IT)。

(3) CAD 的中文名称是_____。

(4) 著名数学家约翰·冯·诺依曼提出了电子计算机_____和程序控制的
计算机基本工作原理。

3. 判断题

(1) 世界上第一台电子计算机 ENIAC 首次实现了"存储程序"方案。　　　　　(　　)

(2) 按照计算机的规模,人们将计算机的发展过程分为四个时代。　　　　　　(　　)

(3) 微型计算机最早出现于第三代计算机中。　　　　　　　　　　　　　　　(　　)

(4) 冯·诺依曼提出的计算机体系结构奠定了现代计算机的结构理论基础。　　(　　)

(5) 目前计算机应用最广泛的领域是科学技术与工程计算。　　　　　　　　　(　　)

(6) 世界上第一台电子数字计算机采用的主要逻辑部件是晶体管。　　　　　　(　　)

(7) 计算思维是计算机的思维方式。　　　　　　　　　　　　　　　　　　　(　　)

(8) 第四代电子计算机的材料主要采用中/小规模集成电路元件进行制造。　　　(　　)

(9) 世界上不同型号的计算机工作原理都是冯·诺依曼提出的存储程序控制原理。

　　　　　　　　　　　　　　　　　　　　　　　　　　　　　　　　　　(　　)

（10）按电子计算机传统的分代方法，第一代至第四代计算机依次是晶体管计算机、集成电路计算机、大规模集成电路计算机、光器件计算机。　　　　　　（　　）

（11）在计算机内部，一切信息的存放、处理和传递均采用(二进制)的形式。　（　　）

（12）第一台现代电子计算机是冯·诺依曼发明的。　　　　　　　　　　（　　）

（13）计算机具有逻辑判断能力，所以说具有人的全部智能。　　　　　　（　　）

（14）计算机主要应用于科学计算、数据处理、自动控制、计算机辅助设计、办公自动化和人工智能领域。　　　　　　　　　　　　　　　　　　　　　　　（　　）

（15）个人计算机属于大型计算机。　　　　　　　　　　　　　　　　（　　）

4. 简答题

（1）简述计算机的设计原理。

（2）计算机的特点主要有哪些？

（3）简述计算机的发展情况。

（4）简述计算机的应用领域。

（5）简述计算思维的概念。

（6）简述计算思维的特点。

第 **3** 章
计算机硬件和软件系统

计算机是一个非常有用的工具,学习计算机的重点是掌握其基本组成结构、基本操作和使用技巧,但如果想要对计算机有一个比较系统的认识,还需要了解一些有关计算机的硬件系统和软件系统的基础知识。

学习目标

- 理解计算机系统的概念
- 理解计算机的"存储程序"工作原理
- 了解中央处理器功能
- 掌握存储器功能及分类
- 了解外围设备功能及分类
- 掌握总线结构
- 了解通用串行总线接口 USB
- 掌握微机的主要性能指标
- 掌握操作系统基础知识
- 理解指令和程序的概念
- 理解程序设计语言的分类及区别
- 掌握应用软件

3.1　计算机的基本组成及工作原理

3.1.1　计算机的基本组成

一个完整的计算机系统由硬件系统和软件系统两大部分组成。硬件系统是指构成计算机系统的物理设备,如主板、中央处理器(Central Processing Unit, CPU)、硬盘、光驱、机箱、键盘、显示器和打印机等;软件系统是指在计算机上运行的各种程序、数据和文档的集合。

没有安装任何软件的计算机称为裸机,裸机是无法工作的,必须安装操作系统和其他软件之后才能使用。当然,没有硬件系统支持的软件系统也是无法使用的。因此,硬件系统和软件系统是相辅相成、密不可分的。

计算机系统的组成如图 3.1 所示。

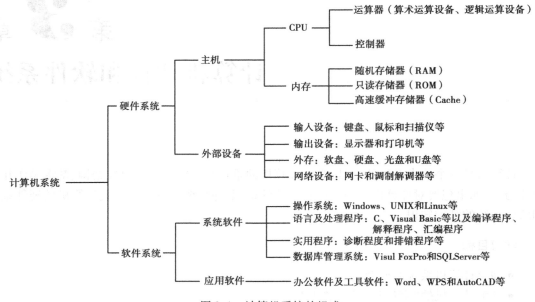

图 3.1　计算机系统的组成

3.1.2　计算机的工作原理

计算机的基本工作原理是运行存储程序和进行程序控制。预先将指挥计算机如何进行操作的指令序列(称为程序)和原始数据输入计算机内存中,每一条指令中明确规定了计算机从哪个地址取数,进行什么操作,然后送到什么地方去等步骤。计算机在运行时,先从内存中取出第 1 条指令,通过控制器的译码器接收指令的要求,再从存储器中取出数据进行指定的运算和逻辑操作等;然后再按地址将结果送到内存中去;接下来,取出第 2 条指令,在控制器的指挥下完成规定操作,依此进行下去,直到遇到停止指令。计算机硬件系统的工作流程如图 3.2 所示。

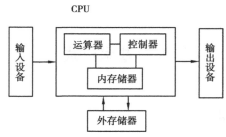

图 3.2　计算机硬件系统的工作流程

3.2　计算机硬件系统

冯·诺依曼体系的计算机硬件系统由控制器、运算器、存储器、输入设备和输出设备五大部件组成,它们之间通过总线连接起来。一台计算机的正常工作是需要 5 个部件之间的协调工作才能完成,如图 3.3 所示。

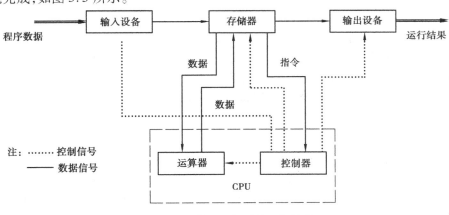

图 3.3　计算机硬件系统逻辑结构

3.2.1　中央处理器

中央处理器是电子计算机的主要核心设备之一,是计算机系统的运算和控制核心,是信息处理、程序运行的最终执行单元。它主要包括两个部分,即运算器和控制器。其中还包括高速缓冲存储器及实现它们之间联系的数据、控制的总线。其功能主要是处理指令、执行操作、控制时间、处理数据。

（1）运算器

运算器(arithmetic unit)是整个计算机系统的核心,主要由执行算术运算和逻辑运算的算术逻辑单元(Arithmetic Logic Unit, ALU)、累加器、状态寄存器、通用寄存器组等组成。

算术逻辑运算单元的基本功能为加、减、乘、除四则运算,"与""或""非""异或"等逻辑操作,以及移位、求补等操作。计算机运行时,运算器的操作和操作种类由控制器决定。运算器处理的数据来自存储器;处理后的结果数据通常送回存储器,或暂时寄存在运算器中。与Control Unit 共同组成了 CPU 的核心部分。

（2）控制器

控制器是指挥计算机的各个部件按照指令的功能要求协调工作的部件,是计算机的神经中枢和指挥中心,由指令寄存器 IR(Instruction Register)、程序计数器 PC(Program Counter)和操作控制器 OC(Operation Controller)等部件组成。在系统运行过程中,不断地生成指令地址、取出指令、分析指令、向计算机的各个部件发出微操作控制信号,协调整个计算机有序地工作。控制器主要分为组合逻辑控制器、微程序控制器。两种控制器都有各自的优点与不足,其中组合逻辑控制器结构相对较复杂,但优点是速度较快;微程序控制器设计的结构简单,但在修改一条机器指令功能中,需对微程序的全部重编。

（3）寄存器

在计算机中，寄存器是 CPU 内部的元件，包括通用寄存器、专用寄存器和控制寄存器。寄存器（register）是 CPU 内部用来存放数据（二进制代码）的一些小型存储区域，用来暂时存放参与运算的数据和运算结果。它是一种常用的时序逻辑电路，但这种时序逻辑电路只包含存储电路。寄存器的存储电路是由锁存器或触发器构成的，因为一个锁存器或触发器能存储一位二进制数，所以由 n 个锁存器或触发器可以构成 n 位寄存器。

寄存器最起码具备以下四种功能：

①清除数码：将寄存器里的原有数码清除。

②接收数码：在接收脉冲作用下，将外输入数码存入寄存器中。

③存储数码：在没有新的写入脉冲来之前，寄存器能保存原有数码不变。

④输出数码：在输出脉冲作用下，通过电路输出数码。

仅具有以上功能的寄存器，称为数码寄存器；有的寄存器还具有移位功能，称为移位寄存器。

寄存器有串行和并行两种数码存取方式。将 n 位二进制数一次存入寄存器或从寄存器中读出的方式称为并行方式。将 n 位二进制数以每次 1 位，分成 n 次存入寄存器并从寄存器读出，这种方式称为串行方式。并行方式只需一个时钟脉冲就可以完成数据操作，工作速度快，但需要 n 根输入和输出数据线。串行方式要使用几个时钟脉冲完成输入或输出操作，工作速度慢，但只需要一根输入或输出数据线，传输线少，适用于远距离传输。

3.2.2　主存储器

主存储器（main memory）简称"主存"，是计算机硬件的一个重要部件，其作用是存放指令和数据，并能由中央处理器（CPU）直接随机存取。现代计算机为了提高性能，又能兼顾合理的造价，往往采用多级存储体系。即由存储容量小、存取速度高的高速缓冲存储器与存储容量和存取速度适中的主存储器构成。主存储器是按地址存放信息的，存取速度一般与地址无关。32 位（bit）的地址最大能表达 4 GB 的存储器地址。这对多数应用已经足够，但对于某些特大运算量的应用和特大型数据库已显得不够，从而对 64 位结构提出需求。

主存储器一般采用半导体存储器，与辅助存储器相比，有容量小、读写速度快、价格高等特点。计算机中的主存储器主要由存储体、控制线路、地址寄存器、数据寄存器和地址译码电路五部分组成。

（1）主存的存储容量

在一个存储器中容纳的存储单元总数通常称为该存储器的存储容量。存储容量用字数或字节数（B）来表示，如 64 KB、512 KB、10 MB。外存中为了表示更大的存储容量，采用 MB、GB、TB 等单位。其中 1 KB = 2^{10} B，1 MB = 2^{20} B，1 GB = 2^{30} B，1 TB = 2^{40} B。现在计算机基本上都是以 GB 为存储单位。

（2）主存的技术指标

①存储容量。在一个存储器中可以容纳的存储单元总数，表现为存储空间的大小，单位为 B。

②存取时间。启动到完成一次存储器操作所经历的时间，表示为主存的速度，单位为 ns。

③存储周期。连续启动两次操作所需间隔的最小时间,表示为主存的速度,单位为 ns。

④存储器带宽。单位时间里存储器所存取的信息量,它是衡量数据传输速率的重要技术指标,单位:b/s(位/秒)或 B/S(字节/秒)。

⑤字地址。存放一个机器字的存储单元,通常称为字存储单元,相应的单元地址,称为字地址。

⑥字节地址。存放一个字节的单元,称为字节存储单元,相应的地址也称之为字节地址。

例如,Windows 10 操作系统下的计算机,一个 64 位二进制的字存储单元可存放 8 个字节,可以按字地址寻址,也可以按字节地址寻址。当用字节地址寻址时,64 位的存储单元占 8 个字节地址。

(3)主存的分类

1)RAM

随机存储器(Random Access Memory,RAM)。其存储单元的内容可按需随意取出或存入,且存取的速度与存储单元的位置无关。这种存储器在断电时将丢失其存储内容,故主要用于存储短时间使用的程序。

①RAM 的组成。RAM 由存储矩阵、地址译码器、读/写控制器、输入/输出、片选控制等几部分组成。

a. 存储矩阵。它是 RAM 的核心部分,是一个寄存器矩阵,用来存储信息。

b. 地址译码器。它的作用是将寄存器地址所对应的二进制数译成有效的行选信号和列选信号,从而选中该存储单元。

c. 读/写控制器。访问 RAM 时,对被选中的寄存器进行读操作或写操作,是通过读写信号来进行控制的。读操作时,被选中单元的数据经数据线、输入/输出线传送给 CPU(中央处理单元);写操作时,CPU 将数据经输入/输出线、数据线存入被选中单元。

d. 输入/输出。RAM 通过输入/输出端与计算机的 CPU 交换数据,读出时它是输出端,写入时它是输入端,一线两用,由读/写控制线控制。输入/输出端数据线的条数,与一个地址中所对应的寄存器位数相同,也有的 RAM 芯片的输入/输出端是分开的。通常 RAM 的输出端都具有集电极开路或三态输出结构。

e. 片选控制。由于受 RAM 的集成度限制,一台计算机的存储器系统往往由许多 RAM 组合而成。CPU 访问存储器时,一次只能访问 RAM 中的某一片(或几片),即存储器中只有一片(或几片)RAM 中的一个地址接受 CPU 访问,与其交换信息,而其他片 RAM 与 CPU 不发生联系,片选就是用来实现这种控制的。通常一片 RAM 有一根或几根片选线,当某一片的片选线接入有效电平时,该片被选中,地址译码器的输出信号控制该片某个地址的寄存器与 CPU 接通;当片选线接入无效电平时,则该片与 CPU 之间处于断开状态。

②RAM 的分类。按照存储信息的不同,随机存储器又分为静态随机存储器(Static RAM,SRAM)和动态随机存储器(Dynamic RAM,DRAM)。

SRAM 在不断电的情况下信息能一直保持不丢失,读取速度快,但容量小、价格高。

a. 存储原理:由触发器存储数据。

b. 优点:速度快、使用简单、不需刷新、静态功耗极低。

c. 缺点:元件数多、集成度低、运行功耗大。

DRAM 中的信息会随时间逐渐消失,需要定时对其进行刷新以维持信息不丢失。DRAM

读取速度较慢,但它的造价低廉、集成度高。

a.存储原理:利用 MOS 管栅极电容上的电荷来记忆信息,需刷新(早期:三管基本单元;之后:单管基本单元)。

b.优点:集成度远高于 SRAM,功耗低,价格也低。

c.缺点:因需刷新而使外围电路复杂;刷新也使存取速度较 SRAM 慢,在计算机中,DRAM 常用作主存储器。

计算机使用的 SDRAM 内存,DDR 内存,DDR2、DDR3、DDR4、DDR5 内存都属于 DRAM。例如 DDR3,如图 3.4 所示。

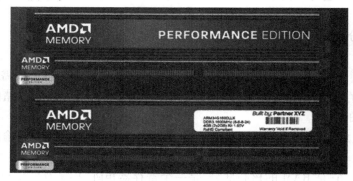

图 3.4　DDR3 内存条

2)ROM

只读存储器(Read Only Memory,ROM),如图 3.5 所示。它主要用来存放一些固定的程序,如主板、显卡和网卡上的 BIOS(Basic Input Output System)就固化在 ROM 中,因为这些程序和数据的变动概率都很低。与 RAM 不同的是,对于 ROM 中的数据,一次性写入,而不能改写,且 ROM 中的程序和数据不会因为系统断电而丢失。随着 ROM 存储技术的发展,一种用于主板 BIOS 的可擦除、可编程、可改写的 EEPROM 已出现,并被广泛使用,实现了主板 BIOS 在线升级,为用户提高 BIOS 的性能提供了可能。

图 3.5　ROM

①ROM 主要组成

ROM 由地址译码器、存储体、读出线及读出放大器等部分组成,如图 3.6 所示。ROM 是按地址寻址的存储器,由 CPU 给出要访问的存储单元地址。ROM 的地址译码器是与门的组合,输出是全部地址输入的最小项(全译码)。n 位地址码经译码后有 2^n 种结果,驱动选择 2^n 个字,即 $W = 2^n$。存储体是由熔丝、二极管或晶体管等元件排成 $W \times m$ 的二维阵列(字位结构),共 W 个字,每个字 m 位。存储体实际上是或门的组合,ROM 的输出线位数就是或门的个数。由于它工作时只是读出信息,因此可以不必设置写入电路,这使得其存储单元与读出线路也比较简单。

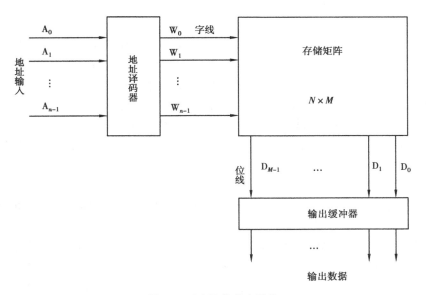

图 3.6　ROM 的基本结构

②ROM 的工作过程

CPU 经地址总线送来要访问的存储单元地址,地址译码器根据输入地址码选择某条字线,然后由它驱动该字线的各位线,读出该字的各存储位元所存储的二进制代码,送入读出线输出,再经数据线送至 CPU,如图 3.7 所示。

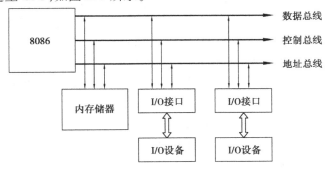

图 3.7　ROM 的工作过程

③ROM 的分类

a.掩膜编程的只读存储器

掩膜只读存储器(Mask ROM,MROM)中存储的信息由生产厂家在掩膜工艺过程中"写入"。在制造过程中,将资料以一特制光罩(Mask)烧录于线路中,有时又称为"光罩式只读内存",此内存的制造成本较低,常用于电脑中的开机启动。其行线和列线的交点处都设置了MOS 管,在制造时的最后一道掩膜工艺,按照规定的编码布局来控制 MOS 管是否与行线、列线相连。相连者定为"1"(或"0"),未连者为"0"(或"1"),这种存储器一旦由生产厂家制造完毕,用户就无法修改。MROM 的主要优点:存储内容固定,掉电后信息仍然存在,可靠性高。其缺点:信息一次写入(制造)后就不能修改,很不灵活且生产周期长,用户与生产厂家之间的依赖性大。

51

b. 可编程只读存储器

可编程只读存储器(Programmable Read Only Memory,PROM)允许用户通过专用的设备(编程器)一次性写入所需要的信息,其一般可编程一次,PROM存储器出厂时各个存储单元皆为"1",或皆为"0"。用户使用时,再使用编程的方法使PROM存储所需要的数据。

PROM的种类很多,需要用电和光照的方法来编写与存放程序和信息。例如,双极性PROM有两种结构:一种是熔丝烧断型,另一种是PN结击穿型。PROM中的程序和数据是由用户利用专用设备自行写入的,一旦编程完毕和一经写入便无法更改,将永久保存。PROM具有一定的灵活性,适合小批量生产,常用于工业控制机或电器中。

c. 可编程可擦除只读存储器

可编程可擦除只读存储器(Erasable Programmable Read Only Memory,EPROM)可多次编程,是一种以读为主的可写可读的存储器,也是一种便于用户根据需要来写入,并能将已写入的内容擦去后再改写的ROM。存储内容的方法可以采用以下方法进行:电的方法(电可改写ROM)或用紫外线照射的方法(光可改写ROM)。抹除时,将线路曝光于紫外线下,则资料可被清空,并且可重复使用,通常在封装外壳上会预留一个石英透明窗,以方便曝光,然后用写入器重新写入新的信息。EPROM比MROM和PROM更方便灵活,经济实惠。但是,EPROM采用MOS管,速度较慢。

d. 电可擦除可编程只读存储器

电可擦除可编程序只读存储器(Electrically Erasable Programmable Read Only Memory,EE-PROM)是一种随时可写入而无须擦除原先内容的存储器,其写操作比读操作时间要长得多,EEPROM把不易丢失数据和修改灵活的优点组合起来。修改时,只需使用普通的控制、地址和数据总线。EEPROM运作原理类似EPROM,但抹除的方式是使用高电场来完成,因此,不需要透明窗。EEPROM比EPROM集成度低,成本较高,一般用于保存系统设置的参数、IC卡上存储信息、电视机或空调中的控制器。但由于其可以在线修改,所以可靠性不如EPROM。

e. 快擦除读写存储器

快擦除读写存储器(flash memory)是英特尔公司发明的一种高密度、非易失性的读/写半导体存储器,它既有EEPROM的特点,又有RAM的特点,是一种全新的存储结构,俗称"快闪存储器"。它是在20世纪80年代中后期首次推出的。快闪存储器的价格和功能介于EPROM和EEPROM之间。与EEPROM一样,快闪存储器使用电可擦技术,整个快闪存储器可以在一秒至几秒内被擦除,速度比EPROM快得多。另外,它能擦除存储器中的某些块,而不是整块芯片。然而快闪存储器不提供字节级的擦除,与EPROM一样,快闪存储器每位只使用一个晶体管,因此能获得与EPROM一样的高密度(与EEPROM相比较)。"闪存"芯片采用单一电源(3 V或5 V)供电,擦除和编程所需的特殊电压由芯片内部产生,因此,可以在线系统擦除与编程。"闪存"也是典型的非易失性存储器,在正常使用情况下,其浮置栅中所存电子可保存100年而不丢失。目前,闪存已广泛用于制作各种移动存储器,如U盘及数码相机或摄像机所用的存储卡等。

3)高速缓冲存储器

由于CPU执行指令的速度比内存的读写速度要大得多,所以在存取数据时会使CPU等待,影响CPU执行指令的效率,从而影响计算机的速度。

为了解决这个瓶颈,在CPU和内存之间增设了一个高速缓冲存储器,称为Cache。Cache

的存取速度比内存快(因而也就更昂贵),但容量不大,主要用来存放当前内存中频繁使用的程序块和数据块,并以接近于 CPU 的速度向 CPU 提供程序指令和数据。一般来说,程序的执行在一段时间内总是集中于程序代码的一个小范围内。

如果一次性将这段代码从内存调入缓存中,缓存便可以满足 CPU 执行若干条指令的要求。只要程序的执行范围不超出这段代码,CPU 对内存的访问就演变成对高速缓存的访问。因此,缓存可以加快 CPU 访问内存的速度,从而也就提升了计算机的性能。由于主板和 CPU 都提供了缓存,主板、CPU、内存和缓存示意图如图 3.8 所示。

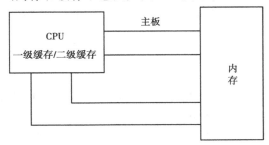

图 3.8　主板、CPU、内存和缓存示意图

3.2.3　辅助存储器

外储存器是指除计算机内存及 CPU 缓存以外的储存器,此类储存器一般断电后仍然能保存数据。常见的外存储器有硬盘、软盘、光盘、U 盘等。

(1)软盘存储器

软盘(floppy disk)是个人计算机中最早使用的可移介质,用表面涂有磁性材料的柔软的聚酯材料制成,数据记录在磁盘表面上。软盘驱动器(通常用字母 A:来标识)设计能接收可移动式软盘,目前常用的就是容量为 1.44 MB 的 3.5 in(1 in = 2.54 cm)软盘,简称"3 寸盘"(图 3.9)。软盘的读写是通过软盘驱动器(图 3.10)完成的。软盘存取速度慢,容量也小,但可装可卸、携带方便。

图 3.9　3.5 英寸软盘

图 3.10　软盘驱动器

3.5 in 软盘片,其上下两面各被划分为 80 个磁道,每个磁道被划分为 18 个扇区,每个扇区的存储容量固定为 512 字节。其容量的计算如下:

80(磁道)×18(扇区)×512 Bytes(扇区的大小)×2(双面) = 1 440×1 024 Bytes = 1 440 kB = 1.44 MB

市面如今能买到的就只有 3 in 双面高密度 1.44 MB 的软盘,但也几近于淘汰。软盘驱动

器曾经是计算机中一个不可缺少的部件,在必要时,它可以用于启动计算机,还能用它来传递和备份一些比较小的文件。3 in 软盘都有一个塑料硬质外壳,它的作用是保护盘片。盘片上涂有一层磁性材料(如氧化铁),它是记录数据的介质。在外壳和盘片之间有一层保护层,防止外壳对盘片的磨损。软盘插入驱动器时是有正反的,3 in 盘一般不会插错(放错了是插不进的)。

(2)硬盘存储器

硬盘(hard disk)是最重要的外部存储器,容量一般都比较大。目前新配置的计算机的硬盘容量均在 256 GB 以上。著名的硬盘品牌有希捷、迈拓、西部数据和三星等。

硬盘接口是硬盘与主机系统间的连接部件,其作用是在硬盘缓存和主机内存之间传输数据。硬盘接口的优劣直接影响程序运行的快慢和系统性能的好坏。目前,常见的硬盘接口有 IDE、SCSI、SATA 和光纤通道四种。

①IDE 接口又称 ATA 接口,由 40 或 80 芯数据线连接到 IDE 硬盘或光驱。

②SCSI(Small Computer System Interface)接口是小型计算机系统专用接口的简称,由 50 芯数据线连接到 SCSI 硬盘。SCSI 硬盘速度比 IDE 硬盘快,但价格较高,一般还需要一个 SCSI 卡。

③SATA(Serial ATA)接口的硬盘又称串口硬盘。串口是一种新型接口,由于采用串行方式传输数据而得名。相对于并行 ATA 接口来说,Serial ATA 以连续串行的方式传送数据,一次只会传送 1 位数据。这样能减少 SATA 接口的针脚数目,使连接电缆数目变少,效率也会更高。并且 Serial ATA 1.0 定义的数据传输速率可达 150 MB/s,这比并行 ATA(即 ATA/133)所能达到 133 MB/s 的最高数据传输率还高。同时,串行接口还具有结构简单、支持热插拔等优点。

④光纤通道硬盘是为提高服务器这样的多硬盘存储系统的速度和灵活性而开发的,它的出现大大提高了多硬盘系统的通信速度。光纤通道的主要特性有:热插拔性、高速带宽、远程连接和连接设备数量大等。

传统的机械硬盘(图 3.11)由磁盘体、磁头和马达等机械零件组成,要提升硬盘性能,最简单的方法是提高硬盘的转速,但由于机械硬盘的物理结构与成本限制,提升转速后会带来较多的负面影响。

固态硬盘 SSD(Solid State Disk)(图 3.12),是由控制单元和固态存储单元(DRAM 或 FLASH 芯片)组成的硬盘,其防震抗摔、发热低、零噪声,由于没有机械马达,闪存芯片发热量小,工作时噪声值为 0 dB。由于固态硬盘没有普通硬盘的机械结构,也不存在机械硬盘的寻道问题,因此系统能够在低于 1 ms 的时间内对任意位置存储单元完成输入/输出操作。固态硬盘能更大限度地减少硬盘成为整机的性能瓶颈,给传统机械硬盘带来了全新的革命。

硬盘的性能指标如下:

1)容量

通常所说的容量是指硬盘的总容量,一般硬盘厂商定义的单位 1 GB = 1 000 MB,而系统定义的 1 GB = 1 024 MB,因此,会出现硬盘上的标称值大于格式化容量的情况,这算业界惯例,属于正常情况。

图 3.11　温彻斯特机械硬盘

图 3.12　SSD 固态硬盘

2）单碟容量

单碟容量就是指一张碟片所能存储的字节数,硬盘的单碟容量一般都在 20 GB 以上。而随着硬盘单碟容量的增大,硬盘的总容量已经可以实现上百 G 甚至几 TB 了。

3）转速

转速是指硬盘内电机主轴的转动速度,单位是 RPM(每分钟旋转次数)。转速是决定硬盘内部传输率的决定因素之一,它的快慢在很大程度上决定了硬盘的速度,同时也是区别硬盘档次的重要标准。目前一般的硬盘转速为 5 400 RPM 和 7 200 RPM,最高的转速则可达到 10 000 RPM。

4）最高内部传输速率

最高内部传输速率是硬盘的外圈的传输速率,它是指磁头和高速数据缓存之间的最高数据传输速率,单位为 MB/s。最高内部传输速率的性能与硬盘转速以及盘片存储密度(单碟容量)有直接的关系。

5）平均寻道时间

平均寻道时间是指硬盘磁头移动到数据所在磁道时所用的时间,单位为 ms。硬盘的平均寻道时间一般低于 9 ms。平均寻道时间越短,硬盘的读取数据能力就越高。

（3）移动硬盘

移动硬盘(mobile hard disk)是以硬盘为存储介质,计算机之间交换大容量数据,强调便携性的存储产品。市场上绝大多数的移动硬盘都是以标准硬盘为基础的,而只有很少部分是微型硬盘(1.8 in 硬盘等),但价格因素决定着主流移动硬盘还是以标准笔记本硬盘为基础。因为采用硬盘为存储介质,所以移动硬盘在数据的读写模式上与标准 IDE 硬盘是相同的。移动硬盘大多采用 USB、IEEE 1394 等传输速度较快的接口,可以较高的速度与系统进行数据传输。

移动硬盘的特点如下:

1）容量大

移动硬盘可以提供相当大的存储容量,在"闪盘"广泛被用户接受的情况下,移动硬盘也在用户可以接受的价格范围之内,为用户提供了较大的存储容量和良好的便携性。市场上大部分的移动硬盘存储容量为 350 GB,500 GB,640 GB,1 TB,2 TB,4 TB 等,也可以说是"闪盘"的升级版。

2）体积小

移动硬盘（盒）的尺寸分为 1.8、2.5 和 3.5 in 三种。其中 1.8 in 移动硬盘大多提供 10，20，40，60，80 GB 的容量；2.5 in 移动硬盘寸大多提供 120，160，200，250，320，500，640，750，1 000 GB（1 TB）的容量；3.5 in 的移动硬盘盒还有 500 GB，640 GB，750 GB，1 TB，1.5 TB，2 TB 的大容量。

3）速度快

移动硬盘大多采用 USB、IEEE 1394、eSATA 接口，能提供较高的数据传输速度。不过移动硬盘的数据传输速度在一定程度上受到接口速度的限制。

（4）U 盘

U 盘全称 USB 闪存驱动器，英文名"USB flash disk"。它是一种使用 USB 接口的无须物理驱动器的微型高容量移动存储产品，通过 USB 接口与电脑连接，实现即插即用。U 盘的称呼最早源自朗科科技生产的一种新型存储设备，名曰"优盘"，使用 USB 接口进行连接。U 盘连接到电脑的 USB 接口后，U 盘的资料可与电脑交换。而之后生产的类似技术的设备由于朗科已进行专利注册，而不能再称为"优盘"，而改称谐音的"U 盘"。后来，"U 盘"这个称呼因为其简单易记而广为人知，是移动存储设备之一。如图 3.13 所示为富有创意的 U 盘。

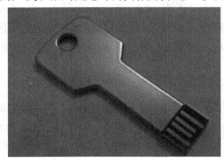

图 3.13　创意 U 盘

1）功能

U 盘主要目的是用来存储数据，但随着众多计算机爱好者和商家的创新，给 U 盘开发出了更多的功能，如加密 U 盘、启动 U 盘、杀毒 U 盘等。

2）特点

①目前大多数 U 盘采用 USB 2.0 或者 USB 3.0 接口。支持热拔插，即插即用。

②无须外接电源，有 LED 灯显示。

③容量：128 MB（已淘汰）、256 MB（已淘汰）、512 MB（已淘汰）、1，2，4，8，16，32，64，128，256 和 512 G，以及 1 T 等。

④可以在多种操作系统平台上使用 Windows 系列、MAC OS、UNIX、Linux 等（无须手动安装驱动程序）。

⑤U 盘主要采用电子存储介质，无机械部分，抗震动、抗电磁干扰等，如图 3.14 所示。

⑥读取速度快：USB 2.0，理论传输速度为 60 MB/s，但实际传输速度一般不超过 30 MB/s；USB 3.0，理论传输速度为 625 MB/s，但实际传输速度一般不超过 400 MB/s。

⑦保存数据安全可靠。

⑧携带方便。

图 3.14　USB 内部结构

(5)光盘存储器

目前常见的光盘存储器有 CD(Compact Disc)和 DVD(Digital Video Disc)两种,以 DVD 为例又可以分为:

①DVD-ROM,DVD-Read Only Memory 是只读型光盘,这种光盘的盘片是由生产厂家预先将数据或程序写入的,出厂后用户只能读取,而不能写入或修改。

②DVD-R 是指 DVD-Recordable,即一次性可写入光盘,但必须在光盘刻录机中进行。

③DVD-RW 是指 DVD-Rewritable,即可重写式写入光盘(图 3.15),可删除或重写数据,而 DVD-R 则不能。每片 DVD-RW 光盘可重写近 1 000 次。此外,DVD-RW 多用于数据备份及档案收藏,现在更普遍地用在 DVD 录像机上。

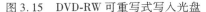

图 3.15　DVD-RW 可重写式写入光盘

图 3.16　蓝光光盘

蓝光光盘(Blue-ray Disc,BD)如图 3.16 所示,利用波长较短(405 nm)的蓝色激光读取和写入数据。蓝光是目前为止最先进的大容量光碟格式,能够在一张单碟上存储 25 GB 的文档文件,是现有(单碟)DVD 的 5 倍。而传统 DVD 需要光头发出红色激光(波长为 650 nm)来读取或写入数据。通常,波长越短的激光,能够在单位面积上记录或读取更多的信息。蓝光刻录机系统可以兼容此前出现的各种光盘产品,为高清电影、大型 3D 游戏和大容量的数据存储带来方便。因此,蓝光极大地提高了光盘的存储容量,为计算机数据的光存储提供了一个跳跃式发展。

3.2.4　输入设备

输入设备(input device)是向计算机输入数据和信息的设备,也是计算机与用户或其他设备通信的桥梁。输入设备是用户与计算机系统之间进行信息交换的主要装置之一。键盘、鼠标、摄像头、扫描仪、光笔、手写输入板、游戏杆、语音输入装置等都属于输入设备。

输入设备是人或外部环境与计算机进行交互的一种装置,用于将原始数据和处理这些数据的程序输入计算机中。计算机能够接收各种各样的数据,既可以是数值型的数据,也可以是各种非数值型的数据,如图形、图像、声音等都可以通过不同类型的输入设备输入计算机中,进行存储、处理和输出。

计算机的输入设备按功能可分为下列几类:

①字符输入设备:键盘;

②光学阅读设备:光学标记阅读机,光学字符阅读机;

③图形输入设备:鼠标器、操纵杆、光笔;

④图像输入设备:摄像机、扫描仪、传真机;

⑤模拟输入设备:语言模数转换识别系统。

(1)键盘

键盘(keyboard)(图3.17)是最常见的计算机输入设备,它广泛应用于微型计算机和各种终端设备上,计算机操作人员通过键盘向计算机输入各种指令、数据,指挥计算机的工作。计算机的运行情况输出到显示器,操作人员可以很方便地利用键盘和显示器与计算机对话,对程序进行修改、编辑,控制和观察计算机的运行。

键盘每一个按键在计算机中都有它的唯一代码。当按下某个键时,键盘接口将该键的二进制代码送入计算机主机中,并将按键字符显示在显示器上。当快速大量输入字符,主机来不及处理时,先将这些字符的代码送往内存的键盘缓冲区,然后再从该缓冲区中取出进行分析处理。键盘接口电路多采用单片微处理器,由它控制整个键盘的工作,如上电时对键盘的自检、键盘扫描、按键代码的产生、发送及与主机的通

图3.17 人体工程学键盘

信等。

键盘外壳,有的键盘采用塑料暗钩的技术固定在键盘面板和底座两部分,实现无金属螺丝化的设计。因此,在分解时要小心,以免损坏。

常规键盘具有 Caps Lock(字母大小写锁定)、Num Lock(数字小键盘锁定)、Scroll Lock 三个指示灯(部分无线键盘已经省略这三个指示灯),显示键盘的当前状态。这些指示灯一般位于键盘的右上角,不过有一些键盘如 ACER 的 Ergonomic KB 和 HP 原装键盘则采用键帽内置指示灯,这种设计可以更容易地判断键盘当前状态,但工艺相对复杂,因此,大部分普通键盘均未采用此项设计。

无论键盘形式如何变化,基本的按键排列还是基本保持不变,可以分为主键盘区,Num 数字辅助键盘区、F 键功能键盘区、控制键区,对于多功能键盘还增添了快捷键区。

键盘电路板是整个键盘的控制核心,它位于键盘的内部,主要担任按键扫描识别、编码和传输接口的工作。

键帽的反面是键柱塞,直接关系键盘的寿命,其摩擦系数直接关系按键的手感。

键盘的按键数曾出现过 83、87、93、96、101、102、104 和 107 键等。104 键的键盘是在 101键键盘的基础上为 Windows 9X 平台提供增加了三个快捷键(有两个是重复的),所以也被称为 Windows 9X 键盘。但在实际应用中习惯使用 Windows 键的用户并不多。

107 键的键盘是为了贴合日语输入而单独增加了三个键。在某些需要大量输入单一数字

的系统中还有一种小型数字录入键盘,基本上就是将标准键盘的小键盘独立出来,以达到缩小体积、降低成本的目的。

按照应用可以分为台式机键盘、笔记本电脑键盘、工控机键盘、速录机键盘、双控键盘、超薄键盘、手机键盘七类。图3.18所示为人体工程学键盘。

（2）鼠标

指点设备常用于完成一些定位和选择物体的交互任务。鼠标是最常用的一种指点输入设备,另外还有触摸板、控制杆、光笔、触摸屏、手写液晶屏、眼动跟踪系统等。

1963年,美国Douglas Englebart发明了鼠标器。他最初的想法是为了让计算机输入操作变得更简单、容易。

第一只鼠标器的外壳是用木头精心雕刻而成的,整个鼠标器只有一个按键,在底部安装有金属滚轮,用以控制光标的移动。

1984年,苹果公司把经过改进的鼠标器安装在Lisa微电脑上,从而使鼠标器声名显赫,它与键盘一道成为电脑系统中必备的输入装置。

鼠标的分类:

①机械式鼠标（图3.18）。在机械式鼠标底部有一个可以自由滚动的球,在球的前方及右方装置两个支成90°的编码器滚轴,移动鼠标时小球随之滚动,便会带动旁边的滚轴,前方的滚轴记录前后滑动,右方的滚轴记录左右滑动,两轴一起移动则代表非垂直及水平方向的滑动。编码器由此识别鼠标移动的距离和方位,产生相应的电信号传给电脑,以确定光标在屏幕上的位置。

②光电式鼠标（图3.19）。利用一块特制的光栅板作为位移检测元件,光栅板上方格之间的距离为0.5 mm。鼠标器内部有一个发光元件和两个聚焦透镜,发射光经过透镜聚焦后从底部的小孔向下射出,照在鼠标器下面的光栅板上,再反射回鼠标器内。当在光栅板上移动鼠标器时,由于光栅板上明暗相间的条纹反射光有强弱变化,鼠标器内部将强弱变化的反射光变成电脉冲,对电脉冲进行计数即可测出鼠标器移动的距离。

图3.18　机械式鼠标

图3.19　光电式鼠标

鼠标在发展过程中,其接口也在不断变化。

①串行接口设计（梯形9针接口）。

②随着PC机器上串口设备的逐渐增多,串口鼠标逐渐被采用新技术的PS/2接口鼠标所取代（小圆形接口）。

③随着即插即用概念的提出,使得采用 USB 接口的鼠标成为主流。

④而对于一些有专业要求的用户而言,采用红外线信号来与电脑传递信息的无线鼠标也成为一种专业时尚。

⑤Blue Tooth 无线鼠标。

3.2.5 输出设备

输出设备(output device)是计算机硬件系统的终端设备,用于接收计算机数据的输出显示、打印、声音、控制外围设备操作等,也是把各种计算结果数据或信息以数字、字符、图像、声音等形式表现出来。常见的输出设备有显示器、打印机、绘图仪、影像输出系统、语音输出系统、磁记录设备等。

(1)显示器

显示器(display)是计算机不可缺少的输出设备,用户通过它可以很方便地查看输入计算机的程序、数据和图形等信息,以及经过计算机处理后的中间结果和最后结果,它是人机对话的主要工具。

按照显示器的类型主要分为 CRT、LCD、LED 等。

1)CRT(Cathode Ray Tube)阴极射线管显示器

如图 3.20 所示,CRT 是人们所熟悉的产品。CRT 显示器历经球面、平面直角、柱面和纯平面等几代产品。早期的球面显像管因为在水平与垂直方向上都有弯曲,所以其屏幕边缘会出现图像的失真变形,这显然无法满足需要。1994 年开始出现了平面直角显示器,对图像变形及反射干扰的减少使其在很长一段时间内成为市场上的主流产品。

2)LCD(Liquid Crystal Display)液晶显示器

如图 3.21 所示,LCD 是一种采用了液晶控制透光度技术来实现色彩的显示器。与 CRT 显示器相比,可通过是否透光来控制亮和暗,当色彩不变时,液晶也保持不变,这样就无须考虑刷新率的问题。对于画面稳定、无闪烁感的液晶显示器,刷新率不高,但图像也很稳定。LCD 显示器通过液晶控制透光度的技术原理让底板整体发光,它做到了真正的完全平面。一些高档的数字 LCD 显示器采用了数字方式传输数据来显示图像,这样就不会产生由显卡造成的色彩偏差或损失;其次,LCD 的电磁辐射很小,即使长时间观看 LCD 显示器屏幕也不会对眼睛造成很大的伤害;再次,它体积小、能耗低,这也是 CRT 显示器所无法比拟的,一般一台 15 in LCD 显示器的耗电量相当于 17 in 纯平 CRT 显示器的 1/3。

图 3.20　CRT

图 3.21　LCD

图 3.22　LED

3）LED(Light-Emitting Diode)显示器

如图 3.22 所示为 LED,与 LCD 显示器相比,LED 在亮度、功耗、可视角度和刷新速率等方面,都更具优势。LED 与 LCD 的功耗比大约为 1∶10,而且更高的刷新速率使得 LED 在视频方面有更好的性能表现,能提供宽达 170°的视角,有机 LED 显示屏的单个元素反应速度是 LCD 液晶屏的 1 000 倍,在强光下也可以照看不误,并且适应 −40 ℃ 的低温。利用 LED 技术,可以制造出比 LCD 更薄、更亮、更清晰的显示器,拥有广泛的应用前景。

显示器的主要性能指标有屏幕尺寸、点距、屏幕分辨率和屏幕刷新频率等。

1）屏幕尺寸

用矩形屏幕的对角线长度来反映显示屏幕的大小,单位为 in。目前,常见的显示器屏幕尺寸有 17、19、20、22 和 24 in 等。

2）点距

屏幕上相邻两个像素点之间的距离。从原理上讲,普通显像管的荧光屏里有一个网罩,上面有许多细密的小孔,被称为"荫罩式显像管"。电子枪发出的射线穿过这些小孔,照射到指定的位置并激发荧光粉,然后就显示出了一个点。许多不同颜色的点排列在一起就组成了五彩缤纷的画面。而液晶显示器的像素数量则是固定的,因此,在尺寸与分辨率都相同的情况下,大多数液晶显示器的像素间距基本相同。

3）屏幕分辨率

屏幕像素的点阵,通常写成:水平像素点数×垂直像素点数,如一台显示器的分辨率为 800×600 像素,则其中的 800 表示屏幕上水平方向显示的像素点数量,600 表示竖直方向显示的像素点数量。一般来说,屏幕分辨率越高,屏幕上能显示的像素数量也就越大,图像也越细腻。对于 CRT 显示器,通常可以支持多种分辨率,而 LCD 显示器由于像素间距已经固定,所以只有在最佳分辨率下,才能显示最佳影像。

4）屏幕刷新频率

显示器每秒刷新屏幕的次数,单位为 Hz。刷新频率越高,画面闪烁越小。对于 CRT 显示器来说,只有当刷新频率高于 75 Hz 时,人眼才不会明显地感到屏幕闪烁。而对于 LCD 显示器,由于像素的亮灭状态只有在画面内容改变时才有变化,因此即使刷新频率很低(一般为 60 Hz),也能保证稳定的显示。

显示适配卡(video adapter)又称为"显卡"(图 3.23),是主板与显示器之间的连接设备,作用是控制显示器的显示。显卡的核心是显示芯片,它的性能好坏直接决定了显卡性能的好坏。显卡的另一个重要部件是显存,它的优劣和容量大小会直接关系显卡的最终性能表现。可以这样说,显示芯片决定了显卡所能提供的功能和其基本性能,而显卡性能的发挥则在很大程度上取决于显存。

显卡通常由总线接口、PCB 板、显示芯片、显存、RAMDAC、VGA BIOS、VGA 功能插针、D-sub 插座及其他外围组件构成,显卡大多还具有 VGA、DVI 显示器接口或者 HDMI 接口及 S-Video 端子和 Display Port 接口。

显示芯片(video chipset)是显卡的主要处理单元,因此又称为图形处理器(Graphic Processing Unit,GPU),GPU 是 NVIDIA 公司在发布 GeForce 256 图形处理芯片时首先提出的概念。尤其是在处理 3D 图形时,GPU 使显卡减少了对 CPU 的依赖,并完成部分原本属于 CPU 的工作。GPU 所采用的核心技术有硬件 T&L(几何转换和光照处理)、立方环境材质贴图和顶点混合、纹理压缩和凹凸映射贴图、双重纹理四像素256位渲染引擎等,而硬件T&L技术可以说是GPU的标志。

显卡所支持的各种3D特效由显示芯片的性能决定,采用什么样的显示芯片大致决定了这块显卡的档次和基本性能,比如NVIDIA的GT系列和AMD的HD系列。

由显示器和显示适配卡所组成的系统称为显示系统。

图3.23 显卡

显卡的性能指标如下:

1)显卡频率

显卡频率主要指显卡的核心频率和显存频率,均以MHz(兆赫)为单位。

①核心频率。显卡的核心频率是指显示核心的工作频率,其工作频率在一定程度上可以反映出显示核心的性能,但显卡的性能是由核心频率、流处理器单元、显存频率、显存位宽等多方面的情况所决定的。因此,在显示核心不同的情况下,核心频率高并不代表此显卡性能强劲。比如GTS250的核心频率达到了750 MHz,要比GTX260 + 的576 MHz高,但在性能上GTX260 + 绝对要强于GTS250。在同样级别的芯片中,核心频率高的则性能要强一些。主流显示芯片只有AMD和NVIDIA两家,两家都提供显示核心给第三方的厂商,在同样的显示核心下,部分厂商会适当提高其产品的显示核心频率,使其工作在高于显示核心固定的频率上能达到更高的性能。

②显存频率。显存频率在一定程度上反映着该显存的速度,显存频率的高低和显存类型有非常大的关系。

显存频率与显存时钟周期是相关的,二者呈倒数关系,也就是显存频率(MHz) = 1/显存时钟周期(ns) × 1 000。但要明白的是,显卡制造时,厂商设定了显存实际工作频率,而实际工作频率不一定等于显存最大频率,此类情况较为常见。

2)显示存储器

显示存储器简称显存(也称为"帧缓存"),其主要功能就是暂时储存显示芯片处理过或即将提取的渲染数据,类似于主板的内存,是衡量显卡的主要性能指标之一。

显存与系统内存一样,其容量也是越多越好,图形核心的性能越强,需要的显存也就越大,因为显存越大,可以存储的图像数据就越多,支持的分辨率与颜色数也就越高,游戏运行起来就更加流畅。主流显卡基本上具备的是6 GB容量,一些中高端显卡则配备了6 GB、8 GB的显存容量。

3）显存类型

显存类型即显卡存储器采用的存储技术类型。市场上主要的显存类型有 SDDR2、GD-DR2、GDDR3 和 GDDR5 几种,但主流的显卡大都采用了 GDDR3 的显存类型,也有一些中高端显卡采用的是 GDDR5,与 DDR3 相比,DDR5 类型的显卡拥有更高的频率,性能也更加强大。

4）显存位宽

显存位宽指的是一次可以读入的数据量,即表示显存与显示芯片之间交换数据的速度。位宽越大,显存与显示芯片之间数据的交换就越顺畅。通常说的某个显卡的规格是 2 GB 128 bit,其中 128 bit 指的就是这块显卡的显存位宽。

5）流处理器单元

在 DX10 显卡出来以前,并没有“流处理器”这个说法。GPU 内部由“管线”构成,分为像素管线和顶点管线,它们的数目是固定的。简单来说,顶点管线主要负责 3D 建模,像素管线负责 3D 渲染。由于它们的数量是固定的,这就出现了一个问题,当某个游戏场景需要大量的 3D 建模而不需要太多的像素处理,就会造成顶点管线资源紧张而像素管线大量闲置,当然也有截然相反的另一种情况。这都会造成某些资源的不够和另一些资源的闲置浪费。在这样的情况下,人们在 DX10 时代首次提出了“统一渲染架构”,显卡取消了传统的“像素管线”和“顶点管线”,统一改为流处理器单元,它既可以进行顶点运算也可以进行像素运算,这样在不同的场景中,显卡就可以动态地分配进行顶点运算和像素运算的流处理器数量,达到资源的充分利用。

显卡的分类如下:

1）集成显卡

配置核芯显卡的 CPU 通常价格不高,同时低端核显难以胜任大型游戏。集成显卡是将显示芯片、显存及其相关电路都集成在主板上与其融为一体的元件。集成显卡的显示芯片有单独的,但大部分都集成在主板的北桥芯片中;一些主板集成的显卡也在主板上单独安装了显存,但其容量较小。集成显卡的显示效果与处理性能相对较弱,不能对显卡进行硬件升级,但可以通过 CMOS 调节频率或刷入新 BIOS 文件实现软件升级来挖掘显示芯片的潜能。集成显卡的优点是功耗低、发热量小,部分集成显卡的性能已经可以媲美入门级的独立显卡。因此,很多喜欢自己动手组装计算机的人不用花费额外的资金来购买独立显卡,便能得到满意的性能。集成显卡的缺点是性能相对略低,且固化在主板或 CPU 上,本身无法更换,如果必须换,就只能换主板或者 CPU。

2）独立显卡

独立显卡是指将显示芯片、显存及其相关电路单独制做在一块电路板上,自成一体而作为一块独立的板卡存在,它需占用主板的扩展插槽(ISA、PCI、AGP 或 PCI-E)。独立显卡的优点是单独安装有显存,一般不占用系统内存,在技术上也较集成显卡先进得多,性能也不差于集成显卡,容易进行显卡的硬件升级。独立显卡的缺点是系统功耗有所加大,发热量也较大,需额外花费购买显卡的资金,同时(特别是对笔记本电脑)占用更多空间。由于显卡性能的不同,对显卡的要求也不一样,独立显卡实际分为两类:一类是专门为游戏设计的娱乐显卡,另一类则是用于绘图和 3D 渲染的专业显卡。

3）核芯显卡

核芯显卡是 Intel 产品新一代的图形处理核心,与以往的显卡设计不同,Intel 凭借其在处理器制程上的先进工艺以及新的架构设计,将图形核心与处理核心整合在同一块基板上,构成一个完整的处理器。智能处理器架构这种设计上的整合大大缩减了处理核心、图形核心、内存及内存控制器间的数据周转时间,有效提升处理效能,并大幅降低芯片组整体功耗,有助于缩小核心组件的尺寸,为笔记本、一体机等产品的设计提供了更大选择空间。

显卡接口的分类如下:

1)ISA 显卡

ISA 显卡是以前最普遍使用的 VGA 显示器所能支持的古老显卡。

2)VESA 显卡

VESA 是"Video Electronic Standards Association"的缩写(视频电子工程标准协会),由多家计算机芯片制造商于 1989 年联合创立。1994 年底,VESA 发表了 64 位架构的"VESA Local Bus"标准,80486 的个人计算机大多采用这一标准的显卡。

3)PCI 显卡

PCI(Peripheral Component Interconnect)显卡,通常被用于较早期或精简型的计算机中,此类计算机由于将 AGP 标准插槽移除而必须依赖 PCI 接口的显卡。PCI 显卡主要被用于 486 到 Pentium II 早期的时代。但直到显示芯片无法直接支持 AGP 之前,仍有部分厂商持续制造以 AGP 转 PCI 为基底的显卡。已知最新型的 PCI 接口显卡,是 GeForce GT 610 PCI(SPARKLE 制)型号为 GRSP610L1024LC、ATI HD 4350 PCI(HIS 制)、HIS HD 5450 PCI(HIS 制)和 HIS 5450 Silence 512MB DDR3 PCI DVI/HDMI/VGA,产品编号 H545H512P。

4)AGP 显卡

AGP(Accelerated Graphics Port)是 Intel 公司在 1996 年开发的 32 位总线接口,用以增强计算机系统中的显示性能。分别有 AGP 1X、AGP 2X、AGP 4X 及最后的 AGP 8X,带宽分别为 266 MB/s、533 MB/s、1 066 MB/s 以及 2 133 MB/s。其中 AGP 4X 以后已跟之前的电压不兼容。其中 3DLABS 的"Wildcat4 7210"是最强的专业级 AGP 图形加速卡,而 ATI 公司的 RadeonHD 4670、HD3850,是当年(2007)性能最强的消费级 AGP 图形加速卡。

5)PCI Express 显卡

PCI Express(也称 PCI-E)是显卡最新的图形接口,用来取代 AGP 显卡,面对日后 3D 显示技术的不断进步,AGP 的带宽已经不足以应付庞大的数据运算。性能最高的 PCI-Express 显卡是 nVidia 公司的"NVIDIA Titan V"和 AMD 公司的"Radeon Pro Duo(Fiji)"。2007 年后出产的显卡可支持双显卡技术(nVIDIA 的 SLi、nvlink,AMD 的 CrossFire)。

6)外接 PCI Express 显卡

用 USB 或 Thunderbolt 高带宽线材连接到外接 PCI Express 显卡盒,需要用独立电源供应。

(2)绘图仪

绘图仪在绘图软件的支持下可绘制出复杂、精确的图形,主要可绘制各种管理图表和统计图、大地测量图、建筑设计图、电路布线图、各种机械图与计算机辅助设计图等。绘图仪的性能指标主要有绘图笔数、图纸尺寸、分辨率、接口形式及绘图语言等。

现代的绘图仪已具有智能化的功能,它自身带有微处理器,可以使用绘图命令,具有直线和字符演算处理以及自检测等功能,如图 3.24 所示。

绘图仪一般是由驱动电机、插补器、控制电路、绘图台、笔架、机械传动等部分组成的。绘图仪除了必要的硬设备之外,还必须配备丰富的绘图软件。只有软件与硬件结合起来,才能实

现自动绘图。软件包括基本软件和应用软件两种。绘图仪的种类很多,按结构和工作原理可以分为滚筒式和平台式两大类:

①滚筒式绘图仪。当 X 向步进电机通过传动机构驱动滚筒转动时,链轮就带动图纸移动,从而实现 X 方向运动。Y 方向的运动,是由 Y 向步进电机驱动笔架来实现的。这种绘图仪结构紧凑,绘图幅面大,但它需要使用两侧有链孔的专用绘图纸。

②平台式绘图仪。绘图平台上装有横梁,笔架装在横梁上,绘图纸固定在平台上。X 向步进电机驱动横梁连同笔架,作 X 方向运动;Y 向步进电机驱动笔架沿着横梁导轨,作 Y 方向运动。图纸在平台上的固定方法有三种,即真空吸附、静电吸附和磁条压紧。平台式绘图仪绘图精度高,对绘图纸无特殊要求,应用比较广泛。

图 3.24　现代绘图仪

(3)触摸屏

触摸屏(touch panel)又称为"触控屏""触控面板",是一种可接收触头等输入信号的感应式液晶显示装置,当接触了屏幕上的图形按钮时,屏幕上的触觉反馈系统可根据预先编程的程式驱动各种连结装置,可用以取代机械式的按钮面板,并借由液晶显示画面制造出生动的影音效果。利用这种技术,用户只要用手指轻轻地触碰计算机显示屏上的图符或文字就能实现对主机操作,从而使人机交互更为直截了当。这种技术极大方便了用户,是极富吸引力的全新多媒体交互设备。触摸屏的本质是传感器,它由触摸检测部件和触摸屏控制器组成。触摸检测部件安装在显示器屏幕前面,用于检测用户触摸位置,接收后传输到触摸屏控制器;触摸屏控制器的主要作用是从触摸点检测装置接收触摸信息,并将它转换成触点坐标送给 CPU,同时能接收 CPU 发来的命令并加以执行。触摸屏作为一种最新的电脑输入设备,它是简单、方便、自然的一种人机交互方式。它赋予了多媒体崭新的面貌,是极富吸引力的全新多媒体交互设备,主要用于公共信息的查询、工业控制、军事指挥、电子游戏、多媒体教学等。

(4)扫描仪

扫描仪(scanner)是一种将各种形式的图像信息输入计算机中的重要工具,如各种图片、照片、图纸和文字稿件等,都可用扫描仪输入计算机中。现在,家用计算机中用得最多的是平板式扫描仪,又称台式扫描仪,一般采用 CCD 或 CIS 技术,具有价格低廉、体积小等优点。图3.25 为清华紫光扫描仪。

图 3.25　清华紫光扫描仪

扫描仪的性能指标包括以下几个方面的内容：

1）分辨率

扫描仪的分辨率决定了最高扫描精度。在扫描图像时,扫描分辨率设得越高,生成的图像效果就越精细,生成的图像文件也越大。

DPI 是指用扫描仪输入图像时,在每英寸上得到的像素点的个数。

扫描仪的分辨率等于其光学部件的分辨率加上其自身通过硬件及软件进行处理分析所得到的分辨率。

分辨率为 1200 DPI 的扫描仪,往往其光学部分的分辨率只占 400 ~ 600 DPI。扩充部分的分辨率由硬件和软件联合生成,这个过程是通过计算机对图像进行分析,对空白部分进行插值处理所产生的。

2）扫描速度

扫描速度决定了扫描仪的工作效率。一般而言,以 300 DPI 的分辨率扫描一幅 A4 幅面的黑白二值图像,时间少于 10 s,在相同情况下,扫描灰度图,需 10 s 左右,而如果使用 3 次扫描成像的彩色扫描仪,则要 2 ~ 3 min。

（5）打印机

打印机用于打印文字和图片信息。根据与计算机之间连接的接口类型,打印机主要分为并行接口(LPT)和 USB 接口。其中 USB 接口依靠其支持热插拔和传输速率快的特性,已成为市场主流。

根据打印的原理,打印机可分为针式打印机、喷墨打印机和激光打印机。

根据打印的颜色,打印机可分为单色打印机和彩色打印机。

根据打印的幅面,打印机可分为窄幅打印机(只能输出 A4 以下幅面)和宽幅打印机(可以打印 A4 以上的幅面)。

1）针式打印机

针式打印机是唯一依靠打印针击打介质形成文字及图形的打印机,具有打印成本低廉、易于维修、价格低和打印介质广泛等优点;但同时又具有打印质量欠佳、打印速度慢和噪声大等缺点。图 3.26 爱普生为针式打印机。

2）喷墨打印机

喷墨打印机通过利用喷头直接将墨水喷在打印纸上来实现打印,具有价格低、打印质量较好、打印速度较快和打印噪声较小等优点;但也具有对打印纸张要求较高、打印成本较高等缺点。图 3.27 所示为惠普彩色喷墨打印机。

3）激光打印机

激光打印机是激光技术和电子照相技术的复合产物,具有打印速度快、分辨率高和打印质量好等优点;缺点是价格较贵、打印成本较高,尤其是彩色激光打印机,价格非常昂贵,打印成本高。如图 3.28 所示为佳能激光打印机。

图 3.26　爱普生针式打印机　　　图 3.27　惠普彩色喷墨打印机　　　图 3.28　佳能激光打印机

4）三维立体打印机

三维立体打印机,也称 3D 打印机(3D Printer,简称 3DP)是快速成型(Rapid Prototyping, RP)的一种工艺,采用层层堆积的方式分层制作出三维模型,其运行过程类似于传统打印机,只不过传统打印机是把墨水打印到纸质上形成二维的平面图纸,而 3D 打印机是把液态光敏树脂材料、熔融的塑料丝、石膏粉等材料通过喷射黏结剂或挤出等方式实现层层堆积叠加形成三维实体。

(6) 控制杆

控制杆(图 3.29)很适合用于跟踪(即追随屏幕上一个移动的目标)的原因是移动对应的光标所需的位移相对较小,同时易于变换方向。控制杆的移动带动屏幕上光标的移动。根据两者移动的关系,可将其分为两大类:位移定位和压力定位。对于位移定位的游戏杆,屏幕上的光标依据游戏杆的位移而移动。

图 3.29　游戏控制杆

(7) 光笔

光笔是一种较早用于绘图系统的交互输入设备,它能使用户在屏幕上点击某个点以执行选择、定位或其他任务。光笔和图形软件相配合,可以在显示器上完成绘图、修改图形和变换图形等复杂功能。光笔的形状与普通钢笔相似,它由透镜、光导纤维、光电元件、放大整形电路和接触开关组成。

1）光笔的优点

①不需要特殊的显示屏幕,与触摸屏的设备相比,价格相对便宜些。

②在一些不适宜使用鼠标的地方,可以起替代作用。

2）光笔的缺点

①手和笔迹可能会遮挡屏幕图像的一部分。

②会造成手腕的疲劳。

③光笔不能检测黑暗区域内的位置。

④光笔可能因房间背景光的影响,产生误读现象。

（8）手写液晶屏

手写液晶屏（图 3.30）是液晶矩阵显示技术和高灵敏度电磁压感技术的完美结合,可以在屏幕上直接用压感笔实现高精度的选取、绘图、设计制作。

液晶屏幕上除了具备一般的液晶显示屏的特征以外,在最上面还附有一层特制保护层,确保在书写过程中屏幕保持平整不变形,液晶原来的画质不受损,同时具有高耐久性。KTV 中的点歌系统触摸屏也是属于这类产品,如图 3.31 所示。

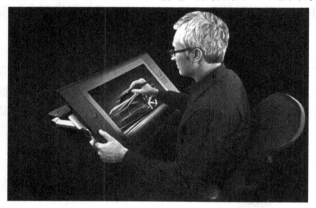 

图 3.30　手写液晶屏　　　　　　　　　　图 3.31　点歌系统触摸屏

3.2.6　主板

主板（main board）又叫母板（mother board）,它安装在机箱内,是计算机中最基本的也是最重要的部件之一,如图 3.32 所示。主板一般为矩形电路板,上面安装了组成计算机的主要电路系统,一般有 BIOS 芯片、I/O 控制芯片、键盘和面板控制开关接口、指示灯插接件、扩充插槽、主板及插卡的直流电源供电接插件等元件。

主板采用了开放式结构。主板上大都有 6～15 个扩展插槽,供 PC 机外围设备的控制卡（适配器）插接。通过更换这些插卡,可以对微机的相应子系统进行局部升级,使厂家和用户在配置机型方面有更大的灵活性。总之,主板在整个微机系统中扮演着举足轻重的角色。可以说,主板的类型和档次决定着整个微机系统的类型和档次,主板的性能影响着整个微机系统的性能。

（1）主板结构

所谓主板结构,就是根据主板上各元器件的布局排列方式、尺寸大小、形状和所使用的电

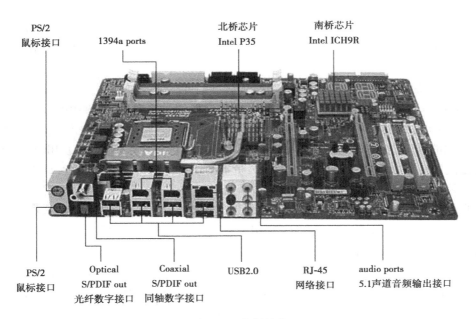

图 3.32　主板结构

源规格等制定出的通用标准,所有主板厂商都必须遵循。主板结构分为 AT、Baby-AT、ATX、Micro ATX、LPX、NLX、Flex ATX、E-ATX、WATX 以及 BTX 等结构。其中,AT 和 Baby-AT 是多年前的老主板结构,已经被淘汰;而 LPX、NLX、Flex ATX 则是 ATX 的变种,多见于国外的品牌机,国内尚不多见;E-ATX 和 W-ATX 则多用于服务器/工作站主板;ATX 是市场上最常见的主板结构,扩展插槽较多,PCI 插槽数量在 4～6 个,大多数主板都采用此结构;Micro ATX 又称 Mini ATX,是 ATX 结构的简化版,就是常说的"小板",扩展插槽较少,PCI 插槽数量在 3 个或 3 个以下,多用于品牌机并配备小型机箱;而 BTX 则是英特尔制定的最新一代主板结构,但尚未流行便被放弃,继续使用 ATX。

(2)芯片组

主板的核心是主板芯片组,它决定了主板的规格、性能和大致功能。平常说"865PE 主板","865PE"指的就是主板芯片组。如果说 CPU 是整个电脑系统的心脏,那么芯片组将是整个系统的躯干。对于主板而言,芯片组几乎决定了这块主板的功能,进而影响整个电脑系统性能的发挥,芯片组是主板的灵魂。芯片组性能的优劣,决定了主板性能的好坏与级别的高低,这是因为 CPU 的型号与种类繁多、功能特点不一,芯片组如果不能与 CPU 良好地协同工作,将严重影响计算机的整体性能,甚至不能正常工作。

1)北桥芯片和南桥芯片

在传统的芯片组构成中,一直沿用南桥芯片与北桥芯片搭配的方式,在主板上可以看到它们的具体位置。一般地,在主板上,可以在 CPU 插槽附近找到一个散热器,下面的就是北桥芯片。南桥芯片一般离 CPU 较远,常裸露在 PCI 插槽旁边,块头比较大的北桥芯片是系统控制芯片,主要负责 CPU、内存、显卡三者之间的数据交换,在与南桥芯片组成的芯片组中起主导作用,掌控一些高速设备,如 CPU、Host bus 等。主板支持什么 CPU,支持 AGP 多少速的显卡,支持何种频率的内存,都是北桥芯片决定的。北桥芯片往往有较高的工作频率,因而发热量颇高的南桥芯片主要决定主板的功能,主板上的各种接口、PS/2 鼠标控制、USB 控制、PCI 总线

IDE 以及主板上的其他芯片(如集成声卡、集成 RAID 卡、集成网卡等),都归南桥芯片控制。随着 PC 架构的不断发展,如今北桥的功能逐渐被 CPU 所包含,自身结构不断简化甚至在芯片组中也已不复存在。

2)BIOS 芯片

BIOS(Basic Input/Output System,基本输入输出系统),全称是 ROM-BIOS,是只读存储器基本输入/输出系统的简写。BIOS 实际是一组被固化到计算机中为计算机提供最低级最直接的硬件控制的程序,它是连通软件程序和硬件设备之间的枢纽。通俗地说,BIOS 是硬件与软件程序之间的一个"转换器",或者说是接口,负责解决硬件的即时要求,并按软件对硬件的操作要求具体执行。从功能上看,BIOS 主要包括两个部分:

①自检和初始化,负责启动电脑

加电自检(Power on Self Test,POST),用于电脑刚接通电源时对硬件部分的检测,检查电脑是否良好;初始化,包括创建中断向量、设置寄存器,以及对一些外部设备进行初始化和检测等,其中很重要的一部分是 BIOS 设置,主要是对硬件设置的一些参数,当电脑启动时会读取这些参数,并与实际硬件设置进行比较,如果不符合,会影响系统的启动;引导程序,用于引导 DOS 或其他操作系统。BIOS 先从软盘或硬盘的开始扇区读取引导记录,如果没有找到,则会在显示器上显示没有引导设备,如果找到引导记录会把电脑的控制权转给引导记录,由引导记录把操作系统装入电脑,在电脑启动成功后,BIOS 的这部分任务就完成了。

②程序服务处理和硬件中断处理

这两部分是两个独立的内容,但在使用上密切相关。程序服务处理程序主要是为应用程序和操作系统服务,这些服务主要与输入输出设备有关,例如读磁盘、文件输出到打印机等。为了完成这些操作,BIOS 必须直接与计算机的 I/O 设备打交道,它通过端口发出命令,向各种外部设备传送数据以及从它们那里接收数据,使程序能够脱离具体的硬件操作,而硬件中断处理则分别处理 PC 机硬件的需求,因此,这两部分分别为软件和硬件服务,组合到一起使计算机系统正常运行。

3)扩展槽

主板上的扩展插槽又称为"总线插槽",是主机通过系统总线与外部设备联系的通道,用作外设接口电路的适配卡都插在扩展槽内。

4)主要接口

①硬盘接口:硬盘接口可分为 IDE 接口和 SATA 接口。在型号老些的主板上,多集成两个 IDE 口,通常 IDE 接口都位于 PCI 插槽下方,从空间上则垂直于内存插槽(也有横向的)。而新型主板上,IDE 接口大多缩减,甚至没有,代之以 SATA 接口。

②软驱接口:连接软驱所用,多位于 IDE 接口旁,比 IDE 接口略短一些,因为它是 34 针的,所以数据线也略窄一些。

③COM 接口(串口):大多数主板都提供了两个 COM 接口,分别为 COM1 和 COM2,作用是连接串行鼠标和外置 Modem 等设备。COM1 接口的 I/O 地址是 03F8h-03FFh,中断号是 IRQ4;COM2 接口的 I/O 地址是 02F8h-02FFh,中断号是 IRQ3。

④PS/2 接口:PS/2 接口的功能比较单一,仅能用于连接键盘和鼠标。一般情况下,鼠标的接口为绿色、键盘的接口为紫色。PS/2 接口的传输速率比 COM 接口稍快一些,但这么多年使用之后,绝大多数主板依然配备该接口,但支持该接口的鼠标和键盘越来越少,大部分外设

厂商也不再推出基于该接口的外设产品,更多的是推出 USB 接口的外设产品。不过值得一提的是,由于该接口使用非常广泛,因此很多使用者即使在使用 USB 时也更愿意通过 PS/2-USB 转接器插到 PS/2 上使用,外加键盘鼠标每一代产品的寿命都非常长,接口依然使用效率极高,但在不久的将来,被 USB 接口完全取代的可能性极高。

⑤USB 接口:USB 接口是如今最为流行的接口,最大可以支持 127 个外设,并且可以独立供电,其应用非常广泛。USB 接口可以从主板上获得 500 mA 的电流,支持热拔插,真正做到了即插即用。一个 USB 接口可同时支持高速和低速 USB 外设的访问,由一条四芯电缆连接,其中两条是正负电源,另外两条是数据传输线。高速外设的传输速率为 12 Mb/s,低速外设的传输速率为 1.5 Mb/s。USB 3.0 已经在主板中出现和普及。

⑥LPT 接口(并口):一般用来连接打印机或扫描仪。其默认的中断号是 IRQ7,采用 25 脚的 DB-25 接头。

⑦MIDI 接口:声卡的 MIDI 接口和游戏杆接口是共用的。接口中的两个针脚用来传送 MIDI 信号,可连接各种 MIDI 设备。

⑧SATA 接口:SATA 的全称是 Serial Advanced Technology Attachment(串行高级技术附件),一种基于行业标准的串行硬件驱动器接口,是由 Intel、IBM、Dell、APT、Maxtor 和 Seagate 公司共同提出的硬盘接口规范,在 IDF Fall 2001 大会上,Seagate 宣布了 Serial ATA 1.0 标准,正式宣告了 SATA 规范的确立。SATA 规范将硬盘的外部传输速率理论值提高到了 150 MB/s,比 PATA 标准 ATA/100 高出 50%,比 ATA/133 也要高出约 13%,而随着未来后续版本的发展,SATA 接口的速率还可扩展到 2X 和 4X(300 MB/s 和 600 MB/s)。从其发展计划来看,未来的 SATA 也将通过提升时钟频率来提高接口传输速率,让硬盘也能够超频。

3.2.7　总线

总线(bus)是指将信息以一个或多个源部件传送到一个或多个目的部件的一组传输线。也就是多个部件间的公共连线,用于在各个部件之间传输信息,通常以"MHz"表示的速度来描述总线频率。

总线的种类很多,按总线内所传输的信息种类,可将总线分类为数据总线、地址总线和控制总线,分别用于传送数据、地址和控制信息。

1)数据总线

数据总线(Data Bus,DB)是 CPU 和存储器、外设之间传送指令和数据的通道。信息传送是双向的,它的宽度反映了 CPU 一次处理或传送数据的二进制位数。微机根据其数据总线宽度可分成 4,8,16,32 和 64 位等机型。例如,80286 可称为 16 位机。总线内数据线的数目代表可传递数据的位数,同时也代表可在同一时间内传递更多的数据。常见的数据总线为 ISA、EISA、VESA、PCI 等。

2)地址总线

地址总线(Address Bus,AB)用于传送存储单元或 I/O 接口的地址信息。信息传送是单向的,它的条数决定了计算机内存空间的范围和 CPU 能管辖的内存数量,也就是 CPU 到底能够使用多大容量的内存。总线内地址线的数目越多,存储的单元便越多。

3)控制总线

控制总线(Control Bus,CB)用来传送控制器的各种控制信息,是指控制部件向计算机其他部分所发出的控制信号(指令)。不同的计算机系统会有不同数目和不同类型的控制线。实际上控制总线的具体情况主要取决于 CPU。

按照传输数据的方式划分,可分为串行总线和并行总线两种。

1)串行总线

串行总线也称为通用串行总线(Universal Serial Bus,USB)是连接计算机系统与外部设备的一种串口总线标准,也是一种 I/O 接口的技术规范,被广泛应用于个人电脑和移动设备等信息通信产品,并扩展至摄影器材、数字电视(机顶盒)、游戏机等其他相关领域。

串行总线的特点:

①USB 最初是由英特尔与微软公司倡导发起的,其最大的特点是支持热插拔(hot plug)和即插即用(plug & play)。当设备插入时,主机枚举(enumerate)此设备并加载所需的驱动程序,因此使用起来远比 PCI 和 ISA 总线方便。

②USB 速度比平行并联总线(parellel bus,如 EPP,LPT)与串联总线(serial port,如 RS-232)等传统电脑用标准总线快上许多。

③USB 的设计为非对称式的,它由一个主机(host)控制器和若干通过 Hub 设备以树形连接的设备组成。一个控制器下最多可以有 5 级 Hub,包括 Hub 在内,最多可以连接 127 个设备,而一台计算机可以同时有多个控制器。与 SPI-SCSI 等标准不同,USB Hub 不需要终结器。

④USB 可以连接的外设有鼠标、键盘、游戏杆、扫描仪、数码相机、打印机、硬盘和网络部件。对数码相机这样的多媒体外设 USB 已经是缺省接口;由于大大简化了与计算机的连接,USB 也逐步取代并口成为打印机的主流连接方式。

串行总线的优点:

①可以热插拔,告别"并口和串口先关机,将电缆接上,再开机"的动作。

②系统总线供电,低功率设备无须外接电源,采用低功耗设备。

③支持设备众多,支持多种设备类,例如鼠标、键盘、打印机等。

④扩展容易,可以连接多个设备,最多可扩 127 个。

⑤高速数据传输,USB 1.1 为 12 Mb/s,USB 2.0 高达 480 Mb/s。

⑥方便的设备互联,USB OTG 支持点对点通信,例如数码相机和打印机直接互联,无须 PC。

串行总线的缺点:

①供电能力,如果外设的供电电流大于 500 mA 时,设备必须外接电源。

②传输距离,USB 总线的连线长度最大为 5 m,即便是用 Hub 来扩展,最远也不超过 30 m。

2)并行总线

并行总线就是并行接口与计算机设备之间传递数据的通道。采用并行传送方式在微型计算机与外部设备之间进行数据传送的接口称并行接口。它有两个主要特点:一是同时并行传送的二进位数就是数据宽度;二是在计算机与外设之间采用应答式的联络信号来协调双方的数据传送操作,这种联络信号又称为握手信号。

众所周知,在 PC 的发展中,总线屡屡成为系统性能的瓶颈,这主要是 CPU 的更新换代和应用不断扩大所致。总线是微机系统中广泛采用的一种技术。总线是一组信号线,是在多于两个模块(子系统或设备)间相互通信的通路,也是微处理器与外部硬件接口的核心。自 IBM PC 问世近 40 年来,随着微处理器技术的飞速发展,使得 PC 的应用领域不断扩大,随之相应的总线技术也得到不断创新。由 PC/XT 到 ISA、MCA、EISA、VESA 再到 PCI、AGP、IEEE1394、USB 总线等。究其原因,是因为 CPU 的处理能力迅速提升,但与其相连的外围设备通道带宽过窄且落后于 CPU 的处理能力,这使得人们不得不改造总线,尤其是局部总线。目前,AGP 局部总线数据传输率可达 528 MB/s,PCI-X 可达 1 GB/s,系统总线传输率也由 66 MB/s 到 100 MB/s,甚至更高的 133 MB/s、150 MB/s。总线的这种创新,促进了 PC 系统性能的日益提高。随着微机系统的发展,有的总线标准仍在发展、完善;与此同时,有某些总线标准会因其技术过时而被淘汰。当然,随着应用技术发展的需要,也会有新的总线技术不断研制出来,同时在竞争的市场中,不同总线还会拥有自己特定的应用领域。目前,除了大家熟悉、较为流行的 PCI、AGP、IEEE 1394、USB 等总线外,又出现了 EV6 总线、PCI-X 局部总线、NGIO 总线等,它们的出现从某种程度上代表了未来总线技术的发展趋势。

1)ISA 总线

ISA(Industry Standard Architecture,工业标准结构总线)是美国 IBM 公司为 286 计算机制定的工业标准总线。该总线的总线宽度是 16 位,总线频率为 8 MHz。

2)EISA 总线

EISA(Extended Industry Standard Architecture,扩展工业标准结构总线)是为 32 位中央处理器(386、486、586 等)设计的总线扩展工业标准。EISA 总线包括 ISA 总线的所有性能外,还把总线宽度从 16 位扩展到 32 位,总线频率从 8.3 MHz 提高到 16 MHz。

3)MCA 总线

MCA(Micro Channel Architecture,微通道总线结构)是 IBM 公司专为其 PS/2 系统(使用各种 Intel 处理器芯片的个人计算机系统)开发的总线结构。该总线的宽度是 32 位,最高总线频率为 10 MHz。虽然 MCA 总线的速度比 ISA 和 EISA 快,但是 IBM 对 MCA 总线执行的是使用许可制度,因此 MCA 总线没有像 ISA、EISA 总线一样得到有效推广。

4)VESA 总线

VESA(Video Electronics Standards Association,视频电子标准协会)是 VESA 组织(1992 年由 IBM、Compaq 等发起,有 120 多家公司参加)按局部总线(local bus)标准设计的一种开放性总线。VESA 总线的总线宽度是 32 位,最高总线频率为 33 MHz。

5)PCI 总线

PCI(Peripheral Component Interconnect,连接外部设备的计算机内部总线)是美国 SIG(Special Interest Group of Association for Computer Machinery,美国计算机协会专业集团)集团推出的新一代 64 位总线。该总线的最高总线频率为 33 MHz,数据传输率为 80 MB/s(峰值传输率为 133 MB/s)。

早期的 486 系列计算机主板采用 ISA 总线和 EISA 总线,而奔腾(Pentium)或 586 系列计算机主板采用了 PCI 总线和 EISA 总线。根据 586 系列主板的技术标准,主板应该淘汰传统的 EISA 总线,而使用 PCI 总线结构,但由于很多用户还在使用 ISA 总线或 EISA 总线接口卡,因此大多数 586 系列主板仍保留了 EISA 总线。

6)AGP 总线

AGP(Accelerated Graphics Port)即高速图形接口。专用于连接主板上的控制芯片和 AGP 显示适配卡,为提高视频带宽而设计的总线规范,目前大多数主板均有提供。

7) USB 总线

USB(Universal Serial Bus,通用串行总线)是一种简单实用的计算机外部设备接口标准,目前大多数主板均有提供。

8) PCI-X 局部总线

为解决 Intel 架构服务器中 PCI 总线的瓶颈问题,Compaq、IBM 和 HP 公司决定加快加宽 PCI 芯片组的时钟速率和数据传输速率,使其分别达到 133 MHz 和 1 GB/s。利用对等 PCI 技术和 Intel 公司的快速芯片作为智能 I/O 电路的协处理器来构建系统,这种新的总线称为 PCI-X。PCI-X 技术能通过增加计算机中央处理器与网卡、打印机、硬盘存储器等各种外围设备之间的数据流量来提高服务器的性能。与 PCI 相比,PCI-X 拥有更宽的通道、更优良的通道性能以及更好的安全性能。

9) PCI Express

PIC Express 简称 PCI-E,是电脑总线 PCI 的一种,它沿用了现有的 PCI 编程概念及通信标准,但基于更快的串行通信系统。英特尔是该接口的主要支持者。PCI-E 仅应用于内部互联。由于 PCI-E 是基于现有的 PCI 系统,只需修改物理层而无须修改软件就可将现有的 PCI 系统转换为 PCI-E。PCI-E 拥有更快的速率,以取代几乎全部现有的内部总线(包括 AGP 和 PCI)。英特尔希望将来能用一个 PCI-E 控制器和所有外部设备交流,取代现有的南桥/北桥方案。并且 PCI-E 设备能够支持热拔插和热交换特性。由此可见,PCI-E 最大的意义在于它的通用性,不仅可让它用于南桥与其他设备的连接,也可以延伸到芯片组间的连接,甚至可用于连接图形芯片,这样,整个 I/O 系统重新统一起来,将更进一步简化计算机系统,增加计算机的可移植性和模块化。

3.2.7 计算机的性能指标

对计算机性能的评价是一个综合性能的评价,也是一项比较复杂和细致的工作。目前主要使用的性能指标有以下几项:

(1)字长

字长是指 CPU 在处理数据时一次处理的比特(bit)数量。它与计算机处理数据的速率有关,是衡量计算机性能的一个重要因素。常用计算机的字长主要有 8,16,32 和 64 bit。目前主流的计算机字长是 64 bit,但也在快速地向更高位发展。其主要表现在以下几个方面:

①字长越长,速度越快。

②字长越长,精度越高。

③机器字长决定了指令的信息位长度,适宜的信息位长度保证了指令的处理功能,也保证了指令的发送与接收效率。

④通常存储单元长度等于字长或字长的整数倍,字长越长,能够直接访问的存储单元就越多,存取效率就越高。

(2)主频

主频是 CPU 的时钟频率(CPU clock speed),是 CPU 内核电路的实际运算频率。一般称为 CPU 运算时的工作频率,简称主频。它是指 CPU 在单位时间(s)内的平均"运算"次数。它在很大程度上决定了计算机的运行速度,一般就直接用它来描述计算机的运算速度。主频的主要单位有 MHz、GHz(1 GHz = 1 000 MHz)。

（3）运算速度

运算速度是衡量计算机性能的一项重要指标。一般它是用 MIPS(Million Instructions Per Second)来描述速度的,是指每秒钟所能执行的指令条数。像是一个 Intel 80386 电脑可以处理 300 万 ~ 500 万/s 的机器语言指令,即可以说 80386 是 3 到 5MIPS 的 CPU。

（4）内存容量

内存容量是指该内存条的存储容量,是内存条的关键性参数。它以 KB、MB、GB 为单位,现在在计算机和手机中内存容量单位基本以 GB 为单位。

（5）存取周期

存储器的性能指标之一,直接影响电子计算机的技术性能。存储器进行一次"读"或"写"操作所需的时间称为存储器的访问时间(或读写时间),而连续启动两次独立的"读"或"写"操作(如连续的两次"读"操作)所需的最短时间,称为存取周期(或存储周期)。存储器的两个基本操作为"读出"与"写入",是指将存储单元与存储寄存器(MDR)之间进行读写。存储器从接收读出命令到被读出信息稳定在 MDR 的输出端为止的时间间隔,称为"取数时间 TA"。两次独立的存取操作之间所需最短时间称为"存储周期 TMC"。半导体存储器的存取周期一般为 6 ~ 10 ns。存储周期越短,运算速度越快,但对存储元件及工艺的要求也越高。

（6）可靠性

一个产品验收合格投入运营后,时间一长往往因零部件故障(振动、磨损、积尘、温差、放电等)使整个产品不能正常工作,当排除故障后又能顺畅运行。这种时好时坏的性质可用该产品的可靠性来表示。例如,某种型号的火箭发射 5 次,4 次失败,则以次数度量可靠性为 $(1 - 4/5) \times 100\% = 20\%$。再如,一架飞机因故障停飞 156 h 而预期满 3 000 h 才大修,则以无故障时间度量可靠性为 $(1 - 156/3\ 000) \times 100\% = 94.8\%$。

计算机系统的可靠性也是这样定义的,即在给定的时间内,计算机系统能实施应有功能的能力。计算机系统由硬件系统和软件系统组成,它们对整个系统的可靠性影响呈现出完全不同的特性:硬件与一般人工产品的机件一样,时间一长就要出毛病;软件则相反,时间越长越可靠。因为潜藏的错误陆续被发现并排除,它又没有磨损、氧化、松动等问题。因此,计算机的可靠性是指分别研究硬件的可靠性和软件的可靠性。

可靠性主要和零部件制造工艺、组装质量、自然损耗、易维护性有关,它与产品设计也有关系但不直接。硬件的可靠性度量在计算机界比较统一,用平均两次故障相隔时间度时。如一台计算机每 78 h 左右出一次故障,另一台每 200 h 左右出一次故障,则后者比前者可靠。

（7）外设配置

外设配置的好坏直接影响计算机的使用性能。因此,在选择外部设备时,一定要注意外设性能之间的相互匹配,要避免因某个外设而影响整体性能发挥的情况。

对计算机的性能进行评价,除了参考主要技术指标外,还应考虑系统的兼容性、系统的可靠性和可维护性、外设配置、软件配置、性能价格比等。

3.3 计算机软件系统

计算机软件系统是指使用计算机所运行的全部程序的总称。软件是计算机的灵魂,是发挥计算机功能的关键。有了软件,人们可以不必过多地去了解机器本身的结构与原理,可以方便灵活地使用计算机,从而使计算机有效地为人类工作、服务。随着计算机应用的不断发展,计算机软件在不断积累和完善的过程中,形成了极为宝贵的软件资源。它在用户与计算机之间架起了桥梁,为用户的操作带来极大的方便。计算机是一个非常有用的工具,学习计算机的重点是掌握它的基本组成结构、基本操作和使用技巧,如果想要对计算机有一个比较系统的认识,还需要了解一些有关计算机的硬件系统和软件系统的基础知识。

3.3.1 系统软件

系统软件是指控制和协调计算机及外部设备,支持应用软件开发和运行的系统,是无须用户干预的各种程序的集合,主要功能是调度、监控和维护计算机系统,负责管理计算机系统中各种独立的硬件,使得它们可以协调工作。系统软件使得计算机使用者和其他软件将计算机当作一个整体而不需要顾及到底层每个硬件是如何工作的。

系统软件主要包含操作系统、程序设计语言和语言处理程序、数据库管理、辅助程序等。

(1)操作系统

1)操作系统的基本概念

操作系统(Operating System,OS)是管理计算机系统的全部硬件资源、控制程序运行、改善人机界面、合理组织计算机工作流程和为用户使用计算机提供良好运行环境的一种系统软件。它使计算机系统中所有资源最大限度地发挥作用,为用户提供方便、有效、友善的服务界面。

从资源管理的角度,操作系统是用来控制和管理计算机系统的硬件资源和软件资源的管理软件。如记录资源的使用状况(哪些资源空闲,哪些可以使用,能被谁使用,使用多长时间等),合理分配及回收资源等。

从用户的角度,操作系统是用户与计算机硬件之间的界面。用户通过使用操作系统所提供的命令和交互功能实现访问计算机的操作,完成用户指定的任务。

从层次的角度,操作系统是由若干层次、按照一定结构形式组成的有机体。操作系统的每一层完成特定的功能,并对上一层提供支持,通过逐层功能的扩充,最终完成用户的请求。

2)操作系统的发展

操作系统的发展是一个漫长的过程,计算机发展之初并没有操作系统的概念,当时每一台计算机必须匹配专有的程序,完成相关的工作;随着时代的发展,产生了为用户管理计算机资源的操作系统,最初的操作系统一次只能运行一个程序,为了节约人力和提高计算机的工作效率,便出现了多任务的操作系统;随后,计算机走入千家万户,便有了面向企业、个人用户的操作系统,直到今天的操作系统。操作系统的发展过程大致经历了 4 个阶段:人工操作计算机、管理程序使用计算机、操作系统的形成和操作系统的发展。

3）操作系统的分类

在整个操作系统的发展历程中,操作系统的分类没有一个单一的标准,可以根据工作方式分为:

①批处理操作系统。

②分时操作系统。

③实时操作系统。

④嵌入式操作系统。

⑤个人计算机操作系统。

⑥网络操作系统。

⑦分布式操作系统。

根据运行的环境,可分为桌面操作系统、嵌入式操作系统等;根据指令的长度分为 8,16, 32,64 bit 的操作系统。

4）操作系统的管理功能

一个标准 PC 的操作系统应该提供以下功能:

①进程与处理机管理。包括:进程控制、进程同步、进程通信、进程调度。

②内存管理(存储器管理)。包括:内存分配、内存保护、地址映射、内存扩充。

③设备管理。包括:缓冲管理、设备分配、设备处理、设备独立性和虚拟设备。

④文件管理。包括:文件存储空间的管理、目录管理、文件读/写管理、文件存取控制。

⑤作业管理。作业是指用户在一次计算过程中要求计算机系统所做工作的集合。包括一个作业从进入系统到运行结束,一般需要经历提交、准备、执行和完成 4 种状态。

5）常见的操作系统

①个人计算机

个人计算机市场目前分为两大阵营,此两种架构分别有支持的操作系统:

Apple Macintosh——Mac OS X,Windows(仅 Intel 平台)、Linux、BSD。

IBM 兼容 PC——Windows、Linux、BSD、Mac OS X(非正式支持)。

②大型机

最早的操作系统是针对 20 世纪 60 年代的大型主结构开发的,由于这些系统在软件方面作了巨大投资,因此原来的计算机厂商继续开发与原来操作系统相兼容的硬件与操作系统。这些早期的操作系统是现代操作系统的先驱。现在仍被支持的大型主机操作系统包括:

Burroughs MCP——B5000。Burroughs 在 1916 年引入了 MCP(Master Control Program)大型机操作系统,它主要是该公司 B5000 大型机的专有操作系统。在众多商用操作系统中,这是一款为数不多的仍然沿用至今的操作系统。在 2010 年的时候还被升级到 13.0 版本,不过目前主要应用在 Unisys ClearPath/MCP。

IBM OS/360——IBM System/360。1964 年,IBM 发布了 S/360 系统。支持多道程序,最多可同时运行 15 道程序。为了便于管理,OS/360 把中央存储器划分为多个(最多 15 个)分区,每个程序在一个分区中运行。

UNIVAC EXEC 8——UNIVAC 1108。UNIVAC1108 计算机系统是通用的单处理机和多处理机系统,它的模块化结构允许选择系统的部件,以满足从作业安排(job-shop)系统到公共应用的综合复杂计算使用范围的速度和容量要求。集中控制的手段是来自"Exec-8 系统"的软件。

现代的大型主机一般也可运行 Linux 或 UNIX 变种。

③嵌入式系统

嵌入式系统使用较为广泛的操作系统(如 VxWorks、eCos、Symbian OS 及 Palm OS)以及某些功能缩减版本的 Linux 或其他操作系统。某些情况下,OS 指的是一个自带了固定应用软件的巨大泛用程序。在许多最简单的嵌入式系统中,所谓的 OS,就是唯一的应用程序。

④类 UNIX 系统

所谓的类 UNIX 家族,指的是一族种类繁多的 OS,此族包含了 System V、BSD 与 Linux。UNIX 操作系统是一个通用、交互型分时操作系统,是目前唯一可以安装和运行在微型机、工作站甚至大型机和巨型机上的操作系统。

⑤微软 Windows

Windows 采用了图形用户界面(GUI),比起从前的 Dos 需要输入指令使用的方式更为人性化。随着计算机硬件和软件的不断升级,微软的 Windows 也在不断升级,从架构的 16 位、32 位再到 64 位,系统版本从最初的 Windows 1.0 到大家熟知的 Windows 95、Windows 98、Windows 2000、Windows XP、Windows Vista、Windows 7、Windows 8、Windows 8.1、Windows 10 和 Windows Server 服务器企业级操作系统,微软一直在致力于 Windows 操作系统的开发和完善。

⑥苹果 Mac OS

Mac OS 是一套运行于苹果 Macintosh 系列计算机上的操作系统。Mac OS 是首个在商用领域成功的图形用户界面系统。Macintosh 组包括比尔·阿特金森(Bill Atkinson)、杰夫·拉斯金(Jeff Raskin)和安迪·赫茨菲尔德(Andy Hertzfeld)。

(2)程序设计语言和语言处理程序

根据程序设计语言发展的历程,可将其大致分为 3 类:机器语言、汇编语言和高级语言。

1)机器语言

机器语言是指直接用二进制代码指令表达的计算机语言,指令是用"0"和"1"组成的一串代码,它们有一定的位数,并分成若干段,各段的编码表示不同的含义。例如,某台计算机字长为 16 位,即有 16 个二进制数组成一条指令或其他信息。16 个"0"和"1"可组成各种排列组合,通过线路变成电信号,让计算机执行各种不同的操作。处理器类型不同的计算机,其机器语言是不同的,按照一种计算机的机器指令编制的程序,不能在指令系统不同的计算机中执行。机器语言的缺点是:难记忆、难书写、难编程、易出错、可读性差和可执行性差。

2)汇编语言

为了克服机器语言的缺点,人们采用了与二进制代码指令实际含义相近的英文缩写词、字母和数字等符号来取代二进制指令代码,这就是汇编语言(也称为"符号语言")。汇编语言是由助记符(memoni)代替操作码,用地址符号(symbol)或标号(label)代替地址码所组成的指令系统。使用汇编语言编写的程序,机器不能直接识别,要由一种程序将汇编语言翻译成机器语言,这种起翻译作用的程序称为汇编程序。汇编程序是系统软件中的语言处理系统软件。汇编程序把汇编语言翻译成机器语言的过程称为汇编。

汇编语言比机器语言易于读写、调试和修改,同时具有机器语言的全部优点。但在编写复杂程序时,相对高级语言代码量较大,而且汇编语言依赖于具体的处理器体系结构,不能通用,因此,不能直接在不同处理器体系结构之间移植。

3）高级语言

机器语言和汇编语言统称为低级语言，由于二者依赖于硬件体系，且汇编语言中的助记符量大、难记，于是人们又发明了更加方便易用的高级语言。在这种语言下，其语法和结构更类似普通英语，且由于远离对硬件的直接操作，使得一般人经过学习之后都可以进行编程。高级语言主要有：FORTRAN、ALGOL、COBOL、BASIC、Pascal、C、Ada、C++、Java、PowerBuilder、Delphi、PHP、HTML 等。

机器语言编写的程序是能被计算机直接识别和执行的，而其他语言编写的程序是需要用处理程序进行翻译后才能被计算机执行，而处理程序一般是由汇编程序、编译程序、解释程序和相应的操作程序等组成。

1）汇编程序

汇编程序又称为汇编系统，它的功能是将汇编语言程序翻译成机器语言程序。由于汇编语言的指令与机器语言的指令基本保持了一一对应关系，因此，汇编的过程比较简单，效果非常高。汇编的基本步骤如下：

①将指令助记符转换为机器操作码。

②将符号操作数转换为地址码。

③将操作码和操作数构成机器指令。

如果汇编程序中定义了宏指令，汇编语言程序中的一条宏指令可能被翻译成若干条机器语言指令，这种情况称为宏汇编程序。

2）编译程序

编译程序又称为编译系统，它的主要功能是将高级语言编写的程序翻译成等效的机器语言程序，以便直接运行程序。编译程序主要执行下列步骤：

①编译。首先把源程序编译成等效的汇编代码，然后再由汇编程序将汇编代码翻译成可重新定位的目标程序，目标程序是由浮动的机器语言程序模块和相关的信息表所组成，它也不能够直接在计算机上执行，必须要经过装配连接，才能构成可执行的机器语言程序，即可执行程序。

②连接。将若干可重新定位的目标程序连接在一起，构成一个完整的可重新定位的目标程序。

③加载。将完整的可重新定位的目标程序装入主存储器中，并对目标程序重新定位，成为可直接执行的机器语言程序。

3）解释程序

解释程序又称为解释系统。所谓解释，实际上是对源程序的每一种可能的行为都以机器语言编写一个子程序，用来模拟这一行为。因此，对高级语言程序的解释，实际上可调用一系列的子程序来完成。解释程序重复执行下列步骤：

①取下一个语句。

②确定被执行的子程序。

③执行这一子程序。

解释程序按源程序中语句的动态顺序逐句进行分析翻译，并调用子程序执行程序功能，不产生目标程序。解释程序的执行效率要比编译程序低很多。

(3)数据库管理

数据库管理系统有组织地、动态地存储大量数据,使人们能方便、高效地使用这些数据。数据库管理系统是一种操纵和管理数据库的大型软件,用于建立、使用和维护数据库。FoxPro、Access、Oracle、Sybase、DB2 和 Informix 则是数据库系统。

(4)辅助程序

系统辅助处理程序也称为"软件研制开发工具""支持软件"和"软件工具",主要有编辑程序、调试程序、装备和连接程序、调试程序。

3.3.2 应用软件

应用软件(application software)是用户可以使用的各种程序设计语言,以及用各种程序设计语言编制的应用程序的集合,分为应用软件包和用户程序。应用软件包是利用计算机解决某类问题而设计的程序的集合,可供多用户使用。应用软件的分类主要包含如下几种:

①文字处理软件:用于输入、存储、修改、编辑、打印文字资料(文件、稿件等)。常用的有 WPS、Word 等。

②信息软件管理:用于输入、存储、修改、检索各种信息。例如工资管理系统、人事管理系统等。这种软件发展到一定水平后,可以将各个单项软件连接起来,构成一个完整、高效的管理系统,简称 MIS。

③计算机辅助设计软件:用于高效地绘制、修改工程图纸,进行常规的设计和计算,帮助用户寻求较优的设计方案。常用的有 AutoCAD 等。

④实时控制软件:用于随时收集生产装置、飞行器等的运行状态信息,并以此为根据按预定的方案实施自动或半自动控制,从而安全、准确地完成任务或实现预定目标。

⑤各种其他应用程序。

习　题

1. 单选题

(1)世界上第一台电子计算机 ENIAC 诞生于(　　)。

A. 1945 年　　　　　　　B. 1946 年　　　　　　　C. 1947 年　　　　　　　D. 1948 年

(2)在计算机运行时,将程序和数据一样存放在内存中,这是 1946 年由(　　)所领导的研究小组正式提出并论证的。

A. 图灵　　　　　　　　B. 布尔　　　　　　　　C. 冯·诺依曼　　　　　　D. 爱因斯坦

(3)计算机中运算器的主要功能是(　　)。

A. 算术运算和逻辑运算　　　　　　　　B. 控制计算机的运行

C. 分析指令并执行　　　　　　　　　　D. 负责存取存储器中的数据

(4)磁盘驱动器属于(　　)设备。

A. 输入　　　　　　　　B. 输出　　　　　　　　C. 输入和输出　　　　　　D. 以上均不是

(5)以下描述中,不正确的是(　　)。

A. 内存与外存的区别在于内存是临时性的,而外存是永久性的

B. 从输入设备输入的数据直接存放在内存

C. 平时说的内存是指 RAM

D. 内存与外存的区别在于外存是临时性的,而内存是永久性的

(6)下面关于 ROM 的说法中,不正确的是(　　)。

A. CPU 不能向 ROM 随机写入数据

B. ROM 中的内容在断电后不会消失

C. ROM 是只读存储器的英文缩写

D. ROM 是只读的,它不是内存而是外存

(7)计算机的主机指的是(　　)。

A. 计算机的主机　　　　　　　　　　　B. CPU 和内存储器

C. 运算器和控制器　　　　　　　　　　D. 运算器和输入/输出设备

(8)微型计算机中的总线通常分为(　　)三种。

A. 数据总线、信息总线和传输总线　　　B. 数据总线、地址总线和控制总线

C. 地址总线、运算总线和逻辑总线　　　D. 逻辑总线、传输总线和通信总线

(9)计算机的软件系统可分为(　　)。

A. 程序和数据　　　　　　　　　　　　B. 程序、数据和文档

C. 操作系统与语言处理程序　　　　　　D. 系统软件与应用软件

(10)计算机应由 5 个基本部分组成,(　　)不属于这 5 个基本组成。

A. 运算器　　　　　　　　　　　　　　B. 控制器

C. 总线　　　　　　　　　　　　　　　D. 存储器、输入设备和输出设备

(11)计算机字长取决于(　　)的宽度。

A. 数据总线　　　　　B. 地址总线　　　　　C. 控制总线　　　　　D. 通信总线

(12)USB 是一种(　　)。

A. 中央处理器　　　　　　　　　　　　B. 通用串行总线接口

C. 不间断电源　　　　　　　　　　　　D. 显示器

(13)CPU 能直接访问的存储器是(　　)。

A. 硬盘　　　　　　　B. 优盘　　　　　　　C. 光盘　　　　　　　D. ROM

(14)"32 位微机"中的"32"指的是(　　)。

A. 微机型号　　　　　B. 机器字长　　　　　C. 内存容量　　　　　D. 存储单元

(15)Cache 中存储的数据在断电后(　　)。

A. 部分丢失　　　　　B. 完全丢失　　　　　C. 不会丢失　　　　　D. 不一定丢失

(16)在微型计算机中,不属于微处理器功能的是(　　)。

A. 算术运算　　　　　　　　　　　　　B. 逻辑运算

C. 控制和指挥各部分协调工作　　　　　D. 显示数据处理

(17)衡量计算机运行速度的重要指标是(　　)。

A. 光驱速度　　　　　B. CPU 主频　　　　　C. 硬盘容量　　　　　D. 调制解调器

(18)计算机能直接处理的信息是(　　)。

A. 声音信息　　　　　B. 文字信息　　　　　C. 图像信息　　　　　D. 二进制信息

(19)下面不属于电子计算机外存储器的是(　　)。

A. 软盘　　　　　　　B. 随机存储器　　　　　C. 光盘　　　　　　　D. 硬盘

(20)以下不属于计算机操作系统的是(　　　)。

A. Windows 系列　　　B. UNIX 系列　　　　　C. Word　　　　　　　D. Dos

(21)显示器性能指标中,1 024×768 指的是显示器的(　　　)。

A. 点数　　　　　　　B. 图像数　　　　　　　C. 分辨率　　　　　　D. 显示数

(22)光盘 CD-ROM 的特点是(　　　)。

A. 只能读取信息,不能写入信息　　　　　　B. 能够读取信息,也能写入信息

C. 不能读取信息,也不能写入信息　　　　　D. 不能读取信息,能够写入信息

(23)在下列软件中,属于系统软件的是(　　　)。

A. 自动化控制软件　　　　　　　　　　　　B. 辅助教学软件

C. 信息管理软件　　　　　　　　　　　　　D. 数据库管理系统

(24)管理、控制计算机系统全部资源的软件是(　　　)。

A. 数据库系统　　　　B. 应用软件　　　　　　C. 字处理软件　　　　D. 操作系统

(25)在以下几种 CPU 中,档次最高的是(　　　)。

A. 80586　　　　　　　B. Pentium Ⅲ　　　　　C. Pentium II　　　　D. 酷睿 i7

(26)通常所说的计算机是指(　　　)。

A. PC 机　　　　　　　B. CPU　　　　　　　　C. MP3 机　　　　　　D. 计算器

(27)为了减少计算机病毒对计算机系统的破坏,应(　　　)。

A. 尽量使用网络交换数据　　　　　　　　　B. 尽可能用软盘启动计算机

C. 定期进行病毒检查,发现病毒及时清除　　D. 使用没有写保护的软盘

(28)某工厂的仓库管理软件属于(　　　)。

A. 应用软件　　　　　B. 系统软件　　　　　　C. 工具软件　　　　　D. 字处理软件

(29)下列选项中,属于 ROM 特点的是(　　　)。

A. 可以读也可以写　　　　　　　　　　　　B. 只能读不能写

C. 只能写不能读　　　　　　　　　　　　　D. 内容不能改写

(30)计算机具有强大的功能,但它不可能(　　　)。

A. 高速准确地进行大量数值运算　　　　　　B. 高速准确地进行大量逻辑运算

C. 对事件进行决策分析　　　　　　　　　　D. 取代人类的智力活动

2. 判断题

(1)应用软件的作用是扩大计算机的存储容量。(　　　)

(2)只读存储器的英文名称是 ROM,其英文原文是 Read Only Memory。(　　　)

(3)计算机软件按其用途及实现的功能不同可分为系统软件和应用软件两大类。(　　　)

(4)键盘和显示器都是计算机的 I/O 设备,键盘是输入设备,显示器是输出设备。(　　　)

(5)RAM 中的信息在计算机断电后会全部丢失。(　　　)

(6)中央处理器和主存储器构成计算机的主体,称为主机。(　　　)

(7)主机以外的大部分硬件设备称为外围设备或外部设备,简称"外设"。(　　　)

(8)任何存储器都有记忆能力,其中的信息不会丢失。(　　　)

(9)16 位字长的计算机是指能计算最大为 16 位十进制数据的计算机。(　　　)

(10)光盘属于外存储器,也属于辅助存储器。(　　　)

（11）计算机中分辨率和颜色数由显示卡设定,但显示的效果由显示器决定。　　　（　　）

（12）CPU 的主要任务是取出指令,解释指令和执行指令。　　　（　　）

（13）计算机的硬件系统由控制器、显示器、打印机、主机、键盘组成。　　　（　　）

（14）计算机的内存储器与硬盘存储器相比,内存储器存储量大。　　　（　　）

（15）DRAM 就是我们常说的内存条。　　　（　　）

（16）在一般情况下,外存中存放的数据,在断电后不会丢失。　　　（　　）

（17）微型计算机内存储器是按字节编址。　　　（　　）

（18）CPU 不能直接与外存打交道。　　　（　　）

（19）控制器是对计算机发布命令的"决策机构"。　　　（　　）

（20）计算机能直接执行的程序是高级语言程序。　　　（　　）

3. 填空题

（1）运算器是执行_____和_____运算的部件。

（2）应用软件中对于文件的"打开"功能,实际上是将数据从辅助存储器中取出,传送到_____的过程。

（3）没有软件的计算机称为_____。

（4）CPU 是计算机的核心部件,该部件主要由控制器、_____、_____组成。

（5）微型计算机中最大最重要的一块集成电路板称为_____。

（6）总线包括_____总线、_____总线、_____总线三种。

（7）计算机_____系统包括计算机的所有电子、机械部件和设备,是计算机工作的物质基础。

（8）微机系统常用的打印机有_____、_____、_____三种。

（9）微型计算机中,I/O 设备的含义是_____。

（10）CPU 和内存合称为_____。

4. 简答题

（1）简述计算机的工作原理。

（2）简述中央处理器的组成和各部件的作用。

（3）简述 RAM 和 ROM 的联系与区别。

（4）简述 Cache 的重要性。

（5）简述总线的分类和各自的作用。

（6）简述显示器的重要性能和显示器的分类。

第 4 章
计算机中数据的表示

在计算机科学中,计算机数据是指所有能输入计算机并被计算机程序处理的符号的介质的总称,是用于输入电子计算机进行处理,具有一定意义的数字、字母、符号和模拟量等的统称。现在计算机存储和处理的对象十分广泛,表示这些对象的数据也随之变得越来越复杂。计算机数据一般具有双重性、多媒体性和隐蔽性等特点。

计算机中的数据可以是连续的值,比如声音、图像,称为模拟数据;也可以是离散的,如符号、文字,称为数字数据。计算机中的数据可分为数值型数据和非数值型数据,数值型数据是表示数量,可以进行数值运算的数据类型。数值型数据由数字、小数点、正负号和表示乘幂的字母 E 组成,数值精度达 16 位。在计算机编程语言中,按存储、表示形式与取值范围不同,数值型数据又分为多种不同类型,数值型、浮点型(单精度型,双精度型)和整型等。非数值数据包括符号、文字、语音、图像、视频等。所有数据在计算机内部均以二进制编码形式表示。计算机数据表示是指处理机硬件能够辨认并进行存储、传送和处理的数据表示方法。

本章主要介绍数制及不同进制数的转换、数值数据的表示方法、数字和字符数据的编码表示方法、汉字的编码表示方法、多媒体数据表示方法。

学习目标

- 掌握计算机中的常用数制,掌握十进制、二进制、八进制和十六进制之间转换的方法
- 理解数据的机内表示方法,掌握原码、反码、补码等码制及其特点
- 掌握基本的算术和逻辑运算
- 掌握数字和字符数据的编码表示,掌握 BCD 码和 ASCII 码的用法及其特点
- 掌握汉字编码的内码、外码和字型码
- 了解多媒体数据图形、图像、音频、视频和动画的表示方法

4.1　数制及不同进制数的转换

4.1.1　数制与表示法

计数时,当某一位的数字达到某个固定值时,就向高位产生进位,这种按进位的原则进行

计数的方法称为进位计数制,简称数制。在日常生活中最常用的数制是十进制。此外,也使用许多非十进制的计数方法,例如,计时采用的是六十进制;年份采用十二进制。不论哪种数制都由数字或字母、基数和位权组成。

每个数都由数字或数字和字母组成,进位计数制中所有的不同数字和字母的个数称为进位计数制的基数。例如十进制计数制是由 0,1,2,3,4,5,6,7,8,9 共计 10 个数字组成,则十进制的基数是 10。

位权是数制中每一固定位置对应的单位值。对于多位数而言,位权表示处在某一位上的"1"所表示的数值的大小,不同位置上的数字所代表的值是不同的,每个数字的位置决定了它的值或者位权。例如,十进制数第 2 位的位权为 10,第 3 位的位权为 100,而二进制第 2 位的位权为 2,第 3 位的位权为 4。

位权与基数的关系:各进位制中位权的值是基数的若干次幂。

(1) 十进制数及其特点

十进制数是使用数字 0,1,2,3,4,5,6,7,8,9 来表示数值且采用"逢十进一"的进位计数制。十进制数的基数为 10,各位的位权是以 10 为底的幂。例如,十进制数 2836.45 可表示为

$$2836.45 = 2 \times 10^3 + 8 \times 10^2 + 3 \times 10^1 + 6 \times 10^0 + 4 \times 10^{-1} + 5 \times 10^{-2}$$

我们称此式为十进制数 2836.45 的按位权展开式。

(2) 二进制数及其特点

二进制数的基本特点是基数为 2,用两个数码 0,1 来表示,且逢二进一,因此,二进制数各位的位权是以 2 为底的幂。例如,二进制数 1101.0101 可表示为

$$1101.0101 = 1 \times 2^3 + 1 \times 2^2 + 0 \times 2^1 + 1 \times 2^0 + 0 \times 2^{-1} + 1 \times 2^{-2} + 0 \times 2^{-3} + 1 \times 2^{-4}$$

(3) 八进制数及其特点

八进制数的基本特点是基数为 8,用 0,1,2,3,4,5,6,7 共计 8 个数字符号来表示,且逢八进一,因此,八进制数各位的位权是以 8 为底的幂。例如,八进制数 7568.342 可表示为

$$7568.342 = 7 \times 8^3 + 5 \times 8^2 + 6 \times 8^1 + 8 \times 8^0 + 3 \times 8^{-1} + 4 \times 8^{-2} + 2 \times 8^{-3}$$

(4) 十六进制数及其特点

十六进制数的基本特点是基数为 16,用 0,1,2,3,4,5,6,7,8,9,A,B,C,D,E,F 共 16 个数字符号来表示,且逢十六进一,因此,十六进制数各位的位权是以 16 为底的幂。例如,十六进制数 5E8D.2A7 可表示为

$$5E8D.2A7 = 5 \times 16^3 + E \times 16^2 + 8 \times 16^1 + D \times 16^0 + 2 \times 16^{-1} + A \times 16^{-2} + 7 \times 16^{-3}$$

总之,无论哪一种数制,其计数和运算都具有共同的规律与特点。采用位权表示法的数制具有以下 3 个特点:

①数字的总个数等于基数。例如,十进制使用 10 个数字(0~9)。

②最大的数字比基数小 1。例如,八进制中最大的数字为 7。

③每个数字都要乘以基数的幂次,该幂次由每个数字所在的位置决定。

对 R 进制数,其基数为 R,用 $0,1,2,\cdots,R-1$ 共 R 个数字符号来表示,且逢 R 进一,因此, R 进制各位的位权为 R 为底的幂。一个 R 进制数 X 的按位权展开式为

$$X = A_{n-1} \times R^{n-1} + A_{n-2} \times R^{n-2} + \cdots + A_1 \times R^1 + A_0 \times R^0 + A_{-1} \times R^{-1} + \cdots + A_{-m} \times R^{-m}$$

$$= \sum_{i=-m}^{n-1} A_i R^i$$

其中 n 为整数位数(最低位为 0 位),m 为小数位数,A_i 为该数 X 的第 i 位数字,R 为进制数,R^i 为该数第 i 位的权。

需要注意的是,为了区别各种计数制,可用下标来表示各种计数制,如十进制 $(235)_{10}$,二进制 $(1101)_2$ 等。有时也常用字母 B,O,D 和 H 分别来表示二进制、八进制、十进制和十六进制数。例如,$(10011)_2$ 可表示为 10011B,$(9A)_{16}$ 可表示为 9AH。

4.1.2　不同数制间的转换

(1)将 R 进制数转换为十进制数

将一个 R 进制数转换为十进制数的方法是先按权位展开,再按十进制运算法则依次相加。

例 4.1　将二进制数 $(101101.101)_2$ 转换为十进制数。

$$(101101.101)_2 = 1 \times 2^5 + 0 \times 2^4 + 1 \times 2^3 + 1 \times 2^2 + 0 \times 2^1 + 1 \times 2^0 + 1 \times 2^{-1} + 0 \times 2^{-2} + 1 \times 2^{-3}$$
$$= (45.625)_{10}$$

例 4.2　将八进制数 $(23.4)_8$ 转换为十进制数。

$$(23.4)_8 = 2 \times 8^1 + 3 \times 8^0 + 4 \times 8^{-1} = (19.5)_{10}$$

例 4.3　将十六进制数 $(1D9.4)_{16}$ 转换为十进制数。

$$(1D9.4)_{16} = 1 \times 16^2 + 13 \times 16^1 + 9 \times 16^0 + 4 \times 16^{-1} = (473.25)_{10}$$

(2)将十进制数转换为 R 进制数

将十进制数转换为等值的二进制数、八进制数和十六进制数的方法是分别对整数部分和小数部分进行转换。

整数部分(基数除法):连续除以基数 R,直到商为 0 为止,再将每次得到的余数按逆序排列,即为 R 进制数的整数部分。

小数部分(基数乘法):连续乘基数 R,直到积为整数为止,再将得到的整数部分按顺序排列,即为 R 进制数的小数部分。

例 4.4　将十进制数 $(100.6875)_{10}$ 转换为二进制数。

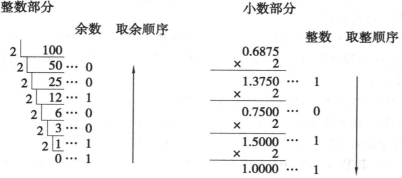

即 $(100.6875)_{10} = (1100100.1011)_2$。

例 4.5　将十进制数 $(100)_{10}$ 分别转换为八进制数和十六进制数。

即 $(100)_{10} = (144)_8 = (64)_{16}$。

（3）二进制数、八进制数、十六进制数的相互转换

二进制数、八进制数和十六进制数之间的相互转换很有实用价值。由于这 3 种进制的权之间存在内在联系，即 $2^3 = 8, 2^4 = 16$，因而它们之间的转换比较容易，即每位八进制数相当于 3 位二进制数，每位十六进制数相当于 4 位二进制数。

表 4.1　二进制数与八进制数转换表

1 位八进制数	0	1	2	3	4	5	6	7
3 位二进制数	000	001	010	011	100	101	110	111

表 4.2　二进制数与十六进制数转换表

1 位十六进制数	0	1	2	3	4	5	6	7
4 位二进制数	0000	0001	0010	0011	0100	0101	0110	0111
1 位十六进制数	8	9	10	11	12	13	14	15
4 位二进制数	1000	1001	1010	1011	1100	1101	1110	1111

在转换时，位组划分是以小数点为中心向左右两边进行的，中间的 0 不能省略，两头不足时可以补 0。

例 4.6　将二进制数 $(11010.110101)_2$ 分别转换为八进制数和十六进制数。

$$(\underline{011} \quad \underline{010}. \quad \underline{110} \quad \underline{101})_2$$
$$\downarrow \quad \downarrow \quad \downarrow \quad \downarrow$$
$$3 \quad 2. \quad 6 \quad 5$$

即 $(11010.110101)_2 = (32.65)_8$。

$$(\underline{0001} \quad \underline{1010}. \quad \underline{1101} \quad \underline{0100})_2$$
$$\downarrow \quad \downarrow \quad \downarrow \quad \downarrow$$
$$1 \quad A. \quad D \quad 4$$

即 $(11010.110101)_2 = (1A.D4)_{16}$。

例 4.7　将八进制数 $(714.65)_8$ 转换为二进制数。

$$(7 \quad 1 \quad 4 \quad . \quad 6 \quad 5)_8$$
$$\downarrow \quad \downarrow \quad \downarrow \quad \downarrow \quad \downarrow$$
$$111 \quad 001 \quad 100. \quad 110 \quad 101$$

即 $(714.65)_8 = (111001100.110101)_2$。

例 4.8 将十六进制数 $(C2B.5F)_{16}$ 转换为二进制数

$$\underline{(C \quad 2 \quad B \quad . \quad 5 \quad F)}_8$$

$$\downarrow \quad\quad \downarrow \quad\quad \downarrow \quad\quad\quad \downarrow \quad\quad \downarrow$$

$$1100 \quad 0010 \quad 1011. \quad 0101 \quad 1111$$

即 $(C2B.5F)_{16} = (110000101011.01011111)_2$。

如果要将八进制数转换成等值的十六进制数,可以先将八进制数转换成二进制数,再把二进制数转换成十六进制数,反之亦然。例如, $(32)_8 = (11010)_2 = (1A)_{16}$。

4.1.3 转换位数的确定

在进行数制转换时,必须保证转换后数据的精度。对于 α 进制数的整数部分,理论上都可以准确地转换为对应 β 进制数的有限位整数,因而原理上不存在转换精度的问题。但对于 α 进制数的小数部分,当转换为 β 进制数小数时,会出现循环或不循环小数的情况。例如,

$$(0.2)_{10} = (0.00110011\cdots\cdots)_2,$$

因而,可根据转换精度要求确定转换所得的小数的位数。

设 α 进制数的小数为 k 位,为保证转换精度,转换后需取 j 位 β 进制小数,则有

$$(0.1)_\alpha^k = (0.1)_\beta^j$$

将其转换为十进制数中的等式,即

$$\left(\frac{1}{\alpha}\right)^k = \left(\frac{1}{\beta}\right)^j$$

对等式两边都取以 α 为底的对数,则得

$$k \log_\alpha\left(\frac{1}{\alpha}\right) = j \log_\alpha\left(\frac{1}{\beta}\right)$$

即

$$k \log_\alpha \beta = j \frac{\lg \beta}{\lg \alpha}$$

或

$$j = k \frac{\lg \alpha}{\lg \beta}$$

取 j 为整数,因此 j 应满足

$$k \frac{\lg \alpha}{\lg \beta} \leqslant j < k \frac{\lg \alpha}{\lg \beta} + 1$$

例 4.9 将十进制数 0.31534 转换为十六进制数,要求转换精度为 $\pm (0.1)_{10}^5$。

为保证转换的精度,十六进制数的小数位数 j 应满足

$$5 \frac{\lg 10}{\lg 16} \leqslant j < 5 \frac{\lg 10}{\lg 16} + 1$$

其中, $k = 5$, $\alpha = 10$, $\beta = 16$,得到

$$4.15 \leqslant j < 5.15$$

取 $j = 5$,转换结果为

$$(0.31534)_{10} = (0.50BA1)_{16}$$

4.2　数值数据的表示方法

4.2.1　计算机中信息的存储单位

(1)位(bit)

位是二进制数位的简称,代表二进制码的一个位数 0 或 1,是计算机信息的最小存储单位,实际应用中常用多个比特组成更大的信息单位。计算机有 8 位、16 位、32 位和 64 位等。

(2)字节(Byte)

字节是由若干个二进制位组成的,简写 B。一个字节通常由 8 个二进制位组成,即 1 Byte = 8 bit。字节是在信息技术和数码技术中用于表示信息的基本存储单位。

存储容量是存储器的一项很重要的性能指标,由于字节这个单位比较小,因此常用的信息组织和存储容量单位实际上是 KB,MB,GB,TB,PB,EB 等,它们之间以 1024 为进制单位。

千字节(kilobyte,简写 KB),1 KB = 2^{10} B = 1 024 B

兆字节(megabyte,简写 MB),1 MB = 2^{20} B = 1 024 KB

吉字节(gigabyte,简写 GB,即千兆字节),1 GB = 2^{30} B = 1 024 MB

太字节(terabyte,简写为 TB,即兆兆字节),1 TB = 2^{40} B = 1 024 GB

拍字节(petabyte,简写为 PB,即千万亿字节),1 PB = 2^{50} B = 1 024 TB

艾字节(exabyte,简称为 EB,即百亿亿字节),1 EB = 2^{60} B = 1 024 PB

然而,由于在其他领域(如距离、速率、频率)的度量都是以 10 的幂次来计算的,因此磁盘、U 盘、光盘等外存储器制造商也采用 1 MB = 1 000 KB,1 GB = 1 000 000 KB 来计算其存储容量,这与计算机显示的容量有一定的差别。

(3)字(word)

字是计算机用来表示一次性处理事务的一个固定长度的位(bit)组,是计算机存储、传输、处理数据的信息单位。字是计算机进行信息交换、处理、存储的基本单元,由若干个字节组合,1 word = n Byte。

(4)字长

在同一时间中处理二进制数的位数称为字长。例如,CPU 和内存之间的数据传送单位通常是一个字长,还有内存中用于指明一个存储位置的地址也经常是以字长为单位的。通常称处理字长为 8 位数据的 CPU 为 8 位 CPU,32 位 CPU 则可在同一时间内处理字长为 32 位的二进制数据。现代计算机的字长通常为 16 位、32 位、64 位。

4.2.2　整数的表示

计算机中表示一个整数数据,需考虑整数的长度及正负号的表示。

在计算机中,数的长度是指该数所占的二进制位数,由于存储单元通常以字节为单位,因此,数的长度也指该数所占的字节数。同类型的数据长度一般是固定的,由机器的字长确定,不足部分用 0 补足,即同一类型的数据具有相同的长度,与数据的实际长度无关。例如,某 16 位计算机,其整数占两个字节(即 16 位二进制),所有整数的长度都是 16 位,则 $(68)_{10} =$

$(1000100)_2 = (00000000\ 01000100)_2$。

整数数据有正数和负数之分,由于计算机中使用二进制 0 和 1,因此,可以采用一位二进制表示整数的符号,通常用"0"表示正号,用"1"表示负号,即对符号位也可进行编码。

在以下讨论中,假设用 8 位二进制数表示一个整数,用 X 表示数的真值,用 $[X]_原$、$[X]_反$、$[X]_补$ 分别表示原码、反码和补码。

(1)数的原码、反码和补码

1)原码

原码是一种最简单的表示方法。其编码规则:数的符号用一位二进数表示(称为符号位),与数的绝对值一起编码。

例 4.10 设带符号数的真值 $X = +69$ 和 $Y = -69$,则它们的原码分别为

$$[X]_原 = 01000101 \qquad [Y]_原 = 11000101$$

原码表示法虽然简单直接,但也存在缺点。

①零的表示不唯一。由于 $[+0]_原 = 00000000$,$[-0]_原 = 10000000$,从而给机器判零带来困难。

②进行四则运算时,符号位需单独处理。例如加法运算,若两数同号,则两数相加,结果取共同的符号;若两数异号,则用大数减去小数,结果取大数的符号。

③硬件实现困难。如减法需要单独的逻辑电路来实现。

2)反码

反码不常用,是求补码的中间码,其编码规则:正数的反码与原码相同,负数的反码其符号位与原码相同,其余各位取反。

例 4.11 设带符号数的真值 $X = +69$ 和 $Y = -69$,则它们的原码和反码分别为

$$[X]_原 = 01000101 \qquad [X]_反 = 01000101$$
$$[Y]_原 = 11000101 \qquad [Y]_反 = 10111010$$

3)补码

补码是一种使用最广泛的表示方法,其理论基础是模数的概念。例如,钟表的模数为 12,如果现在的准确时间是 3 点,而你的手表显示时间是 8 点,怎样把手表拨准呢?可以有两种方法:一种是把时针往后拨 5 小时;另一种是往前拨 7 小时。之所以这两种方法效果相同,是因为 5 和 7 对模数 12 互为补数。即一个数 A 减去另一个数 B,等价于 A 加上 B 的补数。

补码的编码规则:正数的补码与原码相同,负数的补码其符号位与原码相同,其余各位取反再在最末位加 1(取反加 1)。PC 采用补码存储数据,因此 CPU 只需有加法器即可。

例 4.12 设带符号数的真值 $X = +69$ 和 $Y = -69$,则它们的原码和补码分别为:

$$[X]_原 = 01000101 \qquad [X]_反 = 01000101$$
$$[Y]_原 = 11000101 \qquad [Y]_反 = 10111011$$

由于 $[+0]_补 = 00000000$,$[-0]_补 = [-0]_反 + 1 = 11111111 + 1 = 00000000$,因此,补码表示的优点之一就是零的表示唯一。

例 4.13 $[+127]_补 = 01111111$,$[-127]_补 = 10000001$,$[-128]_补 = 10000000$

(2)定点整数

定点整数的小数点默认为在二进制数最后一位的后面。在计算机中,正整数是以原码(即二进制代码本身)的形式存储的,负整数则是以补码的形式存储的。由于正整数的补码与

原码相同,所以无论是正整数还是负整数,都是以补码的形式存储的。

用补码表示整数运算时不需要单独处理符号位,符号位可以像数值一样参与运算。

补码的加法: $[X+Y]_{补}=[X]_{补}+[Y]_{补}$

补码的减法: $[X-Y]_{补}=[X]_{补}-[Y]_{补}=[X]_{补}+[-Y]_{补}$

补码的乘法: $[X\times Y]_{补}=[X]_{补}\times[Y]_{补}$

例 4.14　计算 68 − 12 的值。

解: 68 = +1000100　　　$[68]_{补}=01000100$

　　−12 = −0001100　　$[-12]_{补}=[-12]_{反}+1=11110011+1=11110100$

$$\begin{array}{r} 01000100[68]_{补} \\ +\quad 11110100[-12]_{补} \\ \hline 1\ 00111000[56]_{补} \end{array}$$

例 4.15　计算 12 − 68 的值。

解: 12 = +0001100　　　$[12]_{补}=00001100$

　　−68 = −1000100　　$[-68]_{补}=[-68]_{反}+1=10111011+1=10111100$

$$\begin{array}{r} 00001100[12]_{补} \\ +\quad 10111100[-68]_{补} \\ \hline 11001000[56]_{补} \end{array}$$

补码运算的结果仍为补码,再将补码转换回原码,即可得到运算的结果,如例 4.15 的运算结果为 56(因为结果为正数,故补码就是原码)。如果运算结果为负数,可以用减 1 再取反(符号位不变)的逆过程求出原码。

(3)无符号整数

无符号数是指在字节、字或双字整数操作数中,对应的 8 位、16 位或 32 位二进制数全部用来表示数值本身,无表示符号的位,因而是正整数。

若机器字长为 n,则无符号整数数值范围为 $0\sim(2^n-1)$,无符号(unsigned)整数的类型,取值范围如表 4.3 所示。

在计算机中无符号整数常用于表示地址数。

表 4.3　无符号整数类型取值范围

整数位数	C ++ 类型表示	取值范围
8 位整数	unsigned char	0 ~ 255
16 位整数	unsigned short	$0\sim(2^{16}-1)(0\sim65\ 535)$
32 位整数	unsigned long	$0\sim(2^{32}-1)(0\sim4\ 294\ 967\ 295)$

(4)带符号整数

在计算机数据处理中,除了无符号整数外,还有 4 种带符号数,带符号数的表示方法是把二进制的最高位定义为符号位,其余各位表示数值本身。占有 n 个二进制位的带符号数的取值范围是 $-2^{n-1}\sim2^{n-1}-1$,表 4.4 表示不同整数类型所占的字节数及可表示的范围。

表 4.4 4 种带符号类型整数

整数类型	字节数	C++类型表示	取值范围
字符型	1	char	−128 ~ 127
短整数	2	shor	−32 768 ~ 32 767
长整数	4	long	−2 147 483 648 ~ 2 147 483 648
长长整数	8	long long	−9 223 372 036 854 775 808 ~ 9 223 372 036 854 775 807

有符号数在计算机中以补码的形式存储,无符号数其实就是正数,存储形式是十进制真值对应的二进制数,所以无论是有符号数还是无符号数,都是以补码(相对真值而言)的形式存储的,补码在运算时符号位也会参与。

4.2.3 数的定点表示和浮点表示

数值数据既有正数和负数之分,又有整数和小数之分。在计算机中,对于数值数据小数点的表示方法,有定点表示法和浮点表示法,定点表示法小数点的位置是固定不变的,浮点表示法小数点的位置是浮动变化的。

(1)定点表示法

在计算机内部结构中指定一个不变的位置作为小数点的位置。常用的有定点整数和定点小数两种格式。

定点整数表示法是将小数点的位置固定在表示数值的最低位之后,其一般格式如图 4.1 所示。定点整数表示法只能表示整数,运算时则要求参加运算的数都是整数。如果参加运算的数是小数,则在计算机表示之前需乘以一个比例因子,将其放大为整数。

图 4.1 定点整数表示法的一般格式

定点小数表示法是将小数点的位置固定在符号位和数值位之间,其一般格式如图 4.2 所示。定点小数表示法只能表示纯小数(绝对值小于 1 的小数),运算时则要求参加运算的数都是纯小数。如果参加运算的数是整数或绝对值大于 1 的小数,则在计算机表示之前需乘以一个比例因子,将其缩小为纯小数。

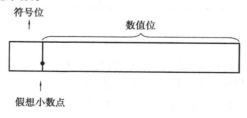

图 4.2 定点小数表示法的一般格式

对于定点表示法,由于小数点始终固定在一个确定的位置,所以计算机不必将参加运算的数对齐即可直接进行加减运算。当参与运算的数值数据本身就是定点数形式时,计算简单方便。但是,定点表示法需要对参加运算的数进行比例因子的计算,因而增加了额外的计算量。

(2) 浮点表示法

在科学计算和数据处理中,经常需要处理非常大的数或非常小的数。在计算机的高级语言设计中,通常采用浮点方式表示实数,一个实数 X 的浮点形式(即科学计数法)表示为

$$X = M \times R^E$$

其中,R 表示基数,由于计算机采用二进制,所以基数 $R = 2$。E 为 R 的幂,称为数 X 的阶码,其值确定了数 X 的小数点位置。M 为数 X 的有效数字,称为数 X 的尾数,其位数反映了数据的精度。

从上式中可以看出,尾数 M 中的小数点可以随 E 值的变化而左右浮动,因此这种表示法称为浮点表示法。目前大多数计算机多把尾数 M 规定为纯小数,把阶码 E 规定为整数。

一旦计算机定义了基数就不能再改变了,因此浮点表示法无须表示基数。计算机中浮点数的表示由阶码和尾数两部分组成,其中阶码一般用定点整数表示,尾数用定点小数表示。浮点表示法的一般格式如图 4.3 所示。

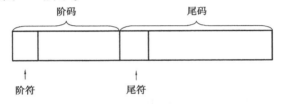

图 4.3　浮点表示法的一般格式

例 4.16　设 $X = 3.625$,假设用 12 位二进制数表示一个浮点数,其中阶码占 4 位,尾数占 8 位,则其浮点表示为

$$(3.625)_{10} = (11.101)_2 = 0.11101 \times 2^{10}$$

阶码为 +10,其补码为 010,则阶码表示为 0010,尾数为 +0.11101,其补码为 011101,占 8 位,则尾数表示为 01110100。因此 X 的浮点数表示为:001001110100。

例 4.17　设 $X = 3.625$,假设用 8 位二进制数表示一个浮点数,其中阶码占 3 位,尾数占 5 位,则其浮点表示为

$$(3.625)_{10} = (11.101)_2 = 0.11101 \times 2^{10}$$

阶码为 +10,其补码为 010,尾数为 +0.11101,其补码为 011101,由于尾数占 5 位,位数不够,则尾数表示为 01110。因此 X 的浮点数表示为:001001110。实际上 001001110 是 3.5 的浮点表示,由于尾数的空间不够大,从而产生了截断误差,若要保证数据有足够的精度,则尾数要有足够的位数。

4.2.4　计算机中的基本运算

(1) 算术运算

二进制数的算术运算非常简单。它的基本运算是加法和减法,利用加法和减法可以进行乘法和除法运算。

1)加法运算

两个二进制数相加时,要注意"逢二进一"的原则,并且每一位最多有 3 个数:本位的被加数、加数和来自低位的进位数。

加法运算法则:

$0 + 0 = 0$

$0 + 1 = 1 + 0 = 1$

$1 + 1 = 1 0$(逢二进一)

例4.18　$(11000011)_2 + (100101)_2 = (11101000)_2$

$$
\begin{array}{r}
被加数 \quad 11000011 \\
加\ 数 \quad\quad 100101 \\
+ \quad 进\ 位 \quad\quad\quad 111 \\
\hline
11101000
\end{array}
$$

2)减法运算

两个二进制相减时,要注意"借一作二"的规则,并且每一位最多有 3 个数:本位的被减数、减数和向高位的借位数。

减法运算法则:

$0 - 0 = 1 - 1 = 0$

$1 - 0 = 1$

$0 - 1 = 1$(借一作二)

例4.19　$(11000011)_2 + (101101)_2 = (10010110)_2$

$$
\begin{array}{r}
被减数 \quad 11000011 \\
减\ 数 \quad\quad 101101 \\
- \quad 借\ 位 \quad\quad 1111 \\
\hline
10010110
\end{array}
$$

3)乘法运算

乘法运算法则:

$0 \times 0 = 0$

$0 \times 1 = 1 \times 0 = 0$

$1 \times 1 = 1$

例4.20　$(1110)_2 + (1101)_2 = (10110110)_2$

$$
\begin{array}{r}
被乘数 \quad 1110 \\
\times \quad 乘\ 数 \quad 1101 \\
\hline
1110 \\
0000 \\
1110 \\
1110 \\
\hline
10110110
\end{array}
$$

4）除法运算

除法运算法则：

$0 \div 1 = 0$（$1 \div 0$ 无意义）

$1 \div 1 = 1$

例 4.21　$(100110)_2 \div (110)_2 = (110)_2 \cdots \cdots \cdots (10)_2$ 余数

$$
\begin{array}{r}
110 \\
110\ \overline{)\ 100110} \\
110 \\
\hline
0111 \\
110 \\
\hline
10
\end{array}
$$

（2）逻辑运算

逻辑运算是对逻辑量的运算，对二进制数"0""1"赋予逻辑含义，就可以表示逻辑量的"真"与"假"。逻辑运算有 3 种基本运算：逻辑加、逻辑乘和逻辑非。逻辑运算与算术运算一样是按位进行的，但是位与位之间不存在进位和借位的关系。

1）逻辑加运算（也称或运算）

逻辑加运算符用"$\vee$"或"$+$"表示。或运算的运算规则：仅当两个参加运算的逻辑量都为"0"时，或的结果才为"0"，否则为"1"。

2）逻辑乘运算（也称与运算）

逻辑乘运算符用"$\wedge$"或"$\times$"表示。与运算的运算规则：仅当两个参加运算的逻辑量都为"1"时，与的结果才为"1"，否则为"0"。

3）逻辑非运算（也称非运算）

逻辑非运算符用"$\sim$"表示，或者在逻辑量的上方加一横线表示，例如：$\overline{A}$，$\overline{Y}$，或者在逻辑量的右上方加一撇表示，例如：A'，Y'。非运算的运算规则：对逻辑量的值取反，即逻辑量 A 的非运算结果为 A 的逻辑值的相反值。

4）逻辑异或运算

逻辑异或运算符用"$\oplus$"表示。异或运算的运算规则：仅当两个参加运算的逻辑量相异时，异或的结果为"1"，否则为"0"。

设 A，B 为逻辑变量，它们的逻辑运算关系见表 4.5。

表 4.5　逻辑运算关系

A	B	$A \vee B$	$A \wedge B$	$A \oplus B$	$\overline{A}$	$\overline{B}$
0	0	0	0	0	1	1
0	1	1	0	1	1	0
1	0	1	0	1	0	1
1	1	1	1	0	0	0

例 4.22　若 $A = (1011)_2$，$B = (1101)_2$，求 $A \vee B$、$A \wedge B$、$A \oplus B$、$\overline{A}$ 的值。

	1011		1011		1011
∨	1101	∧	1101	⊕	1101
	1111		1001		0110

所以

$$A \vee B = (1111)_2, A \wedge B = (1001)_2, A \oplus B = (0110)_2, \overline{A} = (0100)_2$$

4.3　数字和字符数据的编码表示

计算机除了用于数值数据计算之外,还要进行大量的数字和字符数据的处理,但各种信息都是要以二进制编码的形式存在的,因此,计算机处理时要对数字和字符进行二进制编码。

(1)数字的编码

在将十进制数输入计算机时,计算机应马上将其转换为二进制数,但是在将所有位的数字输入之前又不可能知道它到底是在百位还是其他位上,因此也就不可能转换得到对应的二进制数,为此人们引入了数字的二进制编码。因此,在计算机输入数字或者输出数字时,都要进行二进制与十进制的相互转换。用于表示十进制数的二进制代码称为二十进制编码(Binary Coded Decimal,BCD)。

BCD码是二进制编码形式表示的十进制数,它既具有二进制数的形式,可以满足数字系统的要求,又具有十进制的特点。BCD码的编码方法很多,可分为有权码和无权码两类,常见的有权 BCD 码有 8421 码、5421 码、2421 码,无权 BCD 码有余 3 码、余 3 循环码、格雷码。常见的 BCD 码见表 4.6。

表 4.6　常见的 BCD 编码

十进制数	8421 码	5421 码	2421 码	余 3 码	余 3 循环码
0	0000	0000	0000	0011	0010
1	0001	0001	0001	0100	0110
2	0010	0010	0010	0101	0111
3	0011	0011	0011	0110	0101
4	0100	0100	0100	0111	0100
5	0101	1000	1011	1000	1100
6	0110	1001	1100	1001	1101
7	0111	1010	1101	1010	1111
8	1000	1011	1110	1011	1110
9	1001	1100	1111	1100	1010

1)8421 码

8421 码是最基本和最常用的 BCD 码,是一种有权码。其编码的方法是用 4 位二进制数表示 1 位十进制数,自左至右每一位对应的位权分别是 8,4,2,1,故称为 8421 码。4 位二进制数有 0000 ~ 1111 共 16 种状态,而十进制数只有 0 ~ 9 共 10 个数码,8421 码只取 0000 ~ 1001 共计 10 种状态。由于 8421 码应用最广泛,所以一般说 BCD 码就是指 8421 码。

设 8421 码的各位为 A_3,A_2,A_1,A_0,则它所代表的值为

$$X = 8A_3 + 4A_2 + 2A_1 + A_0$$

8421 码编码简单直观,可以容易地实现 8421 码与十进制数之间的转换。

例 4.23 将十进制数 10.54 转换为 8421 码。

8421 码表示为

$$(10.54)_{10} = (0001\ 0000.0101\ 0100)_{8421}$$

例 4.24 写出十进制数 7852 的 8421 码。

8421 码为 0111 1000 0101 0010,实际存储时可以占用 4 字节(每个字节的高 4 位补成 0000),称为非压缩 BCD 码,也可用 2 字节存储,称为压缩 BCD 码。

2)5421 码

5421 码由权 5,4,2,1 的 4 位二进制数组成,它也是一种有权码,其代表的十进制数可由下式算得:

$$X = 5A_3 + 4A_2 + 2A_1 + A_0$$

其中 A_3,A_2,A_1 和 A_0 为 5421 码的个位数(0 或 1)。对同一个十进制数,5421 码可能有多种编码方法。

3)2421 码

2421 码由权 2,4,2,1 的 4 位二进制数组成,2421 码的特点与 8421 码相似,它也是一种有权码,其代表的十进制数可由下式算得:

$$X = 2A_3 + 4A_2 + 2A_1 + A_0$$

其中 A_3,A_2,A_1 和 A_0 为 2421 码的个位数(0 或 1)。与 8421 码不同的是,对同一个十进制数,2421 码可能有多种编码方法,2421 编码见表 4.7。

表 4.7 2421 编码

十进制数	2421 码		十进制数	2421 码	
	方案 1	方案 2		方案 1	方案 2
0	0000	0000	5	1011	0101
1	0001	0001	6	1100	0110
2	1000	0010	7	1101	0111
3	1001	0011	8	1110	1110
4	1010	0100	9	1111	1111

表 4.7 中的两种 2421 码都只用了 4 位二进制数 16 种组合中的 10 种,方案 1 在十进制数 1 和 2 之间跳过 6 种组合,而方案 2 在十进制数 7 和 8 之间跳过 6 种组合。

需要指出的是,表 4.6 中第三列所给出的 2421 码是一种自反编码,或称对 9 的自补码,只要把这种 2421 码的各位取反,便可得到另一种 2421 码,而且这两种 2421 码所代表的十进制数对 9 互反,例如,2421 码 0100 代表十进制数 4,若将它的各位取反得 1011,它所代表的十进制数 5 恰是 4 对 9 的反。必须注意,并不是所有的 2421 码都是自反代码。

4）余 3 码

十进制数的余 3 码是由对应的 8421 码加 0011 后得到的,故称为余 3 码。显然,余 3 码 A_3, A_2, A_1, A_0 所代表的十进制数可由下式算得:

$$X = 8A_3 + 4A_2 + 2A_1 + A_0 - 3$$

余 3 码是一种无权代码,该代码中的各位 1 不是一个固定值,因而不直观。余 3 码也是一种自反代码。由表 4.6 可知,4 的余 3 码为 0111,将它的各位取反得 1000,即 5 的余 3 码,而 4 与 5 对 9 互反。

另一个特点:两个余 3 码相加时,所产生的进位相当于十进制数的进位,但对"和"必须进行修正。修正的方法:如果产生进位,则留下的和为 8421 码,需加上 0011 加以修正;如果不产生进位,则加上 1101（13）［或减去 0011（3）］,即得和数的余 3 码,最终的进位要看修正时的进位。

例 4.25 余 3 码 0101 与 0110 相加。

余 3 码		十进制		加 1101 修正	
	0 1 0 1		2		1 0 1 1
+	0 1 1 0	+	3	+	1 1 0 1
	1 0 1 1		5		1 1 0 0 0

相加后的结果不产生进位,加 1101 进行修正,因此 $(0101)_{\text{余3码}} + (0110)_{\text{余3码}} = (1000)_{\text{余3码}}$。

例 4.26 余 3 码 0110 与 1100 相加。

余 3 码		十进制		有进位加 0011 修正	
	0 1 1 0		3		0 0 1 0
+	1 1 0 0	+	9	+	0 0 1 1
	1 0 0 1 0		12		0 1 0 1

最终结果为 0101,进位为 1。

5）格雷码

格雷码（也称循环码）是由贝尔实验室的 Frank Gray 在 1940 年提出的,用于 PCM（Pusle Code Modulation）方法传送信号时防止出错。格雷码是一个数列集合,它是无权码,它的两个相邻代码之间仅有一位取值不同。典型格雷码是一种具有反射特性和循环特性的单步自补码,它的循环、单步特性消除了随机取数时出现重大误差的可能,它的反射、自补特性使得求反非常方便。格雷码属于可靠性编码,是一种错误最小化的编码方式。编码方法见表 4.8。

表 4.8　格雷码

十进制数	二进制数	格雷码	十进制数	二进制数	格雷码
0	0000	0000	5	0101	0111
1	0001	0001	6	0110	0101
2	0010	0011	7	0111	0100
3	0011	0010	8	1000	1100
4	0100	0110	9	1001	1101

续表

十进制数	二进制数	格雷码	十进制数	二进制数	格雷码
10	1010	1111	13	1101	1011
11	1011	1110	14	1110	1001
12	1100	1010	15	1111	1000

①二进制码转换成格雷码

二进制码的最高位作为格雷码的最高位,次高位格雷码为二进制码的最高位与次高位相异或,格雷码的其余各位依次类推。设 n 位二进制码为

$$B_{n-1}B_{n-2}\cdots B_2B_1B_0$$

对应的 n 位格雷码为

$$G_{n-1}G_{n-2}\cdots G_2G_1G_0$$

则格雷码的最高位保留二进制码的最高位

$$G_{n-1}=B_{n-1}$$

其他各位为

$$G_i=B_{i+1}\oplus B_i,\ i=0,1,2,\cdots,n-2$$

例 4.27　将二进制数 10110 转换为格雷码。

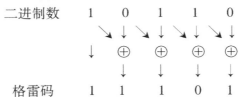

所以:$(10110)_2=(11101)_{格雷码}$

②格雷码转换成二进制码

格雷码的最高位作为二进制码的最高位,次高位二进制码为二进制码的最高位与格雷码次高位相异或,二进制码的其余各位依次类推。设 n 位格雷码为

$$G_{n-1}G_{n-2}\cdots G_2G_1G_0$$

对应的 n 位二进制码为

$$B_{n-1}B_{n-2}\cdots B_2B_1B_0$$

则二进制码的最高位保留格雷码的最高位

$$B_{n-1}=G_{n-1}$$

其他各位为

$$B_{i-1}=G_{i-1}\oplus B_i,\ i=0,1,2,\cdots,n-1$$

例 4.28　将格雷码 10110 转换为二进制数。

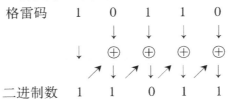

所以:(10110)$_{格雷码}$ =(11011)$_2$

6)余 3 循环码

余 3 循环码是变权码,每一位的 1 并不代表固定的数值。十进制数的余 3 循环码就是取 4 位格雷码中的 10 个代码组成的,即从 0010 到 1010(表 4.6),具有格雷码的优点,即两个相邻代码之间仅有一位的状态不同。

(2)字符编码

计算机中的非数值信息也采用 0 和 1 两个符号的编码来表示。

1)ASCII 码

目前,微型计算机中普遍采用的英文字符编码是 ASCII 码(American Standard Code for Information Interchange,美国国家标准信息交换码)。它采用一个字节来表示一个字符,在这个字节中,最高位为 0(零),低 7 位为字符编码,00000000 ~ 01111111(0 ~ 127)共代表了 128 个字符,标准 7 位 ASCII 码字符集见表 4.9。

表 4.9 标准 7 位 ASCII 码字符集

字符	十进制	十六进制	字符	十进制	十六进制	字符	十进制	十六进制	字符	十进制	十六进制
NUL	0	0	DC3	19	13	&	38	26	9	57	39
SOH	1	1	DC4	20	14	'	39	27	:	58	3A
STX	2	2	NAK	21	15	(	40	28	;	59	3B
ETX	3	3	SYN	22	16	)	41	29	<	60	3C
EOT	4	4	ETB	23	17	*	42	2A	=	61	3D
ENQ	5	5	CAN	24	18	+	43	2B	>	62	3E
ACK	6	6	EM	25	19	,	44	2C	?	63	3F
BEL	7	7	SUB	26	1A	−	45	2D	@	64	40
BS	8	8	ESC	27	1B	.	46	2E	A	65	41
HT	9	9	FS	28	1C	/	47	2F	B	66	42
LF	10	a	GS	29	1D	0	48	30	C	67	43
VT	11	b	RS	30	1E	1	49	31	D	68	44
FF	12	c	US	31	1F	2	50	32	E	69	45
CR	13	d	(sp)	32	20	3	51	33	F	70	46
SO	14	e	!	33	21	4	52	34	G	71	47
SI	15	f	"	34	22	5	53	35	H	72	48
DLE	16	10	#	35	23	6	54	36	I	73	49
DC1	17	11	$	36	24	7	55	37	J	74	4A
DC2	18	12	%	37	25	8	56	38	K	75	4B

字符	十进制	十六进制	字符	十进制	十六进制	字符	十进制	十六进制	字符	十进制	十六进制
L	76	4C	Y	89	59	f	102	66	s	115	73
M	77	4D	Z	90	5A	g	103	67	t	116	74
N	78	4E	[	91	5B	h	104	68	u	117	75
O	79	4F	\	92	5C	i	105	69	v	118	76
P	80	50	]	93	5D	j	106	6A	w	119	77
Q	81	51	^	94	5E	k	107	6B	x	120	78
R	82	52	_	95	5F	l	108	6C	y	121	79
S	83	53	`	96	60	m	109	6D	z	122	7A
T	84	54	a	97	61	n	110	6E	{	123	7B
U	85	55	b	98	62	o	111	6F			124	7C
V	86	56	c	99	63	p	112	70	}	125	7D
W	87	57	d	100	64	q	113	71	~	126	7E
X	88	58	e	101	65	r	114	72	DEL	127	7F

在这 128 个 ASCII 码字符中,编码 0～31 是 32 个不可打印和显示的控制字符,其余 96 个编码则对应着键盘上的字符。除编码 32 和 128 这两个字符不能显示出来之外,另外 94 个字符均为可以显示。从表 4.9 中可以看出以下规律:

①数字 0 的 ASCII 码是 48 D 或 30 H;大写字母 A 的 ASCII 码是 65 D 或 41 H;小写字母 a 的 ASCII 码是 97 D 或 61 H。

②数字 0～9、大写字母 A～Z、小写字母 a～z 的 ASCII 码值是连续的。因此,如果知道了数字 0、大写字母 A 和小写字母 a 的 ASCII 码值,就可以推算出所有数字和字母的 ASCII 码值。例如,A 的 ASCII 码为 1000001,对应的十进制数是 65,由 A～Z 编码连续可以推算出字母 D 的 ASCII 码是 68(十进制数)。

③数字 0～9 的 ASCII 码值小于所有字母的 ASCII 码值;大写字母的 ASCII 码值小于小写字母的 ASCII 码值;大写字母与其对应的小写字母之间的 ASCII 码值之差正好是十进制数 32。

例 4.29 写出英文单词 Computer 的 ASCII 码。

ASCII 码的二进制形式:01000011 0110111 01101101 01110000 01110101 01110100 01100101 01110010,写成十六进制形式:43 6F 6D 70 75 74 65 72。

2)EBCDIC 码

EBCDIC(Extended Binary Coded Decimal Interchange Code)码即扩展的 BCD 码,是 IBM 公司于 1963—1964 年间推出的字符编码表,除了原有的 10 个数字之外,又增加了一些特殊符号、大小写英文字母和某些控制字符的表示,也是一种字符编码。采用 8 位二进制编码来表示一个字符或数字字符,共可以表示 256 个不同符号,EBCDIC 中只选用了其中一部分,其他的用作扩充。EBCDIC 码见表 4.10,主要用于超级计算机和大型计算机。其缺点是英文字母不是连续地排列,中间出现多次断续,为撰写程序的人带来了一些困难。

表 4.10　EBCDIC 码

高位	低位															
	0000	0001	0010	0011	0100	0101	0110	0111	1000	1001	1010	1011	1100	1101	1110	1111
0000	NUL	SOH	STX	ETX	PF	HT	LC	DEL		RLF	SMM	VT	FF	CR	SR	SI
0001	DLE	DC1	DC2	TM	RES	NL	BS	IL	CAN	EM	CC	CU1	IFS	IGS	IRS	IUS
0010	DS	SOS	FS		BYP	LF	ETB	ESC			SM	CU2		ENQ	ACK	BEL
0011			SYN		PN	RS	UC	EQT				GU3	DC4	NAK		SUB
0100	SP								[	°	<	(	+	!		
0101	&								]	$	*	)	;	^		
0110	—	/							|	,	%	—	>	?		
0111	—								:	#	@	‘	=	“		
1000		a	b	c	d	e	f	g	h	i						
1001		j	k	l	m	n	o	p	q	r						
1010		—	s	t	u	v	w	x	y	z						
1011																
1100	|	A	B	C	D	E	F	G	H	I						
1101	｝	J	K	L	M	N	O	P	Q	R						
1110	\		S	T	U	V	W	X	Y	Z						
1111	0	1	2	3	4	5	6	7	8	9						

4.4　汉字的编码表示

　　汉字符号比西文符号复杂得多,所以汉字符号的编码也比西文符号的编码复杂得多。首先,汉字符号的数量远远多于西文符号,汉字有几万个字符,就是国家标准局公布的常用汉字也有 6 763 个(常用的一级汉字 3 755 个,二级汉字 3 008 个)。一个字节只能编码 $2^8 = 256$ 个符号,用一个字节给汉字编码显然是不够的,所以汉字的编码用了两个字节。其次,这么多的汉字编码让人很难记忆。为了使用户方便迅速地输入汉字字符,人们根据汉字的字形或者发音设计了很多种输入编码方案来帮助人们记忆汉字的编码。为了在不同的汉字信息处理系统之间进行汉字信息的交换,国家专门制定了汉字交换码,又称国标码。国标码在计算机内部存储时所采用的统一表达方式被称为汉字内码。无论是用哪一种输入编码方法输入的汉字,都将转换为汉字内码存储在计算机内。

　　综上所述,汉字的编码有 3 类:输入编码、内部码和字形码。这 3 类汉字编码之间的关系如图 4.4 所示。

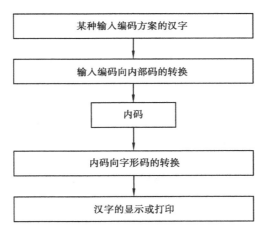

图 4.4　各汉字编码之间的关系

（1）汉字的输入编码

汉字的输入方式目前仍然是以键盘输入为主，而且是采用西文的计算机标准键盘来输入汉字，因此汉字的输入码就是一种用计算机标准键盘按键的不同组合输入汉字而编制的编码。人们希望能找到一种好学、易记、重码率低并且快速简捷的输入编码法。目前已经有几百种汉字输入编码方案，在这些编码方案中一般大致可以分为 3 类：数字编码、拼音码和字形编码。

1）数字编码

数字编码就是用数字串代表一个汉字的输入，常用的是国标区位码。例如，"中"字位于第 54 区 48 位，区位码为 5448。数字编码输入的优点是无重码，而且输入码和内部编码的转换比较方便，但是每个编码都是等长的数字串，难以记忆，因此目前较少使用。

2）拼音码

拼音码是以汉语读音为基础的输入法。由于汉字同音字太多，输入重码率较高，因此，按拼音输入后还必须进行同音字选择，影响了输入速度。目前大部分的汉字输入都采用这种输入方式，比较常用的输入法有谷歌拼音输入法、搜狗拼音输入法等，如图 4.5 所示。

图 4.5　谷歌拼音输入法和搜狗拼音输入法

3）字形编码

字形编码是以汉字的形状确定的编码。汉字总数虽多，但都是由一笔一画组成的，全部汉字的部首和笔画是有限的。因此，把汉字的笔画部首用字母或数字进行编码，按笔画书写的顺序依次输入，就能表示一个汉字。五笔字型编码是最有影响的字形编码方法，比较常用的输入法有万能五笔输入法、王码五笔型输入法、陈桥五笔输入法和极品五笔输入法等。

（2）汉字的存储（汉字内部码）

世界各大计算机公司一般均以 ASCII 码为内部码来设计计算机系统。汉字数量多，用一个字节无法区分，一般用两个字节来存放汉字机内码。汉字机内码又称内码，对于汉字存储和处理来说，汉字较多，要用两个字节来存放汉字的机内码。为了避免与高位为 0 的 ASCII 码相混淆，根据 GB 3212—80 的规定，每字节最高位为 1，这样内码和外码就有了简单的对应关系，同时也解决了中、英文信息的兼容处理问题。以汉字"啊"为例，其国标码为 3021（H），机内码

103

为 B0A1（H）。

（3）汉字的输出（汉字字形码）

把汉字写在划分成 m 行 n 列小方格的网络方格中，该方阵称当 $m \times n$ 点阵。每个小方格是一个点，有笔画部分是黑点，文字的背景部分是白点，点阵中的黑点就描绘出汉字字形，称为汉字点阵字形［图 4.6（a）］。用 1 表示黑点，0 表示白点，按照自上而下、从左至右的顺序排列起来，就把字形转换成了一串二进制的数字［图 4.6（b）］。这就是点阵汉字字形的数字化，即汉字字形码。字形码也称为字模码，它是汉字的输出形式，根据输出汉字的要求不同，点阵的多少也不同。常用的汉字点阵方案有 16×16 点阵、24×24 点阵、32×32 点阵和 48×48 点阵等。以 16×16 点阵为例，每个汉字要占用 32 个字节，两级常用汉字大约占用 256 KB。一个汉字信息系统具有的所有汉字字形码的集合就构成了该系统的字库。

汉字输出时经常要使用汉字的点阵字形，因此，把各个汉字的字形码以汉字库的形式存储起来。但是汉字的点阵字形的缺点是放大后会出现锯齿现象，很不美观，而且汉字字形点阵所占用的存储空间比较大，要解决这个问题，一般采用压缩技术，其中矢量轮廓字形法压缩比大，能保证字符质量，是当今最流行的一种方法。矢量轮廓定义加上一些指示横宽、竖宽、基点和基线等控制信息，就构成了字符的压缩数据。

轮廓字形方法［图 4.6（c）］比点阵字形复杂，一个汉字中笔画的轮廓可用一组曲线来勾画，它采用数学方法来描述每个汉字的轮廓曲线。中文 Windows 操作系统下广泛采用的 TrueType 字形库就是采用轮廓字形法。这种方法的优点是字形精度高，且可以任意放大或缩小而不产生锯齿现象。

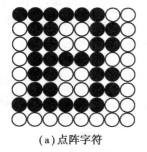
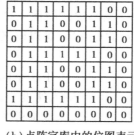

（a）点阵字符 （b）点阵字库中的位图表示 （c）矢量轮廓字符

图 4.6　汉字字形码的表示方法

（4）其他汉字编码

1）GBK 码

GBK（汉字内码扩展规范）码是中国制定的新的中文编码扩展国家标准。该编码标准兼容 GB 2312—1980，共收录汉字 21 003 个，符号 883 个，并提供 1 894 个造字码位，将简体字、繁体字融于一库。

2）BIG5 码

BIG5 码包含 420 个图形符号和 13 070 个汉字，但不包括简化汉字。

3）Unicode 码

Unicode 码是统一编码组织于 20 世纪 90 年代制定的一种 16 位字符编码标准，它以两个字节表示一个字符，世界上几乎所有的书面语言都可以用这种编码来唯一表示，其中也包括中文。目前，Unicode 码已经成为信息编码的一个国际标准，在它的 65 536 个可能的编码中，对 39 000 个编码已经作了规定，其中 21 000 个编码用于表示汉字。Microsoft Office 就是一个基于 Unicode 文字编码标准的软件,无论使用何种语言编写的文档,只要操作系统支持该语言的字符,Office 都能正确识别和显示文档内容。

4.5　多媒体数据表示方法

计算机处理的对象除了数值、字符和文字以外,还包含大量的图形、图像、声音、动画和视频等多媒体数据,要使计算机能够处理这些多媒体数据,必须先将它们转换成二进制信息。

4.5.1　图形和图像

图形是指由外部轮廓线条(从点、线、面到三维空间)构成的矢量图,如直线、曲线、圆弧、矩形和图表等。图形的格式是一组描述点、线、面等几何图形的大小、形状及其位置、维数的指令集合。图形一般按各个成分的参数形式存储,可以对各个成分进行移动、缩放、旋转和扭曲等变换,可以在绘图仪上将各个成分输出。因为图形文件只记录生成图的算法和某些特征点,所以也称为矢量图。常用的矢量图形文件格式有".3DS"(用于 3D 建模)、".DXF"(用于 CAD 绘制图形)、".WMF"(用于桌面出版)等。

图像是由扫描仪、摄像机等输入设备捕捉的实际场景或以数字化形式存储的任意画面。静止的图像是一个矩阵,它是由像素点阵构成的,阵列中的各项数字用来描述构成图像的各个像素点(pixel)的强度与颜色等信息,因此又称位图。位图适于表现含有大量细节的画面,可直接显示或输出。常用的图像文件格式有".BMP"".PCX"".TIF"".TGA"".GIF"".JPG"等。

图形和图像常见的文件格式有如下几种:

(1) BMP(Bitmap)文件

BMP 是一种与设备无关的图像文件格式,是最常见、最简单的一种静态图像文件格式,其文件扩展名是".BMP"或者".bmp"。

BMP 图像文件格式共分 3 个域:一是文件头,它又分成两个字段;一是 BMP 文件头;一是 BMP 信息头。第一个域是在文件头中主要说明文件类型,实际图像数据长度,图像数据的起始位置,同时还说明图像分辨率,长、宽及调色板中用到的颜色数;第二个域是彩色映射;第三个域是图像数据。BMP 文件存储数据时,图像的扫描方式是从左向右、从下而上。

BMP 图像文件的主要特点:文件结构与 PCX 文件格式相似,每个文件只能存放一幅图像;其文件存储容量较大,可表现从 2 位到 24 位的色彩,分辨率为 480×320 至 1 024×768。

(2) GIF(Graphics Interchange Format)文件

GIF 文件格式是由 CompuServe 公司在 1987 年 6 月为了制订彩色图像传输协议而开发的,它支持 64 000 px 的图像,256 到 16 M 种颜色的调色板,单个文件中的多重图像,按行扫描的迅速解码,有效地压缩以及具有与硬件无关的特性。

GIF 文件分为静态 GIF 和动画 GIF 两种,支持透明背景图像,适用于多种操作系统,存储容量很小,网上很多小动画都是 GIF 格式。其实,GIF 动画是将多幅图像保存为一个图像文件,从而形成动画,所以归根到底 GIF 仍然是图片文件格式,但 GIF 只能显示 256 色。

(3) JPEG(Joint Photographic Experts Group)文件

JPEG 图像文件是目前使用最广泛、最热门的静态图像文件,其扩展名为".jpg"。JPEG 是

Joint Photographic Experts Group(联合摄影专家小组)的缩写,该小组是 ISO 下属的一个组织,由许多国家和地区的标准组织联合组成。

JPEG 格式存储图像的基本思路:开始显示一个模糊的低质量图像,随着图像数据被进一步接受,图像的清晰度和质量将会进一步提高,最后将显示一个清晰、高质量的图像。同样一幅图画,用 JPEG 格式存储的文件容量是其他类型文件的 1/20～1/10,一般文件大小从几十 KB 至几百 KB,色彩数最高可达 24 位。

JPEG 格式图像文件在表达二维图像方面具有不可替代的优势,被广泛运用于互联网以节约网络传输资源。

(4)TIFF(Tag Image File Format)文件

TIFF 图像文件格式是一种通用的位映射图像文件格式,是 Alaus 和 Microsoft 公司为扫描仪和桌上出版系统研制的,其扩展名为".tif"。

TIFF 图像文件具有以下特点:可改性,不仅是交换图像信息的中介产物,也是图像编辑程序的中介数据;多格式性,不依赖于机器的硬件和操作系统;可扩展性,老的应用程序支持新的 TIFF 格式的图像。

TIFF 图像文件容量庞大,细微层次的信息较多,有利于原稿色彩的复制和处理,最高支持的色彩数达 16 M,传真收发的数据一般是 TIFF 格式。

(5)WMF(Windows Meta File)文件

WMF 简称图元文件,是微软公司定义的一种 Windows 平台下的图像文件格式。Microsoft Office 的剪贴画使用的就是这个格式。

WMF 图像文件比 BMP 图像文件所占用的存储容量小,而且它是矢量图形文件,可以很方便地进行缩放等操作而不变形。

(6)PNG(Portable Network Graphic Format)文件

PNG 图像文件是 20 世纪 90 年代中期开始开发的图像文件存储格式,其目的是替代 GIF 和 TIFF 文件格式,同时增加 GIF 文件格式所不具备的特性,称为流式网络图形格式,是一种位图文件存储格式,其文件扩展名为".png"。

PNG 图像文件用来存储灰度图像时,灰度图像的深度可达到 16 位,存储彩色图像时,彩色图像的深度可达到 48 位。

(7)PSD/PDD 文件

PSD/PDD 是 Adobe 公司的图形设计软件 Photoshop 的专用格式,PSD 文件可以存储成 RGB 或 CMYK 模式,还能够自定义颜色数并加以存储,还可以保存 Photoshop 的图层、通道、路径、蒙版,以及图层样式、文字层、调整层等额外信息,是目前唯一能够支持全部图像色彩模式的格式。PSD 文件采用无损压缩,因此比较耗费存储空间,不宜在网络中传输。

(8)TGA(Targe Image Format)文件

TGA 图像文件格式是 Truevision 公司为 Targe 和 Vista 图像获取电路板设计的 TIPS 软件所使用的文件格式,可支持任意大小的图像,专业图形用户经常使用 TGA 点阵格式保存具有真实感的三维有光源图像。

(9)PCX 文件

PCX 图像文件是静态文件格式,是 ZSoft 公司研制开发的,主要与商业性 Paintbrush 图像软件一起使用,其文件扩展名为".pcx"。PCX 文件分为 3 类:各种单色 PCX 文件,不超过 16

种颜色的 PCX 文件,具有 256 种颜色的 PCX 图像文件。

Paintbrush 已经被成功移植到 Windows 环境中,PCX 图像文件成为了个人计算机上流行的图像文件格式。

(10) EPS 文件

CorelDraw、FreeHand 等均支持 EPS 格式,它属于矢量图格式。EPS 文件是用 PostScript 语言描述的一种 ASCII 图形文件格式,在 PostScript 图形打印机上能打印出高品质的图形图像,最高能表示 32 位图形图像。该格式分为 PhotoShop EPS 格式(Adobe Illustrator EPS)和标准 EPS 格式,其中标准 EPS 格式又可分为图形格式和图像格式。值得注意的是,在 PhotoShop 中只能打开图像格式的 EPS 文件,在 CorelDraw 中可以打开矢量图,文字不可编辑,但是图形可以以曲线方式编辑。

EPS 文件是目前桌面印刷系统普遍使用的通用交换格式中的一种综合格式。

4.5.2　音频

音频是多媒体应用中的一种重要媒体,人类能够听到的所有声音都称为音频,正是音频的加入使得多媒体应用程序变得丰富多彩。声音按频率可分为 3 种:次声(频率低于 20 Hz)、声波(20 Hz ~ 20 kHz)和超声(频率高于 20 kHz)。人耳能听到的声音频率为 20 Hz ~ 20 kHz 的声波,多媒体音频信息就是这一类声音。声音按表示媒体的不同可分为波形声音、语音和音乐。

①波形声音,包含了所有的声音形式,可以将任何声音进行采样量化,相应的文件格式是 WAV 文件和 VOC 文件。

②语音是由口腔发出的声波,一般用于信息的解释、说明、叙述、问答等,也是一种波形声音,所以相应的文件格式也是 WAV 文件和 VOC 文件。

③音乐是由各种乐器产生的声波,常用作欣赏、烘托气氛,是多媒体音频信息的重要组成部分。相应的文件格式是 MID 文件和 CMF 文件。

常用的音频文件格式有以下几类:

(1) WAV 文件

WAV 是 Microsoft 公司开发的一种声音文件格式,它符合 RIFF(Resource Interchange File Format)文件规范,用于保存 Windows 平台的音频信息资源,被 Windows 平台及其应用程序所广泛支持,是一种无损压缩。其文件容量较大,多用于存储简短的声音片段,WAV 文件打开工具是 Windows 的媒体播放器。

(2) MPEG 音频文件

MPEG 音频文件是 MPEG 标准中的音频部分。MPEG 音频文件的压缩是一种有损压缩,根据压缩质量和编码程度的不同可分为 3 层(MPEG Audio Layer1/2/3),分别对应 MP1,MP2,MP3 声音文件。

MPEG 音频编码具有很高的压缩率,MP1 和 MP2 的压缩率分别为 4:1 和 6:1 ~ 8:1,标准的 MP3 的压缩比为 10:1。一个长达 3 min 的音乐文件压缩成 MP3 文件后大约是 4 MB,可保持音质不失真。目前在网络上使用最多的是 MP3 文件格式。

(3) MIDI(Musical Instrument Digital Interface)文件

MIDI 是数字音乐/电子合成乐器的统一国际标准,定义了计算机音乐程序、合成器及其他电子设备交换音乐信号的方式,还规定了不同厂家的电子乐器与计算机连接的电缆和硬件及设备间数据传输的协议,可用于为不同乐器创建数字声音,可以模拟大提琴、小提琴、钢琴等常见音乐。

MIDI 文件比数字波形文件所需的存储空间小得多,如记录 1 min MIDI 音频数据文件只需 4 KB 的存储空间,而记录 1 min 8 位、22.05 kHz 的波形音频数据文件需要 1.32 MB 的存储空间。MIDI 文件主要用于原始乐器作品,流行歌曲的业余表演,游戏音轨以及电子贺卡等。

（4）WMA（Windows Media Audio）文件

WMA 文件是继 MP3 后最受欢迎的音乐格式,在压缩比和音质方面都超过了 MP3,能在较低的采样频率下生成好的音质文件。WMA 不用像 MP3 那样需要安装额外的播放器,而 Windows 操作系统和 Windows Media Player 的无缝捆绑让用户只要安装了 Windows 操作系统就可以直接播放 WMA 音乐。

（5）RealAudio 文件

RealAudio 文件是 Real Networks 公司开发的音频文件格式,其文件格式有".RA"".RM"".RAM",用于在低速率的广域网上实时传输音频信息,主要适用于在网络上进行在线音乐欣赏。

（6）AAC（Advanced Audio Coding）文件

AAC 文件是杜比实验室为音乐社区提供的技术,出现于 1997 年,是基于 MPEG-2 的音频编码技术,目的在于取代 MP3,所以又称为 MPEG-4 AAC,即 M4A。

4.5.3　视频

视频泛指将一系列静态影像以电信号方式加以捕捉、记录、处理、储存、传送与重现的各种技术,它是由一幅幅单独的画面序列（帧）组成的,这些画面以一定的速率连续投射在屏幕上,使观看者产生动态图像的感觉。常见的视频文件有以下几种格式:

（1）AVI（Audio Video Interleaved）文件

AVI 文件是音频视频交互的文件。该格式的文件不需要专门的硬件支持就能实现音频和视频压缩处理、播放和存储,其扩展名为".avi"。它采用 Intel 公司的 Indeo 视频的有损压缩技术将视频信息与音频信息交错混合地存储在同一个文件,较好地解决了音频信息与视频信息的同步问题。

AVI 文件目前主要应用在多媒体光盘上,用来保存电影、电视等各种影像信息,有时也用在互联网上供用户下载、欣赏新影片的精彩片段,但该格式文件保存的画面质量不是太好。

（2）MOV 文件

MOV 文件是 Quick Time 的文件格式,是美国 Apple 公司开发的一种视频格式,默认的播放器是苹果的 Quick Time Player,具有较高的压缩比率和较完美的视频清晰度等特点,但其最大的特点还是跨平台性,即不仅能支持 Mac OS,同样也能支持 Windows 系列。

MOV 文件格式支持 256 位色彩,能够通过因特网提供实时的数字化信息流、工作流与文件回放,国际标准化组织（ISO）选择了 MOV 文件格式作为开发 MPEG-4 规范的统一数字媒体存储格式。

（3）MPEG（Moving Pictures Experts Group）文件

MPEG 文件是一种应用在计算机上的全屏幕运动视频标准文件格式,被称为运动图像专家组格式,家里常见的 VCD,SVCD,DVD 就是这种格式。它采用了有损压缩方法减少运动图像中的冗余信息,即认为相邻两幅画面绝大多数是相同的,把后续图像中和前面图像有冗余的部分去除,从而达到压缩的目的(其最大压缩比可达 200∶1)。目前,MPEG 格式有 5 个压缩标准,分别是 MPEG-1、MPEG-2、MPEG-4、MPEG-7 和 MPEG-21。

大多数视频播放软件均支持 MPEG 文件。

(4) DAT(Digital Audio Tape)文件

DAT 文件是 VCD 专用的视频文件格式,是一种基于 MPEG 压缩、解压缩技术的视频文件格式。

(5) 3GP 文件

3GP 文件是为了配合 3G 网络的高速传输速度开发的,是手机中最为常见的一种视频格式,其文件扩展名为".3gp"。3GP 文件还可以在个人计算机上观看,且视频容量较小。

4.5.4　动画

动画是活动的画面,实质是利用了人眼的视觉暂留特性将一幅幅静态图像连续播放而形成的。计算机动画可分为两大类:一类是帧动画;另一类是矢量动画。

帧动画是指构成动画的基本单位是帧,很多帧组成一部动画片。帧动画主要用在传统动画片的制作、广告片的制作,以及电影特技的制作方面。

矢量动画是经过计算机计算而生成的动画,其画面只有一帧,主要表现变换的图形、线条、文字和图案。矢量动画通常采用编程方式和某些矢量动画制作软件完成。

动画文件常用的格式有以下几类:

(1) FLIC 文件

FLIC 文件是 Autodesk 公司在其出品的二维、三维动画制作软件中采用的动画文件格式,采用 256 色,分辨率为 320×200 至 1 600×1 280,其文件扩展名为".FIC"。

FLIC 文件的容量随动画的长短而变化,动画画面越多,容量越大。该格式的文件采用数据压缩格式,代码效率高、通用性好,被大量用在多媒体产品中。

(2) GIF(Graphics Interchange Format)文件

GIF 文件具有多元结构,可以是静态图像,也可以是动态图像即动画。GIF 动画文件采用 LZW 缩算法来实现存储图像数据、多图像的定序和覆盖、交错屏幕绘图以及文本覆盖等技术。

(3) SWF 文件

SWF 文件是基于 Macromedia 公司 Shockwave 技术的流式动画格式,是用 Flash 软件制作的一种格式,其扩展名为".fla"。该格式文件体积小、功能强、交互能力好、支持多个层和时间线程,较多地应用在网络动画中。

习　题

1. 单选题

(1) 二进制 10110111 转换为十进制等于(　　　)。

A. 185　　　　　　B. 183　　　　　　C. 187　　　　　　D. 以上都不是

（2）十六进制数 F260 转换为十进制数等于（　　　）。

A. 62040　　　　　　B. 62408　　　　　　C. 62048　　　　　　D. 以上都不是

（3）二进制数 111.101 转换为十进制等于（　　　）。

A. 5.625　　　　　　B. 7.625　　　　　　C. 7.5　　　　　　D. 以上都不是

（4）十进制数 1321.25 转换为二进制数等于（　　　）。

A. 10100101001.01　　B. 11000101001.01　　C. 11100101001.01　　D. 以上都不是

（5）二进制数 100100.11011 转换为十六进制数等于（　　　）。

A. 24. D8　　　　　　B. 24. D1　　　　　　C. 90. D8　　　　　　D. 以上都不是

（6）一个合法的数据只有 0 至 F 之间所有的数值表示，该数据应该是（　　　）。

A. 八进制数　　　　　B. 十六进制数　　　　C. 十进制数　　　　　D. 二进制数

（7）二进制数 101110 转换为等值的八进制数是（　　　）。

A. 45　　　　　　　　B. 56　　　　　　　　C. 67　　　　　　　　D. 78

（8）下列数中最小的数是（　　　）。

A. $(11011001)_2$　　B. $(75)_{10}$　　　　C. $(75)_8$　　　　D. $(2A7)_{16}$

（9）假设有两个 4 位的二进制数 $A = 1011, B = 1100$，下面对 A, B 进行逻辑运算的结果，其中错误的是（　　　）。

A. $A \wedge B = 1000$　B. $A \vee B = 1111$　C. $\overline{A} \wedge \overline{B} = 0100$　D. $\overline{A} \vee \overline{B} = 0111$

（10）微型计算机中普遍使用的字符编码是（　　　）。

A. BCD 码　　　　　　B. 拼音码　　　　　　C. 补码　　　　　　　D. ASCII 码

（11）八位无符号二进制整数的最大值对应的十进制数为（　　　）。

A. 255　　　　　　　　B. 256　　　　　　　　C. 511　　　　　　　　D. 512

（12）数字字符"8"的 ASCII 码的十进制表示为 56，那么数字字符"4"的 ASCII 码的十进制表示为（　　　）。

A. 51　　　　　　　　B. 52　　　　　　　　C. 53　　　　　　　　D. 60

（13）1 MB 的存储容量相当于（　　　）。

A. 100 万个字节　　　B. 2^{10} 个字节　　　C. 2^{20} 个字节　　　D. 1 000 KB

（14）在拼音输入法中，输入拼音"chengke"，其编码属于（　　　）。

A. 字形码　　　　　　B. 地址码　　　　　　C. 外码　　　　　　　D. 内码

（15）计算机对汉字信息的处理过程实际上是各种汉字编码间的转换过程，这些编码不包括（　　　）。

A. 汉字输入码　　　　B. 汉字内码　　　　　C. 汉字字形码　　　　D. 汉字状态码

（16）400 个 24 × 24 点阵汉字的字形库存储容量是（　　　）。

A. 28 800 个字节　　　　　　　　　　　　B. 0.236 04 M 个二进制位

C. 0.8 K 个字节　　　　　　　　　　　　D. 288 个二进制位

（17）汉字国标码（GB 2312—80）规定的汉字编码，每个汉字用（　　　）。

A. 一个字节表示　　　B. 二个字节表示　　　C. 三个字节表示　　　D. 四个字节表示

（18）数字媒体已经广泛使用，属于视频文件格式的是（　　　）。

A. MP3 格式　　　　　B. WAV 格式　　　　　C. RM 格式　　　　　D. PNG 格式

（19）小明的手机还剩余 6 GB 存储空间，如果每个视频文件为 280 MB，他可以下载到手机中的视频文件数量为(　　)。

　　A. 60　　　　　　　　B. 21　　　　　　　　C. 15　　　　　　　　D. 32

2. 判断题

(1)汉字输入时所采用的输入码不同,则该汉字的机内码也不同。　　　　　　　　(　　)

(2)存储器的基本单位是 Byte,1 KB 等于 1 024 Byte。　　　　　　　　　　　　(　　)

(3)计算机内部存储信息都是由数字 0 和 1 组成。　　　　　　　　　　　　　　(　　)

(4)已知 8 位机器码 10111010,当它是补码时,表示的十进制真值是 −75。　　　(　　)

(5)负数的"反码"就是该负数"原码"的各位取反。　　　　　　　　　　　　　(　　)

(6)模拟数据是指转换成离散数字的文本、视频、音频等内容。　　　　　　　　　(　　)

(7)十进制中的 10 等同于十六进制中的 10。　　　　　　　　　　　　　　　　(　　)

(8)扩展 ASCII 码使用 8 位二进制数为 255 种字符提供编码。　　　　　　　　　(　　)

(9)1 KB = 8 Kb。　　　　　　　　　　　　　　　　　　　　　　　　　　　(　　)

(10)无论汉字的输入方式如何,对同一个汉字来说,它的内码都是相同的。　　　(　　)

(11)内码是供计算机系统内部进行存储、加工、传输统一使用的代码。　　　　　(　　)

(12)输入码是指汉字的外码。　　　　　　　　　　　　　　　　　　　　　　(　　)

3. 简答题

(1)什么是数制? 采用位权表示法的数制具有哪 3 个特点?

(2)二进制的加法和乘法运算规则是什么?

(3)十进制整数转换为非十进制整数的规则是什么?

(4)将十进制数转换为二进制数:6,12,286,1 024,0. 25,7. 125,2. 625。

(5)如何采用"位权法"将非十进制数转换为十进制数?

(6)将下列各数按位权法展开:

$(5678.123)_{10}$,$(325.8)_{10}$,$(1101.010)_2$,$(100111.0011)_2$,$(75.43)_8$,$(2AC.3B)_{16}$

(7)将二进制数转换为十进制数:1010.101,110111.011,10011101.0101

(8)二进制与八进制之间如何转换?

(9)二进制与十六进制之间如何转换?

(10)将二进制转换为八进制和十六进制:10011011.0011011,1010101010.0011001。

(11)将八进制或十六进制数转换为二进制数:$(85.614)_8$,$(5D2.C3E)_{16}$。

(12)什么是原码、反码和补码? 写出下列各数的原码、反码和补码:

1001101,1101001,1010100

(13)如果 $X = -32$,$Y = 5$,计算 $X + Y$ 的补码。

(14)简述无符号数与有符号数的区别。

(15)在计算机中如何表示小数点? 什么是定点表示法和浮点表示法?

(16)设一台浮点计算机,数码位为 8 位,阶码位为 3 位,则它所能表示数的范围是多少?

(17)什么是 BCD 码? 什么是 ASCII 码?

(18)什么是汉字输入码、汉字内码、汉字字形码和汉字交换码? 它们各用于什么场合?

(19)在计算机系统中,位、字节、字和字长所表示的含义各是什么?

第 **5** 章
操作系统与网络知识

本书第 3 章讲到计算机系统被划分为硬件、软件系统,我们可以把操作系统看成硬件和软件的中间接口。操作系统的出现及其功能不断完善,给人们使用计算机带来了很大的方便。不断革新的硬件是给千变万化的软件来使用的,操作系统是硬件和软件的中间桥梁,是所有其他软件开发和运行的基础,在计算机系统中对下层的硬件进行管理,并对上层的应用软件提供接口支持。微型计算机和计算机网络的出现,特别是互联网的快速发展,促进了计算机应用的广泛普及,使计算机逐步成为人们学习、工作和娱乐的基本工具,网络应用成为目前计算机最广泛的应用领域。本章主要介绍操作系统和计算机网络知识。

学习目标

- 了解操作系统的发展历史
- 理解和掌握操作系统的特征
- 理解和掌握操作系统的功能
- 熟悉和掌握常见的操作系统的案例
- 掌握计算机网络的概念及含义
- 理解和熟悉计算机网络的体系结构
- 掌握常见的互联网技术
- 了解 Web 的基本概念和使用
- 理解静态网页和动态网页的访问原理和区别

5.1 操作系统的形成与发展

在计算机的发展进程中,计算机的性能越来越高,操作使用越来越方便。虽然计算机性能提高的物质基础是计算机硬件技术的快速发展,但操作系统的发展保证了硬件功能的充分发挥。早期的计算机只有计算机专业人员才能使用,而现在的计算机已进入了普通家庭,操作系统的出现与发展起了非常重要的作用。包括操作系统在内的计算机软硬件技术的快速发展,使计算机的功能越来越强,使用越来越方便。

　　如图 5.1 所示,操作系统位于计算机系统中的中间层次,计算机是一种能够按照程序对数据进行自动处理的电子设备。通过前面章节的知识可知计算机系统是由硬件和软件组成的,软件又分为系统软件和应用软件。直接面向用户、解决实际问题的软件是应用软件,功能各异的应用软件帮助人们完成各种实际工作,发挥了十分重要的作用,是计算机应用的最终用户体现。系统软件为应用软件的开发与运行提供支持。在系统软件中,最重要的是操作系统,操作系统是其他系统软件和应用软件运行的基础。

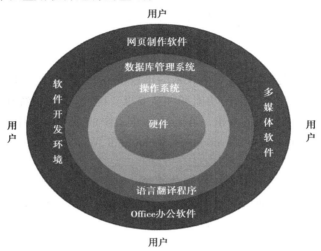

图 5.1　计算机的层级结构

5.1.1　操作系统概念

　　学习操作系统,首先要知道:什么是操作系统? 正如本书前面小节所讲,操作系统是管理计算机资源的,是软件与硬件的中间接口。操作系统是最靠近硬件的软件,有没有高性能是由计算机硬件决定的,而能否将高性能发挥出来是由操作系统决定的。从微型机到超级计算机都必须在其硬件平台上加载相应的操作系统之后,才能构成一个可以协调运转的计算机系统。只有在操作系统的指挥控制下,各种计算机资源才能得到合理分配与高效使用;也只有在操作系统的支持下,其他系统软件和各种应用软件才能开发和运行。如果操作系统的功能不强,计算机硬件、其他系统软件和应用软件的功能很难充分体现出来。

　　操作系统(Operating System,OS)可定义为:有效地组织和管理计算机系统中的硬件和软件资源,合理地组织计算机工作流程,控制程序的执行,提供多种服务功能及友好界面,方便用户使用计算机的系统软件。简单地说就是管理计算机资源控制程序执行,提供多种服务。

　　操作系统有多种类型,不同类型的操作系统侧重点有所不同,但一般都会具有方便性、有效性、可扩充性、开放性、可靠性和可移植性等特点,其中方便性和有效性是主要考虑的,比如Windows 系列操作系统之所以广受欢迎,其中一个重要因素就是其学习和使用的方便性。

　　(1)方便性

　　硬件细节是很复杂的,直接使用硬件需要了解所有的细节,对软件开发者而言,这些工作太烦琐。操作系统提供了高阶函数和接口,使软件能方便地使用。同时没有操作系统,就只能通过控制台输入控制命令。对于普通使用者来说是非常痛苦的事情,有了操作系统,特别是像

Windows 这类功能强大、界面友好的操作系统,用户只需借助键盘和鼠标就可实现很多基本的功能。

(2)有效性

在没有操作系统的计算机系统中,CPU 等资源会经常处于空闲状态而得不到充分利用;存储器中存放的数据由于无序而浪费了存储空间。安装了操作系统可使 CPU 等设备减少等待时间而得到更为有效的利用,并使存储器中存放的数据有序而节省存储空间。此外,操作系统还可以通过合理地组织计算机的工作流程,进一步改善系统的资源利用率及提高系统的输入输出效率。

(3)可扩充性

随着大规模集成电路技术和计算机技术的迅速发展,计算机硬件和体系结构也得到迅速发展,它们对操作系统提出了更高的功能和性能要求。因此,操作系统在软件结构上必须具有很好的可扩充性才能适应发展的要求。在各种操作系统的系列版本中,新版本就是对旧版本的扩充,比如微软的 Windows XP,Windows 7,Windows 8,Windows 10 多个版本的发展。

(4)开放性

20 世纪末出现了各种类型的计算机硬件系统,为了使不同类型的计算机系统能够通过网络加以集成,并能正确、有效地协同工作,实现应用程序的可移植性和互操作性,要求操作系统具有统一的、开放的环境。操作系统的开放性要通过标准化来实现,要遵循国际标准和规范。

(5)可靠性

可靠性包括正确性和健壮性,正确性是指能正确实现各种功能,健壮性是指在硬件发生故障或某种意外的情况下,操作系统应能做出适当的应对处理,而不至于导致整个系统的崩溃。

(6)可移植性

可移植性指把操作系统软件从一个计算机环境迁移到另一个计算机环境并能正常执行的特性。迁移过程中,软件修改越少,可移植性就越好。操作系统的开发是非常复杂的工作,良好的可移植性可方便在不同机型上开发操作系统时,使其与硬件相关的部分相对独立,并位于软件的底层,移植时只需根据变化的硬件环境修改相应部分即可。

(7)兼容性

开发人员希望设计出一套软件能在多个硬件平台来使用,而不是对每一种硬件平台都要有相对应的应用软件版本,或者每当有种新硬件被开发出来,应用软件都要重新设计。操作系统掩盖了不同硬件的细节,提供了对软件的统一接口。所以只要操作系统的接口不变,即使硬件设计改变了,应用软件也可以保持不变。

(8)共享性

每一个软件都是“以自我为中心的”,都要使用 CPU、内存、网络等资源。但是资源必定是有限的,一个软件不允许独享所有的资源。操作系统就像一个管理者,可以有效地管理这些资源,使其能被共享。

(9)安全性

用户不希望自己安装的程序在执行时有意或无意地把整个硬盘的内容擦写掉,或者在服务器(或云服务器中心)上,其他用户能看到你的文件。有了操作系统的保护,这些情况就无须担心。

5.1.2　操作系统的形成

计算机硬件技术的发展目标是提高计算机的性能,主要指运算速度。早期主要是提高单处理器的性能,当出现了多处理器后,多个处理器的协同合作可提高计算机的整体性能。操作系统的发展目标是提高处理器的利用率,使计算机的硬件特性能够充分发挥出来。1956 年出现了第一个操作系统 GM-NAA I/O,该系统是鲍勃·帕特里克在美国通用汽车的系统监督程序的基础上,为美国通用汽车和北美航空公司在 IBM 704 计算机上设计的基本输入输出系统,可以成批地处理作业,在一个作业结束之后,它会自动执行新的作业。

（1）人工阶段

从 1946 年第一台通用计算机（ENIAC）诞生到 20 世纪 50 年代中期,由于计算机存储容量小,运算速度慢,外部设备少等原因,人们使用计算机只能采用人工操作的方式,根本没有操作系统的概念。在人工操作情况下,用户一个接着一个地轮流使用计算机。每个用户的使用过程大致如下:

①把手工编写的程序（机器语言编写的程序）穿成纸带（或卡片）装进输入机。

②经人工操作把程序和数据输入计算机。

③通过控制台开关启动程序运行。

④待计算完毕,用户拿走打印结果,并卸下纸带（或卡片）。

在这个过程中需要进行人工装纸带、人工控制程序运行、人工卸纸带等一系列的"人工干预"。这种由一道程序独占机器的情况,在计算机运算速度较慢的时候是可以容忍的。随着计算机技术的发展,计算机的速度、容量、外设的功能和种类等方面都有了很大的发展。比如,计算机的速度就有了几十倍、上百倍的提高,故使得手工操作的慢速度和计算机运算的高速度形成了一对矛盾,即"人—机矛盾"。

人工操作方式有两个主要缺点:

①用户独占整个计算机。一台计算机的全部资源由一个用户独占使用。

②CPU 利用率偏低。当用户装卸纸带/卡片、纸带/卡片机运行、打印输出结果时,CPU 处于空闲状态。

相对于 CPU 的运行速度,手工操作和纸带/卡片机、打印机等外设的速度是很慢的,使得高速的 CPU 绝大部分时间在等待慢速的手工操作和外设运行,计算机资源得不到有效利用。要知道这一时期都是价格昂贵的大型计算机。

（2）批处理操作系统

为了充分利用计算机的时间,减少空闲等待,缩短作业的准备和建立时间,人们研究了驻留在内存中的管理程序。批处理操作系统的主要流程:操作员集中一批用户提交的作业,由管理程序将这一批作业装到输入设备上（如果输入设备是纸带输入机,则这一批作业在一盘纸带上。若输入设备是读卡机,则该批作业在一叠卡片上）,管理程序自动把第一个作业装入内存,使其被计算机处理。当该作业完成,管理程序再调入第二个作业到内存。只有一个作业处理完毕后,管理程序才可以自动地调度下一个作业进行处理,依次重复上述过程,直到该批作业全部处理完毕。

这里要说明的是,作业指用户在一次数据处理中要求计算机所做的全部工作的总和,由用户程序、数据和作业说明书组成。它曾是早期操作系统的一个重要概念,现代操作系统中已经很少使用这个概念。批处理操作系统分为单道批处理操作系统和多道批处理操作系统。

1）单道批处理操作系统

操作员把接收到的一批用户作业存放在外存,由操作系统自动地一次调用一道作业进入内存运行。这种处理方法减少了人工操作的干预时间,提高了计算机的利用率。但是一个作业在运行时,若提出输入或输出请求,那么 CPU 就必须等待输入或输出的完成,这就意味着 CPU 仍可能长时间空闲。这就是早期的单道批处理操作系统的工作模式,虽然减少了等待人工操作的时间,但仍需要等待输入或输出的操作时间。

单道批处理操作系统的代表是 FMS(FORTRAN Monitor System)和 IBM 公司为 IBM 7094 计算机配置的 IBSYS 操作系统。

2）多道批处理操作系统

多道批处理操作系统改进了单道批处理操作系统的不足。从外存中把多个作业同时调入内存,当某个作业需要输入或输出时,CPU 为该作业启动相应的输入或输出操作后就转去执行下一道作业。这样,第二道作业的执行与第一道作业的输入或输出并行工作,从而进一步减少 CPU 的等待时间。但多道批处理操作系统仍有其不足,用户不能干预自己作业的执行,即使发现错误也不能及时改正,缺乏人机交互。

用于 IBM 4300 系列大型机的 DOS/VS 和 DOS/VES 操作系统是多道批处理操作系统的代表。

把一批作业放入外存(当时主要用的是磁带)可以有脱机方式和联机方式。脱机批处理系统由主机和卫星机组成,卫星机又称外围计算机,它不与主机直接连接,只与外部设备打交道。作业通过卫星机输入磁带上,当主机需要输入作业时,就把输入带同主机连上。主机从输入带上把作业调入内存,并予以执行。作业完成后,主机把结果记录到输出带上,再由卫星机负责把输出带上的信息打印输出。这样,主机摆脱了慢速的输入/输出工作,可以较充分地发挥它的高速计算能力。同时,由于主机和卫星机可以并行操作,因此脱机批处理系统与早期联机批处理系统相比,系统的处理能力大大提高了。脱机输入输出方式的主要优点如下:

①减少了 CPU 的空闲时间。装卸纸带/卡片、作业从低速的纸带/卡片机送到高速的磁带上,都是在脱机情况下进行的,不占用主机时间,从而有效地减少了 CPU 的空闲时间。

②提高了输入输出速度。当 CPU 在运行中需要输入或输出数据时,是直接通过高速的磁带机进行,节省了输入输出时间,进一步减少了 CPU 的空闲时间。

这里说明一下,虽然我们把这个阶段的系统叫作操作系统,但严格意义上还没形成真正的操作系统,只是一个利用程序管理的阶段,这里算是操作系统的雏形。

(3)分时操作系统

分时(time sharing)操作系统的工作方式:一台主机连接了若干个终端,每个终端有一个用户使用。用户向系统提出命令请求,系统接受每个用户的命令,采用时间片轮转方式处理服务请求,并通过交互方式在终端上向用户显示结果。用户根据上一步的处理结果发出下一道命令。

分时操作系统是把计算机的系统资源(主要是 CPU)在时间上加以分割,形成一个个微小的时间段,每个微小时间段称为一个时间片,每个用户依次使用一个时间片,从而可以将 CPU 的工作时间轮流提供给多个用户使用。一台计算机可以连接多个控制台或终端,最终使多个用户通过这些控制台和终端共享使用一台计算机。由于时间片非常小,用户感觉不到有别人在和自己共享使用计算机,就如同自己的专用计算机一样。同时每个用户可以通过控制台或终端控制自己程序的运行,具有人机对话功能,这就克服了批处理系统的不足。需要说明的是,根据计算机的性能高低,对连接终端的个数是有一定限制的,超出这个限制,用户会感觉计算机的速度变慢。

分时系统具有多路性、交互性、"独占"性和及时性的特征。多路性是指同时有多个用户使用一台计算机,从宏观上看是多个作业同时使用一个 CPU,从微观上看是多个作业在不同时刻轮流使用 CPU;交互性是指用户根据系统响应结果进一步提出新请求(用户直接干预每一步);"独占"性是指用户感觉不到计算机为其他人服务,就像整个系统为他所独占;及时性是指系统对用户提出的请求及时响应。

常见的通用操作系统是分时系统与批处理系统的结合。其原则是分时优先,批处理在后。"前台"响应需频繁交互的作业,如终端的要求;"后台"处理时间性要求不强的作业。

(4)实时操作系统

实时操作系统是一种能在限定时间内对外部事件做出响应和处理的计算机系统,可以分为实时控制系统和实时信息系统。实时控制系统是以计算机为中心的过程控制系统,如自动化生产线控制系统。实时控制系统属于硬实时任务,系统必须满足对限定时间的要求,否则会产生严重的后果。实时信息系统通常是指实时信息处理系统,如 12306 火车订票系统,实时信息系统属于软实时任务,系统对限定时间的要求并不十分严格,偶尔的超时也不会产生严重后果。

能够满足实时系统要求的操作系统称为实时操作系统,实时操作系统是指使计算机能及时响应外部事件的请求,在严格规定的时间内完成对该事件的处理,并控制所有实时设备和实时任务协调一致地工作的操作系统。实时操作系统追求的主要目标是对外部请求在严格时间范围内作出反应,具有高可靠性和完整性。当然,一个计算机系统的实时性既依赖于实时操作系统,也和计算机的硬件性能密切相关。

现在的嵌入式操作系统都是实时操作系统,如 Windows CE,VxWorks 等。

(5)通用操作系统

同时具有分时、实时和批处理功能的操作系统称作通用操作系统。显然,通用操作系统规模更为庞大,结构更为复杂,功能也更为强大。开发通用操作系统的目的是为用户提供多模式的服务,同时进一步提高系统资源的利用效率。

在通用操作系统中,可能同时存在 3 类任务:实时任务、分时任务和批处理任务,这 3 类任务通常按照其急迫程度加以分组。实时任务级别最高,系统优先处理;分时任务次之,当没有实时任务时,系统为分时用户服务;批处理任务级别最低,既无实时任务也无分时任务时,系统才执行批处理任务。

UNIX 的早期版本就是当时通用操作系统的典型代表,现在常用的操作系统 Windows,UNIX 和 Linux 都属于通用操作系统。

5.1.3　操作系统的发展

操作系统的形成已有 60 多年的历史,随着超大规模集成电路的发展和计算机体系结构的变化,操作系统也在不断发展和完善,先后出现了微机操作系统、多处理器操作系统、网络操作系统、分布式操作系统和嵌入式操作系统等。

（1）微机操作系统

配置在微机上的操作系统称为微机操作系统。一般把微机操作系统分为单用户单任务操作系统、单用户多任务操作系统和多用户多任务操作系统。

单用户单任务是指只允许一个用户使用计算机，且只允许该用户运行一个程序。这是一种最简单的微机操作系统，主要配置在早期的 8 位机和 16 位机上。具有代表性的单用户单任务操作系统是 MS-DOS。

单用户多任务是指只允许一个用户使用计算机，但允许该用户提交多个程序并发执行，即可以同时完成多个任务，从而有效地改善系统的性能。目前，在微机上配置的操作系统大多数是单用户多任务操作系统，其中最有代表性的是 Windows 系列，用户可以一边编写程序一边听音乐，还可以线上聊天沟通。

多用户多任务是指允许多个用户通过各自的终端，使用同一台主机，共享主机系统中的各类资源，而每个用户又可以提交几个程序，使它们并发执行，进一步提高资源利用率和增加系统吞吐量。本来多用户多任务操作系统一般是用于大、中、小型计算机的，随着微型机性能的不断提高，在高档微机上也可以安装多用户多任务操作系统。其中，具有代表性的是微机版的 UNIX 和 Linux 操作系统。

（2）多处理器操作系统

结合前面所学知识，我们可以了解到提高计算机系统性能的主要途径有两个：一是提高构成计算机系统的硬件的运行速度；二是改进计算机系统的体系结构。早期的计算机系统基本上都是单处理器系统，重点在于提高处理器及相关器件的性能。当出现了多处理器系统（MPS）后，开始通过改进计算机体系结构来提高系统性能。近年来推出的超级计算机、大型机和小型机，大多采用多处理器结构，甚至高档微机也出现了这种趋势。

根据多个处理器之间耦合的紧密程度，可把 MPS 分为两类：紧耦合 MPS 和松耦合 MPS。紧耦合 MPS 是指多个处理器通过高速线路互连，共享内存、外存和外设。多处理器系统是紧耦合 MPS；松耦合 MPS 是指每个处理器有各自的内存、外存和外设，实际上是构成了一台独立的计算机，多台计算机通过通信线路互连，松耦合 MPS 也可以称为多计算机系统或计算机网络。

（3）网络操作系统

网络操作系统是基于计算机网络的，是在各种计算机操作系统上按网络体系结构协议标准开发的系统软件，包括网络管理、通信、安全、资源共享和各种网络应用。其目标是实现网络通信及资源共享。关于计算机网络，本章后面再进行讲解。

运行在计算机网络环境上的网络操作系统应具有以下 4 个方面的功能。

①网络通信。这是网络最基本的功能，其任务是在源主机和目标主机之间实现无差错的数据传输。为此，应有的主要功能包括建立和拆除通信链路、传输控制、差错控制、流量控制和路由选择等。

②资源管理。对网络中可共享的软硬件资源实施有效的管理，协调和控制各用户对共享资源的使用，保证数据的安全性和一致性。常用的共享资源有硬盘、打印机、软件和数据文件等。

③网络服务。这是在网络通信和资源管理的基础上，为了方便用户而直接向用户提供的多种有效服务，主要有电子邮件、文件传输、信息检索、即时通信和电子商务等服务。

④网络管理。网络管理最基本的任务是安全管理,通过存取控制技术来确保存取数据的安全性,通过容错技术来保证系统出现故障时数据的安全性,通过反病毒技术、入侵检测技术和防火墙技术等来确保计算机系统免受非法攻击。此外,还应对网络性能进行监测,对使用情况进行统计分析,以便为网络性能优化和网络维护等提供必要的信息。

常见的网络操作系统有 Windows Server、网络版的 UNIX 和 Linux 操作系统等。

(4)分布式操作系统

在分布式概念提出之前的计算机系统中,其处理和控制功能都高度地集中在一台主机上,所有的任务都由主机处理,这样的系统称为集中式处理系统。而分布式系统是通过高速互联网络将许多台计算机连接起来形成一个统一的计算机系统,这样可以获得极高的运算能力及广泛的数据共享。

在分布式处理系统中,系统的处理和控制功能分散在系统的各个处理单元上。系统中的所有任务也可动态地被分配到各个处理单元上去,使它们并行执行,实现分布处理。分布式处理系统最基本的特征是处理上的分布性,而分布处理的实质是资源、功能、任务和控制都是分布的。

分布式操作系统的特征:统一性,即它是一个统一的操作系统;共享性,即所有的分布式系统中的资源是共享的;透明性,其含义是用户并不知道分布式系统是运行在多台计算机上,在用户眼里整个分布式系统像是一台计算机,对用户来讲是透明的;自治性,即处于分布式系统的多个主机都可独立工作。

网络操作系统与分布式操作系统在概念上的主要区别在于网络操作系统可以构架于不同的操作系统之上,也就是说它可以在不同的主机操作系统上,通过网络协议实现网络资源的统一配置,在大范围内构成网络操作系统。在网络操作系统中并不能对网络资源进行透明的访问,而需要显式地指明资源位置与类型,对本地资源和异地资源的访问区别对待。分布式操作系统比较强调单一性,它是由一种操作系统构架的。在这种操作系统中,网络的概念在应用层被淡化了。所有资源(本地资源和异地资源)都用同一方式管理与访问,用户不必关心资源在哪里,或者资源是怎样存储的。

(5)嵌入式操作系统

嵌入式操作系统是运行在嵌入式系统环境中,对整个嵌入式系统以及它所操作、控制的各种部件装置等资源进行统一协调、调度、指挥和控制的系统软件。

嵌入式电子设备泛指内部嵌有计算机的各种电子设备,其应用范围涉及网络通信、国防安全、航空航天、智能电器、家庭娱乐等多个领域。与一般操作系统相比,嵌入式操作系统具有微型化、可定制、实时性好、可靠性高和易移植等特点。

常用的嵌入式操作系统有 Windows CE,VxWorks 和嵌入式 Linux 等。

5.1.4　操作系统的特征

虽然不同类型的操作系统各有其特点,但一般都具有并发性、共享性、虚拟性和异步性等共同的特征。

(1)并发性

并发指两个或多个事件在同一时间段内发生,而并行则指两个或多个事件在同一时刻发生。并发和并行是有区别的,在多处理器系统中,可以有多个进程并行执行,一个处理器执行一个进程。在单处理器系统中,多个进程是不可能并行执行的,但可以并发执行,即多个进程在一段时间内同时运行,但是每一时刻,只能有一个进程在运行,多个并发的进程在交替地使用处理器运行,操作系统负责进程之间的执行切换。简单地说,进程就是指处于运行状态的程序。

并发性改进了在一段时间内一个进程对 CPU 的独占,可以让多个进程交替使用 CPU,从而有效提高系统资源的利用率,提高系统的处理能力,但也使系统管理变得复杂,操作系统要具备控制和管理各种并发活动的能力。

（2）共享性

共享是指系统中的资源可供多个并发执行的进程共同使用,共享可以提高系统资源的利用率。

并发性和共享性是操作系统的两个最基本的特征,它们互为存在条件。一方面,资源共享是以进程的并发执行为条件的,若系统不允许进程并发执行,也就不存在资源共享问题;另一方面,若操作系统不能对资源共享实施有效管理,则必将影响进程正确地并发执行,甚至根本无法并发执行。

（3）虚拟性

操作系统中的虚拟是指通过某种技术把一个物理实体变成若干个逻辑上的对应物。物理实体是实际存在的,对应物是虚拟的。例如,在分时系统中,虽然只有一个 CPU,但每个终端用户都认为有一个 CPU 在专门为自己服务,即利用分时技术可以把物理上的一个 CPU 虚拟为逻辑上的多个 CPU,逻辑上的 CPU 称为虚拟处理器。在操作系统中,虚拟主要是通过分时使用的方式实现的。

（4）异步性

在多道程序环境下,允许多个进程并发执行,但由于资源及控制方式等因素的限制,进程的执行并非一次性地连续执行完,通常是以"断断续续"的方式进行。内存中的每个进程在何时执行,何时暂停,以怎样的速度进行,每个进程总共需要多长时间才能完成,都是不可预知的。先进入内存的进程不一定先完成,而后进入内存的进程也不一定后完成,即进程是以异步方式运行的。操作系统要严格保证,只要运行环境相同,多次运行同一进程,都应获得完全相同的结果。

前面提到操作系统像一个管理者,不过仔细观察其行为后可发现,其实操作系统是世界上最懒的管理者,因为它无时无刻不在"休息"。那它是如何工作的呢?

①操作系统的常态是睡觉,它不会主动做任何事。它是被"中断"后才起来做服务的,做完后又睡觉了。

②叫醒操作系统的方式叫作"中断"。中断的来源有三,有从硬件来的要求中断,有从软件来的要求中断,也有运行时碰到异常时来的要求中断。

③操作系统不是神,它的执行也需要 CPU。它不过是一个复杂的软件罢了（现在的 Linux 是个百万行的程序）,操作系统被叫醒后也需要 CPU 才能执行。

每当需要操作系统处理事务时,沉睡中的操作系统将会被唤醒,完成相应事务的处理。比如用户从键盘按下"A"键时,键盘会发出中断信号去叫醒操作系统,告诉它:"嘿,键盘的"A"键已经按下去了,你处理一下吧。"这时,操作系统醒来处理这个事件。又如用户程序在执行的过程中,需要读写文件,程序会产生一个中断请求,叫醒操作系统去处理读写文件事务。另外,如果程序在运行中出现了除以 0 等非正常事件,沉睡中的操作系统也会被唤醒,并处理相应的异常事件。

5.2　操作系统的功能

操作系统具有处理器管理功能、存储器管理功能、设备管理功能、文件管理功能和网络与通信管理功能。此外,为了方便用户使用操作系统,还需提供一个使用方便的用户接口。

从资源管理的角度看,操作系统是用来控制和管理计算机系统的硬件资源和软件资源的管理软件。如记录资源的使用状况(哪些资源空闲、哪些可以使用、能被谁使用、使用多长时间等),合理分配及回收资源等。

从用户的观点看,操作系统是用户和计算机硬件之间的界面。用户通过使用操作系统所提供的命令和交互功能实现访问计算机的操作,使计算机完成用户指定的任务。

从层次的观点看,操作系统是由若干层次按照一定结构形式组成的有机体。操作系统的每一层完成特定的功能,并对上一层提供支持,通过逐层功能的扩充,最终完成整个操作系统的功能,完成用户的请求。

5.2.1　处理器管理功能

处理器管理的主要任务是对 CPU 进行分配,对其运行进行有效的控制和管理,最大限度地提高处理器的利用率,减少其空闲时间。在多道程序环境下,处理器的分配和运行都是以进程为基本单位的,因而对处理器的管理可归结为对进程的管理。

进程是一个程序针对某个数据集,在内存中的一次运行。它是操作系统动态执行的基本单元。进程的概念主要有两点:第一,进程是一个实体。每一个进程都有它自己的地址空间,一般情况下,包括文本区域、数据区域和堆栈。第二,进程是一个"执行中的程序"。程序是一个没有生命的实体,只有处理器赋予程序生命时,它才能成为一个活动的实体,即进程。因此,进程和程序是两个既有联系又有区别的概念,正如铁路交通中所使用的列车和火车的概念,火车是一种交通工具,是静止的,而列车是正在行驶中的火车,是动态的,不仅包括火车本身,还包括当前所运载的人和物,起点和终点等。进程管理包括以下几个方面:

(1)进程控制

在多道程序环境下,要使程序运行,必须先为它创建一个或几个进程,并为之分配必要的资源。当进程运行结束时,要立即撤销该进程,以便及时回收该进程所占用的各类资源。进程控制的主要任务是为程序创建进程,撤销已结束的进程,以及控制进程在运行过程中的状态转换。进程有 3 个状态:运行状态、就绪状态和等待状态。运行状态是进程占用处理器运行的状态;就绪状态是进程具备运行条件,只要分配给处理器就能运行的状态;等待状态是进程不具备运行条件,正在等待某个事件完成的状态。

(2)进程同步

为使系统中的进程有条不紊地运行,系统要设置进程同步机制,为多个进程的运行进行协调。

一般来说,相互无关的多个进程是以异步方式运行的,并以人们不可预知的速度向前推进。有时多个进程也存在一定制约关系,如多个进程共享同一独占型资源或多个进程协作完成同一项任务,为了保证这些相互有关的进程能够正确地运行,系统中必须设置进程同步机制。进程同步的主要任务是对存在制约关系的多个进程的运行进行协调,主要有同步和互斥两种协调方式。

①进程同步方式。多个进程协作完成同一项任务,进程之间在执行顺序上有制约关系,有同步机构对这些进程的执行加以协调,保证按正确的先后次序进行。

②进程互斥方式。多个进程在对独占型资源进行共享访问时,按照一定的策略逐次使用资源,如先来先服务、短者优先等策略。互斥也可以看成一种特殊的同步方式,是协调进程访问资源的顺序。

(3)进程通信

系统中的各进程之间有时需要合作和交换信息,为此需要进行进程通信。

在多道程序环境下,可由系统建立多个进程,这些进程相互合作去完成共同任务,在这些相互合作的进程之间,往往需要交换信息。例如,有 3 个相互合作的进程,它们分别是输入进程、计算进程和打印进程。输入进程负责将所输入的数据传送给计算进程,计算进程利用输入数据进行计算,并把计算结果传送给打印进程,最后由打印进程把结果打印出来。

如果相互合作的进程处于同一计算机系统时,通常是采用直接通信方式。由源进程利用发送命令的方式直接将消息挂到目标进程的消息队列上,以后由目标进程利用接收命令从消息队列中取出消息。

如果相互合作的进程处于不同的计算机系统中时,常采用间接通信方式,由源进程利用发送命令将消息送入一个存放消息的中间实体中,以后由目标进程利用接收命令从中间实体中取出消息。该中间实体通常称为邮箱,相应的通信系统称为电子邮件系统。

(4)进程调度

在进程的就绪队列中,按照一定的算法选择一个进程,把处理机分配给它,并为它设置运行现场,使之投入运行。

进程调度的主要任务是为并发执行的多个进程分配处理器资源。分为 3 级:高级调度、中级调度和低级调度。

高级调度也称为作业调度,作业调度的基本任务是从存放在外存的后备作业队列中,按照一定的算法选择若干个作业调入内存准备执行。

中级调度也称为交换调度,根据进程的当前状态决定外存和内存的进程交换,当内存容量不足时,把暂不执行的进程从内存调至外存(这种外存称为虚拟内存),将需要执行的进程调入内存,这种方式可以提高内存资源的利用率。

低级调度也称为进程调度,进程调度的任务则是从进程的就绪队列中,按照一定的算法选出一个进程,把处理器分配给它,并为设置运行环境,使该进程进入运行状态。

作业调度是多道批处理系统的重要功能,现代操作系统中不再有此功能,只保留了交换调度和进程调度。

进程作为资源分配和并发调度的基本单位,提高了 CPU 等系统资源的利用率。但由于系统的地址空间和资源有限,限制了系统中允许并发进程的个数。同时,并发进程之间的执行切换也消耗了比较多的处理器时间。为进一步提高并发程度和减少进程切换的时间消耗。后期提出了线程的概念,线程指进程内部一个可独立执行的实体。在一个进程中可以创建多个线程,实现多个线程的并发执行,即一个进程的多个部分可以并发执行,进一步提高了 CPU 的利用率,减少了进程的切换次数及时间消耗。

5.2.2　存储器管理功能

存储器管理是指对内存储器的管理,根据作业需要分配内存,当作业结束时及时回收所占用的内存区域。

存储器管理的主要任务是为多道程序的运行提供良好的环境,方便用户使用存储器,并提高内存的利用率。存储管理包括以下几个方面:

（1）内存分配

内存分配的主要任务是为每道程序分配内存空间,并使内存得到充分利用,在作业结束时收回其所占用的内存空间,尽量减少不可用的内存空间,提高内存空间的利用率。

（2）内存保护

内存保护的主要任务是保证每道程序都在自己的内存空间运行,彼此互不侵犯,防止一个进程访问其他进程的内存空间进而影响那个进程的正常执行。特别是不允许用户进程访问操作系统所占用的内存区域,否则可能造成整个系统瘫痪。

为了确保每个进程只在自己的内存区内执行,操作系统要有内存保护机制。一种比较简单的方法是使用两个寄存器,分别存放一个进程占用内存空间的上界和下界。对进程中每条指令所访问的内存地址进行检查,如果超出了所分配的内存空间范围,便停止该进程的执行。

（3）地址映射

在多道程序设计环境下,每个作业是动态装入内存的,作业的逻辑地址必须转换为内存的物理地址,这一转换称为地址映射。

高级语言源程序经编译和连接后形成可装入内存的程序,这时程序中第一条指令的地址是从 0 开始的,后面的指令依次编址,由这些指令在程序中的地址所构成的地址范围称为地址空间,其中的地址称为逻辑地址或相对地址。由内存中的若干存储单元所构成的地址范围为内存空间,其中的地址称为物理地址。

（4）内存扩充

前面章节提到内存的容量必定是有限的。为满足用户的需要,通过建立虚拟存储系统来实现内存容量的逻辑上的扩充。

内存扩充的任务是借助于虚拟存储技术(把一部分外存虚拟成内存使用)从逻辑上扩充内存容量,而不是真正增加物理内存的容量。这种虚拟存储技术在不增加硬件成本的前提下,扩充了逻辑内存,能够执行更大的进程或使更多的进程能并发执行,提高了系统性能。实际初始的进程执行模式是要执行的进程及相应的数据需要全部调入内存才能执行。而虚拟内存技术则是先调入部分指令和数据就能启动进程执行,在执行过程中,根据需要逐步将后续指令和数据调入内存,同时把暂时不需要的已经执行过的指令和数据调至特定的外存区域。这样就能在不增加物理内存容量的前提下,执行更大的进程或使更多的进程并发执行,与内存配合的特定外存区域称为逻辑内存或虚拟内存,图 5.2 所示是作者电脑 Win 10 系统上在 C 盘上设置的虚拟内存情况。

图 5.2　Win 10 系统上的虚拟内存设置

5.2.3　设备管理功能

为方便使用,计算机都配备了键盘、鼠标、显示器等常见的输入输出设备。设备管理的主要任务是响应用户提出的输入输出请求,为其分配相应的输入输出设备;提高 CPU 和输入输出设备的使用效率,提高输入输出速度;方便用户使用输入输出设备。设备管理主要实现对设备的分配,启动指定的设备进行实际的输入输出操作,以及操作完毕进行善后处理。设备管理应具有缓冲区管理、设备分配、设备驱动调度、设备独立性和虚拟设备等功能。

(1)缓冲管理

由于 CPU 和 I/O 设备的速度相差很大,为缓和这一矛盾,通常在设备管理中建立 I/O 缓冲区,而对缓冲区的有效管理便是设备管理的一项任务。

缓冲管理的基本任务是管理好各种类型的缓冲区,缓冲区指内存中的一块特定存储区域或设备自有的存储空间,用以缓和 CPU 和输入输出设备速度不匹配的矛盾,目的是提高 CPU 和输入输出设备的利用率。例如,需要打印输出时,可以把打印内容放入缓冲区,供打印机取出打印,此时 CPU 可以继续执行其他任务,避免了高速的 CPU 等待低速的打印机。

(2)设备分配

根据用户程序提出的 I/O 请求和系统中设备的使用情况,按照一定的策略,将所需设备分配给申请者,设备使用完毕后及时收回。

为了实现设备的有效分配,系统中应设置设备控制表等数据结构,记录设备的标识符、类型、地址和状态等信息,用以表示该设备的唯一标识及其是否空闲等,作为设备分配的依据。

设备使用完后,系统要及时回收便于其他用户使用。

(3)设备处理

设备处理程序又称设备驱动程序,对于未设置通道的计算机系统其基本任务通常是把用户提交的输入输出请求转化为实际的输入输出操作,完成用户请求。即由 CPU 向设备控制器发出 I/O 指令,要求它完成指定的 I/O 操作,并能接收由设备控制器发来的中断请求,给予及时的响应和相应的处理。设备驱动程序与硬件密切相关,其中部分代码可能需要用汇编语言编写。对于设置了通道的计算机系统,设备处理程序还应能根据用户的 I/O 请求,自动构造通道程序。

(4)设备独立性

设备独立性指应用程序独立于具体的物理设备,与实际使用的物理设备无关。设备独立性不仅能提高用户程序的适应性,使程序不局限于某个具体的物理设备,而且易于实现输入输出的重定向,易于应对输入输出设备故障。

(5)虚拟设备

虚拟设备的功能是将低速的独占设备改造为高速的共享设备。虚拟设备指通过某种方法(如分时方法)把一台独占型物理设备改造成能供多个用户共享使用的逻辑设备,这种逻辑设备称为虚拟设备。虚拟设备技术能够有效提高设备的利用率,使每个共享使用设备的用户都感觉自己在独自使用该设备。

5.2.4 文件管理功能

在操作系统的五大功能模块中,处理器管理、存储器管理和设备管理都属于硬件资源的管理。软件资源的管理称为信息管理,即文件管理。

要执行一个程序,需要将这个程序送入内存,要编辑修改一个数据文件(如一个 Word 文档),需要把这个文件送入内存。暂时不需要执行的程序或不用的文件要存放在硬盘等外存上,以备需要时直接调入内存。操作系统要具备文件管理功能,对存放在外存上的大量文件进行有效的管理,以方便用户操作使用这些文件,并保证文件内容的安全。文件管理应具有文件存储空间管理、目录管理、文件读写管理以及文件安全保护等功能。

(1)文件存储空间的管理

文件存储空间管理的目标是提高文件存储空间的利用率,并提高文件系统的工作速度。

所有的系统文件和用户文件都存放在文件存储器上。文件存储空间管理的任务是为新建文件分配存储空间,在一个文件被删除后应及时释放所占用的空间。建立一个新的文件时,系统要为其分配相应的存储空间;删除一个文件时,系统要及时收回其所占用的空间。为了实现对文件存储空间的管理,系统应设置相应的数据结构,用于记录文件分配存储空间的依据。为了提高存储空间的利用率和空间分配率,对存储空间的分配通常采用非连续分配的方式,并以块为基本分配单位,块的大小通常为 512 B ~ 4 KB 甚至更大。一个文件的内容可能存放在多段物理存储区域中,系统要有一种良好的机制把它们从逻辑上连接起来。

(2)目录管理

外存上可能存放有成千上万个文件,为了有效管理文件并方便用户查找文件,文件的存储分目录区和数据区。目录区用于存放文件的目录项,每个文件有一个目录项,包含文件名、文件属性、文件大小、建立或修改日期、文件在外存上的开始位置等信息。数据区用于存放文件的实际内容。目录管理的主要任务是为每个文件建立目录项,并对由目录项组成的目录区进行管理,能有效提高文件操作效率。例如,只检索目录区就能知道某个特定的文件是否存在,删除一个文件只在该文件的目录项上做一个标记即可,这也正是一个文件删除后还有可能恢复的原因。

为方便用户在文件存储器中找到所需文件,通常由系统为每一文件建立一个目录项,包括文件名、属性以及存放位置等,由若干目录项又可构成一个目录文件。目录管理的任务是为每一文件建立其目录项,并对目录项加以有效的组织,以方便用户按名存取。

(3)文件读、写管理

文件读、写管理是文件管理的最基本的功能。文件系统根据用户给出的文件名去查找文件目录,从中得到文件在文件存储器上的位置,然后利用文件读、写函数,对文件进行读、写操作。

(4)文件的安全保护

为了防止系统中的文件被非法窃取或破坏,在文件系统中应建立有效的保护机制,以保证文件系统的安全性。

文件系统提供的安全保护机制,一般采取多级安全控制措施,一是系统级控制,没有合法账号和密码的用户不能进入计算机系统,自然也就无法访问系统中的文件;二是用户级控制,对有合法账号和密码的用户分配适当的文件存取权限,使其只能访问有访问权限的文件;三是文件级控制,通过设置文件属性(如只读)、密码保护、文件加密等措施来进一步限制用户对文件的存取。

文件管理功能由操作系统中的文件系统提供。Windows 文件系统主要有文件分配表(FAT)和新技术文件系统(NTFS)两种格式。根据 FAT32 文件系统,采用 32 位二进制数来表示簇号,每个 FAT 文件能管理 2^{32} 个簇,每个簇容量为 512 Kb,则可算出最大分区容量为 2 TB。但是在 Windows XP 下只能管理最大 32 G 的 FAT32 分区;NTFS 兼顾了磁盘空间的使用和访问效率,单个文件大小可以超过 4 GB,硬盘分区可达到 2 TB,在文件和文件夹权限设置文件加密、设置磁盘配额和文件压缩等方面具有更好的性能。为解决 FAT32 不支持 4 GB 以上文件的限制,引入扩展 FAT 文件系统(exFAT)。exFAT 只适用于闪存等移动存储设备。

5.2.5　网络与通信管理功能

许多现代的操作系统都具备操作主流网络通信协议 TCP/IP 的能力。也就是说,这样的操作系统可以进入网络世界,并且与其他系统分享诸如文件、打印机和扫描仪等资源。

操作系统具备的网络与通信管理能主要包括资源管理、通信管理和网络管理等。资源管理要保证网络资源的共享,管理用户对资源的访问,保证信息资源的安全性和完整性。通信管理就是通过通信软件,按照通信协议的规定,完成网络上计算机之间的信息传送。网络管理就是保证网络的安全和高效运行,并对出现的网络故障有合适的应对技术,包括故障管理、安全管理、性能管理和配置管理等。

5.2.6　用户接口

为了方便用户使用操作系统,操作系统会向用户提供一个友好的接口。该接口通常是以命令或系统调用的形式供用户使用,前者提供给用户在直接操作时使用,后者则提供给用户在编程时使用。在 Windows 等操作系统中,还会给用户提供图形接口。

(1)命令接口

为了便于用户直接或间接地控制自己的程序,操作系统向用户提供了命令接口。用户可通过该接口向计算机发出命令以实现相应的功能。该接口又可进一步分为联机用户接口和脱机用户接口(批处理用户接口)。

(2)程序接口

程序接口是为用户程序访问系统资源而设置的,是用户程序取得操作系统服务的唯一途径,现在的操作系统都提供程序接口,如用户所熟知的 Windows 操作系统是以应用程序编程接口(API)的方式提供程序接口,Win API 提供了大量具有各种功能的函数,直接调用这些函数就能编写出各种界面友好、功能强大的应用程序。在可视化编程环境(VC++,Delphi 等)中,有大量类库和各种控件,如微软基础类(Microsoft Foundation Classes,MFC),这些类库和控件都是构建在 Win API 函数之上的,并提供了方便的调用方法,极大地简化了 Windows 应用程序的开发。

(3)图形接口

虽然用户可以通过联机用户接口来取得操作系统的服务,并控制自己的应用程序运行,但要求用户能熟记各种命令的名字和格式,并严格按照规定的格式输入命令,这既不方便又费时间。于是,图形用户接口应运而生。

图形用户接口采用了图形化的操作界面,用非常容易识别的各种图标将系统的各项功能、各种应用程序和文件直观、逼真地表示出来。用户可通过鼠标、菜单和对话框来完成对各种应用程序和文件的操作。此时用户已完全不必像使用命令接口那样去记住命令名及格式,轻点鼠标就能实现很多功能。这也正是 Windows 系列操作系统为什么能得到广泛应用的一个原因。

5.2.7　计算机的启动

不论是台式机、笔记本的 Windows 系统或者 Linux 系统,还是手机的 Android 系统或者 iOS 系统,所有设备在开机启动过程中者都会包括 3 个共同的阶段:启动自检阶段、初始化启动阶段、启动加载阶段。

计算机系统的启动自检阶段、初始化启动阶段和启动加载阶段主要是由 BIOS 来完成的。BIOS 是一组程序,它包括基本输入输出程序、系统设置信息、开机后自检程序和系统自启动程序。这些程序都被固化到计算机主板的 ROM 芯片上。用户可以自行对 BIOS 进行配置。根据不同品牌的台式机或者笔记本电脑。在开机时按下"Esc"键、"F2"键或者"Delete"键,便可进入配置界面,根据需求进行配置。

(1)启动自检阶段

用户按下电源按钮,计算机就进入启动自检阶段。此时,计算机刚接通电源,将读取 BIOS 程序,并对硬件进行检测,这些程序存放在 ROM 中,不需要加电也可以保存。这个检测过程也称为加电自检。加电自检的功能是检查计算机整体状态是否良好。通常完整的加点自检过程包括对 CPU、ROM、主板、串并口、显示卡及键盘进行测试。一旦在自检中发现问题,系统将给出提示信息或鸣笛警告。

启动自检过程中,计算机屏幕会打印出自检信息。

（2）初始化启动阶段

启动自检阶段结束之后，若自检结果无异常，接下来计算机就进入初始化启动阶段。根据 BIOS 设定的启动顺序，找到优先启动的设备，比如本地磁盘、USB 设备等，然后准备从这些设备启动系统。初始化启动阶段还包括设置寄存器、对一些外部设备进行初始化和检测等。

初始化启动过程中，计算机屏幕处于黑屏状态。

（3）启动加载阶段

上述阶段完成后，接下来将读取准备启动的设备所需的相关数据。由于系统存放在硬盘中，BIOS 会指定启动的设备来读取硬盘中的操作系统核心文件，但是，由于不同的操作系统具有不同的文件系统格式（如 FAT32，NTFS，EXT4 等），因此需要一个启动管理程序来处理核心文件的加载，这个启动管理程序就被称为 Boot Loader。Boot Loader 的作用主要有两个方面：一是提供菜单让用户选择不同的启动项目，通过不同的启动项目开启计算机的不同系统。二是能加载核心文件，直接指向可启动的程序区段来启动操作系统。

启动加载过程中，计算机屏幕仍处于黑屏状态。

（4）内核装载阶段

在内核装载阶段，操作系统利用内核程序测试并驱动各个外围设备，包括存储装置、CPU、网卡、声卡等。在这个阶段，有的操作系统会对硬件进行重新检测。也就是说，在操作系统开始使用内核程序测试和驱动外围设备时，操作系统的核心才接管了 BIOS 的工作。

Windows 在内核装载阶段需要加载各个设备的驱动程序。操作系统需要知道当前所有的外围设备，才能加载对应的驱动程序。这些信息记录在注册表中，如操作系统会在注册表的 HKEY_LOCAL_MACHINE\SYSTEM\CurrentControlSet 目录位置读取当前计算机所安装的驱动程序，然后再依次加载这些驱动程序。

在内核装载过程中，计算机屏幕显示操作系统的图标以及进度条等欢迎的信息，表示系统登录成功。

（5）登录阶段

登录阶段，计算机主要完成以下两项任务：一是启动机器上安装的所有需要自动启动的 Windows 服务；二是显示登录界面。

在登录过程中，屏幕显示登录界面。

在用户登录前，设置为自动的服务（后台程序）将自动运行。而需要在启动时运行的应用程序将紧接着用户登录开启。后期用户也可以借助第三方软件控制某些程序是否开机启动，从而加快开机启动速度。

以上所介绍的均为操作系统的启动相关过程。操作系统启动成功之后，接下来在计算机上所进行的所有工作将交给用户来完成。但是，在用户操作计算机的过程中，操作系统仍然是计算机正常运行的不可或缺的部分。

实际上操作系统启动过程可以归结为两种模式：一种是基于基本输入输出系统的传统启动模式；另一种是基于统一可扩展固件接口（Unified Extensible Firmware Interface，UEFI）的新型启动模式。提出统一可扩展固件接口的主要目的是提供一组在操作系统启动之前在所有平台上一致的、正确的启动服务，被看成 BIOS 的代替者。新型号的 PC 大都支持 UEFI 启动模式。UEFI 启动模式具有更好的兼容性、可扩展性和运行性能，操作配置也更为简单方便。

5.3　操作系统实例

最初的计算机没有操作系统,人们通过各种按钮和开关来直接控制计算机运行,自第一个操作系统出现到现在,伴随着计算机的发展操作系统也经历了不断推陈出新的变化,为使用各种计算机提供了非常大的方便。下面对几个著名的操作系统进行简要介绍。

5.3.1　CP/M 操作系统

最早的操作系统是出现在 1956 年的 GM-NAA I/O。微型计算机的第一个操作系统则是诞生于 1974 年的控制程序/监控程序(CP/M)。

CP/M 是 Digital Research 公司为 8 位微型机开发的操作系统,它能够进行文件管理,具有磁盘驱动功能,可以控制磁盘的输入输出、显示器的显示以及打印机的输出,它是当时操作系统的标准。CP/M 曾经有多个版本,运行在 Intel 8080 CPU 上的 CP/M-80,运行在 8088/8086 CPU 上的 CP/M-86,运行在 Motorola 68000 CPU 上的 CP/M-68K 等。

5.3.2　DOS 操作系统

1981 年 IBM 公司首次推出了 IBM-PC 个人计算机,该机上安装了微软公司开发的 MS-DOS 操作系统。该操作系统在 CP/M 的基础上进行了较大的扩充,增加了许多内部和外部命令,使该操作系统具有较强的功能及性能优良的文件系统。又因为它是配置在 IBM-PC 上,随着该机种及其兼容机的畅销,MS-DOS 操作系统也就成了事实上的 16 位微机单用户单任务操作系统的标准。

微软-磁盘操作系统(MS-DOS)最早的版本是 1981 年 8 月推出的 1.0 版,从商业寿命上看一直发展到 2000 年的 Windows 2000 版。在 1990 年微软推出 Windows 3.0 之前,DOS 一直占据微机操作系统的霸主地位,在和 Windows 抗争了几年之后,从 1995 年的 Windows 95 推出开始,DOS 逐步退出了操作系统市场。

早期的 DOS 是不支持汉字处理的,为了能在微型机上处理汉字,1983 年我国电子工业部第六研究所推出了基于 MS-DOS 的汉字磁盘操作系统 CC-DOS,以后又推出了若干版本。

5.3.3　Windows 操作系统

微软公司从 1983 年开始研发 Windows 操作系统,当时的目的是在 DOS 的基础上增加了一个多任务的图形用户界面。1985 年和 1987 年分别推出了 Windows 1.0 和 Windows 2.0,但并没有得到用户的广泛认可,Windows 的流行是从 3.0 版开始的。

1990 年由微软公司推出的 Windows 3.0 以其易学易用、友好的图形用户界面,并能支持多任务和虚拟内存的优点,得以很快地流行开来,开始逐步占领微型机操作系统市场。Windows 95 在 1995 年 8 月正式发布,这是第一个不要求使用者先安装 MS-DOS 的 Windows 版本。从此 Windows 9x 便取代 Windows 3.x 以及 MS-DOS 操作系统,成为个人计算机平台的主流操作系统。

Windows 家族的另一个重要分支是 Windows NT,是一种面向高端微型机的操作系统,与支持个人用的 Windows 9x 有根本的区别,采用客户机/服务器与层次式结合的模型,支持多进程并发,有较强的内置网络功能和较高的系统安全性,主要运行在小型机和服务器上。

Windows 2000,是在 Windows NT 5.0 的基础上修改和扩充而成的,分为 Windows Professional 和 Windows 2000 Sever 两种版本,前者是面向普通用户的,后者则是面向网络服务器的,能够充分发挥 32 位微型机的硬件性能,使其在处理速度、存储能力、多任务和网络计算支持等方面具有小型机的性能。

2001 年 3 月微软公司正式宣布把个人用版本 Windows 98、Windows ME 和商用版本 Windows 2000 合二为一,推出新的版本 Windows XP。2003 年 3 月推出的 Windows Server 2003 是广泛应用子服务器的操作系统。之后陆续推出了 Windows Vista,Windows 7,Windows 8,Windows 10,Windows Server 2008,Windows Server 2012 以及 2016,2018,2019 等版本。

自 DOS 退出操作系统市场后,Windows 成为人们使用最多的微机操作系统。根据 Net Applications 公司 2018 底的统计,在桌面计算机操作系统领域中,Windows 10/8/7/XP 等各个版本的市场占有率合计为 86.20%,其中 Windows 10 的市场占有率为 39.22%。这也是 3 年来首次超过 Windows 7。

5.3.4 UNIX 操作系统

UNIX 操作系统是一种典型的多用户多任务型操作系统,是一个能在微型机、工作站、小型机、大型机各种机型上使用的操作系统。

UNIX 操作系统起源于美国电报电话公司(AT&T)贝尔实验室在 1969 年开发的一种分时操作系统,最早的工作集中在文件管理和进程控制上。1970 年将该系统移植到了小型机 PDP-11 上,吸收了分时操作系统 MULTICS 的技术精华,定名为 UNIX。1971 年 11 月 3 日,UNIX 第 1 版(UNIX V1)正式诞生。1973 年 C 语言出现后,用 C 语言改写的第 3 版 UNIX 具有非常好的可读性和可移植性,为其推广普及奠定了基础。20 世纪 70 年代中后期,UNIX 源代码的免费获取引起了大学和公司的兴趣,更多人的参与为 UNIX 的改进、完善和普及起了重要作用,最著名的是加州大学伯克利分校的 BSD 版本。从 1977 年开始,各公司陆续推出了多种 UNIX 的商业化版本,众多 UNIX 版本的出现,促进了 UNIX 的快速发展和应用普及,但也出现了互不兼容的问题,针对此问题制定了 UNIX 开发标准,促进了 UNIX 的标准化。

进入 20 世纪 90 年代后,由于多处理器系统和计算机网络技术的发展,UNIX 也在适应着这一发展趋势,UNIX 开始支持多处理器系统和计算机网络,配置了图形用户界面,安全性也得到进一步加强。

5.3.5 Linux 操作系统

有人曾建议大学生在大学时代不要只用 Windows,把 Linux 用虚拟机装起来,然后用它将系统程序转起来,看看 Linux 内核,会一辈子受益。这是为什么呢?

Linux 是芬兰赫尔辛基大学的一个大学生在 1991 年编写的一个操作系统内核,他在学习操作系统课程时自己编写了一个操作系统原型(这就是最早的 Linux),并把这个原型系统放在 Internet 上,允许自由下载,许多人对这个系统进行了改进、扩充和完善,他们上传的代码和评论对 Linux 的发展作出了重要贡献。于是,Linux 从最初一个人的作品变成了在 Internet 上由无数志同道合的程序员们共同参与的一场软件开发活动。Linux 遵从国际上相关组织制定的 UNIX 标准 POSIX。它的结构、功能以及界面都与经典的 UNIX 并无两样。然而 Linux 的源码完全是独立编写的,与 UNIX 源码无任何关联。Linux 继承了 UNIX 的全部优点,而且还增加了一条其他操作系统不曾具备的优点,即 Linux 源码全部开放,并能在网上自由下载。

现在,Linux 操作系统是一种得到广泛应用的多用户多任务操作系统,许多计算机公司如 IBM、Intel 等都大力支持 Linux,各种常用软件纷纷移植到 Linux 平台上。Linux、Windows 和 UNIX 一起成为操作系统市场的主流产品。这里值得一说的是,当年的这个大学生现在早已成为了芬兰的著名计算机科学家——林纳斯·托瓦兹(Linus Torvalds)。

5.3.6　VxWorks 操作系统

VxWorks 是嵌入式操作系统的优秀代表,是美国 Wind River 公司的产品。VxWorks 支持各种工业标准,包括 POSIX、ANSI C 和 TCP/IP 网络协议。VxWorks 的核心是一个高效率的微内核,支持各种实时功能,包括快速多任务处理、中断支持、抢占式和轮转式调度。微内核设计减轻了系统负载,并可快速响应外部事件。

VxWorks 可广泛应用于网络通信、医疗设备、消费电子品、交通运输、工业控制、航空航天多媒体设备等领域。2011 年 11 月 26 日发射并于 2012 年 8 月 6 日着陆的"好奇号"火星探测器上使用的就是 VxWorks 操作系统。

5.4　计算机网络概述

1946 年在美国诞生了世界上第一台电子数字计算机,在 70 多年的发展历程中,计算机在人类生活的各个领域发挥着越来越重要的作用,人们对计算机的功能也提出了越来越高的要求,计算机网络就是在这个进程中诞生的。微型计算机和互联网的快速发展,极大地促进了计算机的广泛普及。现在,国家的经济建设和社会发展及人们的日常生活都已和计算机及计算机网络紧密地联系在一起。

5.4.1　计算机网络的发展历程

计算机网络是计算机技术与通信技术相结合的产物,最早出现于 20 世纪 50 年代,其发展过程可分为 4 个阶段。

(1)计算机网络的萌芽阶段(20 世纪 50 年代中期至 60 年代)

以通信技术和计算机技术为基础,建成了最初的以单台计算机为中心的远程联机系统的计算机网络。在这个阶段,计算机主机中采用分时系统,它将主机时间分成片,给用户分配时间片。时间片很短,用户感觉不到其他用户的存在,认为主机为个人所使用。在这个模型中,计算机处于主控地位,承担着数据处理和通信控制的工作,而终端一般只具备输入/输出功能,处于从属地位。值得注意的是,这个阶段实际上并不是真正意义上的计算机网络,而是多个用户通过不同的终端使用同一台计算机。

(2)计算机网络的发展阶段(20 世纪 60 年代末期至 70 年代)

以计算机通信网络为基础发展起来的计算机网络。1969 年 12 月,Internet 的前身——美国的 ARPANET 投入运行,它标志着计算机网络的兴起,分组交换技术被提了出来并投入使用。分组交换网不同于以前电信网络中的电路交换网络,它采取了存储转发的工作方式,以网络为中心,主机和终端都处在网络的外围,用户通过分组交换网可以共享资源子网的许多硬件及各种丰富的软件资源。分组交换技术使计算机网络的概念、结构和网络设计方面都发生了根本性的变化,确立了计算机网络的结构模式。

(3)计算机网络的标准化阶段(20 世纪 80 年代至 90 年代)

这个阶段也是网络体系结构确立的时期。在此期间,建立了 OSI/RM(Open System Interconnection/Reference Model)开放式系统互联参考模型和 TCP/IP(Transmission Control Protocol/Internet Protocol)传输控制协议/网际协议两种国际标准的网络体系结构。同时,各种网络技术蓬勃发展,局域网技术也发展迅速。

(4)计算机网络的快速发展阶段(20 世纪 90 年代至今)

以宽带综合业务数字网和 ATM 技术为核心建立的计算机网络。计算机技术、通信技术以及建立在计算机和网络技术基础上的计算机网络技术得到了迅猛的发展,随着光纤通信技术的应用和多媒体技术的迅速发展,计算机网络正向全面综合化、高速化和智能化方向发展。

随着时间的推移,Internet 也暴露出一些问题,主要是安全性、健壮性、易用性、可扩展和可管理性不够,通过对现有 Internet 的改进和完善难以从根本上解决这些问题,需要设计新的体系结构和开发新技术,早在 1997 年,美国就提出了下一代互联网计划和 Internet2 计划,研究新一代互联网的设计与开发问题。

目前,美国和欧盟等都在进行下一代互联网的研究。美国的项目名称为"网络研究的全球环境",目的是探索新的互联网架构以促进科学发展并刺激创新和经济增长,GENI 计划将大大促进网络和分布式体系结构的发展。欧盟的项目名称为"未来互联网研究和实验",目的是研究新一代互联网的体系结构。

我国也在积极开展下一代互联网的研究,2003 年启动了中国下一代互联网示范工程,经过多年努力,在技术研发、网络建设、应用创新方面取得了重要阶段性成果。大力发展基于 IPv6 的下一代互联网,有助于提升我国网络信息技术自主创新能力和产业高端发展水平,高效支撑移动互联网、物联网、工业互联网、云计算、大数据、人工智能等新兴领域快速发展,不断催生新技术新业态,促进网络应用进一步繁荣,打造先进开放的下一代互联网技术产业生态。

5.4.2 计算机网络的定义

计算机网络就是把地理位置不同、功能独立的计算机系统以通信线路和通信介质按照一定的拓扑结构互联起来,使用统一的网络协议进行数据通信,以实现硬件及软件资源共享和数据通信的计算机系统的集合。

从概念上说,计算机网络由通信子网和资源子网两部分构成。资源子网由互连的主机或提供资源的其他设备组成,提供可共享的硬件、软件和信息资源。通信子网由通信线路和通信设备组成,负责计算机间的数据传输。通信子网覆盖的地理范围可以是很小的局部区域,如一个办公室、一栋楼、一个单位;也可以是很大的区域,如一个城市、一个国家或地区,甚至可以跨越多个国家。

5.4.3 计算机网络的分类

计算机网络的分类方法有多种:按地理范围的大小可以把计算机网络分为局域网(Local

Area Network，LAN)、城域网(Metropolitan Area Network，MAN)和广域网(Wide Area Network，WAN)，按采用的传输媒体可以把网络分为无线网络和有线网络，按计算机网络的拓扑结构可以把网络分为总线网、星形网络、环形网络。这里仅介绍局域网、城域网和广域网。

(1) 局域网

局域网(LAN)是指在一个较小地理范围内各种计算机网络设备互连在一起的通信网络，可以包含一个或多个子网，通常地理范围在十米至几千米。如在一座大楼、一个园区，或者在一个校园内的网络就称为局域网。一般来说，局域网可以在有限的地理范围内以较高的速率、较低的误码率进行数据传输。局域网的数据传输率可以达到几兆到万兆比特/秒的速率，误码率则小于 8 ~ 10。因此，局域网最典型的特点就是高速率、低延迟和低误码率。

局域网与其他网络的区别主要体现在网络所覆盖的物理范围、网络所使用的媒体共享技术和网络的拓扑结构 3 个方面。一般来说，局域网所采取的拓扑结构包括总线形、星形、环形等结构。IEEE(国际电子电气工程师协会)制订了局域网技术的标准，由此产生了 IEEE 802 系列标准。其中 IEEE 802.3 标准就是采用了总线形拓扑的以太网标准，IEEE 802.4 则是令牌总线标准，IEEE 802.5 是采用了环形拓扑的令牌环标准，另外，IEEE 802.11 是无线局域网标准。在局域网的媒体共享技术方面，由于计算机局域网用户较多，各用户随机使用信道且产生突发性数据流量，因此，静态划分信道技术不适用计算机局域网，目前计算机局域网主要采用的是动态划分信道的随机接入技术，也有部分采用的是动态划分信道的受控接入技术。

(2) 城域网

城域网(MAN)是指覆盖一个城市的地理范围，用来将同一区域内的多个局域网互联起来的中等范围的计算机网，城域网覆盖范围的大小介于局域网与广域网之间，一般为几千米到几十千米，传输速率一般在 50 Mbit/s 左右，一般采用光纤作为其传输媒体。城域网的一个重要用途是用作骨干网，通过它将位于同一城市内不同地点的主机、数据库，以及 LAN 等互相连接起来。MAN 不仅可用于计算机通信，同时可用于传输语音和图像等信息，是一种综合利用的通信网。城域网的标准是分布式队列双总线(DQDB)，国际标准为 IEEE 802.6。

(3) 广域网

广域网(WAN)又称远程网，是一种用来实现不同地区的局域网或城域网互联的网络，可提供不同地区、城市和国家之间计算机通信的远程计算机网。其连接地理范围较大，可以达到几千千米，常常用来连接一个国家或一个洲甚至多个洲，网络拓扑结构非常复杂，其目的是让分布较远的各网络互联，可以形成国际性的网络。平常所说的 Internet 就是最典型的广域网。

广域网的通信子网主要使用分组交换技术，它可以使用公用分组交换网、卫星通信网和无线分组交换网。由于广域网常常借用传统的公共传输网(如电话网)进行通信，这就使得广域网的数据传输率比局域网系统慢，传输误码率也较高。但随着新的光纤标准的引入，广域网的数据传输率也将大大提高。

5.4.4　计算机网络的拓扑结构

计算机网络总是按照一定的组织结构来进行综合布线的设计，为了描述计算机网络的结构，通常把拓扑学中的几何图形应用在计算机网络中，将网络中的计算机和通信设备抽象成结点，将结点与结点之间的通信线路抽象成链路，这样，便可以将计算机网络描述成由点和线组成的图形，这种几何图形称为计算机网络拓扑结构。计算机网络拓扑结构中最典型的拓扑结构有总线形、星形、环形和树形几种。

（1）总线形拓扑结构

在总线形拓扑结构中，局域网中的节点都通过自己的网卡直接接入一条公共传输介质上，利用此公共传输介质来完成节点之间的通信，节点之间共享传输介质，当一个节点向总线上发送数据时，其他节点都可以收到数据，当两个节点同时利用通信介质发送数据时，通信节点使用 CSMA/CD（载波监听/冲突检测）的方法来进行碰撞检测，一旦发生冲突，则数据发送不成功，发送方要执行退避算法，退避一段随机时间后重新发送数据。在总线形拓扑结构中，总线两端有匹配电阻，匹配电阻用来吸收在总线上传播的电磁信号的能量，避免在总线上产生有害的电磁波反射。

总线形拓扑结构（图5.3）的特点是结构简单、经济，但是由于所有节点在同一线路中通信，线路的故障会导致整个网络的瘫痪，因此不易扩充、维护，所以总线形网络适用于小型网络，对于具有网络需求的小型办公室环境，它是一种成熟的、经济的解决方案。目前在局域网市场上占据了绝对优势的以太网技术，最早期的时候就是使用具有总线形拓扑结构和 CSMA/CD（载波监听/冲突检测）协议的总线形网络，随着集线器等设备的出现，已经逐渐演变为星形网络。

（2）星形拓扑结构

随着集线器、网桥、交换机等网络设备的出现，总线形的网络逐步演进为星形拓扑结构的网络。在星形拓扑结构中，网络中的各节点均连接到一个中心设备（如交换机或集线器）上，网络上各节点的通信必须通过中央节点才能实现。

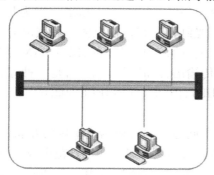

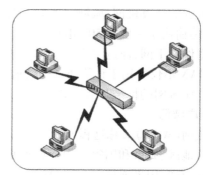

图5.3　总线形拓扑结构　　　　　　　　图5.4　星形拓扑结构

星形拓扑结构（图5.4）的线路结构简单灵活，在组建网络时，易安装、易扩充、易维护，对于大型网络的维护和调试比较方便，对电缆的安装和检验也相对容易，而且星形拓扑结构的线路便于控制和管理，具有一定的健壮性，此外，由于所有工作站都与中心集线器相连接，因此在星形拓扑结构中移动某个工作站不会影响其他用户使用网络，这也使得星形拓扑结构使用起来非常灵活，在目前局域网布网中，星形网络拓扑结构是使用最普遍的一种拓扑结构。

在星形拓扑结构中，由于通信必须经过中央节点，因此中央节点负担较重，对中心设备的要求较高，一旦中心设备出现问题或者性能稍差，容易形成系统的"瓶颈"。此外，星形拓扑结构的线路的利用率也不是很高。

（3）环形拓扑结构

环形拓扑结构由各节点首尾相连形成一个闭合环形线路，将总线形拓扑结构的两端相连就可以形成一个环形拓扑结构,如图 5.5 所示。环形网络中各节点通过中继器连接到环上,中继器用来接收、放大和发送信号。任意两个节点之间的通信必须通过环路,数据在环上是单向传输的。环形结构有两种类型,即单环结构和双环结构。令牌环(token ring)是单环结构的典型代表;光纤分布式数据接口(FDDI)是双环结构的典型代表。

环形拓扑结构的特点是传输速率高,传输距离远。在环形拓扑结构的网络中,信息在网络中沿环单向传递,延迟固定,因此传输信息的时间是固定的,从而便于实时控制,被广泛应用于分布式处理;环形拓扑结构中两个节点之间仅有唯一途径,简化了路径选择。环形拓扑结构的缺点是某段链路或某个中继器的故障会使全网不能工作,可靠性差,且故障检测困难;另外,由于环路封闭,因此不利于扩充网络,而且参与令牌传递的工作站越多,响应时间也就越长。

(4)树形

通过交换机或者集线器将星形拓扑结构网络中的中心节点连接起来,从而形成"一棵树",这种结构称为树形拓扑结构,如图 5.6 所示。树形拓扑结构是一种分级结构,在树形结构的网络中,任意两个节点之间不产生回路,每条通路都支持双向传输。

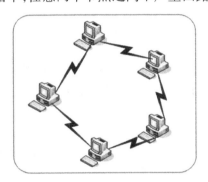
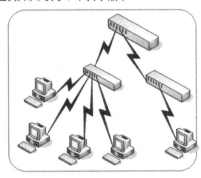

图 5.5　环形拓扑结构　　　　　　　图 5.6　树形拓扑结构

5.4.5　计算机网络的功能和应用

计算机网络是通信技术和计算机技术相结合的产物,网络中的计算机相互之间可以通过计算机网络快速进行通信,交换彼此所拥有的资料和共用设备。因此,计算机网络主要有资源共享和数据通信两大功能。

(1)资源共享

利用计算机网络可以在全网范围内共享硬件和软件资源,如共享打印机,通过访问网络中的文件服务器,共享上面丰富的软件资源和数据资源等。这样既可节约硬件成本,又可达到软件资源共享的目的。资源共享避免了重复投资和劳动,提高了资源的利用率。

(2)数据通信

计算机网络的数据通信功能使得网络上的用户可以交换信息,忽略了彼此之间的物理距离。随着因特网在世界各地的普及,从网络上获取信息已经是很多人的习惯。利用网络进行信息搜索,上传和下载各种系统软件和应用软件,电子邮件收发,网上电话、视频会议等各种通信方式也正在迅速发展。随着因特网在世界各地的普及,传统的电话、电报、邮政通信方式、电视、报纸和杂志等出版物正在经受巨大的冲击。

（3）协同工作

在现实生活中，多人协同工作是非常普遍的事情。多位软件工程师共同开发一个软件，这些协同工作要求相关人员要集中在一起。通过计算机网络及相应软件的支持，可以实现分处异地的相关人员协同工作，这样可以节省时间和成本。计算机支持的协同工作的研究目标就是，在计算机技术（包括计算机网络技术）的支持下，多人协同工作完成一项共同的任务。现有的计算机远程医疗系统、面向对象的软件开发环境在一定程度上支持协同工作。

云计算之前，计算机领域的一个与网络密切相关的研究热点是网格计算。网格计算的基本含义是通过互联网把分散在不同地理位置、不同类型的物理与逻辑资源以开放和标准的方式组织起来，通过资源共享和动态协调，来解决不同领域的复杂问题的分布式和并行计算。简单来说，网格就是把整个网络整合成一台巨大的超级计算机，实现计算资源存储资源、数据资源、知识资源和专家资源的全面共享与协同。网格计算综合了计算机网络的资源共享、通信和协同工作等所有功能。

从 2008 年开始，云计算得到了业界的广泛关注，云计算目前还没有一个严格统一的定义，其基本含义是对于单位用户或个人用户来说，把原本在本地计算机完成的数据存储和数据处理工作更多地通过互联网上的存储和计算资源来进行，有专业公司提供基于互联网的数据存储和数据处理平台。

计算机网络已经广泛应用到工业、农业、交通运输、文化教育、商业、国防以及科学研究等领域，日益深入人类社会的各个方面，并在一定程度上改变着人们的生活方式。

5.4.6　计算机网络的传输介质

传输介质是通信子网中数据发送方和接收方之间的物理通路。网络中常用的传输介质可分为有线和无线两大类。双绞线、同轴电缆和光纤是常用的有线传输介质。无线电、微博、红外线和激光等都属于无线传输介质。

（1）同轴电缆

同轴电缆的结构是以硬铜线为内芯，外面包上绝缘材料，外层还有密织的网状导体和保护性的塑料外套。电磁场封闭在内外导体之间，故辐射损耗小，受外界干扰影响小。从用途上分可分为基带同轴电缆和宽带同轴电缆两种，基带同轴电缆用于数字传输，又根据其直径大小分为细同轴电缆和粗同轴电缆两种，粗同轴电缆适用于比较大型的网络，它的传输距离长，可靠性高，安装时不需要切断电缆，可根据需要灵活调整计算机的入网位置，但粗同轴电缆安装难度大，所以总体造价高；细同轴电缆造价低，安装简单，但安装过程要切断电缆，两头还要接上基本网络连接头，然后接在 T 形连接器两端，所以当接头多时容易产生不良的隐患。总的来说，同轴电缆具有较高的带宽和很好的抗噪性，在以往的网络中使用广泛的粗缆网络和细缆网络，现在已经逐渐被光纤代替。宽带同轴电缆指任何使用模拟信号进行传输的电缆网，如今，在有线电视网中，尤其是接入小区部分，使用的仍旧是同轴电缆，如图 5.7 所示。

（2）双绞线

双绞线是由两条相互绝缘的导线互相缠绕在一起而制成的一种通用配线，把两根绝缘的铜导线按一定密度互相绞在一起，可降低信号干扰的程度，如图 5.8 所示。双绞线分为屏蔽双绞线与非屏蔽双绞线。屏蔽双绞线在双绞线与外层绝缘封套之间有一个金属屏蔽层。屏蔽层可以提高双绞线的抗噪能力，使屏蔽双绞线比同类的非屏蔽双绞线具有更高的传输速率。屏

图 5.7 同轴电缆

蔽双绞线有较高的传输速率,100 m 内可达到 155 Mbit/s,但是由于它比较贵,因此通常用于抗干扰要求高的环境下;非屏蔽双绞线为一般用途,因为价格低,所以被广泛使用。

双绞线要连接计算机网络设备(如主机),必须接上水晶头。有两种接法:EIA/TIA 568B 标准和 EIA/TIA 568A 标准。关于这两种标准,这里不再赘述。

在进行计算机网络布线时,使用的双绞线的分类有很多种,其中计算机网络中最常用的就是 3 类、5 类和超 5 类双绞线。3 类双绞线的传输频率为 16 MHz,可用于语音传输及最高传输速率为 10 Mbit/s 的数据传输,10 Base-T 网络采用此种双绞线。

图 5.8 双绞线

5 类双绞线传输率为 100 Mbit/s,用于语音传输和最高传输速率为 100 Mbit/s 的数据传输,主要用于 100 Base-T 和 1000 Base-T 网络,这是目前最常用的以太网电缆。超 5 类双绞线具有衰减小、串扰少的特点,其性能能有很大提高。由于双绞线具有低成本、高速度和高可靠性等特点,因此双绞线在网络中得到了广泛应用,但是双绞线在传输的最大长度上受到限制,因此双绞线作为传输媒体适合于小范围的局域网配置。

(3)光纤

光纤即光导纤维,由玻璃、硅纤维或塑料组成,是一种利用光的全反射原理而达成的光传导工具,如图 5.9 所示。光纤具有带宽高、可靠性高、数据保密性好和抗干扰能力强等特点,适用于网络应用要求很高、高速长距离传输数据的场合。

光纤由 3 部分组成:纤芯、包层和护套。纤芯是最内层部分,它由非常细的光导纤维组成,芯径一般为 50 μm 或 62.5 μm,材料一般是塑料或者二氧化硅。每一根光导纤维都由各自的包层包着,包层是玻璃或塑料涂层。最外层是护套,它包着一根或一束已加包层的光导纤维。护套由塑料或其他材料制成,用于使光线能够弯曲而不至于断裂,同时用它来防止外界带来的其他危害。在护套中使用填充物加固纤芯。

根据光线在光纤里传播的方式不同,可将光纤分为多模光纤和单模光纤。多模光纤采用任何入射角度大于临界值的光束都能在内部反射的原理,将许多不同的光束使用不同的反射角进行传播。当光纤的直径减小,光波可以按照直线传播,这样的光线称为单模光纤。多模光纤芯的直径为 15~50 μm;单模光纤芯的直径为 8~10 μm。在使用光纤传输数据时,通常在光纤的一端采用发射装置,例如,发光二极管或激光将光脉冲传送至光纤,光纤另一端的接收装置则使用光敏元件检测脉冲。

图 5.9　光纤

（4）无线传输介质

无线传输介质包括无线电、地面微波、红外线和通信卫星等，相比于有线传输介质，无线传输介质有无须物理连接这一典型特点，因此特别适用于长距离或不便布线的场合，但是无线传输介质易受干扰反射，也容易被障碍物所阻隔，因此信号不是特别稳定。

5.4.7　网络计算模式

把不同地理位置上分布的多个计算资源通过计算机网络在逻辑上组织成一个集中的计算资源的方式，称为网络计算模式。网络计算机模式主要有分时共享模式、资源共享模式、客户机/服务器模式和浏览器/服务器模式等。

（1）分时共享模式

分时共享模式也称为主机-终端模式，就是多个终端通过分时的方式共享使用主机，是一种集中式计算模式。所有的计算任务和数据管理任务都集中在主机上，早期的终端一般只是键盘、显示器和打印机等输入输出设备，终端的性能不能充分发挥。虽然这种模式已经不再是网络计算的主流模式，但仍有用户从维护成本低、系统安全性高等因素考虑，还在使用这一模式，不过现在的终端大多是一台独立的计算机。

（2）资源共享模式

20 世纪 80 年代，随着个人计算机和局域网的出现而产生的一种网络计算模式。用户的应用程序和数据保存在文件服务器上，应用程序运行时需要先从文件服务器下载到终端计算机，再在终端计算机上运行。资源共享模式的出现是由于早期的硬盘等资源价格昂贵导致的，各终端计算机有一定的计算能力（有 CPU 和内存），但没有硬盘或容量很小，应用程序和数据只能存储在文件服务器上，服务器一般是一台性能比较高且存储容量较大的计算机。

（3）客户机/服务器模式

在客户机/服务器（C/S）模式中，客户机是一台能独立工作的计算机，服务器是高档微机或专用服务器。在 C/S 模式中，把计算任务分成服务器部分和客户机部分，分别由服务器和客户机完成，数据库在服务器上。客户机接收用户请求，进行适当处理后，把请求发送给服务器，服务器完成相应的数据处理功能后，把结果返回给客户机，客户机以方便用户的方式把结果提供给用户。这种方式运行在局域网上，能充分发挥服务器和客户机各自的计算能力，具有比较高的效率,安全性也比较高。不足之处是需要为每个客户机安装应用程序,程序维护比较困难。

(4)浏览器/服务器模式

浏览器/服务器(Browser/Server,B/S)模式,是一种三层结构的分布式计算模式。在 B/S 模式中,客户机上只需要安装一个 Web 浏览器软件,用户通过 Web 页面实现与应用系统的交互;Web 服务器充当应用服务器的角色,专门处理业务逻辑,它接收来自 Web 浏览器的访问请求,访问数据库服务器进行相应的逻辑处理,并将结果返回给浏览器;数据库服务器则负责数据的存储访问和优化。B/S 模式也可以把应用服务器和数据库服务器部署在一台服务器计算机上。

在 B/S 模式中,由于所有的业务处理逻辑都集中到应用服务器实现和执行,大大降低了客户机的负担,因此 B/S 模式又称为瘦客户机模式。

B/S 模式的优点是,应用程序只安装在服务器上,无须在客户机上安装应用程序,程序维护和升级比较简单:简化了用户操作,用户只需学会使用简单易学的浏览器软件即可;系统的扩展性好,增加客户比较容易。不足之处是效率不如 C/S 模式高。

从技术发展趋势上看,可以认为 B/S 模式最终将取代 C/S 模式,但是在目前阶段,是一种 B/S 模式和 C/S 模式同时存在并混合使用的情况。C/S 模式比较适合数据处理,B/S 模式比较适合数据发布。

5.5　计算机网络体系结构

计算机网络体系结构指计算机之间相互通信的层次、各层次中的协议和层次之间接口的集合。为了降低网络设计的复杂性和提高网络的可靠性,以及为了提高网络系统的开放性和互操作性,计算机网络一般都按分层的方式组织和设计协议。

分层体系结构,是将系统按其实现的功能分成若干层,每一层是功能明确的一个子部分。最低层完成系统功能的最基本的部分,并向其相邻高层提供服务。层次结构中的每一层都直接使用其低层提供的服务(最低层除外),完成其自身确定的功能,然后向其高层提供"增值"后的服务(最高层除外)。分层体系结构使得系统的功能逐层加强与完善,最终完成系统要完成的所有功能。

层次结构的优点在于使每一层实现相对独立的功能,每一层不必知道下一层功能实现的细节。只要知道下层通过层间接口提供的服务是什么以及本层应向上一层提供什么样的服务,就能独立地进行本层的设计与开发。另外,由于各层相对简单独立,故容易设计、实现、维护、修改和扩充,从而增加了系统的灵活性。

层次的划分要适当。层次太多会导致系统处理时间增加和数据包包头长度增加,影响网络的传输速度。层次太少会造成每层的功能不明确,相邻层之间的界面不易确定,降低协议的可靠性。大部分网络体系结构划分为 4 ~ 7 层。

计算机网络由多个互连的自主计算机组成,计算机之间的数据传输实际上是指计算机上的对等层实体之间进行数据交换,这里的实体是指计算机上能够发送和接收数据的进程或硬件设备。要想让通信双方的计算机上的两个对等层实体进行数据传输,两个实体间必须就传输内容、如何传输及何时传输等事项事先做好约定,这就是协议。协议就是控制和管理两个实体间数据传输过程的一组规则和约定。

5.5.1 开放系统互连参考模型

20世纪70年代中期,计算机网络的研究和设计进入了一个新的阶段,为了创建一个国际通用的计算机网络体系结构标准,国际标准化组织ISO于1981年提出了开放系统互联(open system interconnection)参考模型,即OSI标准。此标准将网络分为7层,即物理层、数据链路层、网络层、传输层、会话层、表示层和应用层。如图5.10所示为OSI/RM模型。

其中,传输层以下为通信子网,它是网络的内层,负责完成网络数据传输、转发等通信处理任务。传输层以上为资源子网,它是网络的外围,提供各种网络资源和网络服务。

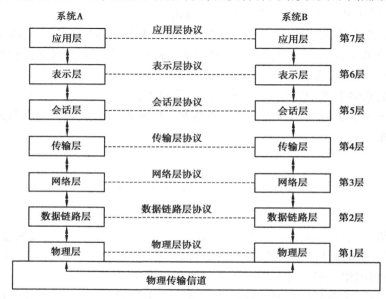

图 5.10　OSI/RM 模型

(1)物理层

物理层的主要任务是实现透明的传输二进制的比特流,其目的是屏蔽通信手段的差异,为上面的数据链路层提供服务。物理层确定了与传输媒体的接口相关的一些特性,为计算机网络的组网提供了指导。其中物理层确定的特性包括:指明接口所用接线器的形状、尺寸和引线数目等的机械特性,指明在接口电缆的各条线上出现的电压范围的电气特性,指明某条线上出现的某一电平的电压表示何种意义的功能特性,指明对于不同功能的各种可能事件出现顺序的过程特性。简单地说,物理层是面向比特流的,它屏蔽了物理层使用的各种通信介质本来存在的差异性,使得这种差异性对于上层而言是透明的,而且物理层保证了当发送数据时,接收方能够接收到数据。

(2)数据链路层

物理层实现了数据流的传输,但是数据在传输过程中有可能受到电磁干扰而产生错误,因此物理层交付给上层的数据有可能存在问题,物理层实现的是不可靠的通信。数据链路层的主要功能是如何在本来不可靠的物理线路上进行数据的可靠传递,也就是说,当接收方接收到数据 1 时,能够判定发送方需要发送的是数据 1 而不是数据 0。这样,数据链路层就可以把本来可能出错的物理传输线路转换成一条可靠的逻辑传输线路。为了能够提供可靠的传输信道,数据链路层采用了差错校验技术,对于收到的数据进行差错检测,确保交付给上层的是正确的数据。而对于共享线路的广播式网络,信道的共享也是问题。

（3）网络层

网络层的主要功能是形成一个虚拟互联网络,屏蔽下层的各种不同点,并能够在这个虚拟互联网络上标识每一台计算机,此外,网络层应该能够将虚拟互联网中标识每一台计算机的网络地址翻译成计算机对应的物理地址,并将信息发送到目的地址。网络层向传输层提供的服务是无连接的数据报服务。数据报服务不需事先建立连接,因此,网络层对传输层提供的是无连接的、尽最大努力交付的服务。因特网在设计时,采用的就是数据报服务。

（4）传输层

传输层提供端到端的交换数据的机制。传输层对会话层等高三层提供可靠的传输服务,对网络层提供可靠的目的地站点信息,它向高层用户屏蔽了下面网络核心的细节,它能够按照网络能处理的最大尺寸将较长的数据包进行强制分割。此外,传输层采用端口机制实现了分用/复用技术,将上层交付的数据通过不同的端口发送给网络层,从而在接收方接收到数据时能够识别数据应该交付的应用程序,同时,在传输层用基于接收方可接收数据的快慢程度来规定适当的发送速率,实现了流量控制,并且采用了响应的协议进行拥塞控制。在传输层提供了两种不同的协议,面向连接的 TCP 和无连接的 UDP。TCP 提供面向连接的服务,在传送数据之间必须先建立连接,数据传送结束后释放连接。UDP 在传送之前不需要建立连接,接收方在接收到 UDP 报文后,不需要给出确认。

（5）会话层

会话层负责在网络中的两个节点之间建立、维持和终止通信,允许不同机器上的用户之间建立会话。

（6）表示层

不同的计算机体系结构使用的数据表示法不同,表示层的主要作用之一是为不同的计算机通信提供一种公共语言,以便能进行互操作。表示层关心的是节点之间所传递的信息的语法和语义。表示层定义一种抽象的、两个节点都能够理解的数据结构来完成两个节点的通信,同时表示层还会定义一个编码方法用来表示数据。表示层在进行数据传递时,采用这样的数据结构和编码方法。此外,数据的压缩、解压、加密、解密都在该层完成。

（7）应用层

应用层是开放互联参考模型的最高层,是直接为应用进程提供服务的,负责对软件提供接口,以使程序能使用网络服务,其作用是在实现多个系统应用进程相互通信的同时,完成一系列业务处理所需的服务。在应用层中包含了各种各样的协议,而这些协议一般是针对用户的某个应用功能开发的。现在普遍使用的协议有 HTTP,FTP 等。一般来说,应用层提供的服务包括文件传输、文件管理和电子邮件的信息处理,一些新的应用层协议也在不断地被开发出来,如 RTSP（实时流传输协议）等。

5.5.2　TCP/IP 参考模型

OSI/RM 参考模型是国际化标准组织制订的一个网络标准,但是由于各种原因,这一标准并没有在实际中得到应用。而 TCP/IP 模型发展于 20 世纪 70 年代,是一个得到广泛应用的协议簇,也是现在事实上的网络标准。TCP/IP 模型把网络分为了主机-网络层、互联网络层、传输层和应用层。这两种标准的对应关系如图 5.11 所示。

OSI/RM	TCP/IP
应用层	应用层
表示层	应用层
会话层	传输层
传输层	传输层
网络层	互联网络层(IP)
数据链路层	网络接口层
物理层	(或称主机接口层)

图 5.11　两种模型的对比图

(1)主机-网络层

主机-网络层,也称为网络接口层,位于 TCP/IP 参考模型的最底层,与 OSI 参考模型的物理层、数据链路层对应,负责将相邻高层提交的 IP 报文封装成适合在物理网络上传输的帧格式并传输,或将从物理网络接收到的帧解封,从中取出 IP 报文并提交给相邻高层。

(2)互联层

互联层也称为网际层,负责将报文独立地从源主机传输到目的主机,不同的报文可能会经过不同的网络,而且报文到达的顺序可能与发送的顺序有所不同,但是互联层并不负责对报文的排序。互联层在功能上与 OSI 参考模型中的网络层对应。

(3)传输层

传输层负责在源主机和目的主机的应用程序间提供端到端的数据传输服务,使主机上的对等实体可以进行会话,相当于 OSI 参考模型中的传输层。传输层有两个协议,即传输控制协议(TCP)和用户数据报协议(UDP)。TCP 是可靠的、面向连接的协议,保证通信主机之间有可靠的数据传输。UDP 是一种不可靠的、无连接的协议,优点是协议简单、效率高,缺点是不能保证正确传输。

(4)应用层

应用层对应于 OSI 参考模型的会话层、表示层和应用层的功能,提供用户所需的各种服务,应用层的主要协议有简单电子邮件协议(SMTP),负责互联网中电子邮件的传递;超文本传输协议(HTTP),提供 WWW 服务;文件传输协议(FTP),用于交互式文件传输;域名(服务)系统(DNS),负责域名到 IP 地址的转换。

计算机网络一般不能连续地传输任意数量的数据,发送方要把待传输的数据文件先分成若干个数据块(数据单元),然后以数据块为基本单位发送,接收方收到数据块后,再把相关的数据块组合成完整的数据文件。数据在传输过程中,在不同的层次上数据单元有不同的名字,帧、数据包、段、数据报、报文等概念都表示数据单元,但也有一些差别,其差别的介绍超出了本书的范围,读者可以在学习《计算机网络》课程时仔细体会。

5.5.3 常用的网络连接设备

(1) 集线器

集线器的英文称为 Hub,也称为多接口中继器。集线器工作在网络体系结构的物理层,属于物理层设备,因此可以用来扩展局域网。集线器是星形局域网的一种中心设备,它可以把所有节点集中在以它为中心的节点上,同时对接收到的信号进行再生整形放大,扩大网络的传输距离,如图 5.12 所示。集线器一般提供多个 RJ-45 接口,通过双绞线连接到工作站或服务器网卡的 RJ-45 接口上,从而构成一个星形局域网。

图 5.12 集线器

根据端口数目的不同,集线器可分为 8 口、16 口、24 口和 48 口等。

根据速度的不同,集线器可分为 10,100,1 000 M,以及 10/100 Mbit/s、100/1 000 Mbit/s 自适应等几种类型。

(2) 交换机

交换机(图 5.13)是一种将两个局域网连接起来并按 MAC 地址转发帧的设备,工作在数据链路层。交换机可以完成更大范围局域网的互联,扩大网络地理范围,并且可以互联不同类型的局域网。当交换机接到数据帧时,它将检测信息包的源地址和目的地址,如果数据帧不在同一个网段上,则转发该数据帧到另一个网段,如果在同一个网段上,则不转发该数据帧。当某个网段出现故障时,交换机可以将故障限制在此网段,从而最低限度地降低故障所带来的影响。因此交换机对帧有检测和过滤功能,能隔离错误,可以实现过滤通信量、减少不必要的信息传递和增大吞吐量等功能,从而提高网络性能;通过对交换机的配置还可以设置虚拟局域网(VLAN),将不同物理位置的计算机设为同一局域网。

图 5.13 交换机

由于交换机是基于硬件结构的,对帧的转发处理过程非常简单迅速,因此可以达到较高的吞吐量,此外,由于集线器的带宽是一定的,所以集线器连接的设备越多,每个设备所分得的带宽就越少,从而导致网络的性能下降。交换机则采用电话交换原理,可以同时让多个端口的工作站发送和接收数据。假如交换机上连接了 8 台工作站,则可以让 4 对工作站同时发送/接收信息。与集线器相比,交换机每个端口都有一条独占的带宽。而集线器不管有多少个端口,所有端口都是共享一条带宽,并且在同一时刻只能有两个端口传送数据,其他端口只能等待。

因此,由于交换机具有造价低、交换速度快、易于管理、配置方便等特点,在局域网中得到了广泛的使用。

（3）路由器

路由器工作在网络层，是一种具有多个输入端口和多个输出端口的专用设备，如图 5.14 所示。可以连接不同传输速率并运行于各种环境的局域网和广域网，也可以采用不同的协议。此外，路由器还用于连接多个逻辑上分开的网络（子网），每个子网代表一个单独的网络。

图 5.14 路由器

路由器具有两大基本功能：路由选择功能和存储转发功能。作为计算机网络通信子网的一个核心设备，路由器可以完成路由选择的功能，在网络中的分组转发过程中，路由器可以判断网络地址，并根据网络地址和当前网络状况选择网络路径，在网络中可以从多条路径中寻找合适的一条网络路径提供给用户通信（这里所说的"合适"的判断原则是由不同的路由选择协议来决定的），即当需要从一个网络把数据传送到另一个网络时，通过路由器来完成路由选择工作。此外，在通信过程中，由于路由器是一个核心设备，连接了大量的工作站，因此它所接收的数据量也非常大，在路由选择过程中，需要暂存接收到的数据，对数据进行处理后，根据数据的目的地址进行转发，这一操作称为存储转发操作。

为了能够完成路由器的路由选择功能，路由器中存放了路由表来为数据传输提供可选择路径。路由表中包含网络地址和各地址之间距离的清单，路由器利用路由表查找数据包从当前位置到目的地址的正确路径。路由器根据所使用的路由选择协议来调整信息传递的路径，如果某一网络路径发生故障或堵塞，路由器可选择另一条路径，以保证信息的正常传输。

路由器是多个同类网络互联、局域网和广域网互联的关键设备，适用于大规模的复杂网络拓扑结构的网络，路由器提供了负载共享和网络间的最优路径，能隔离不需要的通信量，但是路由器不支持非路由协议，而且路由器安装复杂，价格高，多数用于网络之间互联。

（4）网卡

网卡即网络适配器（图 5.15），是实现网络通信的关键设备，一台计算机要连入网络，主机内必须安装网卡。通过网卡，可将计算机主机和网络传输介质连接起来，实现计算机之间的相互通信和网络资源的共享。网卡的主要功能有两个：串行/并行转换和对数据进行缓存。在计算机内部，数据传输的时候是并行传输，而在网络中，数据传输是串行传输的方式，为了能够将计算机内部的并行数据以串行的方式发送到网络中并把网络中的串行数据传送给并行处理的主机，网卡必须完成串行/并行转换；同时，为了能够使网络中数据的传输和主机数据处理的速度相匹配，网卡还提供了缓存数据的功能。为了使网卡能够正常运行，主机内必须安装网卡的驱动程序。

计算机中安装的每一块网卡都有一个由 48 个二进制位组成的编号,成为 MAC 地址,也称为物理地址。其中,IEEE 的注册管理机构 RA 负责向厂家分配地址字段的前 3 个字节(即高位 24 位)。地址字段中的后 3 个字节(即低位 24 位)由厂家自行指派,称为扩展标识符,必须保证生产出的适配器没有重复地址。

图 5.15　网卡

(5) 调制解调器

调制解调器即 Modem,俗称"猫"(图 5.16),是计算机通过公用电话网接入 Internet 的必需设备。在计算机中存储和处理的是数字信号,而公用电话网中传输的是模拟信号,因此,如果想把计算机的数字信号利用公用电话网来进行传输,必须实现这两种信号的自由转换。调制解调器在发送前把数字信号转换成模拟信号,接收时再将模拟信号转换成数字信号,从而实现了模拟信号和数字信号的相互转换。其中,发送前将数字信号转换成模拟信号,这一过程称为调制,接收时将模拟信号转换成数字信号,这一过程称解调。简单地说,调制解调器就是在电话线两端进行这种信号转换工作的设备。

图 5.16　调制解调器

5.6　互联网技术

计算机在 70 多年的时间里发展到如此广泛普及的程度,得益于两个因素:一是微型计算机的出现;二是互联网的出现。

5.6.1　互联网的发展

互联网是目前全球最大的开放式的、由众多网络互联而成的计算机网络。互联网是在 ARPAnet 的基础上发展起来的,1969 年,在美国国防部高级研究计划署(ARPA)的资助下,建立了 ARPAnet(阿帕网),这个网络最初只有 4 个站点,分别是加利福尼亚大学洛杉矶分校、加利福尼亚大学圣塔芭芭拉分校、斯坦福研究院和位于盐湖城的犹他州州立大学。

1972 年,在首届国际计算机通信会议上首次公开展示了 ARPAnet 的远程分组交换技术,ARPAnet 成为现代计算机网络诞生的标志。1983 年,ARPAnet 分裂为两部分:一部分是专用于国防的 MilNet;另一部分仍称为 ARPAnet。同年,ARPA 把 TCP/IP 协议作为 ARPAnet 的标准协议正式启用,这是 ARPAnet 对计算机网络技术作出的又一重大贡献。

1986 年,美国国家科学基金会(NSF)利用 ARPAnet 中使用的 TCP/IP 协议,将分布在美国各地的 5 个为科研教育服务的超级计算机中心互连,形成了 NSFNET。NSFNET 由 3 个层次组成:主干网、各个区域网和众多的校园网。由于美国国家科学基金会的鼓励和资助,很多大学和研究机构纷纷把自己的局域网接入 NSFNET 中,NSFNET 逐步取代 ARPANET 成为 Internet 的主干网。与此同时,很多国家相继建立了自己的主干网,并接入 Internet,成为 Internet 的组成部分。几年以后,由于网络通信量的急剧增长,需要对 NSFNET 进行进一步的升级改造,这个工作由高级网络服务公司(ANS)完成,ANS 由美国的 IBM、MCI 和 Merit 3 家公司在 1990 年联合组建。

Internet 最初目的是支持教育和科研工作的开展,不以盈利为目的。但是,随着 Internet 规模的不断扩大、应用服务的不断发展以及全球化需求的不断增长,商业组织开始介入Internet领域,并使 Internet 走向商业化。而商业化促进了 Internet 的更快发展和更广泛的普及。

1987 年 9 月 14 日,在北京计算机应用技术研究所发出了中国第一封电子邮件:Across the Great Wall we can reach every corner in the world(越过长城,走向世界),揭开了中国人使用互联网的序幕。

1994 年 4 月 20 日,中国国家计算机与网络设施(NCFC)工程连入 Internet 的 64K 国际专线开通,实现了与 Internet 的全功能连接。从此中国被国际上正式确认为真正拥有全功能Internet的国家。当时的 NCFC 工程包括中国科学院网、清华大学校园网和北京大学校园网等。

目前中国介入 Internet 的主要网络分别有:

①中国电信网、中国移动网、中国联通网、中国广电网,面向商业用户和一般个人用户。

②中国科技网 CSTNET,面向科研机构用户。

③中国教育科研网 CERNET,面向教育和科研单位用户。各高等学校的校园网一般连接在这个网上。

截至 2020 年 3 月,我国上网人数已达 9.04 亿,普及率为 64.5%。

虽然 Internet 在美国等西方国家已经达到了相当普及的程度,但在一些发展中国家还处于比较低的应用水平,出现了所谓的数字鸿沟。就是在同一国家的不同地区,也可能存在数字鸿沟问题。

数字鸿沟指通过互联网或其他信息技术获取信息的差异和利用信息、网络或其他技术的能力、知识和技能的差异。简单的说,数字鸿沟就是获取数字信息和利用数字信息能力的差异。

5.6.2　IP 地址和域名

Internet 是由网络互联形成的互联网。互联在一起的网络要进行通信,会遇到许多问题需要解决,比如不同的网络可能采用了不同的寻址方案。因此我们可以采用虚拟互联网络来屏蔽本来客观存在的各种物理网络的异构性。当互联网上的主机进行通信时,主机将看不见互联的各种具体的网络异构细节,就像在一个网络上通信一样。在计算机的网络层,可把整个因特网看成一个单一的、抽象的网络。为了能够让 Internet 中的计算机相互通信,必须采取某种方式唯一地标识每一台计算机,使计算机之间能够识别彼此的身份,IP 地址就实现了这一功能。

（1）IP 地址的概念

IP 地址就是给每个连接在因特网上的主机(或路由器)分配的一个在全世界范围内是唯一的 32 位的标识符,也就是实际中采用的计算机身份识别的标志。利用这一地址可与该计算机进行通信,采用 32 位的 IP 地址标识符可使 Internet 容纳约 40 亿台计算机。

在 Internet 上,IP 地址的编址方法采用分层结构,将 32 位的 IP 地址分为由网络地址和主机地址组成的两个部分,用以标识特定主机的位置信息。表 5.1 所示为 IP 地址的划分情况。

表 5.1　IP 地址划分

网络地址（网络号）	主机地址（主机号）

在实际应用中,IP 地址将 32 位二进制的数据分为 4 组,每组 8 个二进制位,然后将其转换为十进制的形式,每组数字均在 0 ~ 255 范围内,数字间用“.”分隔,这种方法称为“点分十进制记法”。例如:192.168.1.5,这就是采用点分十进制记法的 IP 地址。

为了能够让 IP 地址分配给大小不同的单位,让同一个单位拥有相同的网络号,IP 地址通常分为以下 5 类:

①A 类

A 类地址用于较大规模的网络,其中,IP 地址的前 8 位用来表示网络号,后 24 位表示网络中的主机号,因此 A 类网络可容纳计算机的数量达到了 16 000 000 台。我们规定,A 类地址最高二进制位的取值一定是 0,因此 A 类地址的网络号为 1 ~ 126,最多可以有 126 个 A 类网络。

②B 类

B 类地址通常用于中等规模的网络,其中 IP 地址的前 16 位表示网络号,后 16 位表示主机号,因此每个 B 类网络可容纳 60 000 多台计算机。B 类地址前两位的取值一定是 10,因此 B 类地址的网络号为 128 ~ 191,最多可以有 16 384 个 B 类网络。

③C 类

C 类地址通常用于规模较小的网络,其 IP 地址的前 24 位表示网络号,后 8 位表示主机号,每个 C 类网络可容纳 254 台计算机(主机号全为 0 和主机号全为 1 的地址不能使用,有特殊含义)。C 类地址前 3 位的取值一定是 110,因此 C 类地址的网络号为 192 ~ 223,最多可以有 2 097 151 个网络。

④D 类

D 类 IP 地址多用于组播,其前 4 位的取值是 1110。

⑤E 类

E 类地址是保留地址,用于试验,前 5 位的取值是 11110。

表 5.2 所示为 IP 地址的 5 个类别。

表 5.2　IP 地址的分类

类　别	第 1 字节	第 2 字节	第 3 字节	第 4 字节
A	最高位为 0 网络号	主机号		
B	前面两位为 10 网络号		主机号	
C	前面三位为 110 网络号			主机号
D	前面四位为 1110	组播地址		
E	前面五位为 11110	保留以后使用		

（2）子网掩码

由于 Internet 规模的扩大，IP 地址已经越来越不能满足全球日益增多的网民的需求，迫切需要解决这个问题，子网掩码技术、无分类编址技术和网络地址转换技术等网络技术应运而生。因此在主机中也必须配置子网掩码和子网掩码技术。

在最早期，IP 地址的设计确实不够合理。首先，将 IP 地址分为 5 类，导致分类 IP 地址的空间利用率有时很低。例如，A 类网络能够容纳的主机数量达到了 16 000 000 台，但是很少有一个单位的主机数量能够达到这个数目，因此将一个 A 类网络号分配给一个单位将造成这个网络号中 IP 地址的浪费。其次，给每一个物理网络分配一个网络号会使路由表变得太大而使网络整体性能变差。网络中的路由器主要完成存储转发和路由选择功能，因此必须保存每个网络的网络号和下一个要转发的地址，而给每一个物理网络分配一个网络号将使得路由器保存信息的数量庞大，降低其效率。此外，两级的 IP 地址在应用中不够灵活，当获得网络号的一个单位想将网络再次细分为更小网络的时候，此时只能再申请一个网络号，而不能有效地利用已有的网络号。

从 1985 年起，IP 地址中又增加了一个"子网号字段"，使两级的 IP 地址变成为三级的 IP 地址。这种做法称为划分子网（sub netting）。划分子网已成为因特网的正式标准协议。这样，可以利用划分子网的技术将很大的网络如 A 类网络划分为若干个小的子网分配给不同的单位，提高 IP 地址空间的利用率。同时一个单位在申请了一个网络号后，可以在单位内部进行子网划分，而这种划分不需外界了解。子网划分中，将原主机地址再次分为子网地址和主机地址。这样 IP 地址就由原来的二级结构变为了三级结构，见表 5.3。

表 5.3　子网划分

网络地址（网络号）	子网地址（子网号）	主机地址（主机号）

在进行了子网划分后，路由器转发分组时必须能够将分组转发给目的子网，而不是子网所在的网络。为了能够完成这一点，在 TCP/IP 中采用了子网掩码。子网掩码是用来识别网络上的主机是否在同一个网段或属于哪一个网络的。在不划分子网的两级 IP 地址下，数据根据 IP 地址传递是比较简单的事情，但是把 IP 地址分为 3 层，从 IP 地址得出网络地址就比较困难了。因为在划分子网的情况下，从 IP 地址上不能唯一地得出网络地址，这是因为网络地址取决于该网络所采用的子网掩码。因此，路由器在转发数据时需要进行 IP 地址和网络地址的转换，才能够完成数据的传递。

如果已经知道一台计算机的 IP 地址和其子网掩码,则可以使用这两个数据进行"按位与"运算,此时得到的数据就是主机的网络地址。例如,某台主机的 IP 地址为 192.168.1.5,它的子网掩码为 255.255.255.192。将这两个数据进行"与"运算后,所得出的值中的非 0 字节部分即为网络地址。运算步骤如下:

①192.168.1.5 的二进制值为 11000000.10101000.00000001.00000101。

②255.255.255.192 的二进制值为 11111111.11111111.11111111.11000000。

③"与"运算后的结果为 11000000.10101000.00000001.00000000,转为十进制后即为 192.168.1.0。

这就是主机所在的网络地址。当有另一台主机的网络地址也是 192.168.1.0 时,可以判断这两台主机都在 192.168.1.0 这一网段内。此时,当这两台主机传递信息时,路由器会将信息直接发回网内而不经过外网。

在计算机网络中,每一类网络都有默认的子网掩码,其中:

①A 类地址的默认子网掩码为 255.0.0.0。

②B 类地址的默认子网掩码为 255.255.0.0。

③C 类地址的默认子网掩码为 255.255.255.0。

子网掩码技术的使用成功地将一个较大的网络划分为若干个小网络,从而提高了 IPv4 地址的利用率,在一定程度上解决了 IPv4 地址紧张的问题。

(3)网关

网关又称网间连接器、协议转换器。网关在传输层上用以实现网络互联,是最复杂的网络互联设备,仅用于两个高层协议不同的网络互联。网关既可以用于广域网互联,也可以用于局域网互联。网关是一种充当转换重任的计算机系统或设备。在使用不同的通信协议、数据格式或语言,甚至体系结构完全不同的两种系统之间,网关是一个翻译器。与网桥只是简单地传达信息不同,网关对收到的信息要重新打包,以适应目的系统的需求。同时,网关也可以提供过滤和安全功能。大多数网关运行在 OSI 七层协议的顶层——应用层。

(4)域名系统

IP 地址能够唯一地标识网络上的计算机,但要让用户记忆这些数字型的 IP 地址却十分不方便。为了克服这个缺点,人们用一种能代表一些实际意义的字符型标识,即所谓的域名地址(domain name)来代替 IP 地址供人们使用。原则上,IP 地址和域名是一一对应的,这份域名地址的信息存放在一个名为域名服务器的主机内,使用者只需了解易记的域名地址,其对应 IP 地址的转换工作就交给了域名服务器去完成。

域名的表示方式是由标号序列和点组成,各标号之间用点隔开:

…. 三级域名.二级域名.顶级域名

其中,各标号分别代表不同级别的域名,最右边的部分为顶级域名,最左边的则是这台主机的机器名称。一般情况下,域名地址可表示为:

主机名.单位名.网络名.顶级域名

顶级域名常用的有两大类:一种是以机构性质命名的顶级域名,另一种是以国家地区代码命名的顶级域名。最早的以机构性质命名的顶级域名有:

① .com:公司和企业;

② .net:网络服务机构;

③ .org:非营利性组织；

④ .edu:美国专用的教育机构；

⑤ .gov:美国专用的政府部门；

⑥ .mil:美国专用的军事部门；

⑦ .int:国际组织。

随着 Internet 迅速渗透到人们生活的各个方面,越来越多的组织机构希望拥有自己的顶级域名,因此以机构性质命名的顶级域名还在增加中,越来越多的域名被注册,部分新增的顶级域名见表5.4。

表5.4　新增的顶级域名

域　名	用　途
biz	用来替代.com 的顶级域名,适用于商业(biz 是 business 的习惯缩写)
info	用来替代.com 的顶级域名,适用于提供信息服务的企业
name	专用于个人的顶级域名
pro	专用于医生、律师、会计师等专业人员的顶级域名
coop	专用于商业合作社的顶级域名(coop 是 cooperation 的习惯缩写)
aero	专用于航空运输业的顶级域名
museum	专用于博物馆的顶级域名

以国家或地区代码命名的域名,是为世界上每个国家和一些特殊的地区设置的,如中国为cn、中国香港为 hk、日本为 jp、美国为 us 等。表5.5 介绍了一些常见的国家或地区的域名。

表5.5　国家级域名

域　名	国家或地区	域　名	国家或地区
cn	中国	it	意大利
de	德国	jm	牙买加
gr	希腊	jp	日本
au	澳大利亚	mx	墨西哥
in	印度	ru	俄罗斯
us	美国	gb	英国
sg	新加坡	fr	法国

5.6.3　互联网接入方式

一些网络运营商提供互联网接入服务及多种接入方式,不同单位和个人可以根据自身情况选择合适的接入方式。

(1)拨号接入

一种使用电话线接入 Internet 的方式,通过拨号方式上网。由于计算机处理的是数字信号,而电话线上传输的是模拟信号,所以在计算机和电话线之间要连接调制解调器,调制解调器负责把计算机发出的数字信号转换成模拟信号通过电话线传输,或者是把电话线上传输来的模拟信号转换成数字信号提供给计算机处理。

此种接入方式的优点是简单方便,只要有一台计算机、一台调制解调器、一根电话线和相应的通信软件即可。它的缺点是网络传输速度比较慢,只有 56 kb/s,属于窄带接入方式;完全占用电话线,上网时不能接打电话。早期个人用户上网用得比较多,现已基本被淘汰。

(2) ISDN 接入

综合服务数字网(Integrated Services Digital Network, ISDN),俗称"一线通",ISDN 接入也是一种使用电话线接入 Internet 的方式,但相对于拨号接入,一是传输速度有了明显的提高,可以达到 128 Kbps;二是上网的同时可以接打电话或收发传真。

小单位用户可以使用这种方式,可以同时接入计算机、电话机和传真机。

(3) xDSL 接入

数字用户线路(Digital Subscriber Line, DSL)是以铜质电话线为传输介质的传输技术组合的,包括 ADSL, HDSL, SDSI, VDSL 和 RADSIL 等,统称为 xDSL。各种 DSL 的主要区别体现在传输速率、传输距离以及上下行速率是否对称 3 个方面。

目前,最为常用的是非对称数字户线路(ADSL)技术。ADSL 是一种非对称的 DSL 技术,所谓非对称是指用户线的上行速率与下行速率不同,上行速率低,下行速率高,特别适合传输多媒体信息业务,如视频点播、多媒体信息检索和其他交互式业务。ADSL 在一对铜线上支持上行速率 512 Kb/s ~ 1 Mb/s,下行速率 1 ~ 8 Mb/s,有效传输距离 3 ~ 5 km,成为继拨号接入、ISDN 接入之后的一种更快捷、更高效的接入。

小型单位、家庭用户和网吧用 xDsL 接入方式比较多。

(4) 光纤接入

一种以光缆(光纤)为传输介质的 Internet 接入方式,有光纤到路边(FTTC)、光纤到小区(FTTZ)、光纤到楼宇(FTTB)、光纤到楼层(FTTF)、光纤到办公室(FTTO)、光纤到家庭(FTTH)等多种方案。光纤接入是一种理想的接入方式,速度快、障碍率低、抗干扰性强,不足之处是成本比较高。

目前,光纤接入方式主要还是用于骨干网和到路边、到小区、到楼宇的连接。一些小区宽带用的是这种接入方式。

(5) 移动网接入

只要是能使用移动电话的地方,就可以接入 Internet。目前,主要使用 GPRS 和 CDMA 两种技术,主要问题是速度低、费用高。随着 4G 和 5G 时代的到来,移动网络接入能够更好地满足人们的需要。

这种方式比较适合手机和流动性使用笔记本计算机的场合(如会议室和广场等)。

(6) 局域网接入

一个局域网接入 Internet 有两种方式:一种方式是通过局域网的服务器、高速调制解调器和电话线路,在 TCP/IP 软件支持下,把局域网接入 Internet,局域网中所有计算机共享一个 IP 地址;另一种方式是通过路由器或交换机在 TCP/IP 软件支持下,把局域网接入 Internet,局域网中所有计算机都可以有自己的 IP 地址,也可以共享 IP 地址。共享 IP 地址需要地址转换,可以由防火墙完成地址转换任务。

这种方式成本比较高,适合于比较大型的单位。

(7) Wi-Fi 接入

Wi-Fi 是目前得到广泛使用的一种无线网络传输技术,实际上就是把有线网络信号转换成无线信号,供有 Wi-Fi 功能的台式机笔记本、平板电脑、手机等上网使用,可以省掉手机的流量费。如果开通了有线上网,只要接一个无线路由器,就可以把有线信号转换成 Wi-Fi 信号,供一定范围内的多台设备无线上网。一些机场、宾馆、会议中心等场合也提供了 Wi-Fi 信号。

5.6.4 互联网服务

随着 Internet 的迅速发展,其提供的服务不断增多,逐步渗透到社会生活的各个领域。根据互联网络信息中心(China Internet Network Information Center,CNNIC)发布的《第 43 次中国互联网络发展状况统计报告》,网民使用率的统计为即时通信 95.6%、搜索引擎 82.2%、网络新闻 81.4%、网络视频 73.9%、网络购物 73.6%、网上支付 72.5%、网络音乐 69.5%、网络游戏 58.4%、网上银行 50.7%、旅游预订 49.5%、网上外卖 49.0%、微博 42.3%、在线教育 24.3%。

WWW(World Wide Web)也称 Web、3W 或万维网,它是 Internet 上应用最广泛的服务项目之一。它采用浏览器/服务器工作模式,通过 Web 服务器向客户提供网页信息浏览服务。用户只要使用一种称为浏览器的工具软件,就可以非常方便地浏览这种网页信息。

(1) 电子邮件

电子邮件又称 E-mail,它使用方便,传递迅速,费用低廉,不仅可传送文字信息,而且还可附上声音和图像,是因特网上使用得最多和最受用户欢迎的服务项目之一。在使用电子邮件服务的时候,用户只需知道收件人的 E-mail 地址,就可以像通常寄信一样,将自己的信息传递给网上的收件人。通常,当用户发送一封电子邮件后,用户的电子邮件服务器会把邮件发送到收件人使用的邮件服务器,并放在其中的收件人邮箱中,收件人可随时上网,到自己使用的邮件服务器进行读取。

现在网站一般提供免费电子邮箱和收费电子邮箱两种服务。收费电子邮箱每年收取固定费用,提供给用户更加可靠和功能更加强大的服务,一般的企业和有特殊需要的个人可以申请收费的电子邮箱,获得更佳的服务质量。免费电子邮箱是不需要付费就可以长期使用的电子邮箱。免费邮箱的申请很方便,又节省资金,因此在普通的上网用户中比较普及。现在普遍使用的即时通信软件 QQ 就捆绑了电子邮箱的服务,当用户申请成功一个 QQ 账号后,单击 QQ 软件上面的邮件图标就可以进入自己的邮箱。

当用户申请成功邮箱之后,就可以登录自己的邮箱收发电子邮件了,只需要在申请邮箱的网站中对应的位置输入自己的用户名和密码即可成功登录邮箱。当用户给其他收件人写电子邮件时,收件人的地址使用的格式如下:

用户名@邮件服务器地址

符号"@"左侧的用户名是接收用户在邮件服务器上注册时采用的邮箱名,右侧的邮件服务器地址是接收邮件服务器在 Internet 中的域名,也就是用户注册时的网站域名。用户在发送电子邮件的时候,还可以采用抄送、密送等方式一次将同一邮件发送给多个收件人。

值得注意的是,在上述电子邮件的收发过程中,用户通过浏览器登录自己的电子邮箱进行邮件的收发,此时,电子邮件从用户自己的个人电脑发送到自己邮箱所在的邮件服务器时,使用的是 HTTP 协议。同样的,收件人利用浏览器登录自己的邮箱,从邮箱所在邮件服务器接收信息到自己的浏览器显示,使用的仍是 HTTP 协议。但是,当发件人的邮箱所在服务器将信件发送到收件人的邮箱所在服务器时,两个邮件服务器之间的传送要使用专门的电子邮件协议SMTP 协议。

在用户使用电子邮件服务的时候,发送和接收电子邮件需要使用电子邮件的传送协议。广泛使用的电子邮件传送协议中的发件协议是 SMTP(Simple Mail Transfer Protocol,简单邮件传送协议),收件协议是 POP3(Post Office Protocol,邮局协议)。

SMTP 是 TCP/IP 中的简单邮件传输协议,它所规定的就是在两个相互通信的 SMTP 进程之间应如何交换信息,即电子邮件如何在 Internet 中通过发送方和接收方的 TCP 连接来传送,是用来管理电子邮件发送工作的协议。

POP3 是邮局协议 3,这里的 3 为版本,用于访问存放用户邮件的服务器,接收服务器上自己邮箱中的电子邮件。基于 POP3 和 SMTP 的电子邮件软件(如 Outlook Express 等)为用户提供了许多方便,它允许用户不使用浏览器,而是直接使用这一电子邮件收发软件来进行邮件的管理和收发。在使用这一软件的时候,当用户利用软件登录邮箱时要读取邮件,此时使用POP3 协议,而当用户发送邮件的时候使用 SMTP 协议。因为 POP3 提供了 POP 服务器收发邮件的功能,电子邮件软件就会将邮箱内的所有电子邮件一次性下载到用户自己的计算机中。

MIME(Multipurpose Internet Mail Extensions)的中文名称为"多用途 Internet 邮件扩展协议",它增强了 SMTP,统一了编码规范,解决了 SMTP 仅能传输 ASCII 码文本的限制。MIME定义了各种类型的数据,如声音、图像、表格和应用程序等编码格式,人们通过对这些类型的数据进行编码,并将它们作为电子邮件中的附件进行处理,就可以保证这些内容被完整和正确地传输。目前,MIME 和 SMTP 已被广泛应用于各种 E-mail 系统中。

(2)搜索引擎

在万维网中用来进行搜索的程序叫作搜索引擎。一般所说的"搜索引擎",实际上是指一些实现了搜索引擎技术、具有强大查询能力的网站,这些网站为了方便人们从网上查找信息,便建立了各自的查询资料库,向人们提供全面的信息查询,所以,人们就把这些站点的查询服务称为"搜索引擎"。在建立资料库的时候,可以通过搜索软件到因特网上的各网站收集信息,找到一个网站后可以从这个网站再链接到另一个网站,然后按照一定的规则建立一个很大的在线数据库供用户查询;也可以利用各网站向搜索引擎提交网站的关键词和网站描述等信息,经过人工审核编辑后,如果认为符合网站登录的条件,则输入分类目录的数据库中,供网上用户查询。现在,比较大一点的网站都提供了信息搜索服务,用户只需输入要搜索的关键字,即可查找到所需的资料,如可以从网上搜索含有相关内容的网站、网页、新闻、游戏和免费软件等。常用的搜索网站有搜狐、百度、新浪和网易等。

(3)文件传输 FTP

FTP(File Transportation Protocol)即文件传输协议,是因特网上使用得最广泛的文件传送协议之一,它的功能是在网络上两台计算机间进行文件的远程传输。用户可以从远程计算机上通过下载获取文件,或者把自己的文件通过上载传送到远程主机上去。FTP 屏蔽了各计算机系统的细节,如计算机存储数据格式的不同,文件的目录结构和文件命名规定的不同,对于相同的文件存取功能操作系统使用命令的不同,访问控制方法的不同等,因而 FTP 适合于在异构网络中任意计算机之间传送文件。

文件传输协议 FTP 在主机之间传送文件的时候,主机之间利用运输层的 TCP 协议来建立连接。与其他客户机/服务器模型不同的是,FTP 客户机与服务器之间要建立双重连接:一个是控制连接,一个是数据连接。首先,FTP 利用 TCP 在客户机和服务器之间建立一个控制连接,用于传递控制信息,如文件传送命令等。客户机可以利用控制命令反复向服务器提出请求,而客户机每提出一个请求,服务器便与客户机建立一个数据连接,用于实际的数据传输。一旦数据传输结束,数据连接也随之撤销,但控制连接依然存在,直至退出 FTP。

(4) 远程登录 Telnet

在计算机网络的早期,要完成大型的任务必须借助于功能强大的计算机,Telnet 的应用帮助人们实现了这一功能。Telnet 远程登录服务为用户提供了在本地计算机上操控远程主机工作的能力,它能够让用户登录到远程主机上,把自己的计算机与远程的功能强大的计算机联系起来,这样用户就可以使用远程计算机来完成工作。Telnet 命令使得终端使用者可以在本地计算机上输入命令,而这些命令则会在远程计算机上运行,对于用户来说,就像直接在远程计算机的控制台上输入命令一样。

要使用 Telnet 协议进行远程登录,必须在用户的本地计算机上安装有包含 Telnet 协议的客户程序,同时远程计算机上也必须安装有 Telnet 协议的服务器程序。为了能够使得客户程序和服务器程序建立连接,客户程序必须知道远程主机的 IP 地址或者域名,这样就可以远程登录到服务器端了。使用远程登录的时候,用户同时还需要作为该服务器的授权用户,即需要知道登录所用的"登录标识"和"口令"。在使用 Telnet 登录时,用户通过输入"Telnet IP 地址"这一命令,首先将本地主机与具有相应 IP 地址的远程主机建立连接,然后将本地终端上输入的用户名和口令传送到远程主机,用户就可以对远程主机进行操作。操作完成后,远程主机将输出的数据送回本地终端,当所有的操作完成后,本地终端和远程主机的连接将撤销。

远程登录服务能够使用户共享功能强大的主机,完成自己的任务。但是随着计算机硬件技术的飞速发展,个人计算机的功能也越来越强大,可以完成更加复杂的工作,另一方面,由于远程登录技术存在很大的不安全因素,对于远程主机来说很容易遭到攻击,导致资料的损害和泄露,因此,远程登录技术的使用已经越来越少了。

(5) 电子公告栏 BBS

电子公告栏又称公告牌、论坛、BBS。BBS 的英文全称是 Bulletin Board System,翻译为中文就是"公告板系统"。目前人们经常使用的是建立在因特网上的论坛。例如,打开浏览器后,进入百度网站,点击"贴吧"就可以进入百度贴吧。在某个特定的贴吧内,可以浏览别人发表的帖子和其他用户的回复,要发表自己的帖子时,把事先写好的文章复制上去或者临时打上去就行了。一般来说,论坛中只允许注册过的用户发帖子和进行回复。

(6) 即时通信软件与腾讯 QQ

即时通信(instant messaging)软件是一种基于互联网的即时交流软件,能够即时发送和接收互联网消息,可以让多个用户同时进行在线信息交流。自即时通信软件面世以来,即时通信的功能日益丰富,不仅能够完成文字信息的交流,而且可以进行文件传输,语音和视频聊天,远程控制等操作。如今,即时通信软件已经不再是一个单纯的聊天工具,它已经发展成集交流、资讯、娱乐、搜索、电子商务、办公协作和企业客户服务等为一体的综合化信息平台。

目前,常用的即时通信软件包括 QQ、MSN、UC 等软件。其中,腾讯 QQ 以其良好的易用性和强大的功能获得了用户的肯定,QQ 软件国内使用者最多。在通信功能方面,QQ 软件提供了文字、语音和视频交流 3 种不同的方式。在进行传统的文字交流时,QQ 用户可以设置自己的文字格式,同时增加了 QQ 表情,甚至可以自定义动态表情,支持网友自定义显示系统表情。而 QQ 软件的语音和视频聊天功能,可以让人们利用互联网实现语音和视频通信而不用支付任何附加费用。除了具有基本通信功能外,QQ 还具备在线文件传输和离线文件传输功能,方便用户之间信息的共享。QQ 还提供了群组功能,用户可以加入其他用户创建的 QQ 群,或者当自己的等级达到要求后创建自己的用户群。群内提供多用户信息交流的平台和文件共享的平台,QQ 群组功能实现了多人一起交流、讨论、信息分享的功能。此外,QQ 还在用户信息管理方面提供了强大的功能,用户可以根据自己的需要创建分组,将其他用户放入不同的分组进行管理,对不同的用户可以有不同的设置,如隐身对其可见等。

(7) 博客

Blog,中文称为网络日志、部落格或博客,是网上的一个共享空间,用户可以以日记的形式在网络上发表个人内容。通常的博客网站都是一种由个人管理的不定期更新文章的网站,现在一般大型综合网站都提供了此项功能,如新浪、网易等。

博客以网络作为载体,用户可以简易便捷地发布自己的心得,及时、有效、轻松地与他人进行交流,再集丰富多彩的个性化展示于一体,是一个综合性平台。一般说来,一个博客就是一个网页,它通常是由简短且经常更新的帖子所构成,博客的内容可以是文字、图像、其他博客或网站的链接,以及与主题相关的媒体,并且博客允许浏览用户以互动的方式和博客拥有者交流信息。目前,博客已经成为网上用户技术交流、心得体会发表的重要途径之一。

5.6.5　物联网

物联网是通过射频识别、红外感应器、全球定位系统、激光扫描器等信息传感设备,按约定的协议,把物品与互联网连接起来,进行信息交换和通信,以实现智能化识别定位、跟踪、监控和管理的网络,简单说就是物物相连的互联网。物联网的核心和基础仍然是互联网,是在互联网基础上的延伸和扩展。

物联网其实是一种非常复杂、形式多样的系统技术。根据物联网的本质和应用特征,我们可以将其分成 3 层:感知互动层、网络传输层和应用服务层。感知互动层采用射频识别技术(RFID)完成数据的采集、通信和协同信息处理等功能。通过各种类型的传感设备获取物理世界中发生的物理事件和数据信息,例如各种物理量、标识、音视频多媒体数据。网络传输层是将感知互动层采集的各类信息传输到应用服务层,这里的网络包含移动通信网、无线 Wi-Fi、互联网、卫星网、广电网、行业专网以及形成的融合网等。应用服务层主要是对传输过来的数据进行处理,并作出决策。该层是将物联网技术和各行各业建立起来,从而实现广泛的物物互联。

物联网的概念在 1991 年被首次提出,2008 年后得到各国政府和业界的重视,美国已将物联网上升为国家创新战略的重点之一,欧盟制订了促进物联网发展的 14 点行动计划,日本的"U-Japan"计划将物联网作为四项重点战略领域之一,韩国制定了《物联网基础设施构建基本规划》。

我国在 2010 年把包含物联网在内的新一代信息技术正式列入国家重点培育和发展的战略性新兴产业之一,2011 年公布的《物联网"十二五"发展规划》明确指出物联网发展的 9 大领域,2013 年国家发展改革委员会等多部委联合印发的《物联网发展专项行动计划(2013—

2015）》包含了 10 个专项行动计划，2016 年工业与信息化部公布的《信息通信行业发展规划物联网分册（2016—2020 年）》，把智能制造、智慧农业、智慧医疗与健康养老、智慧节能环保等列入重点领域应用示范工程。

物联网的发展需要有云计算、大数据和人工智能的支持。物联网感知的物理世界的信息通过互联网传输到云端存储，海量的感知数据处理要用到大数据分析挖掘技术和人工智能技术。同时，感知到海量的数据并进行挖掘分析，是实现智能的重要基础。

物联网将渗透到生活的各个方面，在未来的生活中，物联网必定会像如今的互联网一样，是我们生活中不可或缺的一部分。它甚至照顾到我们的衣食住行等各个方面。当太阳初升，窗帘会自动地徐徐打开，烤面包机也开始工作。当你洗漱完毕坐到桌子旁时，面包早已准备好。当你吃完早餐出门后，房间的空调开始调节温度，降低电量消耗。当你坐上汽车，汽车会为你选择一条最优最快速的路线，行车过程中若是遇到紧急情况，车载电脑会及时发出警报或自动刹车避让，并随时根据路况调节行车速度。同时，车载电脑还能帮你预约商场附近的停车位。如果行车过程中出现身体不适，便携式监护仪会将实时的心电等生理数据传输到医院的后台服务系统，并向亲友发送警报短信。

5.7　Web 技术

5.7.1　Web 发展历程

Web(World Wide Web)即全球广域网，也称为万维网。它是一种基于超文本和 HTTP 的、全球性的、动态交互的、跨平台的分布式图形信息系统。它是建立在 Internet 上的一种网络服务，为浏览者查找和浏览信息提供了图形化的、易于访问的直观界面，其中的文档及超级链接将 Internet 上的信息节点组织成一个互为关联的网状结构。

（1）起源

1989 年 CERN（欧洲粒子物理研究所）中由蒂姆·伯纳斯·李(Tim Berners-Lee)领导的小组提交了一个针对 Internet 的新协议和一个使用该协议的文档系统，该小组将这个新系统命名为 World Wide Web，它的目的在于使全球的科学家能够利用 Internet 交流自己的工作文档。

这个新系统被设计为允许 Internet 上任意一个用户都可以从许多文档服务计算机的数据库中搜索和获取文档。1990 年末，这个新系统的基本框架已经在 CERN 中的一台计算机中开发出来并实现了，1991 年该系统移植到了其他计算机平台，并正式发布。

（2）Web 1.0

Web 1.0 最早的网络构想源于 1980 年由蒂姆·伯纳斯·李构建的 ENQUIRE 项目，这是一个超文本在线编辑数据库，尽管看上去与现在使用的互联网不太一样，但是在许多核心思想上却是一致的。Web 1.0 时代开始于 1994 年，其主要特征是大量使用静态的 HTML 网页来发布信息，并开始使用浏览器来获取信息，这个时候主要是单向的信息传递。通过万维网，互联网上的资源可以在一个网页里比较直观地表示出来，而且资源之间在网页上可以任意链接。Web 1.0 的本质是聚合、联合、搜索，其聚合的对象是巨量、无序的网络信息。Web 1.0 只解决了人对信息搜索、聚合的需求，而没有解决人与人之间沟通、互动和参与的需求，所以 Web 2.0

应运而生。

（3）Web 2.0

Web 2.0 始于 2004 年 3 月 O'Reilly Media 公司和 MediaLive 国际公司的一次头脑风暴会议。Tim O'Reilly 在发表的"What Is Web 2.0"一文中概括了 Web 2.0 的概念，并给出了描述 Web 2.0 的框图——Web 2.0 MemeMap，该文成为 Web 2.0 研究的经典文章。此后关于 Web 2.0 的相关研究与应用迅速发展，Web 2.0 的理念与相关技术日益成熟和发展，推动了 Internet 的变革与应用的创新。在 Web 2.0 中，软件被当成一种服务，Internet 从一系列网站演化成一个成熟的为最终用户提供网络应用的服务平台，强调用户的参与、在线的网络协作、数据储存的网络化、社会关系网络、RSS 应用以及文件的共享等成为了 Web 2.0 发展的主要支撑和表现。Web 2.0 模式大大激发了创造和创新的积极性，使 Internet 变得生机勃勃。Web 2.0 的典型应用包括 Blog，Wiki，RSS，Tag，SNS，P2P，IM 等。

（3）Web 3.0

Web 3.0 是 Internet 发展的必然趋势，是 Web 2.0 的进一步发展和延伸。Web 3.0 在 Web 2.0 的基础上，将杂乱的微内容进行最小单位的继续拆分，同时进行词义标准化、结构化，实现微信息之间的互动和微内容间基于语义的链接。Web 3.0 能够进一步深度挖掘信息使其直接从底层数据库进行互通，并把散布在 Internet 上的各种信息点以及用户的需求点聚合和对接起来，通过在网页上添加元数据，使机器能够理解网页内容，从而提供基于语义的检索与匹配，使用户的检索更加个性化、精准化和智能化。对 Web 3.0 的定义是网站内的信息可以直接和其他网站相关信息进行交互，能通过第三方信息平台同时对多家网站的信息进行整合使用；用户在 Internet 上拥有直接的数据，并能在不同网站上使用；完全基于 Web，用浏览器即可实现复杂的系统程序才具有的功能。Web 3.0 浏览器会把网络当成一个可以满足任何查询需求的大型信息库。Web 3.0 的本质是深度参与、生命体验以及体现用户参与的价值。

5.7.2　网站

网站是指在因特网上根据一定的规则，使用 HTML（标准通用标记语言）等工具制作的用于展示特定内容相关网页的集合。简单地说，网站是一种沟通工具，人们可以通过网站来发布自己想要公开的资讯，或者利用网站来提供相关的网络服务。人们可以通过网页浏览器来访问网站，获取自己需要的资讯或者享受网络服务。

网站是在互联网上拥有域名或地址并提供一定网络服务的主机，是存储文件的空间，以服务器为载体。人们可通过浏览器等进行访问、查找文件，也可通过远程文件传输方式上传、下载网站文件。

网站从不同的角度可以有不同的分类。比如，根据网站所用编程语言分类，有 asp 网站、php 网站、jsp 网站、Asp.net 网站等；根据网站的用途分类，有门户网站（综合网站）、行业网站、娱乐网站等；根据网站的功能分类，有单一网站（企业网站）、多功能网站（网络商城）等；根据网站的持有者分类，有个人网站、商业网站、政府网站、教育网站等；根据网站的商业目的分类，有营利型网站（行业网站、论坛）、非营利性型网站（企业网站、政府网站、教育网站）。

5.7.3　URL

统一资源定位系统（Uniform Resource Locator，URL）是万维网服务程序上用于指定信息位置的表示方法。它最初是由蒂姆·伯纳斯·李发明用来作为万维网的地址。现在它已经被万维网联盟编制为互联网标准 RFC1738。

正如访问资源的方法有很多种,对资源进行定位的方案也有好几种。URL 的一般语法只是为使用协议来建立新方案提供了一个框架,当然除了已经在这篇文档中定义过的。URL 通过提供资源位置的一种抽象标志符来对资源进行定位。系统定位了一个资源后,可能会对它进行各种各样的操作,这些操作可以抽象为几个词:访问、更新、替换、发现属性。一般来说,只有访问方法这一项在任何 URL 方案中都需要进行描述。

5.7.4　Web 浏览器

Web 浏览器是一个显示网页服务器或档案系统内的文件,并让用户与这些文件互动的一种软件。它用来显示在万维网或局部局域网路等内的文字、影像及其他资讯。浏览器是最经常使用到的客户端程序。

Web 浏览器显示这些文字或影像,可以是连接其他网址的超链接,用户可迅速地浏览各种资讯。网页一般是超文本标记语言(标准通用标记语言下的一个应用)的格式。有些网页需使用特定的浏览器才能正确显示。个人电脑上常见的网页浏览器包括微软的 Internet Explorer(IE)、Opera、Firefox、Chrome、Safari、360 浏览器和搜狗浏览器等。

5.7.5　HTML

HTML 称为超文本标记语言,是一种标识性的语言。它包括一系列标签,通过这些标签可以将网络上的文档格式统一,使分散的 Internet 资源连接为一个逻辑整体。HTML 文本是由 HTML 命令组成的描述性文本,HTML 命令可以说明文字,图形、动画、声音、表格、链接等。

超文本是一种组织信息的方式,它通过超链接方法将文本中的文字、图表与其他信息媒体相关联。这些相互关联的信息媒体可能在同一文本中,也可能在其他文件,或是在地理位置距离遥远的某台计算机上的文件。这种组织信息方式将分布在不同位置的信息资源用随机方式进行联接,为人们查找、检索信息提供方便。

5.7.6　HTTP

HTTP 是一个简单的请求-响应协议,它通常运行在 TCP 之上。它指定了客户端可能发送给服务器什么样的消息以及得到什么样的响应。请求和响应消息的头以 ASCII 码形式给出;而消息内容则具有一个类似 MIME 的格式。这个简单模型是早期 Web 成功的有功之臣,因为它使得开发和部署是那么的直截了当。

在 1990 年,HTTP 就成为 WWW 的支撑协议。当时由其创始人 WWW 之父蒂姆·伯纳斯·李提出,随后 WWW 联盟(WWW Consortium)成立,组织了 IETF(Internet Engineering Task Force)小组进一步完善和发布 HTTP 协议。

HTTP 是应用层协议,同其他应用层协议一样,是为了实现某一类具体应用的协议,并由某一运行在用户空间的应用程序来实现其功能。HTTP 是一种协议规范,这种规范记录在文档上,是真正通过 HTTP 协议进行通信的 HTTP 的实现程序。

HTTP 协议是基于 C/S 架构进行通信的,而 HTTP 协议的服务器端实现程序有 httpd、nginx 等,其客户端的实现程序主要是 Web 浏览器,此外,客户端的命令行工具还有 elink、curl 等。

Web 服务是基于 TCP 的,因此为了能够随时响应客户端的请求,Web 服务器需要在 80/TCP 端口监听。这样客户端浏览器和 Web 服务器之间就可以通过 HTTP 协议进行通信了。

5.7.7　Cookies

Cookies 中文名称为小型文本文件,指某些网站为了辨别用户身份而储存在用户本地终端(client side)上的数据(通常经过加密)。为网景公司的前雇员 Lou Montulli 在 1993 年 3 月所发明。

Cookies 是一种能够让网站服务器把少量数据储存到客户端的硬盘或内存,或是从客户端的硬盘读取数据的一种技术。Cookies 是当用户浏览某网站时,由 Web 服务器置于硬盘上的一个非常小的文本文件,它可以记录用户 ID、密码、浏览过的网页、停留的时间等信息。

当用户再次来到该网站时,网站通过读取 Cookies,得知用户的相关信息,就可以做出相应的动作,如在页面显示欢迎标语,或者不用输入 ID、密码就直接登录等。

从本质上讲,它可以看成用户的身份证。但 Cookies 不能作为代码执行,也不会传送病毒,只能由提供它的服务器来读取。保存的信息片段以"名值对"(name-value pairs)的形式储存,一个"名值对"仅仅是一条命名的数据。一个网站只能取得它放在电脑中的信息,它无法从其他的 Cookies 文件中取得信息,也无法得到电脑上的其他任何东西。

Cookies 中的内容大多数经过了加密处理,因此一般用户看来只是一些毫无意义的字母数字组合,只有服务器的 CGI 处理程序才知道它们真正的含义。

由于 Cookies 是我们浏览的网站传输到用户计算机硬盘中的文本文件或内存中的数据,因此它在硬盘中存放的位置与使用的操作系统和浏览器密切相关。

5.7.8　网页制作

网页是用 HTML 编写的一种纯文本文件。用户通过浏览器所看到的包含了文字、图像链接、动画和声音等多媒体信息的每个网页,其实质是浏览器对 HTML 代码进行了解释,并引用相应的图像、动画等资源文件,才生成了多姿多彩的网页。

但是,一个网页并不是一个单独的纯文本文件,网页中显示的图片、动画等文件都是单独存放的,以方便多个网页引用同一张图片,这和 Word 等格式的文件有明显区别。

网页设计是艺术与技术的结合。从艺术的角度看,网页设计的本质是一种平面设计,就像出黑板报、设计书的封面等平面设计一样,对于平面设计我们需要考虑布局和配色两个基本问题。

(1)布局

对于一般的平面设计来说,布局就是将有限的视觉元素进行有机的排列组合,将理性思维个性化地表现出来。网页设计和其他形式的平面设计相比,有相似之处,它也要考虑网页的版式设计问题,如采用何种形式的版式布局。与一般平面设计不同的是,在将网页效果图绘制出来以后,还需要用技术手段(代码)实现效果图中的布局,将网页效果图转化成真实的网页。

将网页的版式和网页效果图设计出来后,就可用以下方式实现网页的布局。

①表格布局:将网页元素装填入表格内实现布局;表格相当于网页的骨架,因此表格布局的步骤是先画表格,再往表格的各个单元格中填内容,这些内容可以是文字或图片等一切网页元素。

②DIV + CSS 这种布局形式不需要额外的表格做网页的骨架,它是利用网页中每个元素自身具有的"盒子"来布局,通过对元素的盒子进行不同的排列和嵌套,使这些盒子在网页上以合适的方式排列就实现了网页的布局。在网页布局技术的发展过程中,产生了 Web 标准的讨论,Web 标准倡导使用 DIV + CSS 来布局。

③框架布局:将浏览器窗口分割成几部分,每部分放一个不同的网页,这是很古老的一种布局方式,现在用得较少。

网页设计从技术角度看,就是要运用各种语言和工具解决网页布局和美观的问题,所以网页设计中很多技术都仅仅是为了使网页看起来更美观。常常会为了网页中一些细节效果的改善,而花费大量的工作量,这体现了网页设计师追求完美的精神。

(2) 配色

网页的色彩是树立网页形象的关键要素之一。对于一个网页设计作品,浏览者首先看到的不是图像和文字,而是色彩搭配,在看到色彩的一瞬间,浏览者对网页的整体印象就确定下来了,因此说色彩决定印象。一个成功的网页作品,其色彩搭配可能给人的感觉是自然、洒脱的,看起来只是很随意的几种颜色搭配在一起,其实是经过了设计师的深思熟虑和巧妙构思的。

对于初学者来说,在用色上切忌将所有的颜色都用到,尽量控制在 3 种色彩以内,并且这些色彩的搭配应协调。而且一般不要用纯色,灰色适合与任何颜色搭配。

网页是用超文本标记语言 HTML 语言编写的。HTML 用来描述如何将文本格式化,它由大量的标记构成。网页就是一个由 HTML 语言编写出来的文本文件,是包含标记命令的纯文本。正是通过将标准化的标记命令写在 HTML 文件中,使得任何万维网浏览器都能够阅读和重新格式化接收到的页面。值得注意的是,HTML 并不是程序设计语言,它只是一种标记语言,其目的在于运用标记(tag)使文件达到预期的显示效果。

HTML 文件中的各种标记都是"< 标记名 > 文件内容 </标记名 >"这种格式,其中每个标记内都可以有若干个属性。常用的标记语言如下:

< P > … </P >	分段标签	< br >	换行标签
< Center > … </Center >	居中标签	< hr >	水平线
< H1 > … </H1 >	项目标题标签	< a href = 地址 >超链接提示 </a >	超链接
< Table > </Table >	表格	< TR >	定义表的一行
< TH >	定义表头	< TD >	定义单元格数据
< frameset >	设定框架		

在使用上述标签进行页面布局时,需要使用标签的属性进行设定,常用的属性如下:

Target = _blank/_top	新网页打开位置
Align = left/center/right	对齐方式
Width = 像素点/百分比	宽度
Height = 像素点/百分比	高度
Border = 像素点	边框粗细
Cellspacing = 像素点	单元格间的间隔宽度
Cellpadding = 像素点	单元格边界与内容的间隔距离
Align = left/center/right	单元格内容的水平对齐方式

Valign = top/middle/bottom/baseline　　　　　单元格内容的垂直对齐方式

Rowspan = n　　　　　　　　　　　　　　本单元格占 n 行

Colspan = n　　　　　　　　　　　　　　本单元格占 n 列

Nowrap　　　　　　　　　　　　　　　　自动换行属性

一个 HTML 文件必须遵循固定的结构,一般来说,HTML 文件的基本结构如下:

< html > … < /html > .　定义 HTML 文件的开始和结束

< head > … < /head > .　描述 HTML 页头部区的开始和结束

< title > … < /title > .

设置显示在浏览器标题栏中的文字,在 < head > < /head > 标记内部出现:

< body > … < /body > .　定义 HTML 正文的开始和结束,网页的显示内容都在这里

例如:

< html >

< head >

< title >重庆大学城市科技学院 < /title >

< /head >

< body >

< h1 >重大城科欢迎您! < /h1 >

< h2 >重大城科各二级学院介绍! < h2 >

< /body >

< /html >

此页面在 IE 浏览器中浏览时看到的效果如图 5.17 所示。

图 5.17　IE 浏览器中的网页

可以看到, < title > < /title > 中的内容显示到了标题栏中,而 < body > < /body > 中的内容显示在了浏览器的网页部分。在实际使用中,还需要对浏览器的网页部分进行格式设置,这就需要使用其他标记。

当服务器提供了网页之后,用户就可以在浏览器端通过输入网页文件的地址来访问网页文件。Web 中使用统一资源定位符(Uniform Resoure Locator,URL)来标记网页中的文件,URL 是 Web 浏览器上指定 Internet 信息位置的表示方法。

URL 的格式通常为:

资源类型://域名/路径/文件名

资源类型表示 URL 地址采用的协议,如 http://表示采用 HTTP 的 WWW 服务器;ftp://表示采用 FTP 的 FTP 服务器。

域名就是用户所访问的网站的名称,也可以是该网站的 IP 地址。在域名的后面是用户要访问的网页文件的路径名称,一般主页文件放在网站的默认根目录下面,而其他文件放在特定的目录下面。

文件名是用户所访问的网页的名称,一般以 html 或者 htm 作为扩展名。

5.7.9 交互式网页

在 Internet 发展初期,Web 上的内容都是由静态网页组成,Web 开发就是编写一些简单的HTML 页面,页面上包含一些文本、图片等信息资源,用户可以通过超链接浏览信息,如上一小节中所制作的网页。采用静态网页的网站有很明显的局限性,如不能与用户进行交互,不能实时更新网页上的内容。因此像用户留言、发表评论等功能都无法实现,只能做一些简单的展示型网站。后来 Web 开始由静态网页向动态网页转变,随着动态网页的出现,用户能与网页进行交互,具体表现在除了能浏览网页内容外,还能改变网页内容(如发表评论)。此时用户既是网站内容的消费者(浏览者),又是网站内容的制造者。

①静态网页:是纯粹的 HTML 页面,网页的内容是固定不变的。用户每次访问静态网页时,其显示的内容都是一样的。

②动态网页:是指网页中的内容会根据用户请求的不同而发生变化的网页,同一个网页由于每次请求的不同,可显示不同的内容,动态网页中可以变化的内容称为动态内容,它是由Web 应用程序实现的,其访问原理如图 5.18 所示。

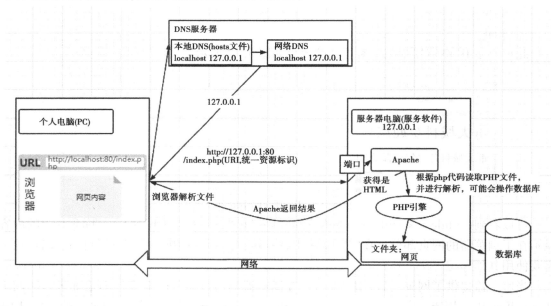

图 5.18 动态网站访问原理

静态网页在很多时候是无法满足 Web 应用需要的。举例来说,假设有个电子商务网站需要展示 1 000 种商品,其中每个页面显示一种商品。如果用静态网页来做的话,那么需要制作1 000 个静态网页,这带来的工作量是非常大的。而且若以后要修改这些网页的外观风格,就需要一个一个网页地修改,工作量也很大。

而如果使用动态网页来做,只需要制作一个页面,然后把 1 000 种商品的信息存储在数据

162

库中,页面根据浏览者的请求调用数据库中的数据,即可用同一个网页显示不同商品的信息。要修改网页外观时,也只需修改这个动态页的外观即可,工作量显著减少。由此可见,动态网页是页面中内容会根据具体情况发生变化的网页,同一个网页根据每次请求的不同,可显示不同的内容。例如一个新闻网站中,单击不同的链接可能都是链接到同一个动态网页,但是该网页每次能显示不同的新闻。

动态网页技术还能实现诸如用户登录、博客、论坛等各种交互功能。动态网页要显示不同的内容,需要数据库作为支持。从网页的源代码看,动态网页中含有服务器端代码,需要先由Web 服务器对这些代码进行解释执行,生成 HTML 代码后才能发送给客户端。

习　题

1. 简述操作系统的特征。
2. 简述操作系统的主要功能。
3. 对比说明,几种目前常用的操作系统。
4. 简述计算机网络的功能。
5. 对比说明常用的计算机网络拓扑结构。
6. 简要说明 TCP/IP 模型中各层的作用。
7. 计算机网络中的协议是什么? 有什么作用? 自己能设计一个协议吗?
8. 试说出以下 IP 地址的网络号。
(1)128.36.199.3　　　(2)21.12.240.17　　　(3)183.194.76.253
(4)192.12.69.248　　　(5)89.3.0.1　　　(6)200.3.6.2
9. 如何理解 WWW 和 Internet 的联系与区别?
10. 简述动态网页与静态网页的区别。

第6章
程序设计基础

从计算机发明至今,随着计算机硬件和软件技术的发展,计算机的编程语言经历了机器语言、汇编语言、面向过程的程序设计语言以及面向对象的程序设计语言阶段。尽管人们多次试图创造一种通用的程序设计语言,却没有一次尝试是成功的。程序设计语言正日益飞跃,人类的智慧在日益彰显。

Python 作为胶水语言,其黏合力无与伦比。尤其是站在"大数据 + 人工智能"的风口之上,可谓是如鱼得水,潜力无限。这是因为 Python 以其开源性、可扩展性为根本抓住了时代的主旋律。

数据结构在计算机科学中是一门综合性的专业基础课,是介于数学、计算机硬件和计算机软件三者之间的一门核心课程。目的是让初学者能循序渐进地掌握各种数据结构及操作,力求透彻、全面、易学、易用,充分调动学生的学习积极性。

编译原理是计算机专业的一门重要专业课,旨在介绍编译程序构造的一般原理和基本方法。内容包括语言和文法、词法分析、语法分析、语法制导翻译、中间代码生成、存储管理、代码优化和目标代码生成。编译原理是计算机专业设置的一门重要的专业课程。

学习目标

- 了解程序设计语言的演化过程
- 了解构建程序的各个阶段的特点
- 了解不同的编程模式的特点
- 掌握 Python 的特点和基本语法
- 掌握 Python 的安装方法
- 了解 Python 的流程控制语句
- 了解数据结构的概念、术语和存储结构
- 了解编译原理的概念和编译的 6 个阶段

6.1 程序设计语言

程序设计语言是用于书写计算机程序的语言。语言的基础是一组记号和一组规则。根据规则由记号构成的记号串的总体就是语言。在程序设计语言中,这些记号串就是程序。程序设计语言有三个方面的因素,即语法、语义和语用。语法表示程序的结构或形式,亦即表示构成语言的各个记号之间的组合规律,但不涉及这些记号的特定含义,也不涉及使用者。语义表示程序的含义,亦即表示按照各种方法所表示的各个记号的特定含义,但不涉及使用者。

6.1.1 程序设计语言的发展

在过去的几十年间,大量的程序设计语言被发明、取代、修改或组合在一起。具体的语言更是不胜枚举。因此,对于一个程序员来说,了解程序设计语言的发展及文化,是非常有必要的。

(1) Plankalkul **语言**

Plankalkul 语言由德国计算机科学家康拉德·楚泽(Konrad Zuse)(图 6.1)于 1946 年独立开发,是最早的高级编程语言。一直到 15 年后,Plankalkul 语言所包含的一些功能,才逐渐在其他语言中显现出来。他把该项成果应用在其他的事物中,比如国际象棋。

(2) Fortran **语言**

Fortran 语言由美国著名的计算机先驱人物约翰·巴克斯(John Backus)(图 6.2)于 1954 年开发,是世界上最早出现的计算机高级程序设计语言。Fortran语言广泛应用于科学和工程计算领域,它以其特有的功能在数值、科学和工程计算领域发挥着重要作用。

图 6.1 康拉德·楚泽

图 6.2 约翰·巴克斯

（3）LISP 语言

图 6.3　约翰·麦卡锡

LISP 语言（List Processing），即链表处理语言，是约翰·麦卡锡（John McCarthy）（图 6.3）于 1958 年创造的一种编程语言。LISP 语言是一种早期开发的、具有重大意义的自由软件项目。它适用于符号处理、自动推理、硬件描述和超大规模集成电路设计等。特点是使用表结构来表达非数值计算问题，实现技术简单。LISP 语言已成为最有影响力，使用十分广泛的人工智能语言。

（4）COBOL 语言

COBOL（Common Business-Oriented Language）语言由美国数据系统语言委员会于 1959 年负责开发，是数据处理领域最为广泛的程序设计语言，是第一个被广泛使用的高级编程语言。它采用 300 多个英语单词作为保留字，以一种接近于英语书面语言的形式来描述数据特性和数据处理过程，因而便于理解和学习。COBOL 语言是专门为企业管理而设计的高级语言，可用于统计报表、财务会计、计划编制、作业调度、情报检索和人事管理等方面。主要应用于数值计算并不复杂，但数据处理信息量却很大的商业领域。

（5）BASIC 语言

BASIC 语言由美国的 John G. Kemeny 与 Thomas E. Kurtz 两位教授（图 6.4）于 1964 年开发，是一种直译式程序设计语言。BASIC 语言采用的是解释器，就是逐句翻译成机器语言程序，译出一句就立即执行，即边翻译边执行。与编译器相比，解释器费时比编译器更多，但可少占计算机的内存。

图 6.4　John G. Kemeny 与 Thomas E. Kurtz

（6）Simula 语言

Simula 语言由挪威科学家奥利-约翰·达尔（Ole-Johan Dahl）（图 6.5）和克里斯汀·尼加德（Kristen Nygaard）（图 6.6）于 1967 年开发。Simula 被认为是最早的面向对象程序设计语言，它引入了所有后来面向对象程序设计语言所遵循的基础概念：对象、类、继承。Simula 已被广泛用于模拟 VLSI 设计、过程建模、协议、算法、排版以及计算机图形和教育等其他应用。

图 6.5 奥利-约翰·达尔

图 6.6 克里斯汀·尼加德

（7）Pascal 语言

Pascal 语言由瑞士的尼古拉斯·沃斯（Niklaus Wirth）（图 6.7）教授于 1968 年设计并创立。Pascal 语言语法严谨，层次分明，程序易写，具有很强的可读性，是第一个结构化的编程语言。Pascal 语言有丰富的数据结构和构造数据结构的方法。除了整型、实型、布尔型和数组外，还提供了字符、枚举、子域、记录、集合、文件、指针等类型。由这些数据结构可以方便地描述各种事务元。

图 6.7 尼古拉斯·沃斯

图 6.8 丹尼斯·里奇

（8）C 语言

1972 年，美国贝尔实验室的丹尼斯·里奇（Dennis M. Ritchie）（图 6.8）在 B 语言的基础上设计出了一种新的语言，他取了 BCPL 的第二个字母作为这种语言的名字，这就是 C 语言。C 语言是一门面向过程的计算机编程语言，与 C ++、Java 等面向对象编程语言有所不同。C 语言的设计目标是提供一种能以简易的方式编译、处理低级存储器，仅产生少量的机器码以及不需要任何运行环境支持便能运行的编程语言。C 语言描述问题比汇编语言迅速、工作量小、可读性好,易于调试、修改和移植,而代码质量与汇编语言相当。C 语言一般只比汇编语言代码生成的目标程序效率低 10% ～ 20%。因此,C 语言可以编写系统软件。

当前阶段,在编程领域中,C 语言的运用非常之多,它兼顾了高级语言和汇编语言的优点,相较于其他编程语言具有较大优势。计算机系统设计以及应用程序编写是 C 语言应用的两大领域。同时,C 语言的普适较强,在许多计算机操作系统中都能够得到适用。

(9) SQL 语言

SQL 语言由唐·钱柏林(D. D. Chamberlin)(图 6.9)和 R. F. Boyce 于 1974 年提出,并首先在 IBM 公司研制的关系数据库系统 System R 上实现。由于它具有功能丰富、使用方便灵活、语言简洁易学等突出的优点,深受计算机工业界和计算机用户的欢迎。SQL 从功能上可以分为三部分:数据定义、数据操纵和数据控制。SQL 的核心部分相当于关系代数,但又具有关系代数所没有的许多特点,如聚集、数据库更新等。它是一个综合的、通用的、功能极强的关系数据库语言。

图 6.9　唐·钱柏林　　　　　　　图 6.10　本贾尼·斯特劳斯特卢普

(10) C++ 语言

1980 年贝尔实验室的本贾尼·斯特劳斯特卢普(Bjarne Stroustrup)(图 6.10)发明了“带类的 C”,增加了面向对象程序设计所需的抽象数据类型“类”,带类的 C 语言于 1983 年被命名为 C++(C plus plus),成为面向对象的程序设计语言。C++ 有丰富的类库和函数库,可嵌入汇编语言,使程序优化,但这种语言难以学习和掌握,需要有 C 语言编程的基础经验和较为广泛的知识。目前,C++ 成为当今最受欢迎的面向对象的程序设计语言,因为它既融合了面向对象的能力,又与 C 语言兼容,保留了 C 语言的许多重要特征。C++ 常见的开发工具有 Borland C++、Microsoft Visual C++ 等。

(11) Perl 语言

图 6.11　拉里·沃尔

Perl 语言由美国拉里·沃尔(Larry Wall)(图 6.11)在 1986 年开发成功,是一种解释型的脚本语言。当初的目的主要是在 UNIX 环境下,处理面向系统的任务。Perl 对文件和字符有很强的处理、变换能力,它特别适用于有关系统管理、数据库和网络互联以及 WWW 程序设计等任务,这样使得 Perl 成为系统维护管理者和 CGI 编制者的首选工具语言。Perl 借取了 C,sed,awk,shell scripting 以及很多其他程序语言的特性。其中最重要的特性是它集成了正则表达式的功能,以及巨大的第三方代码库 CPAN。

（12）Python **语言**

Python 是一种面向对象、直译式的计算机程序设计语言,由吉多·范罗苏姆（Guido van Rossum）（图 6.12）于 1989 年底发明,第一个公开发行版发行于 1991 年。Python 是一种代表简单主义思想的语言。阅读一个良好的 Python 程序就感觉像是在读英语一样。它使用户能够专注于解决问题而不是去搞明白语言本身。

由于 Python 语言的简洁性、易读性以及可扩展性,在国外用 Python 做科学计算的研究机构日益增多,一些知名大学已经采用 Python 来教授程序设计课程。例如,卡耐基梅隆大学的编程基础、麻省理工学院的计算机科学及编程导论就使用 Python 语言讲授。众多开源的科学计算软件包都提供了 Python 的调用接口,例如著名的计算机视觉库 OpenCV、三维可视化库 VTK、医学图像处理库 ITK。而 Python 专用的科学计算扩展库就更多了,例如,三个十分经典的科学计算扩展库:NumPy、SciPy 和 Matplotlib,它们分别为 Python 提供了快速数组处理、数值运算以及绘图功能。因此 Python 语言及其众多的扩展库所构成的开发环境十分适合工程技术、科研人员处理实验数据、制作图表,甚至开发科学计算应用程序。

图 6.12　吉多·范罗苏姆　　　　图 6.13　詹姆斯·高斯林

（13）Java **语言**

Java 是由 Sun Microsystems 公司于 1995 年推出的 Java 程序设计语言和 Java 平台（即 JavaSE, JavaEE, JavaME）的总称。詹姆斯·高斯林（James Gosling）（图 6.13）是 Java 之父,Java 是一种具有简单性、面向对象、分布式、健壮性、安全性、平台独立与可移植性、多线程、动态性等特点的语言。

Java 语言不仅吸收了 C++ 语言的各种优点,还摒弃了 C++ 里难以理解的多继承、指针等概念,因此 Java 语言具有功能强大和简单易用两个特征。Java 语言作为静态面向对象编程语言的代表,极好地实现了面向对象理论,允许程序员以优雅的思维方式进行复杂的编程。

（14）JavaScript **语言**

JavaScript（简称"JS"）于 1995 年由 Netscape 公司的布兰登·

图 6.14　布兰登·艾奇

艾奇（Brendan Eich）（图6.14）在网景导航者浏览器上首次设计而成。因为 Netscape 与 Sun 合作，Netscape 管理层希望它外观看起来像 Java，因此取名为 JavaScript。

JavaScript 是一种具有函数优先的轻量级、解释型或即时编译型的高级编程语言。虽然它是作为开发 Web 页面的脚本语言而出名的，但是它也被用到了很多非浏览器环境中，JavaScript 基于原型编程、多范式的动态脚本语言，并且支持面向对象、命令式和声明式（如函数式编程）风格。

（15）C#语言

C#是微软公司在 2000 年发布的一种新的编程语言，主要由安德斯·海尔斯伯格（Anders Hejlsberg）（图6.15）主持开发，它是第一个面向组件的编程语言。C#是由 C 和 C++ 衍生出来的一种安全的、稳定的、简单的、优雅的面向对象的编程语言。它在继承 C 和 C++ 强大功能的同时去掉了一些它们的复杂特性（例如没有宏以及不允许多重继承）。C#综合了 VB 简

图 6.15　安德斯·海尔斯伯格

单的可视化操作和 C++ 的高运行效率，以其强大的操作能力、优雅的语法风格、创新的语言特性和便捷的面向组件编程的支持成为 .NET 开发的首选语言。

6.1.2　程序设计语言的分类

根据程序设计语言发展的历程，可将其大致分为 4 类：机器语言、汇编语言、高级语言和 4GL 语言。

（1）机器语言

机器语言是指直接用二进制代码指令表达的计算机语言，指令是用 0 和 1 组成的一串代码，它们有一定的位数，并分成若干段，各段的编码表示不同的含义。例如，某台计算机字长为 16 位，即有 16 个二进制数组成一条指令或其他信息。16 个 0 和 1 可组成各种排列组合，通过线路变成电信号，让计算机执行各种不同的操作。不同处理器类型的计算机，其机器语言是不同的，按照一种计算机的机器指令编制的程序，不能在指令系统不同的计算机中执行。机器语言的缺点：难记忆、难书写、难编程、易出错、可读性差和可执行性差。

（2）汇编语言

为了克服机器语言的缺点，人们采用了与二进制代码指令实际含义相近的英文缩写词、字母和数字等符号来取代二进制指令代码，比如，用"ADD"代表加法，"MOV"代表数据传递等，这样一来，人们很容易读懂并理解程序在干什么，纠错及维护都变得方便了，这种程序设计语言就称为汇编语言，即第二代计算机语言。

汇编语言是由助记符代替操作码，用地址符号或标号代替地址码所组成的指令系统。使用汇编语言编写的程序，机器不能直接识别，要由一种程序将汇编语言翻译成机器语言，这种起翻译作用的程序称为汇编程序，汇编程序是系统软件中的语言处理系统软件。汇编程序把汇编语言翻译成机器语言的过程称为汇编。

汇编语言比机器语言易于读写、调试和修改，同时具有机器语言的全部优点。但在编写复杂程序时，相对高级语言代码量较大，而且汇编语言依赖于具体的处理器体系结构，不能通用，因此不能直接在不同处理器体系结构之间移植。

（3）高级语言

机器语言和汇编语言统称为低级语言,由于其二者依赖于硬件体系,且汇编语言中的助记符量大、难记,于是人们又发明了更加方便易用的高级语言。在这种语言下,其语法和结构更类似普通英语,且由于远离对硬件的直接操作,使得一般人经过学习之后都可以进行编程。高级语言是有效地使用计算机与计算机执行效率之间的一个很好的折中手段。经过努力,1954年,第一个完全脱离机器硬件的高级语言——FORTRAN 问世了,60 多年来,共有几百种高级语言出现,有重要意义的有几十种,影响较大、使用较普遍的有 FORTRAN、BASIC、LISP、Pascal、C 、C＋＋、C#、VC、VB、Delphi、Java 等。高级语言的发展也经历了从早期语言到结构化程序设计语言,从面向过程到非过程化程序语言的过程。相应地,软件的开发也由最初的个体手工作坊式的封闭式生产,发展为产业化、流水线式的工业化生产。

20 世纪 60 年代中后期,软件越来越多,规模越来越大,而软件的生产基本上是各自为战,缺乏科学规范的系统规划与测试、评估标准。其恶果是大批耗费巨资建立起来的软件系统,由于含有错误而无法使用,甚至带来巨大损失。软件给人的感觉是越来越不可靠,以致几乎没有不出错的软件。这一切极大地震动了计算机界,史称"软件危机"。人们认识到:大型程序的编制不同于写小程序,它应该是一项新的技术,应该像处理工程一样处理软件研制的全过程。程序的设计应易于保证正确性,也便于验证正确性。1969 年,提出了结构化程序设计方法,1970 年,第一个结构化程序设计语言——Pascal 语言出现,标志着结构化程序设计时期的开始。

20 世纪 80 年代初开始,在软件设计思想上,又产生了一次革命,其成果就是面向对象的程序设计。在此之前的高级语言,几乎都是面向过程的,程序的执行是流水线似的,在一个模块被执行完成前,人们不能干别的事,也无法动态地改变程序的执行方向。这和人们日常处理事物的方式是不一致的,对人而言是希望发生一件事就处理一件事,也就是说,不能面向过程,而应是面向具体的应用功能,也就是对象(object)。其方法就是软件的集成化,如同硬件的集成电路一样,生产一些通用的、封装紧密的功能模块,称之为软件集成块,它与具体应用无关,但能相互组合,完成具体的应用功能,同时又能重复使用。对使用者来说,只关心它的接口(输入量、输出量)及能实现的功能,至于如何实现的,那是它内部的事,使用者完全不用关心,C、VB、Delphi 就是典型代表。高级语言的下一个发展目标是面向应用,也就是说,只需要告诉程序你要干什么,程序就能自动生成算法,自动进行处理,这就是非过程化的程序语言。

展望计算机未来的发展方向,面向对象程序设计以及数据抽象在现代程序设计思想中占有很重要的地位,未来语言的发展将不再是一种单纯的语言标准,将会完全面向对象,更易表达现实世界,更易为人编写,其使用将不再只是专业的编程人员,人们完全可以用订制真实生活中一项工作流程的简单方式来完成编程。计算机语言发展的特性:

①简单性:提供最基本的方法来完成指定的任务,只需理解一些基本的概念,就可以用它编写出适合于各种情况的应用程序。

②面向对象:提供简单的类机制以及动态的接口模型。对象中封装状态变量以及相应的方法,实现了模块化和信息隐藏,提供了一类对象的原型,并且通过继承机制,子类可以使用父类所提供的方法,实现代码的复用。

③安全性:用于网络、分布环境时有安全机制保证。

④平台无关性:与平台无关的特性使程序可以方便地被移植到网络上的不同机器、不同

平台。

(4)4GL 语言

4GL 即第四代语言（Fourth-Generation Language），它是一个简洁的、高效的非过程编程语言，如 ADA，MODULA-2，SMALLTALK-80 等。在第四代语言中，用户定义"做什么"而不是"如何做"。第四代语言依靠更高级的第四代工具，用户可以使用这个工具定义参数来生成应用程序。

4GL 这个词最早是在 20 世纪 80 年代初期出现在软件厂商的广告和产品介绍中的。因此，这些厂商的 4GL 产品不论从形式上看还是从功能上看，差别都很大。但是人们很快发现这类语言由于具有"面向问题""非过程化程度高"等特点，可以成数量级地提高软件生产率，缩短软件开发周期，因此赢得了很多用户。

1）4GL 判断标准

确定一个语言是否是一个 4GL，主要从以下标准来进行判定：

①生产率标准：4GL 一出现，就是以大幅度提高软件生产率为己任的，4GL 应比 3GL 提高生产率在一个数量级以上。

②非过程化标准：4GL 基本上应该是面向问题的，即只需告知计算机"做什么"，而不必告知计算机"怎么做"。当然 4GL 为了适应复杂的应用，而这些应用是无法"非过程化"的，就允许保留过程化的语言成分，但非过程化应是 4GL 的主要特色。

③用户界面标准：4GL 应具有良好的用户界面，应该简单、易学、易掌握，使用方便、灵活。

④功能标准：4GL 要具有生命力，不能适用范围太窄，在某一范围内应具有通用性。

2）4GL 缺点

虽然 4GL 具有很多优点，成为了应用开发的主流工具，但也存在着以下严重不足：

①4GL 虽然功能强大，但在其整体能力上却与 3GL 有一定的差距。这一方面是语言抽象级别提高以后不可避免的（正如高级语言不能做某些汇编语言做的事情）；另一方面是人为带来的，许多 4GL 只面向专项应用。有的 4GL 为了提高对问题的表达能力，提供了同 3GL 的接口，以弥补其能力上的不足。如 Oracle 提供了可将 SQL 语句嵌入 C 程序中的工具 PRO * C。

②4GL 由于其抽象级别较高的原因，不可避免地带来系统开销庞大，运行效率低下（正如高级语言运行效率没有汇编语言高一样），对软硬件资源消耗严重，应用受硬件限制。

③由于缺乏统一的工业标准，4GL 产品花样繁多，用户界面差异很大，与具体的机器联系紧密，语言的独立性较差（SQL 稍好），影响了应用软件的移植与推广。

④4GL 主要面向基于数据库应用的领域，不宜用于科学计算、高速的实时系统和系统软件开发。

3）4GL 发展趋势

在今后相当一段时期内，4GL 仍然是应用开发的主流工具。但其功能、表现形式、用户界面、所支持的开发方法将会发生一系列深刻的变化。主要表现在以下几个方面：

①4GL 与面向对象技术将进一步结合。

面向对象技术集数据抽象、抽象数据类型和类继承为一体，使软件工程公认的模块化、信息隐蔽、抽象、局部化、软件重用等原则在面向对象机制下得到了充分的体现。它追求自然地刻划和求解现实世界中的问题，即追求问题结构与软件结构的一致性，使得开发人员可以把主要精力放在系统一级上，按照自己的意图创建对象并将问题映射到该对象上。面向对象技术所追求的目标和 4GL 所追求的目标实际上是一致的。目前有代表性的 4GL 普遍具有面向对象的特征,但这些特征都很有限。所采用的实现技术往往是在传统的关系型数据库管理系统的基础上再加上一层面向对象的开发工具,而这层工具未能完全与数据库管理系统有机结合在一起,对抽象数据类型和继承性的表达也很有限,极大地限制了面向对象开发技术对 4GL 的支持。相信随着面向对象数据库管理系统研究的深入,建立在其上的 4GL 将会以崭新的面貌出现在应用开发者面前。

②4GL 将全面支持以 Internet 为代表的网络分布式应用开发。

随着 Internet 为代表的网络技术的广泛普及,4GL 又有了新的活动空间。出现类似于 Java,但比 Java 抽象级更高的 4GL 不仅是可能的,而且是完全必要的。

③4GL 将出现事实上的工业标准。

4GL 产品很不统一,给软件的可移植性和应用范围带来了极大的影响。但基于 SQL 的 4GL 已成为主流产品。随着竞争和发展,有可能出现以 SQL 为引擎的事实上的工业标准。

④4GL 将以受限的自然语言加图形作为用户界面。

4GL 基本上还是以传统的程序设计语言或交互方式为用户界面的。前者表达能力强,但难于学习使用;后者易于学习使用,但表达能力弱。在自然语言理解未能彻底解决之前,4GL 将以受限的自然语言加图形作为用户界面,以大大提高用户界面的友好性。

⑤4GL 将进一步与人工智能相结合。

4GL 主流产品基本上与人工智能技术无关。随着 4GL 非过程化程度和语言抽象级的不断提高,将出现功能级的 4GL(4GL 流行产品还处于实现级),必然要求人工智能技术的支持才能很好地实现,使 4GL 与人工智能广泛结合。

⑥4GL 需要数据库管理系统的支持。

4GL 的主要应用领域是商务。商务处理领域中需要大量的数据,没有数据库管理系统的支持是很难想象的。事实上大多数 4GL 是数据库管理系统功能的扩展,它们建立在某种数据库管理系统的基础之上。

⑦4GL 要求软件开发方法发生变革。

由于传统的结构化方法已无法适应 4GL 的软件开发,工业界客观上又需要支持 4GL 的软件开发方法来指导他们的开发活动。预计面向对象的开发方法将居主导地位,再配之以一些辅助性的方法,如快速原型方法、并行式软件开发、协同式软件开发等,以加快软件的开发速度,提高软件的质量。

6.1.3　结构化程序设计

结构化程序设计(Structured Programming,SP)思想是最早由艾兹格·迪科斯彻(E. W. Dijkstra)在 1965 年提出的,是进行以模块功能和处理过程设计为主的详细设计的基本原则,使程序的出错率和维护费用大大减少。结构程序设计就是一种进行程序设计的原则和方法,按照这种原则和方法可设计出结构清晰、容易理解、容易修改、容易验证的程序。结构化程序设计的目标在于使程序具有一个合理结构,以保证和验证程序的正确性,从而开发出正确、合理的程序。结构化程序设计流程如图 6.16 所示。

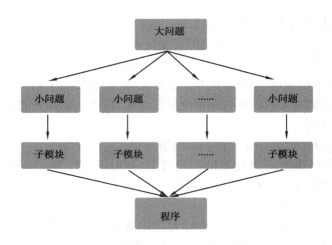

图 6.16 结构化程序设计

（1）结构化程序设计基本原则

结构化程序设计采"用自顶向下、逐步求精"的设计方法，各个模块通过"顺序、选择、循环"的控制结构进行连接，并且只有一个入口、一个出口。

结构化程序设计的原则：程序 = 算法 + 数据结构。

算法是一个独立的整体，数据结构（包含数据类型与数据）也是一个独立的整体。两者分开设计，以算法（函数或过程）为主。

（2）结构化程序设计基本结构

1）顺序结构

顺序结构表示程序中的各操作是按照它们出现的先后顺序执行的。

2）选择结构

选择结构表示程序的处理步骤出现了分支，它需要根据某一特定的条件选择其中的一个分支执行。选择结构有单选择、双选择和多选择 3 种形式。

3）循环结构

循环结构表示程序反复执行某个或某些操作，直到某条件为假（或为真）时才可终止循环。循环结构的基本形式有两种：当型循环和直到型循环。

（3）结构化程序设计方法

1）自顶向下

程序设计时，应先考虑总体，后考虑细节；先考虑全局目标，后考虑局部目标。不要一开始就过多追求众多的细节，先从最上层总目标开始设计，逐步使问题具体化。

2）逐步细化

对复杂问题，应设计一些子目标作为过渡，逐步细化。

3）模块化

一个复杂问题，肯定是由若干稍简单的问题构成。模块化是把程序要解决的总目标分解为子目标，再进一步分解为具体的小目标，把每一个小目标称为一个模块。

（4）结构化程序设计优缺点

1）优点

由于模块相互独立，因此在设计其中一个模块时，不会受到其他模块的牵连，因而可将原来较为复杂的问题化简为一系列简单模块的设计。模块的独立性还为扩充已有的系统、建立新系统带来了不少的方便,因为我们可以充分利用现有的模块作积木式地扩展。

按照结构化程序设计的观点,任何算法功能都可以通过由程序模块组成的 3 种基本程序结构的组合:顺序结构、选择结构和循环结构来实现。

结构化程序设计的基本思想是采用"自顶向下,逐步求精"的程序设计方法和"单入口单出口"的控制结构。"自顶向下、逐步求精"的程序设计方法从问题本身开始,经过逐步细化,将解决问题的步骤分解为由基本程序结构模块组成的结构化程序框图;"单入口单出口"的思想认为,一个复杂的程序如果仅是由顺序、选择和循环 3 种基本程序结构通过组合、嵌套构成,那么这个新构造的程序一定是一个单入口单出口的程序。据此就很容易编写出结构良好、易于调试的程序。结构化程序设计的要点总结如下:

①整体思路清楚,目标明确。

②设计工作中阶段性非常强,有利于系统开发的总体管理和控制。

③在系统分析时可以诊断出原系统中存在的问题和结构上的缺陷。

2)缺点

①用户要求难以在系统分析阶段准确定义,致使系统在交付使用时产生许多问题。

②用系统开发每个阶段的成果来进行控制,不能适应事物变化的要求。

③系统的开发周期长。

6.1.4　面向对象程序设计

面向对象程序设计(Object Oriented Programming,OOP)是一种计算机编程架构。OOP 的一条基本原则是计算机程序由单个能够起到子程序作用的单元或对象组合而成。OOP 达到了软件工程的 3 个主要目标:重用性、灵活性和扩展性。OOP = 对象 + 类 + 继承 + 多态 + 消息,其中核心概念是类和对象。

面向对象程序设计方法是尽可能模拟人类的思维方式,使得软件的开发方法与过程尽可能接近人类认识世界、解决现实问题的方法和过程,使得描述问题的空间与问题的解决方案空间在结构上尽可能一致,把客观世界中的实体抽象为问题域中的对象。

面向对象程序设计以对象为核心,该方法认为程序由一系列对象组成。类是对现实世界的抽象,包括表示静态属性的数据和对数据的操作,对象是类的实例化。对象间通过消息传递相互通信,来模拟现实世界中不同实体间的联系。在面向对象的程序设计中,对象是组成程序的基本模块。面向对象程序设计流程图如图 6.17 所示。

(1)面向对象程序设计原理

面向对象技术是对计算机的结构化方法的深入、发展和补充,在保障进行良好的计算机软件的需求设计的同时,也需要尽可能地实现利用低成本来开发出高质量的应用软件的目标。消息是传递一个对象与另一个对象之间的信息,实现两者进行通信的桥梁,消息链负责指定功能无条件地执行,而计算机软件的主程序则负责对消息进行筛选(哪些可以接受、可以执行,哪些则需要摒弃,不可带入)。软件开发主要由几个方面组成,分别为需求定义、制订计划、软件的功能设计、软件的功能实现、验证和确认,这 5 个方面是最基本的环节,缺一不可。

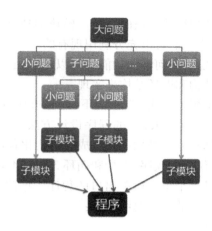

图 6.17 面向对象程序设计

（2）面向对象程序设计特点

1）封装性

封装是指将一个计算机系统中的数据以及与这个数据相关的一切操作语言（即描述每一个对象的属性以及其行为的程序代码）组装到一起，一并封装在一个有机的实体中，把它们封装在一个"模块"中，也就是一个类中，为软件结构的相关部件所具有的模块性提供良好的基础。在面向对象技术的相关原理以及程序语言中，封装的最基本单位是对象，而使得软件结构的相关部件实现"高内聚、低耦合"的"最佳状态"便是面向对象技术的封装性所需要实现的最基本的目标。对于用户来说，对象是如何对各种行为进行操作、运行、实现等细节是不需要刨根问底了解清楚的，用户只需要通过封装外的通道对计算机进行相关方面的操作即可。封装大大地简化了操作的步骤，使用户使用起计算机来更加高效、更加得心应手。

2）继承性

继承性是面向对象技术中的另一个重要特点，其主要指的是两种或者两种以上的类之间的联系与区别。继承，顾名思义，是后者延续前者的某些方面的特点，而面向对象技术则是指一个对象相对于另一个对象的某些独有的特点、能力进行复制或者延续。如果按照继承源进行划分，则可以分为单继承（一个对象仅仅从另一个对象中继承其相应的特点）与多继承（一个对象可以同时从另外两个或者两个以上的对象中继承所需要的特点与能力，并且不会发生冲突等现象）；如果从继承中包含的内容进行划分，则继承可以分为 4 类，分别为取代继承（一个对象在继承另一个对象的能力与特点之后将父对象进行取代）、包含继承（一个对象在将另一个对象的能力与特点进行完全的继承之后，又继承了其他对象所包含的相应内容，结果导致这个对象所具有的能力与特点大于等于父对象，实现了对于父对象的包含）、受限继承、特化继承。

3）多态性

从宏观的角度来讲，多态性是指在面向对象的技术中，当不同的多个对象同时接收到同一个完全相同的消息之后，所表现出来的动作是各不相同的，具有多种形态；从微观的角度来讲，多态性是指在一组对象的一个类中，面向对象技术可以使用相同的调用方式来对相同的函数名进行调用，即便这若干个具有相同函数名的函数所表示的函数是不同的。

(3) 面向对象程序设计优缺点

1) 优点

面向对象出现以前，结构化程序设计是程序设计的主流，结构化程序设计又称为面向过程的程序设计。在面向过程的程序设计中，问题被看作一系列需要完成的任务，函数（在此泛指例程、函数、过程）用于完成这些任务，解决问题的焦点集中于函数。其中函数是面向过程的，即它关注如何根据规定的条件完成指定的任务。

比较面向对象程序设计和面向过程程序设计，还可以得到面向对象程序设计的其他优点：

①数据抽象的概念可以在保持外部接口不变的情况下改变内部实现，从而减少甚至避免对外界的干扰。

②通过继承大幅减少冗余的代码，并可以方便地扩展现有代码，提高编码效率，也减小了出错概率，降低软件维护的难度。

③结合面向对象分析、面向对象设计，允许将问题域中的对象直接映射到程序中，减少软件开发过程中间环节的转换过程。

④通过对对象的辨别、划分可以将软件系统分割为若干相对独立的部分，在一定程度上更便于控制软件复杂度。

⑤以对象为中心的设计可以帮助开发人员从静态（属性）和动态（方法）两个方面把握问题，从而更好地实现系统。

⑥通过对象的聚合、联合，可以在保证封装与抽象的原则下实现对象在内在结构以及外在功能上的扩充，从而实现对象由低到高的升级。

2) 缺点

①运行效率较低。类的大量加载会牺牲系统性能，降低运行速度。虽然 CPU 速度在提高，内存容量在增加，但这一问题仍会随着系统规模变大而逐渐显示出来，变得越发严重。

②类库庞大。由于类库都过于庞大，程序员对它们的掌握需要一段时间，从普及、推广的角度来看，类库应在保证其功能完备的基础上进行相应的缩减。

③类库可靠性。越庞大的系统越会存在我们无法预知的问题隐患，程序员无法完全保证类库中的每个类在各种环境中百分之百的正确，当使用的类发生了问题，就会影响后续工作，程序员也有可能推翻原来的全部工作。

6.1.5　可视化程序设计

可视程序设计是指用可视语言编写可视程序的方法与过程。在现实生活中用户所见到的绝大多数对象都是多维的，传统的程序设计要求把这种多维的对象强行变为一维的符号串描述才能被计算机所接受。可视程序设计允许用户以二维或多维方式来描述对象。可视程序设计主要沿着两个方向发展。在一个方向，图形技术和设备被用来提供程序构造和调试、信息检索和表示、软件设计和理解等方面的可视环境。在另一个方向，语言被设计来处理可视（图像）信息、支持可视交互、用可视表达式编程。可视化程序设计流程图如图 6.18 所示。

(1) 可视化程序设计环境

可视化程序设计环境可分为 3 类：

①第一类是程序及其运行的可视化。美国 Brown 大学的 PECAN 是一个程序开发系统，为用户程序提供多个视图。这些视图可以是程序或者对应语义的表示。程序在内部被表示为一

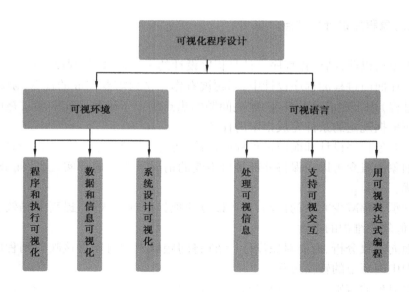

图 6.18　可视化程序设计

个抽象的语法树,用户看到的是它的视图或具体部分。

　　②第二类是数据或信息的可视化。空间数据管理系统 SDMS 是其中一个例子。SDMS 的信息存储在关系数据库中,但用图形方式表达,并且以空间框架式呈现给用户。

　　③前两类导致了可视环境的第三类:系统设计的可视化。在支持软件生命周期的软件环境中,图形技术具有很高的价值。系统的设计、使用和维护人员都可以用图形方式实现需求、描述、设计决策、完成产品等操作要求。例如,把 SDMS 扩展为程序可视化(PV)系统,可以支持对并发系统的静态和动态图的操作、程序和文档正文的操作、多维信息空间的建立和遍历,以及工具的重用和传递。

　　(2)可视化程序设计语言

　　可视语言分为可视信息处理语言和可视程序设计语言。可视信息处理语言主要用来处理那些具有可视表示法的对象——与某种逻辑解释相联系的形象化对象。这类语言本身可以不具有可视表示法,通常仍旧是传统的线性语言,只是增加了子例程库或软件包来处理可视对象。这类语言主要用于下列应用:图像处理、计算机视觉、机器人学、图像数据库管理、办公自动化、多媒体系统等。可视程序设计语言主要处理那些原来不具有可视表示法的对象,包括传统的数据类型,如数组、栈、队列等,以及应用数据类型,如表格、文档、数据库等。可视地表示这些对象和语言本身,对用户是非常有力的帮助。所谓语言本身可视就是可视地表示程序设计的构件和组合这些构件的规则。这类语言可用于计算机图形学、用户界面设计、数据库界面设计、计算机辅助设计、各类复杂软件设计等。

6.1.6　面向未来的汉语程序设计语言

　　从计算机诞生至今,计算机自硬件到软件都是以印欧语为母语的人发明的。所以其本身就带有印欧语的语言特征,在硬件上,CPU、I/O、存储器的基础结构都体现了印欧语思维状态的"焦点视角",以及精确定义、分工明确等特点。计算机语言也遵照硬件的条件,使用分析式的结构方法,严格分类、专有专用,并在其发展脉络中如同他们的语言——常用字量和历史积累词库量极度膨胀。实际上,计算机硬件的发展越来越强调整体功能,计算机语言的问题日益突出。为解决这一矛盾,自 20 世纪 60 年代以来相继有 500 多种计算机语言出现,至今仍在变化不已。

汉语没有严格的语法框架,是字词可以自由组合、突出功能的整体性语言。在计算机语言问题成为发展瓶颈的今天,汉语言进入计算机程序设计语言行列,已经成为历史的必然。

(1)发展汉语程序设计语言的理由

①解决计算机语言问题,只能从人类语言中寻找解决方案。

②计算机语言的现存问题是形式状态与功能需求的矛盾。

③计算机硬件的发展已为整体性语言(汉语)进入计算机程序设计语言提供了条件。

(2)汉语程序设计语言的技术特点

①汉文字的常用字高度集中,生命力极强,能灵活组合,简明准确地表达日新月异的词汇,这些优点是拼音文字无法企及的。

②汉语言的语法简易灵活,语词单位大小和性质往往无一规定,可随上下语境和逻辑需要自由运用。汉语言的思维整体性强,功能特征突出。

③汉语程序设计语言的发明者采用核心词库与无限寄存器相结合的方法,实现了汉语言的词素自由组合;将编译器与解释器合一,使汉语程序设计语言既能指令又能编程;以独特的虚拟机结构设计,将数据流与意识流分开,达到汉语程序设计语言与汉语描述完全一致,通用自如。

具有汉语言特性的汉语程序设计语言的出现,打破了汉语言不具备与计算机结合的条件而不能完成机器编码的神话。还为计算机科学与现代语言学研究提出了一条崭新的路径,它从计算机语言的角度,以严格的机械活动及周密的算法,向世人证实汉语的特殊结构状态及其特殊的功能。

用科学的逻辑思维方法认识事物才会清楚地了解其过去、现在和未来,计算机语言的发展同样遵循着科学技术发展的一般规律,以自然辩证法的观点来分析计算机语言,有助于我们更加深入地认识计算机语言发展的历史、现状和趋势,有了自然辩证法这把开启科学认识大门的钥匙,我们将回首过去、把握现在、放眼未来,正确地选择计算机语言发展的方向,更好地学习、利用和发展计算机语言。

6.2　Python 语言程序设计

Python 是一种面向对象的解释型高层次计算机程序设计语言,与其他语言相比,功能强大、通用性强、语法简洁、可读性强且代码量小,学习起来相对简单,特别适合编程的初学者。

目前,从全球范围来看,Python 已经成为最受欢迎的程序设计语言之一。而在我国,中小学都将开设 Python 课程,许多高校的理工专业几乎都把 Python 列为专业必修课,其重要性不言而喻。

6.2.1　Python 语言的特点

Python 是一种解释性、交互式、面向对象的跨平台语言。近年来,其热度持续上涨,人才需

求量也逐年攀升,备受程序员的追捧。Python 语言主要有以下 9 个特点:

（1）简单易学

Python 是一种代表简单主义思想的语言。阅读一个良好的 Python 程序就感觉像是在读英语段落一样,尽管这个英语段落的语法要求非常严格。Python 最大的优点之一是具有伪代码的本质,它使我们在开发 Python 程序时,专注的是解决问题,而不是搞明白语言本身。

（2）面向对象

Python 既支持面向过程编程,也支持面向对象编程。在"面向过程"的语言中,程序是由过程或仅仅是可重用代码的函数构建起来的。在"面向对象"的语言中,程序是由数据和功能组合而成的对象构建起来的。与其他主要的语言如 C++ 和 Java 相比,Python 以一种非常强大又简单的方式实现面向对象编程。

（3）可移植性

由于 Python 的开源本质,它已经被移植在许多平台上。如果小心地避免使用依赖于系统的特性,那么所有 Python 程序无须修改就可以在下述任一平台上运行,这些平台包括 Linux、Windows、FreeBSD、Macintosh、Solaris、OS/2、Amiga、AROS、AS/400、BeOS、OS/390、Z/OS、Palm OS、QNX、VMS、Psion、Acorn RISC OS、VxWorks、PlayStation、Sharp Zaurus、Windows CE,甚至还有 Pocket PC、Symbian 以及 Google 基于 Linux 开发的 Android 平台。

（4）解释性

一个用编译性语言如 C 或 C++ 写的程序可以从源文件(即 C 或 C++ 语言)转换到一个计算机使用的语言,这个过程通过编译器和不同的标记、选项完成。当运行程序时,连接转载器软件把程序从硬盘复制到内存中运行。而 Python 语言写的程序不需要编译成二进制代码,可以直接从源代码运行程序。在计算机内部,Python 解释器把源代码转换成称为字节码的中间形式,然后再把它翻译成计算机使用的机器语言并运行。事实上,由于不再担心如何编译程序,如何确保连接转载正确的库等,这一切使得使用 Python 变得更加简单。由于只需要把 Python 程序复制到另一台计算机上,它就可以工作了,这也使得 Python 程序更加易于移植。

（5）开源

Python 是 FLOSS(自由/开放源码软件)之一。简单地说,你可以自由地发布这个软件的拷贝,阅读它的源代码,对它作改动,把它的一部分用于新的自由软件中。

（6）高级语言

Python 是高级语言。当使用 Python 语言编写程序时,无须再考虑诸如如何管理程序使用的内存这一类的底层细节。

（7）可扩展性

如果需要一段关键代码运行得更快或者希望某些算法不公开,就可以把部分程序用 C 或 C++ 语言编写,然后在 Python 程序中使用它们。

（8）丰富的库

Python 标准库确实很庞大,它可以帮助用户处理各种工作,包括正则表达式、文档生成、单元测试、线程、数据库、网页浏览器、CGL、FTP、电子邮件、XML、XML-RPC、HTML、WAV 文件、密码系统、图形用户界面和其他与系统有关的操作。除了标准库以外,还有许多其他高质量的库,如 wxPython、Twisted 和 Python 图像库等。

(9) 规范的代码

Python 采用强制缩进的方式使得代码具有极佳的可读性。

6.2.2　Python 的安装

Python 的开发和运行环境是学习 Python 的基本工具。本节以 Python 3.6.5 版本为例,介绍 Python 的安装过程。

①进入 Python 官方网站下载安装包,单击导航栏的"downloads",选择 Windows 系统,进入 Windows 版的下载页面,会看到适用于 Windows 的多个版本,下载页面如图 6.19 所示。

图 6.19　下载页面

注意

web-based installer:基于 Web 的安装文件,安装过程中需要一直连接网络;

executable installer:是可执行的安装文件,下载后直接双击开始安装;

embeddable zip file:是安装文件的 zip 格式压缩包,下载后需要解压缩之后再进行安装。

Windows x86-64 executable installer:x86 架构的计算机的 Windows 64 位操作系统的可执行安装文件。

这里下载的是 Windows x86 executable installer。下载完成后,就可以双击该文件进行安装。

②安装时,请根据 Windows 系统的实际情况进行选择或配置。为了更好地熟悉 Python 3 的环境,这里选择自定义安装。

a. 如图 6.20 所示,安装时需要选中最下方的"Add Python 3.6 to PATH",即把 Python 3.6 的可执行文件、库文件等路径,添加到环境变量,这样可以在 Windows shell 环境下面运行 Python。然后选择"Customize installation"(自定义安装),进入下一步。

b. 在进行 Optional Features 可选功能选择时,如果没有其他特殊需求,就全选上,如图6.21 所示。单击"Next"按钮进入下一步。

注意

Documentation：安装 Python 文档文件

pip：下载和安装 Python 包的工具

td/tk and IDLE：安装 tkinter 和 IDLE 开发环境

Python test suite：Python 标准库测试套件

py launcher：Python 启动器

for all users（requires elevation）：所有用户使用

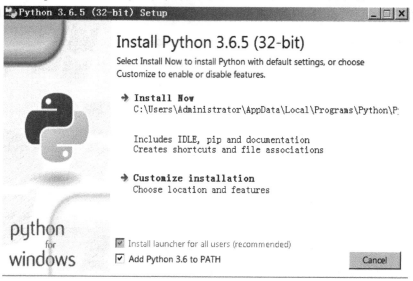

图 6.20　开始安装

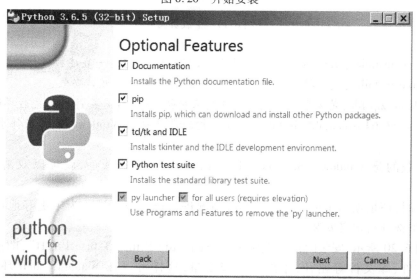

图 6.21　可选功能选择

　　c. 进入高级选项时，勾选"Install for all users"针对所有用户安装，就可以按自己的需求修改安装路径，如图 6.22 和 6.23 所示。

　　d. 安装完成,如图 6.24 所示。然后使用命令提示符进行验证,打开 Windows 的命令行模式,输入"Python"或"python",屏幕输出如图 6.25 所示,则说明 Python 解释器成功运行,Python安装完成,并且相关环境变量配置成功。

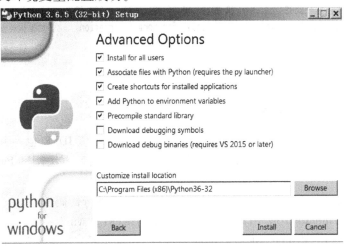

图 6.22　高级选项

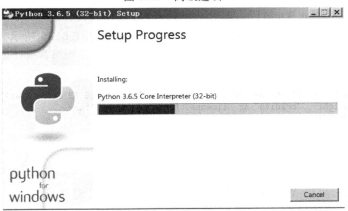

图 6.23　安装进行中

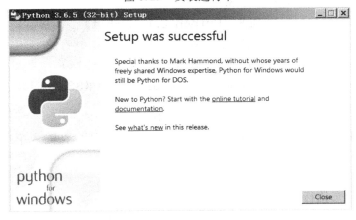

图 6.24　安装完成

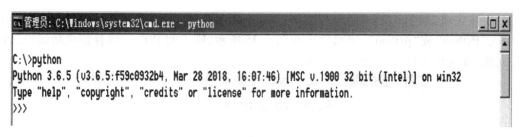

图 6.25　验证安装

6.2.3　Python 程序的运行

Python 3.6.5 安装完成后,其自有的集成开发和学习环境 IDLE 也一并安装了。这里,将编写并执行第一个 Python 程序"Hello World!"。我们介绍两种方法调试 Python 解释器来编写和执行程序。

①第一种方法,在命令行模式下,进入 Python 解释器进行代码编写。

在 Windows(Windows 7 或 10)操作系统中,使用快捷键"win"+"R",弹出"运行"窗口,输入"cmd"并确定,输入"Python"进入 Python 命令行,在提示符">＞＞"之后,可以输入程序代码。这里输入第一个 Python 程序的代码:

＞＞＞ print("Hello World!")

完成输入后回车执行,执行结果显示在该代码下一行,如图 6.26 所示。

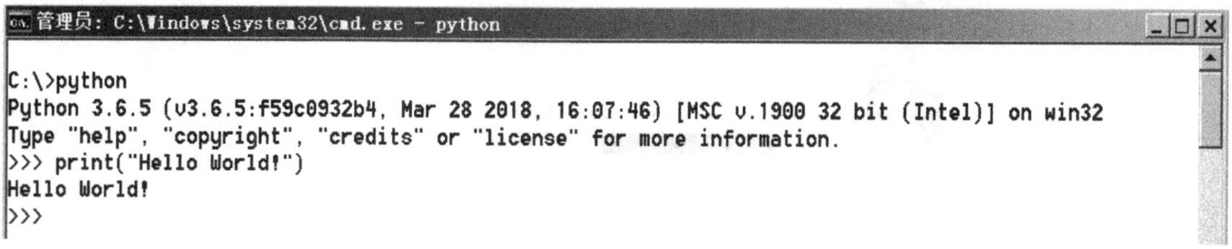

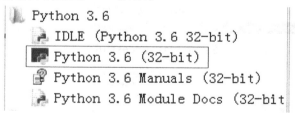

图 6.26　输出"Hello World!"

②第二种方法,点击 Windows 的"开始"菜单,从程序组中找到"Python 3.6"下的"IDLE(Python 3.6 32-bit)"快捷方式,如图 6.27 所示。

Python 3.6
　　IDLE (Python 3.6 32-bit)
　　Python 3.6 (32-bit)
　　Python 3.6 Manuals (32-bit)
　　Python 3.6 Module Docs (32-bit)

图 6.27　启动"IDLE Shell"

单击并进入 Python IDLE Shell 窗口,在提示符">＞＞"之后,输入第一个 Python 程序的代码:

＞＞＞ print("Hello World!")

完成输入后回车执行,如图 6.28 所示。

至此,我们的第一个 Python 程序就编写完成并成功执行了,我们可以选择自己喜欢的方法进行 Python 语言的学习和开发。

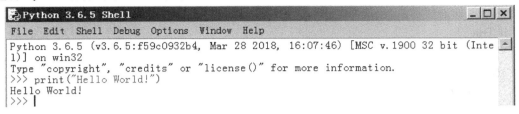

图 6.28　IDLE Shell 输出"Hello World!"

6.2.4　Python 的基础语法

（1）Python 标识符

在 Python 里,标识符由字母、数字、下划线组成。

在 Python 中,所有标识符可以包括英文、数字以及下划线(_),但不能以数字开头。

Python 中的标识符是区分大小写的。

以下划线开头的标识符是有特殊意义的。以单下划线开头的(_foo)代表不能直接访问的类属性,需通过类提供的接口进行访问,不能用"from xxx import ＊"导入。

以双下划线开头的(__foo)代表类的私有成员。

以双下划线开头和结尾的(__foo__)代表 Python 里特殊方法专用的标识,如(__init__)代表类的构造函数。

（2）Python 保留字符

表 6.1 显示了在 Python 中的保留字。这些保留字不能用作常数或变数,或任何其他标识符名称。

所有 Python 的关键字只包含小写字母,具体如表 6.1 所示。

表 6.1　Python 关键字

and	exec	not
assert	finally	or
break	for	pass
class	from	print
continue	global	raise
def	if	return
del	import	try
elif	in	while
else	is	with
except	lambda	yield

（3）行和缩进

学习 Python 与其他语言最大的区别就是,Python 的代码块不使用大括号({})来控制类、函数以及其他逻辑判断。Python 最具特色的就是用缩进来写模块。

185

　　缩进的空白数量是可变的,但是所有代码块语句必须包含相同的缩进空白数量,这个必须严格执行。如下所示:

if True：

　　print "True"

else：

　print "False"

以下代码将会执行错误:

if True：

　　print "Answer"

　　print "True"

else：

　　print "Answer"

　print "False"

因此,在 Python 的代码块中必须使用相同数目的行首缩进空格数。

　　(4)**多行语句**

Python 语句中一般以新行作为语句的结束符。但是我们可以使用斜杠(\)将一行的语句分为多行显示,如下所示:

total = item_one + \

　　　item_two + \

　　　item_three

语句中包含[ ],{ } 或( )就不需要使用多行连接符。如下实例:

days = ['Monday','Tuesday','Wednesday',

　　　'Thursday','Friday']

　　(5)Python **引号**

Python 接收单引号(')、双引号(")、三引号("")来表示字符串,引号的开始与结束必须是相同类型的。

其中三引号可以由多行组成,编写多行文本的快捷语法,常用语文档字符串,在文件的特定地点被当作注释。

word = 'word'

sentence = "This is a sentence. "

paragraph = """This is a paragraph. It is

made up of multiple lines and sentences. """

　　(6)Python **注释**

Python 中单行注释采用#开头。

Python 没有块注释,所以现在推荐的多行注释也是采用的#,比如:

#! /usr/bin/python

First comment

print "Hello,Python!"; # second comment

输出结果:

Hello,Python!

注释可以在语句或表达式行末：

name = "Madisetti" # This is again comment

多条评论：

This is a comment.

This is a comment,too.

This is a comment,too.

I said that already.

(7) Python 空行

函数之间或类的方法之间用空行分隔，表示一段新的代码的开始。类和函数入口之间也用一行空行分隔，以突出函数入口的开始。

空行与代码缩进不同，空行并不是 Python 语法的一部分。书写时不插入空行，Python 解释器运行也不会出错。但是空行的作用在于分隔两段不同功能或含义的代码，便于日后代码的维护或重构。

注意

空行也是程序代码的一部分。

(8) 等待用户输入

下面的程序在按回车键后就会等待用户输入：

#! /usr/bin/python

raw_input(" \n\nPress the enter key to exit. ")

以上代码中，" \n\n"在结果输出前会输出两个新的空行。一旦用户按下"Enter"键时，程序将退出。

(9) 同一行显示多条语句

Python 可以在同一行中使用多条语句，语句之间使用分号(;)分隔，以下是一个简单的实例：

import sys; x = 'foo'; sys. stdout. write(x + '\n')

(10) 多个语句构成代码组

缩进相同的一组语句构成一个代码块，我们称之为代码组。像 if,while,def 和 class 这样的复合语句，首行以关键字开始，以冒号(:)结束，该行之后的一行或多行代码构成代码组。我们将首行及后面的代码组称为一个子句(clause)。如下实例：

if expression：

　　suite

elif expression：

　　suite

else：

　　suite

(11) Python 变量类型

变量是存储在内存中的值。这就意味着在创建变量时会在内存中开辟一个空间。基于变量的数据类型，解释器会分配指定内存，并决定什么数据可以被存储在内存中。因此，变量可以指定不同的数据类型,这些变量可以存储整数、小数或字符。

①变量赋值

Python 中的变量不需要声明,变量的赋值操作即是变量声明和定义的过程。每个变量在内存中创建,都包括变量的标识、名称和数据这些信息。每个变量在使用前都必须赋值,变量赋值以后才会被创建。等号(=)用来给变量赋值。等号(=)运算符左边是一个变量名,等号(=)运算符右边是存储在变量中的值。例如:

```
#coding = utf - 8
#! /usr/bin/python
counter = 100        #赋值整型变量
miles = 1000.0       #浮点型
name = "John"        #字符串
print counter
print miles
print name
```

其中,100,1000.0 和"John"分别赋值给 counter,miles,name 变量。执行以上程序会输出如下结果:

```
100
1000.0
John
```

②多个变量赋值

Python 允许同时为多个变量赋值。例如:

```
a = b = c = 1
```

以上实例,创建一个整型对象,值为 1,三个变量被分配到相同的内存空间上。也可以为多个对象指定多个变量。例如:

```
a,b,c = 1,2,"john"
```

以上实例,两个整型对象 1 和 2 分配给变量 a 和 b,字符串对象"john"分配给变量 c。

6.2.5　Python 的基本数据类型

在内存中存储的数据可以有多种类型。例如,年龄用数值类型存储,地址用字符串类型存储。

Python 有 5 个标准的数据类型:

- Numbers(数字)
- String(字符串)
- List(列表)
- Tuple(元组)
- Dictionary(字典)

（1）Python 数字

数字数据类型用于存储数值。它们是不可改变的数据类型,这意味着改变数字数据类型会分配一个新的对象。当指定一个值时,Number 对象就会被创建:

var1 ＝ 1

var2 ＝ 10

可以使用 del 语句删除一些对象引用。del 语句的语法是：

del var1［,var2［,var3［…,varN］］］］

也可以通过使用 del 语句删除单个或多个对象。例如：

del var

del var_a,var_b

Python 支持 4 种不同的数据类型：

- int（有符号整型）
- long 长整型［（也可以代表八进制和十六进制）］
- float（浮点型）
- complex（复数）

一些数据类型的实例,如表6.2 所示。

表 6.2　数据类型

int	long	float	complex
10	51924361L	0.0	3.14j
100	−0x19323L	15.20	45.j
−786	0122L	−21.9	9.322e−36j
080	0xDEFABCECBDAECBFBAEl	32.3＋e18	.876j
−0490	535633629843L	−90.	−.6545＋0J
−0x260	−052318172735L	−32.54e100	3e＋26J
0x69	−4721885298529L	70.2−E12	4.53e−7j

注意

长整型也可以使用小写"L",但还是建议使用大写"L",避免与数字"1"混淆。Python 使用"L"来表示长整型。

Python 还支持复数,复数由实数部分和虚数部分构成,可以用 a＋bj,或者 complex（a,b）表示,复数的实部 a 和虚部 b 都是浮点型。

（2）Python 字符串

字符串或串（string）是由数字、字母、下划线组成的一串字符。一般记为：

s ＝ "a1a2…an"（n ＞ ＝0）

它是编程语言中表示文本的数据类型。Python 的字串列表有两种取值顺序：

①从左到右索引默认 0 开始的,最大范围是字符串长度少 1。

②从右到左索引默认 −1 开始的,最大范围是字符串开头。

如果要取得一段子串的话,可以用变量［头下标:尾下标］,就可以截取相应的字符串,其中下标是从 0 开始算起的,可以是正数或负数,下标可以为空,表示取到头或尾。

比如：

s = 'ilovepython'

s[1:5]的结果是 love。

当使用以冒号分隔的字符串,Python 返回一个新的对象,结果包含了以这对偏移标识的连续的内容,左边的开始包含了下边界。

上面的结果包含了 s[1]的值 l,而取到的最大范围不包括上边界,就是 s[5]的值 p。

加号(+)是字符串连接运算符,星号(*)是重复操作。如下实例:

```
#coding = utf -8
#! /usr/bin/python
str = 'Hello World! '
print str # 输出完整字符串
print str[0] # 输出字符串中的第一个字符
print str[2:5] # 输出字符串中第三个至第五个之间的字符串
print str[2:] # 输出从第三个字符开始的字符串
print str * 2 # 输出字符串两次
print str + "TEST" # 输出连接的字符串
```

以上实例输出结果:

```
Hello World!
H
llo
llo World!
Hello World! Hello World!
Hello World! TEST
```

(3) Python 列表

List(列表)是 Python 中使用最频繁的数据类型。

列表可以完成大多数集合类的数据结构。它支持字符、数字、字符串,甚至可以包含列表(所谓嵌套)。

列表用[ ]标识,是 Python 最通用的复合数据类型。

列表中的值的分割也可以用变量[头下标:尾下标],就可以截取相应的列表,从左到右索引默认 0 开始,从右到左索引默认 -1 开始,下标可以为空,表示取到头或尾。

加号(+)是列表连接运算符,星号(*)是重复操作。如下实例:

```
#coding = utf -8
#! /usr/bin/python
list = [ 'abcd',786,2.23,'john',70.2 ]
tinylist = [123,'john']
print list # 输出完整列表
print list[0] # 输出列表的第一个元素
print list[1:3] # 输出第二个至第三个的元素
print list[2:] # 输出从第三个开始至列表末尾的所有元素
print tinylist * 2 # 输出列表两次
```

print list ＋ tinylist # 打印组合的列表

以上实例输出结果：

［'abcd',786,2. 23,'john',70. 2］

abcd

［786,2. 23］

［2. 23,'john',70. 2］

［123,'john',123,'john'］

［'abcd',786,2. 23,'john',70. 2,123,'john'］

（4）Python 元组

元组是另一个数据类型，类似列表（List）。

元组用（）标识。内部元素用逗号隔开。但是元素不能二次赋值，相当于只读列表。

#coding ＝ utf － 8

#! ／usr／bin／python

tuple ＝ （'abcd',786,2. 23,'john',70. 2）

tinytuple ＝ （123,'john'）

print tuple # 输出完整元组

print tuple［0］# 输出元组的第一个元素

print tuple［1:3］# 输出第二个至第三个的元素

print tuple［2:］# 输出从第三个开始至列表末尾的所有元素

print tinytuple ＊ 2 # 输出元组两次

print tuple ＋ tinytuple # 打印组合的元组

以上实例输出结果：

（'abcd',786,2. 23,'john',70. 2）

Abcd

（786,2. 23）

（2. 23,'john',70. 2）

（123,'john',123,'john'）

（'abcd',786,2. 23,'john',70. 2,123,'john'）

以下元组无效，因为元组是不允许更新的。而列表是允许更新的。

#coding ＝ utf － 8

#! ／usr／bin／python

tuple ＝ （'abcd',786,2. 23,'john',70. 2）

list ＝ ［ 'abcd',786,2. 23,'john',70. 2 ］

tuple［2］ ＝ 1000 # 元组中是非法应用

list［2］ ＝ 1000 # 列表中是合法应用

（5）Python 元字典

字典（dictionary）是除列表以外 Python 之中最灵活的内置数据结构类型。列表是有序的对象结合，字典是无序的对象集合。

两者之间的区别在于：字典当中的元素是通过键来存取的，而不是通过偏移存取。

字典用｛ ｝标识。字典由索引(key)和它对应的值(value)组成。

```
#coding = utf - 8
#! /usr/bin/python
dict = {}
dict['one'] = "This is one"
dict[2] = "This is two"
tinydict = {'name': 'john','code':6734,'dept': 'sales'}
print dict['one'] # 输出键为"one"的值
print dict[2] # 输出键为 2 的值
print tinydict # 输出完整的字典
print tinydict. keys() # 输出所有键
print tinydict. values() # 输出所有值
```

输出结果为：

This is one This is two {'dept': 'sales','code': 6734,'name': 'john'} ['dept','code','name'] ['sales',6734,'john']

6.2.6 Python 的类型转换

有时我们需要对数据内置的类型进行转换,数据类型的转换,只需要将数据类型作为函数名即可。

以下几个内置的函数可以执行数据类型之间的转换。这些函数返回一个新的对象,表示转换的值。内置函数如表 6.3 所示。

表 6.3 内置函数

函 数	描 述
int(x [,base])	将 x 转换为一个整数
long(x [,base])	将 x 转换为一个长整数
float(x)	将 x 转换为一个浮点数
complex(real [,imag])	创建一个复数
str(x)	将对象 x 转换为字符串
repr(x)	将对象 x 转换为表达式字符串
eval(str)	用来计算在字符串中的有效 Python 表达式,并返回一个对象
tuple(s)	将序列 s 转换为一个元组
list(s)	将序列 s 转换为一个列表
set(s)	转换为可变集合
dict(d)	创建一个字典。d 必须是一个序列(key,value)元组
frozenset(s)	转换为不可变集合

续表

函　数	描　述
chr(x)	将一个整数转换为一个字符
unichr(x)	将一个整数转换为 Unicode 字符
ord(x)	将一个字符转换为它的整数值
hex(x)	将一个整数转换为一个十六进制字符串
oct(x)	将一个整数转换为一个八进制字符串

本节主要说明 Python 的运算符。举个简单的例子:4 + 5 = 9。例中,4 和 5 被称为操作数, + 号为运算符。

Python 语言支持以下类型的运算符:

- 算术运算符
- 比较(关系)运算符
- 赋值运算符
- 逻辑运算符
- 位运算符
- 成员运算符
- 身份运算符
- 运算符优先级

接下来让我们来学习 Python 的运算符。

(1) Python **算术运算符**

假设变量 a 为 10,变量 b 为 20,算术运算符如表 6.4 所示。

表 6.4　算术运算符

运算符	描　述	实　例
+	加——两个对象相加	a + b 输出结果 30
-	减——得到负数或是一个数减去另一个数	a - b 输出结果 - 10
*	乘——两个数相乘或是返回一个被重复若干次的字符串	a * b 输出结果 200
/	除——x 除以 y	b/a 输出结果 2
%	取模——返回除法的余数	b% a 输出结果 0
**	幂——返回 x 的 y 次幂	a ** b 为 10 的 20 次方,输出结果 100000000000000000000
//	取整除——返回商的整数部分	9//2 输出结果 4,9.0//2.0 输出结果 4.0

(2) Python **比较运算符**

假设变量 a 为 10,变量 b 为 20,比较运算符如表 6.5 所示。

表 6.5 比较运算符

运算符	描 述	实 例
= =	等于——比较对象是否相等	(a = = b) 返回 False
! =	不等于——比较两个对象是否不相等	(a ! = b) 返回 True
< >	不等于——比较两个对象是否不相等	(a < > b) 返回 True,这个运算符类似 ! =
>	大于——返回 x 是否大于 y	(a > b) 返回 False
<	小于——返回 x 是否小于 y。所有比较运算符返回 1 表示真,返回 0 表示假。这分别与特殊的变量 True 和 False 等价。注意,这些变量名的大写	(a < b) 返回 True
> =	大于等于——返回 x 是否大于等于 y	(a > = b) 返回 False
< =	小于等于——返回 x 是否小于等于 y	(a < = b) 返回 True

(3) Python 赋值运算符

假设变量 a 为 10,变量 b 为 20,赋值运算符如表 6.6 所示。

表 6.6 赋值运算符

运算符	描 述	实 例
=	简单的赋值运算符	c = a + b 将 a + b 的运算结果赋值为 c
+ =	加法赋值运算符	c + = a 等效于 c = c + a
− =	减法赋值运算符	c − = a 等效于 c = c − a
* =	乘法赋值运算符	c * = a 等效于 c = c * a
/ =	除法赋值运算符	c / = a 等效于 c = c / a
% =	取模赋值运算符	c % = a 等效于 c = c % a
* * =	幂赋值运算符	c * * = a 等效于 c = c * * a
// =	取整除赋值运算符	c // = a 等效于 c = c // a

(4) Python 位运算符

按位运算符是把数字看作二进制来进行计算的。Python 中的按位运算法则如表 6.7 所示。

(5) Python 逻辑运算符

Python 语言支持逻辑运算符,假设变量 a 为 10,变量 b 为 20,逻辑运算符如表 6.8 所示。

(6) Python 成员运算符

除了以上的一些运算符之外,Python 还支持成员运算符,测试实例中包含了一系列的成员,包括字符串、列表或元组,具体如表 6.9 所示。

表 6.7　位运算符

运算符	描　　述	实　　例
&	按位与运算符	(a & b)输出结果 12，二进制解释：0000 1100
|	按位或运算符	(a | b)输出结果 61，二进制解释：0011 1101
^	按位异或运算符	(a ^ b)输出结果 49，二进制解释：0011 0001
~	按位取反运算符	(~a)输出结果 −61，二进制解释：1100 0011，在一个有符号二进制数的补码形式
< <	左移动运算符	a < < 2 输出结果 240，二进制解释：1111 0000
> >	右移动运算符	a > > 2 输出结果 15，二进制解释：0000 1111

表 6.8　逻辑运算符

运算符	描　　述	实　　例
and	布尔"与" ——如果 x 为 False，x and y 返回 False，否则它返回 y 的计算值	(a and b)返回 Ttrue
or	布尔"或" ——如果 x 是 True，它返回 True，否则它返回 y 的计算值	(a or b)返回 True
not	布尔"非" ——如果 x 为 True，返回 False。如果 x 为 False，它返回 True	not(a and b)返回 False

表 6.9　成员运算符

运算符	描　　述	实　　例
in	如果在指定的序列中找到值返回 True，否则返回 False	x 在 y 序列中，如果 x 在 y 序列中返回 True
not in	如果在指定的序列中没有找到值返回 True，否则返回 False	x 不在 y 序列中，如果 x 不在 y 序列中返回 True

(7) Python 身份运算符

身份运算符用于比较两个对象的存储单元，具体如表 6.10 所示。

表 6.10　身份运算符

运算符	描　　述	实　　例
is	is 是判断两个标识符是不是引用自一个对象	x is y，如果 id(x)等于 id(y)，is 返回结果 1
is not	is not 是判断两个标识符是不是引用自不同对象	x is not y，如果 id(x)不等于 id(y)，is not 返回结果 1

(8) Python 运算符优先级

表 6.11 列出了从最高到最低优先级的所有运算符。

表 6.11　运算符优先级

运算符	描述
＊＊	指数(最高优先级)
～ ＋ －	按位翻转,一元加号和减号(最后两个的方法名为 ＋@ 和 －@)
＊ / ％ //	乘,除,取模和取整除
＋ －	加法减法
＞＞ ＜＜	右移,左移运算符
&	位 'AND'
^ |	位运算符
＜ ＝ ＜ ＞ ＞ ＝	比较运算符
＜＞ ＝＝ ! ＝	等于运算符
＝ ％＝ /＝ //＝ －＝ ＋＝ ＊＝ ＊＊＝	赋值运算符
is is not	身份运算符
in not in	成员运算符
not or and	逻辑运算符

6.2.7　程序流程结构

通常,Python 程序流程结构分为 3 种:顺序结构、分支结构和循环结构。

(1)顺序结构

顺序结构是程序中最常见的流程结构,按照程序中语句的先后顺序,自上而下依次执行,如图 6.29 所示。

(2)分支结构

在 Python 分支结构里,包括以下 3 种结构:

①单分支结构

根据判断条件结果而选择不同向前路径的运行方式,如图 6.30 所示。

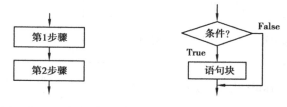

图 6.29　顺序结构　　　　图 6.30　单分支结构

语法结构如下:

　　if ＜条件＞:

　　　　语句 1

……
　　其他语句
②二分支结构

根据判断条件结果而选择不同向前路径的运行方式,如图 6.31 所示。

语法结构如下:

　　if ＜条件＞:
　　　语句 1
　　　……
　　else:
　　　语句 1
　　　……

其他语句
③多分支结构

根据多个判断条件的结果,选择语句执行,如图 6.32 所示。

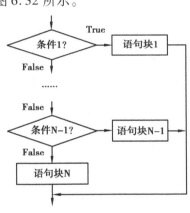

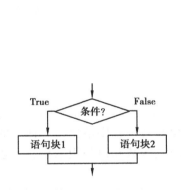

图 6.31　二分支结构　　　　　　图 6.32　多分支结构

语法结构如下:

　　if ＜条件 1＞:
　　　＜语句 1＞
　　　……
　　elif ＜条件 2＞:
　　　＜语句 2＞
　　　……
　　else :
　　　＜语句 N＞
　　　……

　　依次判断多个条件,如条件 1 满足,执行语句块 1,执行完后跳出此次多分支结构;如条件 1 不满足,判断条件 2,条件 2 满足执行语句块 2,执行完后跳出此次多分支结构;如条件 1、条件 2 均不满足,继续往下判断条件 3,4,…;若所有条件均不满足,最后执行 else 下的语句块(else 及 else 下的语句块可一起省略,表示所有条件均不满足时,无相关执行语句)。

(3)循环结构

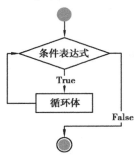

图 6.33 循环结构

循环结构是指在程序中需要反复执行某个功能而设置的一种程序结构。Python 提供 for 和 while 两种循环语句。for 语句用来遍历序列对象内的元素,通常用在已知的循环次数;while 语句提供了编写通用循环的方法,流程图如图 6.33 所示。

①for 循环

for 循环可以遍历任何序列的项目,如一个列表或者一个字符串。

for 循环的语法格式如下:

for iterating_var in sequence:
    statements(s)

②while 循环

while 语句用于循环执行程序,即在某条件下,循环执行某段程序,以处理需要重复处理的相同任务。其基本形式为:

while 判断条件:

执行语句……

执行语句可以是单个语句或语句块。判断条件可以是任何表达式,任何非零、或非空(null)的值均为 True。

当判断条件为 False 时,循环结束。

6.2.8 算法设计与分析

要使计算机能完成人们预定的工作,首先必须为如何完成预定的工作设计一个算法,然后再根据算法编写程序。计算机程序要对问题的每个对象和处理规则给出正确详尽的描述,其中程序的数据结构和变量用来描述问题的对象,程序结构、函数和语句用来描述问题的算法。算法和数据结构是程序的两个重要方面。

算法是问题求解过程的精确描述,一个算法由有限条可完全机械执行的、有确定结果的指令组成。指令正确地描述了要完成的任务和它们被执行的顺序。计算机按算法指令所描述的顺序执行算法的指令能在有限的步骤内终止,或终止于给出问题的解,或终止于指出问题对此输入数据无解。

通常求解一个问题可能会有多种算法可供选择,选择的主要标准是算法的正确性和可靠性,简单性和易理解性。其次是算法所需要的存储空间少和执行更快等。

算法设计是一件非常困难的工作,经常采用的算法设计技术主要有迭代法、穷举搜索法、递推法、贪婪法、回溯法、分治法、动态规划法等。另外,为了以更简洁的形式设计和描述算法,在算法设计时又常常采用递归技术,用递归描述算法。

(1)迭代法

迭代法也称辗转法,是一种不断用变量的旧值递推新值的过程,跟迭代法相对应的是直接法(或者称为一次解法),即一次性解决问题。迭代算法是用计算机解决问题的一种基本方法,它利用计算机运算速度快、适合重复性操作的特点,让计算机对一组指令(或步骤)进行重复执行,在每次执行这组指令(或步骤)时,都从变量的原值推出它的一个新值,迭代法又分为精确迭代和近似迭代。比较典型的迭代法如"二分法"和"牛顿迭代法"属于近似迭代法。

（2）**穷举搜索法**

穷举搜索法是编程中常用的一种方法，通常在找不到解决问题的规律时，对可能是解的众多候选解按某种顺序进行逐一枚举和检验，并从中找出那些符合要求的候选解作为问题的解。穷举式搜索算法包括广度优先搜索、深度优先搜索、有界深度优先搜索和一致代价搜索。

（3）**递推法**

递推算法是一种简单的算法，即通过已知条件，利用特定关系得出中间推论，直至得到结果的算法。递推算法分为顺推和逆推两种。

设要求问题规模为 N 的解，当 $N=1$ 时，解或为已知，或能非常方便地得到解。能采用递推法构造算法的问题有重要的递推性质，即当得到问题规模为 $i-1$ 的解后，由问题的递推性质，能从已求得的规模为 $1,2,\cdots,i-1$ 的一系列解，构造出问题规模为 I 的解。这样，程序可从 $i=0$ 或 $i=1$ 出发，重复地，由已知至 $i-1$ 规模的解，递推获得规模为 i 的解，直至得到规模为 N 的解。

（4）**递归法**

递归是设计和描述算法的一种有力的工具，它在复杂算法的描述中被经常采用，为此在进一步介绍其他算法设计方法之前先讨论它。

能采用递归描述的算法通常有这样的特征：为求解规模为 N 的问题，设法将它分解成规模较小的问题，然后从这些小问题的解方便地构造出大问题的解，并且这些规模较小的问题也能采用同样的分解和综合方法，分解成规模更小的问题，并从这些更小问题的解构造出规模较大问题的解。特别地，当规模 $N=1$ 时，能直接得解。

（5）**回溯法**

回溯法也称为试探法，该方法首先暂时放弃关于问题规模大小的限制，并将问题的候选解按某种顺序逐一枚举和检验。当发现当前候选解不可能是解时，就选择下一个候选解；倘若当前候选解除了还不满足问题规模要求外，满足所有其他要求时，继续扩大当前候选解的规模，并继续试探。如果当前候选解满足包括问题规模在内的所有要求时，该候选解就是问题的一个解。在回溯法中，放弃当前候选解，寻找下一个候选解的过程称为回溯。扩大当前候选解的规模以继续试探的过程称为向前试探。

（6）**贪婪法**

贪婪法是一种不追求最优解，只希望得到较为满意解的方法。贪婪法一般可以快速得到满意的解，因为它省去了为找最优解要穷尽所有可能而必须耗费的大量时间。贪婪法常以当前情况为基础作最优选择，而不考虑各种可能的整体情况，所以贪婪法不需要回溯。

例如平时购物找钱时，为使找回的零钱的硬币数最少，不考虑找零钱的所有各种组合方案，而是从最大面值的币种开始，按递减的顺序考虑各币种，先尽量用大面值的币种，当不足大面值币种的金额时才去考虑下一种较小面值的币种。这就是在使用贪婪法。这种方法在这里总是最优，是因为银行对其发行的硬币种类和硬币面值的巧妙安排。如只有面值分别为 1,5 和 11 单位的硬币，而希望找回总额为 15 单位的硬币。按贪婪算法，应找 1 个 11 单位面值的硬币和 4 个 1 单位面值的硬币，共找回 5 个硬币。但最优的解应是 3 个 5 单位面值的硬币。

（7）**分治法**

1）分治法的基本思想

任何一个可以用计算机求解的问题所需的计算时间都与其规模 N 有关。问题的规模越小,越容易直接求解,解题所需的计算时间也越少。例如,对于 n 个元素的排序问题,当 $n=1$ 时,不需任何计算;$n=2$ 时,只要作一次比较即可排好序;$n=3$ 时只要作 3 次比较即可。而当 n 较大时,问题就不那么容易处理了。要想直接解决一个规模较大的问题,有时是相当困难的。

分治法的设计思想是,将一个难以直接解决的大问题,分割成一些规模较小的相同问题,以便各个击破,分而治之。

如果原问题可分割成 k 个子问题($1 < k \leq n$),且这些子问题都可解,并可利用这些子问题的解求出原问题的解,那么这种分治法就是可行的。由分治法产生的子问题往往是原问题的较小模式,这就为使用递归技术提供了方便。在这种情况下,反复应用分治手段,可以使子问题与原问题类型一致而其规模却不断缩小,最终使子问题缩小到很容易直接求出其解。这自然导致递归过程的产生。分治与递归像一对孪生兄弟,经常同时应用在算法设计之中,并由此产生许多高效算法。

2)分治法的适用条件

分治法所能解决的问题一般具有以下几个特征:

①该问题的规模缩小到一定的程度就可以容易地解决。

②该问题可以分解为若干个规模较小的相同问题,即该问题具有最优子结构性质。

③利用该问题分解出的子问题的解可以合并为该问题的解。

④该问题所分解出的各个子问题是相互独立的,即子问题之间不包含公共的子问题。

上述的第一条特征是绝大多数问题都可以满足的,因为问题的计算复杂性一般是随着问题规模的增加而增加;第二条特征是应用分治法的前提,它也是大多数问题可以满足的,此特征反映了递归思想的应用;第三条特征是关键,能否利用分治法完全取决于问题是否具有第三条特征,如果具备了第一条和第二条特征,而不具备第三条特征,则可以考虑贪婪法或动态规划法。第四条特征涉及分治法的效率,如果各子问题是不独立的,则分治法要做许多不必要的工作,重复地解公共的子问题,此时虽然可用分治法,但一般用动态规划法较好。

3)分治法的基本步骤

分治法在每一层递归上都有 3 个步骤:

①分解:将原问题分解为若干个规模较小,相互独立,与原问题形式相同的子问题;

②解决:若子问题规模较小而容易被解决则直接解,否则递归地解各个子问题;

③合并:将各个子问题的解合并为原问题的解。

(8)动态规划法

经常会遇到复杂问题不能简单地分解成几个子问题,而会分解出一系列的子问题。简单地采用把大问题分解成子问题,并综合子问题的解导出大问题的解的方法,问题求解耗时会按问题规模呈幂级数增加。

为了节约重复求相同子问题的时间,引入一个数组,不管它们是否对最终解有用,把所有子问题的解存于该数组中,这就是动态规划法所采用的基本方法。

6.3　数 据 结 构

6.3.1　概念和术语

要学好"数据结构",必须要明确各种概念及其相互之间的关系。本节介绍一些常用的术语和基本概念。

(1)数据

数据(data)是信息的载体,也就是说数据里面隐含着信息;它能够被计算机识别、存储和加工处理。它是计算机程序加工的"原料"。随着计算机软件、硬件的发展,以及计算机应用领域的扩大,数据的含义也随之拓广了,它不仅仅是数字和字符串,而图形、图像、声音等,它们也属于数据的范畴。

(2)数据元素

数据元素(data element)是数据的基本单位。有些情况下,数据元素也称为元素、结点、顶点、记录。有时一个数据元素可以由若干个数据项(也可称为字段、域、属性)组成,数据项是具有独立含义的最小标识单位。

(3)数据结构

数据结构(data structure)由数据和结构两部分构成。其中,数据部分是指数据元素的集合:结构就是关系,结构部分是指数据元素之间关系的集合。概括地讲,数据结构就是指相互之间有一种或多种特定关系的数据元素的集合。在计算机上要处理数据,就要保存数据及它们之间的关系。在这里,关系就是数据的逻辑结构,它指反映数据元素之间的逻辑关系的数据结构,其中的逻辑关系是指元素之间的前后关系,而与它们在计算机中的存储位置无关。

1)数据的逻辑结构

数据的逻辑结构是从逻辑关系上描述数据,它与数据的存储无关,是独立于计算机的。因此,数据的逻辑结构可以看成从具体问题抽象出来的数学模型。数据的存储结构是逻辑结构用计算机语言的实现(亦称为映像),它是依赖于计算机语言的,对机器语言而言,存储结构是具体的,但我们只在高级语言的层次上来讨论存储结构。数据的运算是定义在数据的逻辑结构上的,每种逻辑结构都有一个运算的集合。例如,最常用的运算有检索、插入、删除、更新、排序等。

从逻辑上可以把数据结构分为线性结构和非线性结构,主要包括集合、线性、树形和图状结构:

①集合结构

集合结构(set structure)中的数据元素除了"同属于一个集合"的关系外,再无其他关系。如整数集、字符集等。

②线性结构

线性结构(linear structure)中的数据元素之间在"一对一"的关系。比如数组、队列等。

③树形结构

树形结构(tree structure)中的数据元素之间存在"一对多"的关系。比如人机对弈等。

④图状结构

图状结构(graphic structure,也称网状结构)中的数据元素之间存在"多对多"的关系。比如城市交通图等。

2）数据的存储结构

数据的存储结构可用以下 4 种基本存储方法得到：

①顺序存储方法

该方法把逻辑上相邻的结点存储在物理位置上相邻的存储单元里，结点间的逻辑关系由存储单元的邻接关系来体现。由此得到的存储表称为顺序存储结构（sequential storage structure），通常借助程序语言的数组描述。

该方法主要应用于线性的数据结构。非线性的数据结构也可通过某种线性化的方法实现顺序存储。

②链接存储方法

该方法不要求逻辑上相邻的结点在物理位置上亦相邻，结点间的逻辑关系由附加的指针字段表示。由此得到的存储表称为链式存储结构（linked storage structure），通常借助于程序语言的指针类型描述。

③索引存储方法

该方法通常在储存结点信息的同时，还建立附加的索引表，索引表由若干索引项组成。若每个结点在索引表中都有一个索引项，则该索引表称之为稠密索引（dense index）。若一组结点在索引表中只对应一个索引项，则该索引表称为稀疏索引（spare index）。索引项的一般形式是：

（关键字、地址）

关键字是能唯一标识一个结点的那些数据项。稠密索引中索引项的地址指示结点所在的存储位置；稀疏索引中索引项的地址指示一组结点的起始存储位置。

④散列存储方法（不知道存储地址，要计算得到该地址）

该方法的基本思想是：根据结点的关键字直接计算出该结点的存储地址。四种基本存储方法，既可单独使用，也可组合起来对数据结构进行存储映像。同一逻辑结构采用不同的存储方法，可以得到不同的存储结构（图 6.34）。选择何种存储结构来表示相应的逻辑结构，视具体要求而定，主要考虑运算方便及算法的时空要求。数据逻辑结构层次关系如图 6.35 所示。

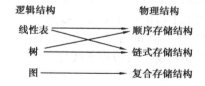

图 6.34　逻辑结构与对应的存储结构

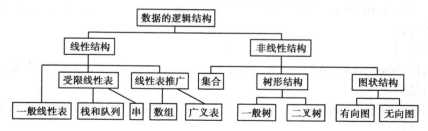

图 6.35　数据逻辑结构层次关系图

6.3.2　线性结构

常用的线性结构有线性表、栈、队列、循环队列、数组。线性表中包括顺序表、链表等,其中,栈和队列只是属于逻辑上的概念,实际中不存在,仅仅是一种思想,一种理念;线性表则是在内存中数据的一种组织、存储的方式。

（1）顺序表

顺序表将元素一个接一个地存入一组连续的存储单元中,在内存物理上是连续的,如图6.36 所示。

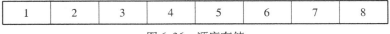

| 1 | 2 | 3 | 4 | 5 | 6 | 7 | 8 |

图 6.36　顺序存储

顺序表存储密度较大,节省空间;但需要事先确定容量,在时间性能方面,读运算较快,时间复杂度为 $O(1)$;查找运算为 $O(n/2)$,和链表一样;插入运算和删除运算如果要操作中间一个元素,比如 3,那么就需要把 3 后面的元素全部进行移动,因此时间复杂度相对链表要大一些,插入时间复杂度最好为 $O(0)$ 或最坏为 $O(n)$;删除时间复杂度为 $O[(n-1)/2]$。

（2）链表

链表拥有很多节点,每个节点前半部分是数据域,后半部分是指针域,指针域指针指向下一个结点;链表可分为单链表、循环链表和双链表。

①单链表

单链表中的数据是以结点来表示的,每个结点的构成:元素（数据元素的映像）+ 指针（指示后继元素存储位置）,元素就是存储数据的存储单元,指针就是连接每个结点的地址数据,如图 6.37 所示。

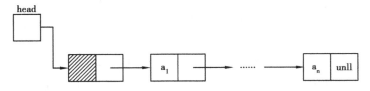

图 6.37　单链表存储

如图 6.37 所示,单链表的上一个结点指针指向下一个结点,最后一个结点的指针域为null。

②循环链表

循环链表是另一种形式的链式存贮结构。它的特点是表中最后一个结点的指针域指向头节点,整个链表形成一个环,如图 6.38 所示。

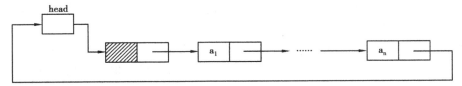

图 6.38　循环链表存储

如图 6.38 所示,循环链表与单链表唯一不同之处是,循环链表的最后一个结点指针不为空,而是指向头节点。节点的插入和删除和单链表非常相似,就不再示范了。

③双链表

双链链表也称双向表,是链表的一种,它的每个数据节点中都有两个指针,分别指向直接后继和直接前驱。所以,从双向链表中的任意一个结点开始,都可以很方便地访问它的前驱结点和后继结点。一般我们都构造双向循环链表,如图 6.39 所示。

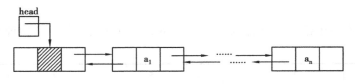

图 6.39　双链表存储

如图 6.39 所示,双链表拥有一前一后两个指针域,从两个不同的方向把链表连接起来,如此一来,从两个不同的方向形成了两条链,因此成为双链表。因此,双链表的灵活度要大于单链表。

6.3.3　树形结构

树形结构指的是数据元素之间存在着"一对多"的树形关系的数据结构,是一类重要的非线性数据结构。在树形结构中,树根结点没有前驱结点,其余每个结点有且只有一个前驱结点。叶子结点没有后续结点,其余每个结点的后续节点数可以是一个也可以是多个。

(1)树的基本术语

①树结点(tree node):树中一个独立单元。包含一个数据元素及若干指向其子树的分支,图 6.40 中的 A,B,C,D 等。

②树根(root):树中唯一没有前驱的结点,图 6.40 中的 A 结点。

③结点的度(node degree):结点拥有的子树数,称为结点的度。例如,图 6.40 中 A 的度为 3,B 的度为 2,K 的度为 0。

④树的度(tree degree):树中各结点的度的最大值,图 6.40 中树的度为 3。

⑤树叶(leaf):度为 0 的结点。例如,在图 6.40 中,K,L,F,G,I,J,M 都是树叶,也称叶结点。除根和叶子以外的其他结点称为中间结点。

⑥双亲(parent)和孩子(child):把一个树结点的直接前驱称为该结点的双亲;反之,把一个树结点的所有直接后继称为该结点的孩子。例如,图 6.40 中,结点 B 是结点 A 的孩子,结点 A 是结点 B 的双亲。

⑦兄弟(sibling):同一双亲的孩子之间互称为兄弟。例如,图 6.40 中,结点 K,L 互为兄弟,结点 H,I,J 互为兄弟。将这些关系进一步推广,结点的祖先就是从根到该结点的所经分支上的所有结点。以某结点为根的子树中的任一结点都称为该结点的子孙。此外双亲在同一层上的结点互为堂兄弟。

⑧树的层次(level)和深度(depth):从根算起,根为第一层,根的孩子为第二层,树中任一结点的层次等于它的双亲的层次加 1。树中各结点层次的最大值称为树的深度或高度。例如,上图中的树的深度为 4。

⑨有序树和无序树(ordered tree,unordered tree):如果树中结点的各子树可看成从左至右是有次序的(即不能互换),则称该树为有序树,否则称为无序树。在有序树最左边子树的根

称为第一孩子,最右边子树的根称为最后一个孩子。

⑩森林(forest):$m(m \geqslant 0)$ 棵互不相交的树的集合。对树中每个结点而言,其子树的集合即为森林。由此也可以以森林和树的相互递归定义来描述树。

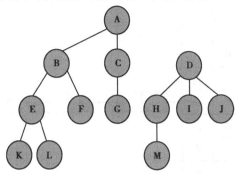

图 6.40　树形结构

(2)树的存储结构

树是一种非线性结构。为了存储一棵树,必须把树中各结点之间一对多的关系反映在存储结构中。由于在一个 m 阶的普通树中,每一个结点的孩子有 $0 \sim m$ 个,所以相对于二叉树而言,树的存储结构更复杂,一般有如下几种存储结构:

1)双亲表示法

让每个结点记住其父结点的位置。存储数据元素的结点由两部分组成:存储数据元素值的数据字段,以及存储父结点位置的父指针字段。树的所有结点可存放在一个数组中(称"静态双亲表示法"),也可组织成一个链表(称"动态双亲表示法")。

当算法中需要在树结构中频繁地查找某结点的父结点时,使用双亲表示法最合适。当频繁地访问结点的孩子结点时,双亲表示法就很麻烦,采用孩子表示法就很简单,如图 6.41 所示。

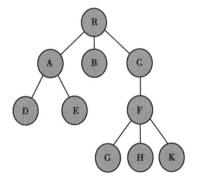

数组下标	data	parent
0	R	-1
1	A	0
2	B	0
3	C	0
4	D	1
5	E	1
6	F	3
7	G	6
8	H	6
9	K	6

图 6.41　双亲表示法

2)孩子表示法

孩子表示法是树的一种存储方式,其存储过程是:从树的根节点开始,使用顺序表依次存储树中各个节点,需要注意的是,与双亲表示法不同,孩子表示法会给各个节点配备一个链表,用于存储各节点的孩子节点位于顺序表中的位置。如果节点没有孩子节点(叶子节点),则该节点的链表为空链表,如图 6.42 所示。

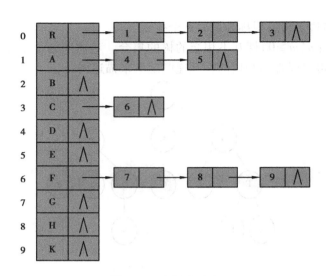

图 6.42　孩子表示法

3）孩子兄弟表示法

使用链式存储结构存储普通树。链表中每个结点由 3 部分组成,如图 6.43 所示。

孩子指针域	数据域	兄弟指针域

图 6.43　结点构成

其中孩子指针域,表示指向当前结点的第一个孩子结点,兄弟结点表示指向当前结点的下一个兄弟结点。

6.3.4　图形结构

图形结构是一种比线性表和树形结构更复杂的非线性数据结构。线性结构中,数据元素之间具有单一的线性关系;树形结构中,节点间具有一对多的分支层次关系。在图形结构中,任意两个节点间可能有关系也可能根本不存在任何关系,节点间是多对多的复杂关系。可以说,树是图的特例,线性表是树的特例。

(1)图的定义和基本术语

1)图的特征

任意两个数据元素之间都可能相关。结点之间的关系是多对多的。

$$G = (V, E)$$

其中 V 是顶点的有限集合,记为 $V(G)$,E 是连接 V 中两个不同顶点(即顶点对)的边的有限集合,记为 $E(G)$。

2)基本术语

①结点:顶点。

②无向图:边 (v, w),v 与 w 互为邻接点,边 (v, w) 依附于顶点 v、w,边 (v, w) 和顶点 v、w 相关联。

③v 的度:和 v 相关联的边的数目。

④有向图:弧 $<v, w>$,v 弧尾,w 弧头,顶点 v 邻接到顶点 w,顶点 w 邻接自顶点 v,弧 $<v, w>$ 和顶点 v,w 相关联。

⑤v 的入度:以 v 为头的弧的数目;v 的出度:以 v 为尾的弧的数目。

⑥v 的度：v 的入度与出度之和。

⑦路径、回路（环）、简单路径、简单回路（简单环）

⑧连通性：若从顶点 v 到顶点 v' 有路径，则称 v 和 v' 是连通的。

⑨图的规模：顶点数 n、边（弧）数 e、顶点的度（有向图：入度/出度）。

⑩子图：$G' = (V', \{E'\})$，$G = (V, \{E\})$，若 $V' \subseteq V$ 且 $E' \subseteq E$，则称 G' 是 G 的子图。

3）图的分类

①关系的方向性（无向/有向）、关系上是否有附加的数——权（图/网）有向图、无向图、有向网、无向网。

②边（弧）数：完全图 [边数 $= n(n-1)/2$ 的无向图]、有向完全图 [弧数 $= n(n-1)$ 的有向图]、稀疏图（$e < n\log n$）、稠密图（$e > n\log n$）。

③连通性：无向图、连通图（任意两顶点都是连通的）、连通分量（极大连通子图）、生成树（极小连通子图）、生成森林。

④有向图：强/弱连通图、强连通分量、生成树（极小连通子图）、生成森林。

（2）图的存储与操作

图的存储结构相比较线性表与树来说就复杂很多。对于线性表来说，是一对一的关系，所以用数组或者链表均可简单存放。树结构是一对多的关系，所以我们要将数组和链表的特性结合在一起才能更好地存放。那么我们的图，是多对多的情况，另外图上的任何一个顶点都可以被看成第一个顶点，任一顶点的邻接点之间也不存在次序关系。

因为任意两个顶点之间都可能存在联系，因此无法以数据元素在内存中的物理位置来表示元素之间的关系（内存物理位置是线性的，图的元素关系是平面的）。如果用多重链表来描述倒是可以做到，但在几节课前的树章节我们已经讨论过，纯粹用多重链表导致的浪费是无法想象的（如果各个顶点的度数相差太大，就会造成巨大的浪费）。

1）邻接矩阵

邻接矩阵（adjacency matrix）是表示顶点之间相邻关系的矩阵。设 $G = (V, E)$ 是一个图，其中 $V = \{v_1, v_2, \cdots, v_n\}$。$G$ 的邻接矩阵是一个具有下列性质的 n 阶方阵：

①对无向图而言，邻接矩阵一定是对称的，而且主对角线一定为零（在此仅讨论无向简单图），副对角线不一定为 0，有向图则不一定如此。

②在无向图中，任一顶点 i 的度为第 i 列（或第 i 行）所有非零元素的个数，在有向图中顶点 i 的出度为第 i 行所有非零元素的个数，而入度为第 i 列所有非零元素的个数。

③用邻接矩阵法表示图共需要 n^2 个空间，由于无向图的邻接矩阵一定具有对称关系，所以扣除对角线为零外，仅需要存储上三角形或下三角形的数据即可，因此仅需要 $n(n-1)/2$ 个空间。

邻接矩阵存储方式是用两个数组来表示图。一个一维数组存储图中顶点信息，一个二维数组（称为邻接矩阵）存储图中的边或弧的信息。可以设置两个数组，顶点数组为 vertex[4] = $\{v_0, v_1, v_2, v_3\}$，边数组 arc[4][4] 为对称矩阵（0 表示不存在顶点间的边，1 表示顶点间存在边），如图 6.44 所示。

2）邻接表

对于边数相对顶点较少的图，这种结构无疑是存在对存储空间的极大浪费。因此可以考虑另一种存储结构方式，例如把数组与链表结合到一起来存储，这种方式在图结构也适用，称为邻接表,如图 6.45 所示。

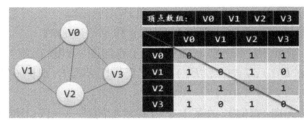

图 6.44　无向图邻接矩阵

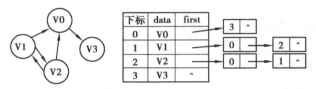

图 6.45　有向图邻接表

图的邻接表存储方法跟树的孩子链表示法相类似,是一种顺序分配和链式分配相结合的存储结构。如这个表头结点所对应的顶点存在相邻顶点,则把相邻顶点依次存放于表头结点所指向的单向链表中。如词条概念图所示,表结点存放的是邻接顶点在数组中的索引。对于无向图来说,使用邻接表进行存储也会出现数据冗余,表头结点 A 所指链表中存在一个指向 C 的表结点的同时,表头结点 C 所指链表也会存在一个指向 A 的表结点。

邻接表是图的一种最主要存储结构,用来描述图上的每一个点。对图的每个顶点建立一个容器(n 个顶点建立 n 个容器),第 i 个容器中的结点包含顶点 V_i 的所有邻接顶点。实际上我们常用的邻接矩阵就是一种未离散化每个点的边集的邻接表。

在有向图中,描述每个点向别的节点连的边(点 $a \rightarrow$ 点 b 这种情况)。在无向图中,描述每个点所有的边(点 $a \rightarrow$ 点 b 这种情况)。与邻接表相对应的存图方式叫作边集表,这种方法用一个容器存储所有的边。

3)十字链表

十字链表(orthogonal list)是有向图的另一种链式存储结构。可以看成将有向图的邻接表和逆邻接表结合起来得到的一种链表。在十字链表中,对应于有向图中每一条弧都有一个结点,对应于每个定顶点也有一个结点。

十字链表之于有向图,类似于邻接表之于无向图。也可以理解为:将行的单链表和列的单链表结合起来存储稀疏矩阵称为十字链表,每个节点表示一个非零元素,如图 6.46 所示。

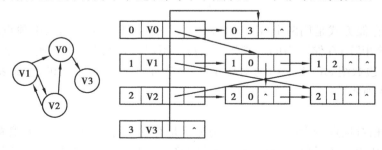

图 6.46　有向图十字链表

注意

邻接矩阵适用于表示稠密图,邻接表适用于表示稀疏图;邻接表求有向图的顶点的入度不方便,要遍历全部的邻接表。

6.4　编译原理

6.4.1　编译程序概述

(1)什么是编译程序

编译程序是现代计算机系统的基本组成部分之一,而且多数计算机系统都含有不止一个高级语言的编译程序。对有些高级语言甚至配置了几个不同性能的编译程序。

一个编译程序的重要性体现在它使得多数计算机用户不必考虑与机器有关的烦琐细节,使程序员和程序设计专家独立于机器,这对于当今机器的数量和种类持续不断地增长的年代尤为重要。

(2)语言和翻译

语言是人类交流思想和信息的工具。如自然语言,世界上存在着许多种语言,各国之间要交流信息,就要有各种语言之间的翻译。计算机语言同样是丰富多彩的。

从功能上看,一个编译程序就是一个语言翻译程序。它把一种语言(称作源语言)书写的程序翻译成另一种语言(称作目标语言)的等价的程序。源语言通常是一个高级语言,如FORTRAN,C 或 Pascal。目标语言通常是一个低级语言,如汇编或机器语言。编译程序的功能如图 6.47 所示。

图 6.47　编译程序功能

注意

所谓的源和目标程序的等价的含义是它们的功能一样。

编译程序作为一个语言翻译程序,也要在翻译过程中检查源程序的语法和语义,报告一些出错和警告信息,帮助程序员更正源程序。所以编译程序的功能也可如图 6.48 所示。

说到一个编译程序,一定要知道它的源语言是什么,目标语言是什么,还有它的实现语言是什么。常使用 T 型图来表示一个编译程序所涉及的 3 个语言,如图 6.49 所示。

图 6.49 中,S 表示源语言,如 Java;O 表示目标语言,如机器码;I 表示编译器语言,如 C 语言。

编译程序是一种软件,是系统软件。通常认为系统软件是居于计算机系统中最靠近硬件的一层,其他软件一般都通过系统软件发挥作用。系统软件和具体的应用领域无关,如编译系统和操作系统等。编译程序也是一种语言处理系统,即把软件语言书写的各种程序处理成可在计算机上执行的程序。编译程序在计算机系统中的所在层,如图 6.50 所示。

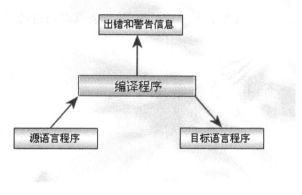

图 6.48 编译程序出错功能

图 6.49 T 型图

图 6.50 编译程序层次图

（3）编译过程和编译程序的结构

编译程序完成从源程序到目标程序的翻译工作，是一个复杂的整体的过程。从概念上来讲，一个编译程序的整个工作过程是划分成阶段进行的，每个阶段将源程序的一种表示形式转换成另一种表示形式，各个阶段进行的操作在逻辑上是紧密连接在一起的。一般一个编译过程划分成词法分析、语法分析、语义分析、中间代码生成、代码优化和目标代码生成 6 个阶段，这是一种典型的划分方法。事实上，某些阶段可能组合在一起，这些阶段间的源程序的中间表示形式就没必要构造出来了。我们将分别介绍各阶段的任务。另外两个重要的工作：表格管理和出错处理与上述 6 个阶段都有联系。编译过程中源程序的各种信息被保留在种种不同的表格里，编译各阶段的工作都涉及构造、查找或更新有关的表格，因此需要有表格管理的工作；如果编译过程中发现源程序有错误，编译程序应报告错误的性质和错误发生的地点，并且将错误所造成的影响限制在尽可能小的范围内，使得源程序的其余部分能继续被编译下去，有些编译程序还能自动校正错误，这些工作称为出错处理。图 6.51 表示了编译的各个阶段。

6.4.2 词法分析

词法分析阶段是编译过程的第一个阶段。这个阶段的任务是从左到右一个字符一个字符地读入源程序，对构成源程序的字符流进行扫描和分解，从而识别出一个个单词（也称单词符

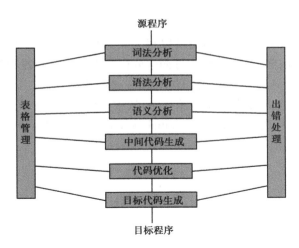

图 6.51　编译的各个阶段

号或符号）。这里所谓的单词是指逻辑上紧密相连的一组字符,这些字符具有集体含义。比如标识符用于表示变量名,是由字母字符开头,后跟字母、数字字符的字符序列组成的一种单词。保留字(关键字或基本字)是一种单词,此外还有算符、界符等。例如某源程序片段如下:

　　begin var sum,first,count: real; sum:　= first + count * 10 end.

词法分析阶段将构成这段程序的字符组成了如下 19 个单词序列:

- 保留字 begin
- 保留字 var
- 标识符 sum
- 逗号 ,
- 标识符 first
- 逗号 ,
- 标识符 count
- 冒号 :
- 保留字 real
- 分号 ;
- 标识符 sum
- 赋值号: =
- 标识符 first
- 加号 +
- 标识符 count
- 乘号 *
- 整数 10
- 保留字 end
- 界符 ·

　　可以看出,五个字符即 b,e,g,i 和 n 构成了一个称为保留字的单词 begin,两个字符即":"和" ="构成了表示赋值运算的符号": = "。这些单词间的空格在词法分析阶段都被过滤掉了。

我们知道,标识符用于表示变量名,可以很方便地使用 id1,id2 和 id3 分别表示 sum,first 和 count 三个标识符的内部形式,那么经过词法分析后上述程序片段中的赋值语句:

sum: = first + count ∗ 10 则表示为 id1: = id2 + id3 ∗ 10

词法分析阶段的任务是读字符流的源程序,从中识别并构成单词。

一个 Pascal 源程序片段:position : = initial + rate ∗ 60;词法分析后可能返回:

单词类型 单词值

标识符 position

算符(赋值): =

标识符 initial

算符(加) +

标识符 rate

算符(乘) ∗

整数 60

界符(分号);

一个 C 源程序片段:

int a;

a = a + 2;

词法分析后可能返回:

单词类型 单词值

保留字 int

标识符 a

界符 ;

标识符 a

算符(赋值) =

标识符 a

算符(加) +

整数 2

界符 ;

有关的英文:

词法分析——lexical analysis 或者 scanning

单词——token

保留字——reserved word

标识符——identifier(user-defined name)

6.4.3 语法分析

语法分析是编译过程的第二个阶段。语法分析的任务是在词法分析的基础上将单词序列分解成各类语法短语,如"程序""语句""表达式"等。一般这种语法短语,也称语法单位可表示成语法树,比如上述程序段中的单词序列。

id1：＝id2＋id3＊10，经语法分析得知其是 PASCAL 语言的"赋值语句"，表示成如图 6.52 所示的语法树或是图 6.53 所示的形式。

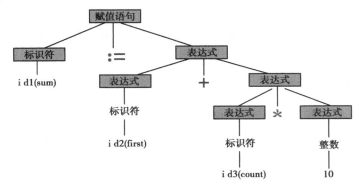

图 6.52 语句 id1：＝id2＋id3＊10 的语法树

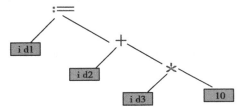

图 6.53 语句 id1：＝id2＋id3＊10 的语法树的另一种形式

语法分析所依据的是语言的语法规则，即描述程序结构的规则。通过语法分析确定整个输入串是否构成一个语法上正确的程序。程序的结构通常是由递归规则表示的，例如，我们可以用下面的规则来定义表达式：

①任何标识符是表达式。

②任何常数（整常数、实常数）是表达式。

③若表达式 1 和表达式 2 都是表达式，那么，表达式 1＋表达式 2 以及表达式 1 ＊ 表达式 2 都是表达式。

类似地，语句也可以递归地定义，如

①标识符：＝表达式是语句。

②while（表达式）do 语句和 if（表达式）then 语句、else 语句都是语句。

词法分析和语法分析本质上都是对源程序的结构进行分析。但词法分析的任务仅对源程序进行线性扫描即可完成，比如识别标识符，因为标识符的结构是字母打头的字母和数字串，这只要顺序扫描输入流，遇到既不是字母又不是数字字符时，将前面所发现的所有字母和数字组合在一起而构成单词标识符。但这种线性扫描则不能用于识别递归定义的语法成分，比如就无法仅用线性扫描去匹配表达式中的括号。

语法分析的功能是进行层次分析，把源程序的单词序列组成语法短语（表示成语法树），依据的是语法规则。Pascal 语言的赋值语句的规则为：

＜赋值语句＞：：＝＜标识符＞"：＝"＜表达式＞

＜表达式＞：：＝＜表达式＞"＋"＜表达式＞

＜表达式＞：：＝＜表达式＞"＊"＜表达式＞

<表达式> : : = "(" <表达式> ")"

<表达式> : : = id

<表达式> : : = n

单词序列 id1 : = id2 + id3 * 10 之所以能表示成图 6.52 的语法树,依据的是赋值语句和表达式的定义规则。

6.4.4　语义分析

语义分析阶段的任务是审查源程序有无语义错误。源程序中有些语法成分,按照语法规则去判断,它是正确的,但它不符合语义规则。比如使用了没有声明的变量;或者给一个过程名赋值;或者调用函数时参数类型不合适;或者参加运算的两个变量类型不匹配等。比如下边的程序片段:

int arr[2], c;

c = arr1 * 10;

其中的赋值语句是符合语法规则的,但是因为没有声明变量 arr1,而存在语义错。

请你说出 error1 和 error2 分别违背了什么语义规则,warning 呢?

Program p(input, output);

Var rate : real;

procedure initial;

…

position : = initial + rate * 60

/ * error1 * / / * error2 * / / * warning1 * /;

现在的程序段只剩下一个警告错误了

Program p(input, output);

Var rate : real;

Var initial : real;

Var position : real;

…

position : = initial + rate * 60

…

一般,语义分析的工作还包括类型审查,类型提升以及为代码生成阶段收集类型信息。比如审查每个算符是否实施于具有语言规范允许的运算对象,当不符合语言规范时,编译程序应报告错误。又比如对实数用作数组下标的情况报告错误。又比如某些语言规定运算对象可被强制,那么当二目运算施于一个整型量和一个实型量时,编译程序应将整型量自动转换成实型量而不能认为是源程序的错误,或者给出警告信息后将整型量自动转换成实型量。

假如在赋值语句 sum : = first + count * 10 中,算符 * 的两个运算对象分别是 count 和 10,而 count 是实型变量,10 是整型量。语义分析阶段进行类型审查之后,将整型量提升为实型量。在语法分析所得到的分析树上增加一个一目算符结点,这个结点的名称为 inttoreal,表示进行将整型量变成实型量的语义处理,那么,图 6.53 所示的树变成图 6.54 所示的那样。

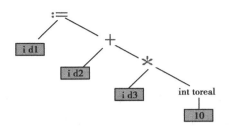

图 6.54　插入语义处理结点的树

6.4.5　中间代码生成

在进行了上述的词法分析、语法分析和语义分析阶段的工作之后,有的编译程序将源程序变成一种内部表示形式,这种内部表示形式叫作中间语言或中间代码。所谓"中间代码"是一种结构简单、含义明确的记号系统,这种记号系统可以设计为多种多样的形式,重要的设计原则为两点:一是容易生成;二是容易将它翻译成目标代码。很多编译程序采用了一种近似"三地址指令"的"四元式"中间代码,这种四元式的形式为:(运算符,运算对象 1,运算对象 2,结果)。

比如源程序 sum: = first + count ∗ 10 可生成四元式序列,如图 6.55 所示,其中 $ti(i = 1,2,3)$ 是编译程序生成的临时名字,用于存放运算结果。

(1)	(inttoreal	10	—	t1)
(2)	∗	Id3	T1	t2)
(3)	+	Id2	T2	t3)
(4)	: =	t3	—	id1)

图 6.55　id1: = id2 + id3 ∗ 10 的四元式序列

四元式(运算符,运算对象 1,运算对象 2,结果)常写成赋值语句的形式(结果 = 运算对象 1 运算符 运算对象 2),比如 C 语言的源程序 a = b ∗ c + b ∗ d 的四元式序列为:

①t1 = b ∗ c

②t2 = b ∗ d

③t3 = t1 + t2

④a = t3

翻译分支、循环和函数调用等语句时,四元式的生成通常要比上述例子复杂些。比如源程序:

if(a < = b)

a = a - c;

c = b ∗ c;

翻译成的四元式:

t1 = a > b

if t1 goto l

t2 = a - c

a = t2

l : t3 = b * c

c = t3

6.4.6　中间代码优化

代码优化阶段的任务是对前阶段产生的中间代码进行变换或改造,目的是使生成的目标代码更为高效,即省时间和省空间。比如图 6.55 所示的代码可变换为图 6.56 所示的代码,仅剩了两个四元式而执行同样的计算。也就是编译程序的这个阶段已经把将 10 转换成实型数的代码化简掉了,同时因为 t3 仅仅用来将其值传递给 id1,也可以被化简掉,这只是优化工作的两个方面。

源语句id1:=id2+id3*10的代码序列

(1)	(inttoreal	10	–	t1)
(2)	(*	i d3	t1	t2)
(3)	(+	i d2	t2	t3)
(4)	(:=	t3	–	i d1)

经优化变换→优化的代码序列

| (1) | (* | i d3 | 10.0 | t1) |
| (2) | (+ | i d2 | t1 | id1) |

图 6.56　id1 : = id2 + id3 * 10 优化后的四元式序列

代码优化工作会降低编译程序的编译速度,因此编译优化阶段常常作为可选择阶段,编译程序具有控制机制以允许用户在编译速度和目标代码的质量间进行权衡。

6.4.7　目标代码生成

目标代码生成阶段的任务是把中间代码变换成特定机器上的绝对指令代码或可重定位的指令代码或汇编指令代码。这是编译的最后阶段,它的工作与硬件系统结构和指令含义有关,这个阶段的工作很复杂,涉及硬件系统功能部件的运用、机器指令的选择、各种数据类型变量的存储空间分配以及寄存器和后缓寄存器的调度等。

例如,使用两个寄存器(R1 和 R2),如图 6.56 所示的中间代码可生成如图 6.57 所示的某汇编代码。

(1)	MOVF	i d3	R2
(2)	MOLF	#10.0	R2
(3)	MOVF	i d2	R1
(4)	ADDF	R1	R2
(5)	MOV	R1	i d1

图 6.57　目标代码

第一条指令将 id3 的内容送至寄存器 R2,第二条指令将其与实常数 10.0 相乘,这里用#表明 10.0 处理为常数,第三条指令将 id2 移至寄存器 R1,第四条指令加上前面计算出的 R2 中的值,第五条指令将寄存器 R1 的值移到 id1 的地址中。这些代码实现了本节开头给的源程序片段的赋值。

　　前面说过,上述编译过程的阶段划分是一种典型的处理模式,事实上并非所有的编译程序都包括这样几个阶段。有些编译程序并不要中间代码,即不存在中间代码生成阶段;有些编译程序不进行优化,优化阶段即可省去;有些最简单的编译程序只有词法分析、语法分析、语义分析和目标代码生成。

　　编译程序的另外两个重要的工作是表格管理和出错处理。它们与上述 6 个阶段都有联系。编译过程中源程序的各种信息被保留在种种不同的表格里,编译各阶段的工作都涉及构造、查找或更新有关的表格,因此需要有表格管理的工作;如果编译过程中发现源程序有错误,编译程序应报告错误的性质和错误发生的地点,并且将错误所造成的影响限制在尽可能小的范围内,使得源程序的其余部分能继续被编译下去,有些编译程序还能自动校正错误,这些工作称为出错处理。

习　题

1. 选择题

(1)最早出现的计算机高级程序设计语言是(　　　)。

A. Plankalkul　　　　　　B. Fortran　　　　　　C. LISP　　　　　　D. Cobol

(2)数据处理领域最为广泛的程序设计语言是(　　　)。

A. Plankalkul　　　　　　B. Fortran　　　　　　C. LISP　　　　　　D. Cobol

(3)最早出现的解释型语言是(　　　)。

A. LISP　　　　　　B. Python　　　　　　C. Basic　　　　　　D. Simula

(4)最早出现的面向对象程序设计语言是(　　　)。

A. Pascal　　　　　　B. C++　　　　　　C. Java　　　　　　D. Simula

(5)Python 的基本执行方式是(　　　)。

A. 直接执行　　　　　　B. 编译执行　　　　　　C. 解释执行　　　　　　D. 汇编执行

(6)Python 的注释标志是(　　　)。

A. 双斜杠　　　　　　B. 惊叹号!　　　　　　C. 井号#　　　　　　D. 单引号'

(7)Python 的续行标志是(　　　)。

A. #　　　　　　B. \　　　　　　C. @　　　　　　D. -

(8)下列(　　　)是不合法的标识符。

A. _name　　　　　　B. student_name　　　　　　C. 56shanben　　　　　　D. WEEK

(9)下列(　　　)数据是合法的常量。

A. 12A　　　　　　B. 0O81　　　　　　C. 0x2H4　　　　　　D. 0XFF

(10)下列(　　　)是正确的复制语句。

A. x,y,z = 10　　　　　　　　　　　　B. x = 10,y = 10,z = 10

C. x = 10;y = 10;z = 10　　　　　　　　D. x y z = 10

(11)下列(　　　)数据的类型是列表类型。

A.[1,2,3]   B.(1,2,3)   C."123"   D.{1,2,3}

(12)判断两个对象是否为同一个对象使用的运算符是(   )。

A. ==   B. is   C. in   D. =

(13)关于 Python 语言的特点,以下选项中描述错误的是(   )。

A. Python 语言是非开源语言   B. Python 语言是跨平台语言

C. Python 语言是多模型语言   D. Python 语言是脚本语言

(14)设 a = int(input("input:")),下列(   )是不正确的。

A. if(a > 0):   B. if a > =0:

    pass   pass

C. if a =0:   D. if a = =0:

    pass   pass

(15)与数据元素本身的形式、内容、相对位置、个数无关的数是数据的(   )。

A. 运算方法   B. 存储结构   C. 逻辑结构   D. 存储实现

(16)以下说法正确的是(   )。

A. 数据元素是数据的最小单位

B. 数据项是数据的基本单位

C. 数据结构是带有结构的各数据元素的集合

D. 不相同的数据肯定有相同的逻辑结构

(17)在数据结构中,从逻辑上可以把数据结构分成(   )。

A. 动态结构和静态结构   B. 紧凑结构和非紧凑结构

C. 内部结构和外部结构   D. 线性结构和非线性结构

(18)下列叙述中正确的是(   )。

A. 一个算法的空间复杂度大,则其时间复杂度也必定大

B. 一个算法的空间复杂度大,则其时间复杂度必定小

C. 一个算法的时间复杂度大,则其时间复杂度必定小

D. 上述三种说法都不对

(19)具有线性结构的数据结构是(   )。

A. 图   B. 树   C. 广义表   D. 栈

(20)从表中任一结点出发,都能扫描整个表的是(   )。

A. 单链表   B. 顺序表   C. 循环链表   D. 静态链表

(21)在线性表的下列存储结构中,读取元素花费的时间最少的是(   )。

A. 单链表   B. 双链表   C. 循环链表   D. 顺序表

(22)词法分析器用于识别(   )。

A. 字符串   B. 语句   C. 单词   D. 标识符

(23)语法分析器则可以发现源程序中的(   )。

A. 语义错误   B. 语法和语义错误   C. 错误并校正   D. 语法错误

(24)编译程序是对(   )。

A. 汇编程序的翻译   B. 高级语言程序的解释执行

C. 机器语言的执行   D. 高级语言的翻译

（25）编译程序必须完成的工作有（　　　）。

（1）词法分析　　　　　（2）语法分析　　　　（3）语义分析

（4）代码生成　　　　　（5）之间代码生成　　（6）代码优化

A.（1）（2）（3）（4）　　　　　　　　　　B.（1）（2）（3）（4）（5）

C.（1）（2）（3）（4）（5）（6）　　　　　　D.（1）（2）（3）（4）（6）

2.填空题

（1）最早的高级语言是_____。

（2）第一个面向组件的编程语言是_____。

（3）根据程序设计语言发展的历程，可将程序设计语言分为_____、_____、_____、_____。

（4）数据结构被形式地定义为（D，R），其中 D 是_____的有限集合，R 是 D 上的_____有限集合。

（5）数据结构包括数据的_____、数据的_____和数据的_____这三个方面的内容。

（6）数据结构按逻辑结构可分为两大类，它们分别是_____和_____。

（7）线性结构中元素之间存在_____关系，树形结构中元素之间存在_____关系，图形结构中元素之间存在多对多关系。

（8）编译程序的工作过程一般可以划分为_____，_____，_____，_____，_____等几个基本阶段，同时还会伴有_____和_____。

（9）若源程序是用高级语言编写的，目标程序是_____，则其翻译程序称为编译程序。

（10）语法分析最常用的两类方法是_____和_____分析法。

3.简答题

（1）程序设计语言经历了几个发展历程？请简要阐述。

（2）面向对象程序设计的特点有哪些？请简要阐述。

（3）Python 语言的特点有哪些？请简要阐述。

（4）Python 的标准数据类型有几种？请简要阐述。

（5）经常采用的算法方法有哪些？请简要阐述。

（6）从逻辑上可以把数据结构分为几种结构？请简要阐述。

（7）数据的存储结构有几种基本方法？请简要阐述。

（8）编译过程有几个阶段？请简要阐述。

第 *7* 章
软件开发基础

计算机专业人员的一项重要工作是开发软件,软件开发是根据用户要求,建造出软件系统或者系统中的软件部分的过程。软件开发是一项包括需求捕捉、需求分析、设计、实现和测试的系统工程。软件一般是用某种程序设计语言来实现的。通常采用软件开发工具可以进行开发。软件分为系统软件和应用软件,并不只是包括可以在计算机上运行的程序,与这些程序相关的文件一般也被认为是软件的一部分。软件设计思路和方法的一般过程,包括设计软件的功能和实现的算法和方法、软件的总体结构设计和模块设计、编程和调试、程序联调和测试以及编写、提交程序。特别是中大规模软件的开发,开发软件以程序设计能力作为基础,以软件工程知识作为指导,以数据库知识作为支撑。本章内容包含数据库以及软件工程相关基础知识,介绍了软件工程在软件开发中的基本概念,以及数据库系统与信息系统的基本概念和基本知识,了解软件开发的工程化方法等。

学习目标

- 理解数据库的基本概念
- 理解关系数据库基本概念及其 SQL 语言特点
- 理解软件工程的基本概念
- 了解软件工程的基本原则及开发步骤

7.1 数据库原理及应用

数据库技术是计算机科学技术中发展最快、应用最广泛的领域之一,它是计算机信息系统与应用程序的核心技术和重要基础。使用数据库管理能够科学有效地管理大量的数据,它在各个领域的发展发挥着重要作用。

7.1.1 关系数据库

数据库(Database,DB)是长期存储在计算机内的、有组织的、可共享的相关数据集合。对大批量数据的存储和管理,数据库技术是非常有效的。数据库中的数据按一定的数据模型组织、描述和存储,具有较低的数据冗余度、较高的数据独立性,并且可以为多个用户共享。

数据库管理系统(Database Management System,DBMS)是位于用户和操作系统之间的一层数据管理软件,主要完成数据定义、数据操纵、数据库的运行管理和数据库的维护等功能。

数据库应用系统是以数据库为核心的,在数据库管理系统的支持下完成一定的数据存储和管理功能的应用软件系统,数据库应用系统也称为数据库系统(Database System,DBS)。

数据管理技术的发展大体上经历了 3 个阶段:人工管理阶段、文件系统阶段和数据库阶段。

人工管理阶段大致发生于计算机诞生的前十年,它主要用于科学计算,数据处理都是批处理,数据由应用程序管理,运算得到的结果也不保存,所用的存储设备也只有磁带、纸袋和卡片。

相对于人工管理,文件系统是一大进步。而数据库技术的出现,是数据管理技术发展的又一次跨越。与文件系统相比,数据库技术是面向系统的,而文件系统则是面向应用的。所以形成了数据库系统两个鲜明的特点:

(1)数据库系统的数据冗余度低,数据共享度高

由于数据库系统是从整体角度上看待和描述数据,所以数据库中同样的数据不会多次出现,从而降低了数据冗余度,减少了数据冗余带来的数据冲突和不一致性问题,也提高了数据的共享度。

(2)数据库系统的数据和程序之间具有较高的独立性

由于数据库系统提供了内模式和外模式之间的两级映像功能,使得数据具有高度的物理独立性和逻辑独立性。当数据的物理结构(内模式)发生变化或数据的全局逻辑结构(外模式)改变时,它们对应的应用程序不需要改数据模型,它是数据特征的抽象,是对数据库如何组织的一种模型化表示。这两层映像机制保证了数据库系统中数据的逻辑独立性和物理独立性(图 7.1)。

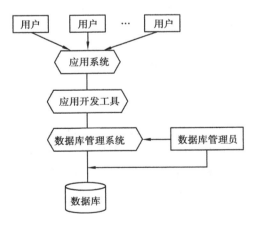

图 7.1　DBMS 架构示意图

数据模型是数据特征的抽象,它是对数据库如何组织的一种模型化表示,是数据库系统的核心与基础。它具有数据结构、数据操作和完整性约束条件三要素。从逻辑层次上看,常用的数据模型是层次模型、网状模型和关系模型,而且目前使用最广泛的是关系模型。

关系数据库,是建立在关系数据库模型基础上的数据库,借助于集合代数等概念和方法来处理数据库中的数据,同时也是一个被组织成一组拥有正式描述性的表格,该形式的表格作用的实质是装载着数据项的特殊收集体,这些表格中的数据能以许多不同的方式被存取或重新召集而不需要重新组织数据库表格。关系数据库的定义造成元数据的一张表格或造成表格、列、范围和约束的正式描述。每个表格(有时被称为一个关系)包含用列表示的一个或更多的数据种类。每行包含一个唯一的数据实体,这些数据是被列定义的种类。当创造一个关系数据库的时候,用户能定义数据列的可能值的范围和可能应用于哪个数据值的进一步约束。而SQL语言是标准用户和应用程序到关系数据库的接口。其优势是容易扩充,且在最初的数据库创造之后,一个新的数据种类能被添加而不需要修改所有的现有应用软件。主流的关系数据库有 Oracle、DB2、SQL server、Sybase、MySQL 等。

7.1.2　关系数据库语言

SQL 语言是在 1974 年由 Boyce 和 Chamberlin 提出的,并首先在 IBM 公司研制的关系数据库系统 System R 上实现。由于它具有功能丰富、使用方便灵活、语言简洁易学等突出的优点,深受计算机工业界和计算机用户的欢迎。1980 年 10 月,经美国国家标准局(ANSI)的数据库委员会 X3H2 批准,将 SQL 作为关系数据库语言的美国标准,同年公布了标准 SQL,此后不久,国际标准化组织(ISO)也出台了同样的规定。

1986 年 10 月,美国国家标准局批准采用 SQL 作为关系数据库语言的美国标准,1987 年国际标准化组织将之采纳为国际标准。ANSI 并于 1989 年公布了 SQL-89 标准,后来又公布了新的标准 SQL-99 和 SQL3。目前所有主要的关系数据库管理系统都支持某种形式的 SQL,大部分都遵守 SQL-89 标准。

SQL 的核心部分相当于关系代数,但又具有关系代数所没有的许多特点,如聚集、数据库更新等。它是一个综合的、通用的、功能极强的关系数据库语言。从功能上可以分为 3 部分:数据定义、数据操纵和数据控制。SQL 由于其功能强大,简洁易学,从而被程序员、数据库管理员和终端用户广泛使用。其主要特点如下:

(1)一体化

SQL 集数据定义 DDL、数据操纵 DML 和数据控制 DCL 于一体,可以完成数据库中的全部工作。

(2)灵活的使用方式

SQL 具有两种使用方式,统一的语法结构。一是联机交互使用,这种方式下的 SQL 实际上是作为自含型语言使用的;另一种方式是嵌入某种高级程序设计语言(如 C 语言等)中去使用。前一种方式适合于非计算机专业人员使用,后一种方式适合于专业计算机人员使用。尽管使用方式不同,但所用语言的语法结构基本上是一致的。

(3)非过程化

SQL 是一种第四代语言(4GL),用户只需要提出"干什么",无须具体指明"怎么干",像存取路径选择和具体处理操作等均由系统自动完成。

(4)语言简洁,易学易用

尽管 SQL 的功能很强,但语言十分简洁,在 ANSI 标准中,只包含了 94 个英文单词,核心功能只用 6 个动词,语法接近英语口语,所以用户很容易学习和使用。

7.1.3　常用数据库管理系统

数据库管理系统对数据库进行统一的管理和控制,以保证数据库的安全性和完整性。用户通过 DBMS 访问数据库中的数据,数据库管理员也通过 DBMS 进行数据库的维护工作。它可以支持多个应用程序和用户用不同的方法在同时或不同时刻去建立,修改和询问数据库。大部分 DBMS 提供数据定义语言 DDL(Data Definition Language) 和数据操作语言 DML(Data Manipulation Language),供用户定义数据库的模式结构与权限约束,实现对数据的追加、删除等操作。

近年来,计算机科学技术不断发展,关系数据库管理系统也不断发展和进化,MySQL AB 公司(2009 年被 Oracle 公司收购)的 MySQL、Microsoft 公司的 Access 等是小型关系数据库管理系统的代表,Oracle 公司的 Oracle、Microsoft 公司的 SQL Server、IBM 公司的 DB2 等是功能强大的大型关系数据库管理系统的代表,中大规模的数据库应用系统需要系统能够存储大量的数据,要有良好的性能,要能保证系统和数据的安全性以及维护数据的完整性,要具有自动高效的加锁机制以支持多用户的并发操作,还要能够进行分布式处理等,大型数据库管理系统能够很好地满足这些要求。

市场上比较流行的数据库管理系统产品主要是 Oracle、IBM、Microsoft 和 Sybase、MySQL 等公司的产品。

(1) Oracle **数据库**

Oracle 数据库(图 7.2) 被认为是业界比较成功的关系型数据库管理系统。Oracle 的数据库产品被认为是运行稳定、功能齐全、性能超群的贵族产品。对于数据量大、事务处理繁忙、安全性要求高的企业,Oracle 无疑是比较理想的选择。随着 Internet 的普及,Oracle 适时地将自己的产品紧密地和网络计算结合起来,成为在 Internet 应用领域数据库厂商的佼佼者。

图 7.2　Oracle 公司标志

Oracle 数据库可以运行在 UNIX,Windows 等主流操作系统平台,完全支持所有的工业标准,并获得了最高级别的 ISO 标准安全性认证。Oracle 采用完全开放策略,可以使客户选择最适合的解决方案,同时对开发商提供全力支持。

(2) DB2

DB2 是 IBM 公司的产品,是一个多媒体、Web 关系型数据库管理系统,其功能足以满足大中型公司的需要,并可灵活地服务于中小型电子商务解决方案。1968 年 IBM 公司推出的 IMS (Information Management System) 是层次数据库系统的典型代表,是第一个大型的商用数据库管理系统。1970 年,IBM 公司的研究员首次提出了数据库系统的关系模型,开创了数据库关系方法和关系数据理论的研究,为数据库技术奠定了基础。财富 100 强企业中的 100% 和财富 500 强企业中的 80% 都使用了 IBM 的 DB2 数据库产品。DB2 的另一个非常重要的优势在于基于 DB2 的成熟应用非常丰富。2001 年,IBM 公司兼并了世界排名第四的著名数据库公司

Informix,并将其所拥有的先进特性融入 DB2 中,使 DB2 系统的性能和功能有了进一步提高。

（3）Sybase **系列**

Sybase 公司成立于 1984 年 11 月,产品研究和开发包括企业级数据库、数据复制和数据访问。Sybase ASE 是其主要的数据库产品,可以运行在 UNIX 和 Windows 平台。Sybase Warehouse Studio 在客户分析、市场划分和财务规划方面提供了专门的分析解决方案。Warehouse Studio 的核心产品有 Adaptive Server IQ,从底层设计的数据存储技术能快速查询大量数据。围绕 Adaptive Server IQ 有一套完整的工具集,包括数据仓库或数据集市的设计、各种数据源的集成转换、信息的可视化分析以及关键客户数据(元数据)的管理。

（4）Microsoft SQL Server **系列**

SQL Server 是 Microsoft 公司推出的关系型数据库管理系统(图 7.3)。它具有使用方便、可伸缩性好、相关软件集成程度高等优点,可跨越从运行 Microsoft Windows 98 的膝上型电脑到运行 Microsoft Windows 2012 的大型多处理器的服务器等多种平台。

图 7.3　SQL Server 系列图

Microsoft SQL Server 是一个全面的数据库平台,使用集成的商业智能（BI）工具提供了企业级的数据管理。Microsoft SQL Server 数据库引擎为关系型数据和结构化数据提供了更安全可靠的存储功能,使用户可以构建和管理用于业务的高可用和高性能的数据应用程序。

（5）MySQL **系列**

MySQL 是一个关系型数据库管理系统,由瑞典 MySQL AB 公司开发,属于 Oracle 旗下产品。MySQL 是最流行的关系型数据库管理系统之一,在 Web 应用方面,MySQL 是最好的 RDBMS(Relational Database Management System,关系数据库管理系统) 应用软件之一。

MySQL 是一种关系型数据库管理系统,关系数据库将数据保存在不同的表中,而不是将所有数据放在一个大仓库内,这样就增加了速度并提高了灵活性。

MySQL 所使用的 SQL 语言是用于访问数据库的最常用标准化语言。MySQL 软件采用了双授权政策,分为社区版和商业版,由于其体积小、速度快、总体拥有成本低,尤其是开放源码这一特点,使一般中小型网站的开发都选择 MySQL 作为网站数据库。

7.1.4　数据库应用系统开发工具

早期的数据库应用于比较简单的单机系统,数据库管理系统选用 Database、FoxBASE、Fox-Pro 等,这些系统自身带有开发环境,特别是后来出现的 Visual FoxPro 带有功能强大、使用方便的可视化开发环境,所以这时的数据库应用系统开发可以不用再选择开发工具。

随着计算机技术(特别是网络技术)和应用需求的发展,数据库应用模式已逐步发展到 C/S 模式和 B/S 模式,数据库管理系统需要选用功能强大的 Oracle、SQL Server、DB2 等,虽然说借助于其自身的开发环境也可以开发出较好的应用系统,但效率较低,不能满足实际开发的需要。选用合适的开发工具成为提高数据库应用系统开发效率和质量的一个重要因素。

针对这种需要,1991 年美国 Powersoft 公司(1995 年被 Sybase 收购)推出了 PowerBuilder 1.0,这是一个基于 C/S 模式的面向对象的可视化开发工具,一经推出就受到了广泛的欢迎,连续 4 年被评为世界风云产品,获得多项大奖,曾在 C/S 领域的开发工具中占有主要的市场份额。Powersoft 公司不断推出新的版本,1995 年推出 PowerBuilder 4.0,1996 年推出 PowerBuilder 5.0,后来又相继推出了 PowerBuilder 6.0、7.0、8.0、9.0、11、12 等版本,功能越来越强大,使用越来越方便。目前,常用于数据库应用系统的开发语言还有 C#、Java、ASP、ASP. NET 和 PHP 等。

7.1.5　数据库设计

数据库设计(Database Design)是指对于一个给定的应用环境,构造最优的数据库模式,建立数据库及其应用系统,使之能够有效地存储数据,满足各种用户的应用需求(信息要求和处理要求)。在数据库领域内,常常把使用数据库的各类系统统称为数据库应用系统。

数据库设计要与整个数据库应用系统的设计开发结合起来进行,只有设计出高质量的数据库,才能开发出高质量的数据库应用系统,也只有着眼于整个数据库应用系统的功能要求,才能设计出高质量的数据库。

数据库设计包括如下 6 个主要步骤。

(1)需求分析

了解用户的数据需求、处理需求、安全性及完整性要求。

(2)概念设计

通过数据抽象,设计系统概念模型,一般为 ER 模型。

(3)逻辑结构设计

设计系统的模式和外模式,对于关系模型主要是基本表和视图。

(4)物理结构设计

设计数据的存储结构和存取方法,如索引的设计。

(5)系统实施

组织数据入库、编制应用程序、试运行。

(6)运行维护

系统投入运行,长期的维护工作。

7.1.6　数据库的发展

数据模型是数据库技术的核心和基础,因此,对数据库系统发展阶段的划分应该以数据模型的发展演变作为主要依据和标志。按照数据模型的发展演变过程,数据库技术从开始到如今短短的 30 年中,主要经历了 3 个发展阶段:第一代是层次和网状数据库系统,第二代是关系数据库系统,第三代是以面向对象数据模型为主要特征的数据库系统。数据库技术与网络通信技术、人工智能技术、面向对象程序设计技术、并行计算技术等相互渗透、有机结合,成为当代数据库技术发展的重要特征。

第一代数据库系统是 20 世纪 70 年代研制的层次和网状数据库系统。层次数据库系统的典型代表是 1969 年 IBM 公司研制出的层次模型的数据库管理系统 IMS。20 世纪 60 年代末、70 年代初,美国数据库系统语言协会 CODASYL(Conference on Data System Language)下属的数据库任务组 DBTG(Data Base Task Group)提出了若干报告,被称为 DBTG 报告。DBTG 报告确定并建立了网状数据库系统的许多概念、方法和技术,是网状数据库的典型代表。在 DBTG 思想和方法的指引下数据库系统的实现技术不断成熟,开发了许多商品化的数据库系统,它们都是基于层次模型和网状模型的。

可以说,层次数据库是数据库系统的先驱,而网状数据库则是数据库概念、方法、技术的奠基者。

第二代数据库系统是关系数据库系统。1970 年 IBM 公司的 San Jose 研究试验室的研究员 Edgar F. Codd 发表了题为《大型共享数据库数据的关系模型》的论文,提出了关系数据模型,开创了关系数据库方法和关系数据库理论,为关系数据库技术奠定了理论基础。Edgar F. Codd 于 1981 年被授予 ACM 图灵奖,以表彰他在关系数据库研究方面的杰出贡献。

20 世纪 70 年代是关系数据库理论研究和原型开发的时代,其中以 IBM 公司的 San Jose 研究试验室开发的 System R 和 Berkeley 大学研制的 Ingres 为典型代表。大量的理论成果和实践经验终于使关系数据库从实验室走向了社会,因此,人们把 20 世纪 70 年代称为数据库时代。20 世纪 80 年代,几乎所有新开发的系统均是关系型的,其中涌现出了许多性能优良的商品化关系数据库管理系统,如 DB2、Ingres、Oracle、Informix、Sybase 等。这些商用数据库系统的应用使数据库技术日益广泛地应用到企业管理、情报检索、辅助决策等方面,成为实现和优化信息系统的基本技术。

第三代数据库系统是以面向对象数据模型为主要特征的数据库系统,自 20 世纪 80 年代以来,数据库技术在商业上的巨大成功刺激了其他领域对数据库技术需求的迅速增长。这些新的领域为数据库应用开辟了新天地,并在应用中提出了一些新的数据管理的需求,推动了数据库技术的研究与发展。

1990 年,高级 DBMS 功能委员会发表了《第三代数据库系统宣言》,提出了第三代数据库管理系统应具有的 3 个基本特征:首先应支持数据管理、对象管理和知识管理;其次必须保持或继承第二代数据库系统的技术;最后,必须对其他系统开放。

7.2　软件工程

随着计算机应用日益普及和深化,计算机软件数量以惊人的速度急剧膨胀。而且现代软件的规模往往十分庞大,包含数百万行代码,是耗资几十亿美元,花费几千人,耗费几年时间的劳动才开发出来的软件产品,现在已经屡见不鲜了。例如,Windows 3.1 约有 250 万行代码,曾被广泛使用的 Windows XP 的开发历时 3 年,代码约有 4 000 万行,耗资 50 亿美元,仅产品促销就花费了 2.5 亿美元。为了降低软件开发的成本,提高软件的开发效率,20 世纪 60 年代末一门新的工程学科诞生了——软件工程学。

软件工程学是一门研究用工程化方法构建和维护有效的、实用的和高质量的软件的学科。它涉及程序设计语言、数据库、软件开发工具、系统平台、标准、设计模式等方面。

在现代社会中,软件应用于多个方面。典型的软件有电子邮件、嵌入式系统、人机界面、办公套件、操作系统、编译器、数据库、游戏等。同时,各个行业几乎都有计算机软件的应用,如工业、农业、银行、航空、政府部门等。这些应用促进了经济和社会的发展,也提高了工作效率和生活效率。

7.2.1　软件开发的复杂性

由于"软件危机"的产生,迫使人们不得不研究、改变软件开发的技术和管理方法,软件开发也进入了软件工程时代。

随着微电子学技术的进步,计算机硬件性能价格比平均每十年提高两个数量级,而且质量稳步提高;与此同时,计算机软件成本却在逐年上升且质量没有可靠的保证,软件开发的生产率也远远跟不上普及计算机应用的要求。可以说软件已经成为限制计算机系统发展的关键因素。20 世纪 60—70 年代,西方计算机科学家把软件开发和维护过程中遇到的一系列严重问题统称为"软件危机",软件开发的复杂性表现在如下几个方面。

①软件开发的生产率远远不能满足客观需要,使得人们不能充分利用现代计算机硬件所提供的巨大潜力。

②开发的软件产品往往与用户的实际需要相差甚远。软件开发过程中不能很好地了解并理解用户的需求,也不能适应用户需求的变化。

③软件产品质量与可维护性差。软件的质量管理没有贯穿到软件开发的全过程,直接导致所提交的软件存在很多难以改正的错误。软件的开发基本没有实现软件的可重用,软件也不能适应硬件环境的变化,也很难在原有软件中增加一些新的功能。再加之软件的文档资料通常既不完整也不合格,使得软件的维护变得非常困难。

④软件开发的进度计划与成本的估计很不准确。实际成本可能会比估计成本高出一个数量级,而实际进度却比计划进度延迟几个月甚至几年。开发商为了赶进度与节约成本会采取一些权宜之计,这往往会使软件的质量大大降低。这些现象极大地损害了软件开发商的信誉。

由上述的现象可以看出,所谓的"软件危机"并不仅仅表现在不能开发出完成预定功能的软件,更麻烦的是还包含那些如何开发软件、如何维护大量已经存在的软件以及开发速度如何匹配目前对软件越来越多的需求等相关的问题。

为了克服"软件危机",人们进行了不断的探索。有人从制造机器和建筑楼房的过程中得到启示,无论是制造机器还是建造楼房都必须按照规划→设计→评审→施工(制造)→验收→交付的过程来进行,那么在软件开发中是否也可以像制造机器与建造楼房那样有计划、有步骤、有规范地开展软件的开发工作呢?答案是肯定的。于是 20 世纪 60 年代末用工程学的基本原理和方法来组织和管理软件开发全过程的一门新兴的工程学科诞生了,这就是计算机软件工程学,通常简称为软件工程。

7.2.2　软件工程的基本原则

(1)用分阶段的生命周期计划严格管理
在软件开发与维护的漫长的生命周期中,需要完成许多性质各异的工作。这条基本原理意味着,应该把软件生命周期划分成若干个阶段,并相应地制订出切实可行的计划,然后严格按照计划对软件的开发与维护工作进行管理。在软件的整个生命周期中应该制订并严格执行六类计划,它们是项目概要计划、里程碑计划、项目控制计划、产品控制计划、验证计划、运行维护计划。不同层次的管理人员都必须严格按照计划各尽其职地管理软件开发与维护工作,绝不能受客户或上级人员的影响而擅自背离预定计划。

（2）坚持进行阶段评审

软件的质量保证工作不能等到编码阶段结束之后再进行。这样说至少有两个理由:第一,大部分错误是在编码之前造成的。例如,根据统计,设计错误占软件错误的63%,编码仅占37%;第二,错误发现与改正得越晚,所需付出的代价也越高。因此,在每个阶段都进行严格的评审,以便尽早发现在软件开发过程中所犯的错误,是一条必须遵循的重要原则。

（3）实行严格的产品控制

在软件开发过程中不应随意改变需求,因为改变一项需求往往需要付出较高的代价,但是,在软件开发过程中改变需求又是难免的,由于外部环境的变化,相应地改变用户需求是一种客观需要,显然不能硬性禁止客户提出改变需求的要求,而只能依靠科学的产品控制技术来顺应这种要求。也就是说,当改变需求时,为了保持软件各个配置成分的一致性,必须实行严格的产品控制,其中主要是实行基线配置,它们是经过阶段评审后的软件配置成分(各个阶段产生的文档或程序代码)。基线配置管理也称为变动控制:一切有关修改软件的建议,特别是对基准配置的修改建议,都必须按照严格的规程进行评审,获得批准以后才能实施修改。绝对不能谁想修改软件(包括尚在开发过程中的软件),就随意进行修改。

（4）用现代程序设计技术

从提出软件工程的概念开始,人们一直把主要精力用于研究各种新的程序设计技术。20世纪60年代末提出的结构程序设计技术,已经成为绝大多数人公认的先进的程序设计技术。以后又进一步发展出各种结构分析与结构设计技术。实践表明,采用先进的技术既可提高软件开发的效率,又可提高软件维护的效率。

（5）结果应能清楚地审查

软件产品不同于一般的物理产品,它是看不见摸不着的逻辑产品。软件开发人员(或开发小组)的工作进展情况可见性差,难以准确度量,从而使得软件产品的开发过程比一般产品的开发过程更难于评价和管理。为了提高软件开发过程的可见性,更好地进行管理,应该根据软件开发项目的总目标及完成期限,规定开发组织的责任和产品标准,从而使得所得到的结果能够清楚地审查。

（6）开发小组的人员应该少而精

软件开发小组的组成人员应素质良好,人数则不宜过多。开发小组人员的素质和数量是影响软件产品质量和开发效率的重要因素。素质高的人员的开发效率比素质低的人员的开发效率可能高几倍甚至几十倍,而且素质高的人员所开发的软件中的错误明显少于素质低的人员所开发的软件中的错误。此外,随着开发小组人员数目的增加,因为交流情况讨论问题而造成的通信开销也急剧增加。当开发小组人员数为 N 时($N>0$),可能的通信路径有 $N/2$ 条,可见随着人数 N 的增大,通信开销将急剧增加。因此,组成少而精的开发小组是软件工程的一条基本原理。

（7）承认不断改进软件工程实践的必要性

遵循上述 6 条基本原理，就能够按照当代软件工程基本原理实现软件的工程化生产，但是，仅有上述 6 条原理并不能保证软件开发与维护的过程能赶上时代前进的步伐，能跟上技术的不断进步。因此，承认不断改进软件工程实践的必要性作为软件工程的第 7 条基本原理。按照这条原理，不仅要积极主动地采纳新的软件技术，而且要注意不断总结经验。

7.2.3　软件开发方法

（1）面向对象的软件开发方法

面向对象（Object Oriented，OO）技术是软件技术的一次革命，在软件开发史上具有里程碑的意义。

随着 OOP（面向对象编程）向 OOD（面向对象设计）和 OOA（面向对象分析）的发展，最终形成面向对象的软件开发方法 OMT（Object Modelling Technique）。这是一种自底向上和自顶向下相结合的方法，而且它以对象建模为基础，从而不仅考虑了输入、输出数据结构，实际上也包含了所有对象的数据结构。所以 OMT 彻底实现了 PAM 没有完全实现的目标。不仅如此，OO 技术在需求分析、可维护性和可靠性这 3 个软件开发的关键环节和质量指标上有了实质性的突破，彻底地解决了在这些方面存在的严重问题，从而宣告了软件危机末日的来临。

OMT 的第一步是从问题的陈述入手，构造系统模型。从真实系统导出类的体系，即对象模型包括类的属性，与子类、父类的继承关系，以及类之间的关联。类是具有相似属性和行为的一组具体实例（客观对象）的抽象，父类是若干子类的归纳。因此这是一种自底向上的归纳过程。在自底向上的归纳过程中，为使子类能更合理地继承父类的属性和行为，可能需要自顶向下的修改，从而使整个类体系更加合理。由于这种类体系的构造是从具体到抽象，再从抽象到具体，符合人类的思维规律，因此能更快、更方便地完成任务。这与自顶向下的 Yourdon 方法构成鲜明的对照。在 Yourdon 方法中构造系统模型是最困难的一步，因为自顶向下的"顶"是一个空中楼阁，缺乏坚实的基础，而且功能分解有相当大的任意性，因此需要开发人员有丰富的软件开发经验。而在 OTM 中这一工作可由一般开发人员较快地完成。在对象模型建立后，很容易在这一基础上再导出动态模型和功能模型。这 3 个模型一起构成要求解的系统模型。

系统模型建立后的工作就是分解。与 Yourdon 方法按功能分解不同，在 OMT 中通常按服务（service）来分解。服务是具有共同目标的相关功能的集合，如 I/O 处理、图形处理等。这一步的分解通常很明确，而这些子系统的进一步分解因有较具体的系统模型为依据，也相对容易。所以 OMT 也具有自顶向下方法的优点，即能有效地控制模块的复杂性，同时避免了 Yourdon 方法中功能分解的困难和不确定性。

每个对象类由数据结构（属性）和操作（行为）组成，有关的所有数据结构（包括输入、输出数据结构）都成了软件开发的依据。因此 Jackson 方法和 PAM 中输入、输出数据结构与整个系统之间的鸿沟在 OMT 中不再存在。OMT 不仅具有 Jackson 方法和 PAM 的优点，而且可以应用于大型系统。更重要的是，在 Jackson 方法和 PAM 方法中，当它们的出发点——输入、输出数据结构（即系统的边界）发生变化时，整个软件必须推倒重来。但在 OMT 中系统边界的改变只是增加或减少一些对象而已，整个系统改动极小。

需求分析不彻底是软件失败的主要原因之一。这一危险依然存在。传统的软件开发方法不允许在开发过程中用户的需求发生变化，从而导致种种问题。正是由于这一原因，人们提出了原型化方法，推出探索原型、实验原型和进化原型，积极鼓励用户改进需求。在每次改进需求后又形成新的进化原型供用户试用，直到用户基本满意，大大提高了软件的成功率。但是它要求软件开发人员能迅速生成这些原型，这就要求有自动生成代码的工具的支持。

OMT彻底解决了这一问题。因为需求分析过程已与系统模型的形成过程相一致，开发人员与用户的讨论是从用户熟悉的具体实例（实体）开始的。开发人员必须搞清现实系统才能导出系统模型，这就使用户与开发人员之间有了共同的语言，避免了传统需求分析中可能产生的种种问题。

在OMT之前的软件开发方法都是基于功能分解的。尽管软件工程学在可维护方面作出了极大的努力，使软件的可维护性有较大的改进。但从本质上讲，基于功能分解的软件是不易维护的。因为功能一旦有变化都会使开发的软件系统产生较大的变化，甚至推倒重来。更严重的是，在这种软件系统中，修改是有困难的。由于种种原因，即使是微小的修改也可能引入新的错误。所以传统开发方法很可能会引起软件成本增长失控、软件质量得不到保证等一系列严重问题。正是OMT才使软件的可维护性有了质的改善。

OMT的基础是目标系统的对象模型，而不是功能的分解。功能是对象的使用，它依赖于应用的细节，并在开发过程中不断变化。由于对象是客观存在的，因此当需求变化时，对象的性质要比对象的使用更为稳定，从而使建立在对象结构上的软件系统也更为稳定。

更重要的是OMT彻底解决了软件的可维护性。在OO语言中，子类不仅可以继承父类的属性和行为，而且也可以重载父类的某个行为（虚函数）。利用这一特点，我们可以方便地进行功能修改：引入某类的一个子类，对要修改的一些行为（即虚函数或虚方法）进行重载，也就是对它们重新定义。由于不再在原来的程序模块中引入修改，所以彻底解决了软件的可修改性，从而也彻底解决了软件的可维护性。OO技术还提高了软件的可靠性和健壮性。

（2）可视化开发方法

可视化开发是20世纪90年代软件界最大的两个热点之一。随着图形用户界面的兴起，用户界面在软件系统中所占的比例也越来越大，有的甚至高达60%～70%。产生这一问题的原因是图形界面元素的生成很不方便。为此Windows提供了应用程序设计接口API（Application Programming Interface），它包含了600多个函数，极大地方便了图形用户界面的开发。但是在这批函数中，大量的函数参数和使用数量更多的有关常量，使基于Windows API的开发变得相当困难。为此Borland C++推出了Object Windows编程。它将API的各部分用对象类进行封装，提供了大量预定义的类，并为这些定义了许多成员函数。利用子类对父类的继承性，以及实例对类的函数的引用，应用程序的开发可以省却大量类的定义，省却大量成员函数的定义或只需作少量修改以定义子类。Object Windows还提供了许多标准的缺省处理，大大减少了应用程序开发的工作量。但要掌握它们，对非专业人员来说仍是一个沉重的负担。为此人们利用Windows API或Borland C++的Object Windows开发了一批可视开发工具。

可视化开发就是在可视开发工具提供的图形用户界面上，通过操作界面元素，诸如菜单、按钮、对话框、编辑框、单选框、复选框、列表框和滚动条等，由可视开发工具自动生成应用软件。

这类应用软件的工作方式是事件驱动。对每一事件，由系统产生相应的消息，再传递给相应的消息响应函数。这些消息响应函数是由可视开发工具在生成软件时自动装入的。

可视开发工具应提供的两大类服务如下：

1）生成图形用户界面及相关的消息响应函数

通常的方法是先生成基本窗口，并在它的外面以图标形式列出所有界面元素，让开发人员挑选后放入窗口指定位置。在逐一安排界面元素的同时，还可以用鼠标拖动，以使窗口的布局更加合理。

2）为各种具体的子应用的各个常规执行步骤提供规范窗口

它包括对话框、菜单、列表框、组合框、按钮和编辑框等，以供用户挑选。开发工具还应为所有的选择（事件）提供消息响应函数。

由于要生成与各种应用相关的消息响应函数，因此，可视化开发只能用于相当成熟的应用领域，如流行的可视化开发工具基本上用于关系数据库的开发。对一般的应用，可视化开发工具只能提供用户界面的可视化开发。至于消息响应函数（或称脚本），则仍需用高级语言（3GL）编写。只有在数据库领域才提供 4GL，使消息响应函数的开发大大简化。

从原理上讲，与图形有关的所有应用都可采用可视化开发方式，如活塞表面设计中的热应力计算。用户只需在界面上用鼠标修改活塞表面的曲线，应用软件就自动进行有限元划分、温度场计算、热应力计算，并将热应力的等值曲线图显示在屏幕上。最后几次生成的结果还可并列显示在各窗口上供用户比较，其中的一个主窗口还可让用户进一步修改活塞表面曲线。

许多工程科学计算都与图形有关，从而都可以开发相应的可视化计算的应用软件。

7.2.4　系统分析

从广义上说，系统分析就是系统工程；从狭义上说，就是对特定的问题，利用数据资料和有关管理科学的技术和方法进行研究，以解决方案和决策的优化问题的方法和工具。系统分析（Systems Analysis）这个词是美国兰德公司在 20 世纪 40 年代末首先提出的。最早是应用于武器技术装备研究，后来转向国防装备体制与经济领域。随着科学技术的发展，适用范围逐渐扩大，包括制订政策、组织体制、物流及信息流等方面的分析。20 世纪 60 年代初，我国工农业生产部门试行统筹方法，在国防科技部门出现"总体设计部"的机构，都使用了系统分析方法。美国兰德公司的代表人物之一希尔认为，系统分析的要素有 5 点：

①期望达到的目标；

②达到预期目标所需要的各种设备和技术；

③达到各方案所需的资源与费用；

④建立方案的数学模型；

⑤按照费用和效果优选的评价标准。

系统分析的步骤一般为：确立目标、建立模型、系统最优化（利用模型对可行方案进行优化）、系统评价（在定量分析的基础上，结合其他因素，综合评价选出最佳方案）。进行系统分析还必须坚持外部条件与内部条件相结合；当前利益与长远利益相结合；局部利益与整体利益相结合；定量分析与定性分析相结合的一些原则。新闻单位的自身体制改革的科学方法是系统分析。根据改革目标，建立新的体制模型；根据模型分析各变量因素及其关系，确立若干可行方案；再对方案进行评价，选择最佳方案。

7.2.5　系统设计

系统设计是根据系统分析的结果,运用系统科学的思想和方法,设计出能最大限度满足所要求的目标(或目的)的新系统的过程。系统设计内容,包括确定系统功能、设计方针和方法,产生理想系统并作出草案,通过收集信息对草案作出修正产生可选设计方案,将系统分解为若干子系统,进行子系统和总系统的详细设计并进行评价,对系统方案进行论证并作出性能效果预测。

系统设计总的原则是保证系统设计目标的实现,并在此基础上使技术资源的运用达到最佳。系统设计中,应遵循以下原则。

1)系统性原则

系统是一个有机整体。因此,系统设计中,要从整个系统的角度进行考虑,使系统有统一的信息代码、统一的数据组织方法、统一的设计规范和标准,以此来提高系统的设计质量。

2)经济性原则

经济性原则是指在满足系统要求的前提下,尽可能减少系统的费用支出。一方面,在系统硬件投资上不能盲目追求技术上的先进,而应以满足系统需要为前提。另一方面,系统设计中应避免不必要的复杂化,各模块应尽可能简洁。

3)可靠性原则

可靠性既是评价系统设计质量的一个重要指标,又是系统设计的一个基本出发点。只有设计出的系统是安全可靠的,才能在实际中发挥它应有的作用。一个成功的管理信息系统必须具有较高的可靠性,如安全保密性、检错及纠错能力、抗病毒能力、系统恢复能力等。

4)管理可接受的原则

一个系统能否发挥作用和具有较强的生命力,在很大程度上取决于管理上是否可以接受。因此,在系统设计时,要考虑到用户的业务类型、用户的管理基础工作、用户的人员素质、人机界面的友好程度、掌握系统操作的难易程度等诸多因素的影响。因此在系统设计时,必须充分考虑到这些因素,才能设计出用户可接受的系统。

系统设计的方法主要包括:结构化生命周期法(瀑布法)、原型化方法(迭代法)、面向对象方法。按时间过程来分,开发方法分为生命周期法和原型法,实际上还有许多处于中间状态的方法。原型法又按照对原型结果的处理方式分为试验原型法和演进原型法。试验原型法只把原型当成试验工具,试了以后就抛掉,根据试验的结论做出新的系统。演进原型法则把试好的结果保留,成为最终系统的一部分。按照系统的分析要素,可以把开发方法分为3类:

①面向处理的方法(Processing Oriented,PO);

②面向数据的方法(Data Oriented,DO);

③面向对象的方法(Object Oriented,OO)。

系统设计通常应用两种方法:一种是归纳法,另一种是演绎法应用归纳法进行系统设计的程序是:首先尽可能地收集现有的和过去的同类系统的系统设计资料;在对这些系统的设计、制造和运行状况进行分析研究的基础上,根据所设计的系统的功能要求进行多次选择,然后对少数几个同类系统作出相应修正,最后得出一个理想的系统。

7.2.6　系统实施

系统实施阶段是将新系统付诸实现的过程。它的主要活动是根据系统设计所提供的控制结构图、数据库设计、系统配置方案及详细设计资料,编制和调试程序,创建完整的管理系统,并进行系统的调试、新旧系统切换等工作,将逻辑设计转化为物理实际系统。

实施阶段的主要活动包括物理系统的建立、程序的编制、系统调试、系统切换、系统维护以及系统评价等。

7.2.7　系统运行与维护

为了清除系统运行中发生的故障和错误,软、硬件维护人员要对系统进行必要的修改与完善;为了使系统适应用户环境的变化,满足新提出的需要,也要对原系统做些局部的更新,这些工作称为系统维护。系统维护的任务是改正软件系统在使用过程中发现的隐含错误,扩充在使用过程中用户提出的新的功能及性能要求,其目的是维护软件系统的"正常运作"。这阶段的文档是软件问题报告和软件修改报告,它记录发现软件错误的情况以及修改软件的过程。

系统维护是面向系统中各个构成因素的,按照维护对象不同,系统维护的内容可分为以下几类:

1)系统应用程序维护

应用程序维护是系统维护的最主要内容。它是指对相应的应用程序及有关文档进行的修改和完善。系统的业务处理过程是通过应用程序的运行而实现的,一旦程序发生问题或业务发生变化,就必然地引起程序的修改和调整,因此系统维护的主要活动是对程序进行维护。

2)数据维护

数据库是支撑业务运作的基础平台,需要定期检查运行状态。业务处理对数据的需求是不断发生变化的,除了系统中主体业务数据的定期正常更新外,还有许多数据需要进行不定期的更新,或随环境或业务的变化而进行调整,以及数据内容的增加、数据结构的调整。此外,数据的备份与恢复等,都是数据维护的工作内容。

3)代码维护

代码维护是指对原有的代码进行的扩充、添加或删除等维护工作。随着系统应用范围的扩大,应用环境的变化,系统中的各种代码都需要进行一定程度的增加、修改、删除以及设置新的代码。

4)硬件设备维护

硬件设备维护主要就是指对主机及外设的日常维护和管理,如机器部件的清洗、润滑,设备故障的检修,易损部件的更换等,这些工作都应由专人负责,定期进行,以保证系统正常有效地工作。

5)机构和人员的变动

信息系统是人机系统,人工处理也占有重要地位,人的作用占主导地位。为了使信息系统的流程更加合理,有时涉及机构和人员的变动。这种变化往往也会影响对设备和程序的维护工作。

系统维护的重点是系统应用软件的维护工作,按照软件维护的不同性质划分为下述 4 种类型:

1)纠错性维护

由于系统测试不可能揭露系统存在的所有错误,因此在系统投入运行后频繁的实际应用过程中,就有可能暴露出系统内隐藏的错误。诊断和修正系统中遗留的错误,就是纠错性维护。纠错性维护是在系统运行中发生异常或故障时进行的,这种错误往往是遇到了从未用过的输入数据组合或是在与其他部分接口处产生的,因此只是在某些特定的情况下发生。有些系统运行多年以后才暴露出在系统开发中遗留的问题,这不足为奇。

2)适应性维护

适应性维护是为了使系统适应环境的变化而进行的维护工作。一方面计算机科学技术迅速发展,硬件的更新周期越来越短,新的操作系统和原来操作系统的新版本不断推出,外部设备和其他系统部件经常有所增加和修改,这就必然要求信息系统能够适应新的软硬件环境,以提高系统的性能和运行效率;另一方面,信息系统的使用寿命在延长,超过了最初开发这个系统时应用环境的寿命,即应用对象也在不断发生变化,机构的调整、管理体制的改变、数据与信息需求的变更等都将导致系统不能适应新的应用环境。如代码改变、数据结构变化、数据格式以及输入/输出方式的变化、数据存储介质的变化等,都将直接影响系统的正常工作。因此有必要对系统进行调整,使之适应应用对象的变化,满足用户的需求。

3)完善性维护

在系统的使用过程中,用户往往要求扩充原有系统的功能,增加一些在软件需求规范书中没有规定的功能与性能特征,以及对处理效率和编写程序的改进。例如,有时可将几个小程序合并成一个单一的运行良好的程序,从而提高处理效率;增加数据输出的图形方式;增加联机在线帮助功能;调整用户界面等。尽管这些要求在原来系统开发的需求规格说明书中并没有,但用户要求在原有系统基础上进一步改善和提高;并且随着用户对系统的使用和熟悉,这种要求可能不断提出。为了满足这些要求而进行的系统维护工作就是完善性维护。

4)预防性维护

系统维护工作不应总是被动地等待用户提出要求后才进行,应进行主动的预防性维护,即选择那些还有较长使用寿命,目前尚能正常运行,但可能将要发生变化或调整的系统进行维护,目的是通过预防性维护为未来的修改与调整奠定更好的基础。例如,将目前能应用的报表功能改成通用报表生成功能,以应付今后报表内容和格式可能的变化,根据对各种维护工作分布情况的统计结果,一般纠错性维护占 21%,适应性维护工作占 25%,完善性维护达到 50%,而预防性维护以及其他类型的维护仅占 4%,可见系统维护工作一半以上由工作室完善性维护。

7.2.8　软件开发工具

软件开发工具是用于辅助软件生命周期过程的基于计算机的工具。通常可以设计并实现工具来支持特定的软件工程方法,减少手工方式管理的负担。与软件工程方法一样,他们试图让软件工程更加系统化,工具的种类包括支持单个任务的工具及囊括整个生命周期的工具。

软件开发工具既包括传统的工具如操作系统、开发平台、数据库管理系统等,又包括支持需求分析、设计、编码、测试、配置、维护等的各种开发工具与管理工具。这里主要讨论支持软件工程的工具,这些工具通常是为软件工程直接服务的,所以人们也将其称为计算机辅助软件工程(Computer Aided Software Engineering, CASE)工具。CASE 是一组工具和方法集合,可以辅助软件开发生命周期各阶段进行软件开发。使用 CASE 工具的目标一般是为了降低开发成本,达到软件的功能要求、取得较好的软件性能,使开发的软件易于移植,降低维护费用,使开发工作按时完成并及时交付使用。

CASE有如下三大作用,这些作用从根本上改变了软件系统的开发方式。

①CASE是一个具有快速响应、专用资源和早期查错功能的交互式开发环境。

②使软件的开发和维护过程中的许多环节实现了自动化。

③通过一个强有力的图形接口,实现了直观的程序设计。

借助于CASE,计算机可以完成与开发有关的大部分繁重工作,包括创建并组织所有诸如计划、合同、规约、设计、源代码和管理信息等人工产品。另外,应用CASE还可以帮助软件工程师解决软件开发的复杂性并有助于小组成员之间的沟通,它包含计算机支持软件工程的所有方面,几种常用的CASE工具简介如下。

1)IBM Rational系列产品

Rational公司是专门从事CASE工具研制与开发的软件公司,2003年被IBM公司收购。该公司所研发的Rational系列软件是完整的CASE集成工具,贯穿从需求分析到软件维护的整个软件生命周期。其最大的特点是基于模型驱动,使用可视化方法来创建UML(Unified Modeling Language)模型,并能将UML模型直接转化为程序代码。IBM Rational系列产品主要由以下几部分构成:

①需求、分析与设计工具。核心产品是IBM Rational Rose,它集需求管理、用例开发、设计建模、基于模型的开发等功能于一身。

②测试工具。包括为开发人员提供的测试工具IBM Rational PurifyPlus和自动化测试工具IBM Rational Robot。Rational Robot可以对使用各种集成开发环境(DE)和语言建立的软件应用程序,创建、修改并执行自动化的功能测试、分布式功能测试、回归测试和集成测试。

③软件配置工具。IBM Rational ClearCase,包括版本控制、软件资产管理、缺陷和变更跟踪。

2)北大青鸟

北大青鸟系列CASE工具是北大青鸟软件有限公司开发研制的,在国内有较高的知名度,北京大学软件工程国家工程研究中心就设在该公司。其主要产品包括如下几个方面。

①面向对象软件开发工具集(JBOO/2.0)。该软件支持UML的主要部件,对面向对象的分类、设计和编程阶段提供建模与设计支持。

②构件库管理系统(JBCLMS)。青鸟构件库管理系统JBCLMS面向企业的构件管理需求,提供构件提交、构件检索、构件管理、构件库定制、反馈处理、人员管理和构件库统计等功能。

③项目管理与质量保证体系。该体系包括配置管理系统(JBCM)、过程定义与控制系统(BPM)、变化管理系统(JBCCM)等。JBCM系统主要包括基于构件的版本与配置管理、并行开发与协作支持、人员权限控制与管理、审计统计等功能。

④软件测试系统(Safepro)。Safepro是一系列的软件测试工具集,主要包括了面向C、C++、Java等不同语言的软件测试、理解工具。

3)版本控制工具

版本控制工具(Visual Source Safe,VSS)通过将有关项目文档,包括文本文件、图像文件、二进制文件、声音文件、视频文件,存入数据库进行项目研发管理工作。用户可以根据需要随时快速有效地共享文件。VSS的主要功能如下:

①文件检入与检出。用于保持文档内容的一致性,避免由于多人修改同一文档而造成内容的不一致。

②版本控制。VSS 可以保存每一个文件的多种版本,同时自动对文件的版本进行更新与管理。

③文件的拆分与共享。利用 VSS 可以很方便地实现一个文件同时被多个项目的共享,也可以随时断开共享。

④权限管理。VSS 定义了四级用户访问权限,以适应不同的操作。

习 题

1. 单选题

(1)数据库是( )。

A. 为了实现一定目的按某种规则和方法组织起来的数据的集合

B. 一些数据的集合

C. 辅助存储器上的一个数据库文件

D. 磁盘上的一个数据库文件

(2)英文缩写 DBMS 的中文解释是( )。

A. 数据库应用系统　　　 B. 数据库系统　　 C. 数据库管理系统　　 D. 数据库

(3)数据库系统是在( )基础上发展起来的。

A. 操作系统　　　　 B. 文件系统　　　 C. 应用程序系统　　 D. 数据管理

(4)开发软件所需高成本和产品的低质量之间有着尖锐的矛盾,这种现象称为( )。

A. 软件工程　　 B. 软件周期　　　 C. 软件危机　　　 D. 软件产生

(5)软件工程管理是对软件项目的开发管理,即对整个软件( )的一切活动的管理。

A. 软件项目　　 B. 生存期　　　 C. 软件开发计划　　 D. 软件开发

2. 填空题

(1)迄今为止,数据管理技术经历了人工、文件和_____发展阶段。

(2)SQL 语言提供数据库定义、_____、数据控制等功能。

(3)关系数据库数据操作的处理单位是_____,层次和网状数据库数据操作的处理单位是记录。

(4)软件生存周期一般可以划分为,问题定义、可行性研究、需求分析、设计、编码、_____和运行以及维护。

(5)从软件工程的观点来看,软件的开发要经历 3 个阶段:定义阶段、_____和支持阶段。

3. 简答题

(1)什么是数据库? 数据管理技术的发展经历了哪几个发展阶段?

(2)数据库管理系统的主要功能有哪些?

(3)软件开发分为哪几个阶段?

(4)简述 SQL 语言的特点。

第 **8** 章
计算机信息安全技术

计算机技术的发展,特别是计算机网络的广泛应用,对社会经济,科学和文化的发展产生了重大影响。与此同时,也不可避免地会带来一些新的社会、道德、政治和法律问题。例如,计算机网络使人们更迅速而有效地共享各领域的信息,但却出现了引起社会普遍关注的计算机犯罪问题。计算机犯罪是一种高技术型犯罪,由于其高隐蔽性和高破坏性的特点,对整个社会构成了极大的威胁。

学习目标

- 理解计算机信息安全的基本概念、涵盖的主要技术以及我国现行的法律法规
- 掌握计算机病毒的基本概念、特点和分类
- 掌握网络防火墙的基本概念
- 了解计算机职业道德方面的相关问题

8.1 信息安全概述

计算机信息安全问题是一个十分复杂的问题。通常将"信息系统安全"定义为:确保以电磁信号为主要形式的、在计算机网络化(开放互联)系统中进行自动通信、处理和利用的信息内容。对于网络安全来说包括两个方面:一方面包括的是物理安全,指网络系统中各通信、计算机设备及相关设施等有形物品的保护,使它们不受到雨水淋湿等;另一方面还包括通常所说的逻辑安全,包含信息完整性、保密性以及可用性等。物理安全和逻辑安全都非常重要,在任何一方面没有保护的情况下,网络安全就会受到影响,因此,在进行安全保护时必须合理安排,同时顾全这两个方面。

尽管信息系统安全是一个多维、多层次、多因素、多目标的体系,但信息系统安全的唯一和最终目标是保障信息内容在系统内的任何地方、任何时候和任何状态下的机密性、完整性和可用性。

8.1.1　计算机系统安全威胁

计算机信息安全问题是一个十分复杂的问题。尽管信息系统安全是一个多维、多层次、多因素、多目标的体系。第三方会利用各种技术，非法窃听、截取、篡改或者破坏信息，所有这些危及信息系统安全的活动一般称为安全攻击。常见的安全攻击有：

①信息内容的泄露：信息在存储和传输过程中，只有得到授权的用户才可以读取信息的内容，而第三方利用某种攻击手段，使得消息的内容被泄露或透露给某个非授权的实体。

②流量分析：第三方通过捕获某个网络的数据，通过分析通信双方的标志、通信频度、消息格式等信息来进行分析，获得对自己有用的信息，从而达到自己的目的。

③拒绝服务：攻击者通过发送大量信息，造成对某个设备请求的资源数量超过其能够供给的数量，从而阻止合法用户对信息或其他资源的合法访问，造成合法用户得不到应有的服务。

④伪造：指一个实体冒充另一个实体。

⑤篡改：第三方在通信双方通信过程中，捕获数据，对用户之间的通信消息进行修改或者改变消息的顺序后发送给接收方。

⑥重放：第三方捕获通信双方的通信数据，将获得的信息再次发送给用户，以期望获得合法用户的利益。

安全攻击又分为主动攻击和被动攻击。主动攻击则主要是篡改或者伪造信息，主动攻击对信息的完整性、可用性和真实性造成了威胁，伪装、篡改、重放和拒绝服务都属于主动攻击。被动攻击只对数据进行窃听和监测，获得传输的信息，而不对信息作任何改动，威胁信息的保密性。消息内容的泄露和流量分析就属于被动攻击，用户一般难以察觉所遭受的被动攻击。

8.1.2　计算机系统安全概念

信息安全是指信息在存储、处理和传输状态下能够受到保护，不因偶然和恶意的原因而遭到破坏、更改和泄露。一般来说，信息安全的内容主要包括以下几个方面：

①完整性（integrity）：指信息在存储、处理和传输的过程中能够防止被非法的修改和破坏，从而保持信息的原样性。

②保密性（security）：信息的保密性指信息不应泄露给未经授权的实体和个人。信息的保密性要求未经授权的用户不能使用信息，因此必须能够防止信息的泄露，保证其不被窃取，或者即使第三者窃取了数据，窃取者也不能理解数据的真实含义。

③真实性（authenticity）：信息的真实性指能够对信息的来源进行鉴别，防止第三者冒充，从而保证信息的真实性。

④可用性（availability）：信息的可用性是指信息的合法授权用户能够访问信息而不会被拒绝。

⑤不可否认性（non-repudiation）：信息的不可否认性要求为通信双方提供信息真实性鉴别的安全要求。在通信过程中，对于同一信息，收、发双方均不可抵赖，这在现今规模日益扩大的电子商务中非常重要。信息的不可否认性一般通过数字签名来提供。

8.2　计算机病毒及反病毒技术

计算机病毒借用了生物病毒的概念。众所周知,生物病毒是能侵入人体和其他生物体内的病原体,并能在人群及生物群体中传播,潜入人体或生物体内的细胞后就会大量繁殖与其本身相仿的复制品,这些复制品又去感染其他健康的细胞,造成病毒的进一步扩散,例如新型冠状病毒。计算机病毒和生物病毒一样,是一种能侵入计算机系统和网络、危害其正常工作的"病原体",能够对计算机系统进行破坏,同时能自我复制,具有传染性和潜伏性。

早在 1949 年,冯·诺依曼在一篇名为《复杂自动装置的理论及组织的进行》的论文中就已勾画出了病毒程序的蓝图:计算机病毒实际上就是一种可以自我复制、传播的具有一定破坏性或干扰性的计算程序,或是一段可执行的程序代码。计算机病毒可以把自己附着在各种类型的正常文件中,使用户很难察觉和根除。人们从不同的角度给计算机病毒下了定义。美国加利福尼亚大学的弗莱德·科恩(Fred Cohen)博士为计算机病毒所做的定义:计算机病毒是一个能够通过修改程序,并且自身包括复制品在内去"感染"其他程序的程序。美国国家计算机安全局出版的《计算机安全术语汇编》中,对计算机病毒的定义:计算机病毒是一种自我繁殖的特洛伊木马,它由任务部分、触发部分和自我繁殖部分组成。我国在《中华人民共和国计算机信息系统全保护条例》中,将计算机病毒明确定义为:编制或者在计算机程序中插入的破坏计算机功能或者破坏数据,影响计算机使用并且能够自我复制的一组计算机指令或者程序代码。

反病毒技术包括数据加密技术、数字签名、身份鉴别与访问控制、防火墙与入侵检测技术等。

8.2.1　计算机病毒的发展

自从 1987 年发现了全世界首例计算机病毒以来,病毒的数量早已超过 1 万种以上,并且还在以每年 2000 种新病毒的速度递增,不断困扰着计算机领域的各个行业。计算机病毒的危害及造成的损失是众所周知的,发明计算机病毒的人同样也受到社会和公众舆论的谴责。也许有人会问:"计算机病毒是哪位先生发明的?"这个问题至今无法说清楚,但是有一点可以肯定,即计算机病毒的发源地是美国。

虽然全世界的计算机专家们站在不同立场或不同角度分析了病毒的起因,但也没有能够对此作出最后的定论,只能推测电脑病毒缘于以下几种原因:①科幻小说的启发;②恶作剧的产物;③电脑游戏的产物;④软件产权保护的结果。

IT 行业普遍认为,从最原始的单机磁盘病毒到现在逐步进入人们视野的手机病毒,计算机病毒主要经历了 6 个重要的发展阶段。

第一阶段为原始病毒阶段。产生年限一般认为在 1986—1989 年,由于当时计算机的应用软件少,而且大多是单机运行,因此病毒没有大量流行,种类也很有限,病毒的清除工作相对来说较容易。主要特点:攻击目标较单一;主要通过截获系统中断向量的方式监视系统的运行状态,并在一定的条件下对目标进行传染;病毒程序不具有自我保护的措施,容易被人们分析和解剖。

第二阶段为混合型病毒阶段。其产生的年限在 1989—1991 年,是计算机病毒由简单发展到复杂的阶段。计算机局域网开始应用与普及,给计算机病毒带来了第一次流行高峰。这一阶段病毒的主要特点为:攻击目标趋于混合;采取更为隐蔽的方法驻留内存和传染目标;病毒传染目标后没有明显的特征;病毒程序往往采取了自我保护措施;出现了许多病毒的变种等。

第三阶段为多态性病毒阶段。此类病毒的主要特点是,在每次传染目标时,放入宿主程序中的病毒程序大部分都是可变的。因此,防病毒软件查杀非常困难。如 1994 年在国内出现的"幽灵"病毒就属于这种类型。这一阶段病毒技术开始向多维化方向发展。

第四阶段为网络病毒阶段。从 20 世纪 90 年代中后期开始,随着国际互联网的发展壮大,依赖互联网络传播的邮件病毒和宏病毒等大量涌现,病毒传播快、隐蔽性强、破坏性大。也就是从这一阶段开始,反病毒产业开始萌芽并逐步形成一个规模宏大的新兴产业。

第五阶段为主动攻击型病毒。典型代表为 2003 年出现的"冲击波"病毒和 2004 年流行的"震荡波"病毒。这些病毒利用操作系统的漏洞进行进攻型的扩散,并不需要任何媒介或操作,用户只要接入互联网络就有可能被感染。正因为如此,该病毒的危害性更大。

第六阶段为"手机病毒"阶段。随着移动通信网络的发展以及移动终端——手机功能的不断强大,计算机病毒开始从传统的互联网络走进移动通信网络世界。与互联网用户相比,手机用户覆盖面更广、数量更多,因而高性能的手机病毒一旦爆发,其危害和影响比"冲击波""震荡波"等互联网病毒还要大。

8.2.2 计算机病毒的特征

计算机病毒是具有破坏性的程序代码,其基本特征如下:

1)传染性

传染性指的是计算机病毒可以将病毒本身和其变种传染到其他程序上。是否具有传染性是判别一个程序是否为计算机病毒的最重要条件。

2)破坏性

计算机病毒程序的破坏性使得病毒占用系统资源,破坏计算机中保存的正常数据,甚至能够攻击网络,造成网络瘫痪,从而引发灾难性的后果。

3)隐蔽性和寄生性

如果不经过代码分析,病毒程序与正常程序是不容易区别的。计算机病毒的隐蔽性使得病毒在潜伏期内可以不破坏系统工作,从而使受感染的计算机系统通常仍能正常运行,用户难以觉察病毒的存在。

4)针对性

计算机病毒的针对性指的是计算机病毒可以针对特定的计算机和特定的操作系统。例如,有针对 IBM PC 及其兼容机的,有针对 Apple 公司的 Macintosh 的,还有针对 UNIX 操作系统的。目前,针对手机的病毒正在慢慢地接近并渗透人们的日常生活。

5)衍生性

计算机病毒的衍生性指的是掌握某种计算机病毒的原理的人可以以其个人的企图对病毒进行改动,从而又衍生出一种不同于原版本的新的计算机病毒(又称为变种)。

寄生性也是计算机病毒的特性之一。按照计算机病毒的寄生方式大致可以将计算机病毒分为两大类:一类是引导型的计算机病毒;另一类是文件型的计算机病毒。

1）引导型病毒

计算机的启动依靠硬盘中引导扇区,引导型病毒就寄生在操作系统的引导区,改写磁盘引导扇区的正常引导记录,或者将正常的引导记录隐藏在磁盘的其他地方,然后在系统启动时进入内存,监视系统运行。由于引导型病毒在系统启动的时候就已经开始监视系统的运行,因此其传染性较大。目前常见的引导型病毒有"大麻""小球"和"火炬"病毒等。

2）文件型病毒

文件型病毒是寄生在.com 或.exe 等可执行文件中的计算机病毒。可执行文件一旦被用户执行,病毒也就相应地被激活。此时病毒程序首先被执行,驻留在内存中,然后设置相应的触发条件,感染其他的文件或者设备,常见的文件型病毒有"CIH""DIR-2"等病毒。

8.2.3　计算机病毒的危害

计算机病毒的危害主要有以下几个方面:

①如果激发了病毒,计算机会产生很大的反应;大部分病毒在激发的时候直接破坏计算机的重要信息数据,它会直接破坏 CMOS 设置或者删除重要文件,会格式化磁盘或者改写目录区,会用"垃圾"数据来改写文件。计算机病毒是一段计算机代码,肯定占有计算机的内存空间,有些大的病毒还在计算机内部自我复制,导致计算机内存的大幅度减少,病毒运行时还抢占中断、修改中断地址在中断过程中加入病毒的"私货",干扰了系统的正常运行。病毒侵入系统后会自动搜集用户重要的数据,窃取、泄露信息和数据,造成用户信息大量泄露,给用户带来不可估量的损失和严重的后果。

②消耗内存以及磁盘空间。比如,用户并没有存取磁盘,但磁盘指示灯狂闪不停,或者其实并没有运行多少程序时却发现系统已经被占用了不少内存,这就有可能是病毒在作怪了;很多病毒在活动状态下都是常驻内存的,一些文件型病毒能在短时间内感染大量文件,每个文件都不同程度地加长了,这就造成磁盘空间的严重浪费。正常的软件往往需要进行多人多次测试来完善,而计算机病毒一般是个别人在一台计算机上完成后快速向外放送的,所以病毒给计算机带来的危害不只是制造者所期望的病毒,还有一些是由计算机病毒错误而带来的。

③计算机病毒给用户造成严重的心理压力病毒的泛滥使用户提心吊胆,时刻担心遭受病毒的感染,由于大部分人对病毒并不是很了解,一旦出现诸如计算机死机、软件运行异常等现象,人们往往就会怀疑这些现象可能是由计算机病毒造成的。据统计,计算机用户怀疑"计算机有病毒"是一种常见的现象,超过 70% 的计算机用户担心自己的计算机侵入了病毒,而实际上计算机发生的种种现象并不全是病毒导致的。

8.2.4　计算机病毒的防治

计算机病毒的防范要针对病毒的传播途径和病毒的特点,养成良好的使用计算机的习惯,采用有目的性的防范手段。主要包括以下几个方面:

①安装最新的杀毒软件,每天升级杀毒软件病毒库,定时对计算机进行病毒查杀,上网时要开启杀毒软件的全部监控。培养良好的上网习惯。例如,对不明邮件及附件慎重打开;可能带有病毒的网站尽量别上;尽可能使用较为复杂的密码,猜测简单密码是许多网络病毒攻击系统的一种新方式。

②不要执行从网络下载后未经杀毒处理的软件等；不要随便浏览或登录陌生网站，加强自我保护现在有很多非法网站，而被潜入恶意的代码，一旦被用户打开，即会被植入木马或其他病毒。

③培养自觉的信息安全意识，在使用移动存储设备时，尽可能不要共享这些设备，因为移动存储也是计算机进行传播的主要途径，也是计算机病毒攻击的主要目标，在对信息安全要求比较高的场所，应将电脑上面的 USB 接口封闭，同时，在有条件的情况下应该做到专机专用。

④用 Windows Update 功能打全系统补丁，同时，将应用软件升级到最新版本，例如，播放器软件，通信工具等，避免病毒从网页木马的方式入侵到系统或者通过其他应用软件漏洞来进行病毒的传播；将受到病毒侵害的计算机进行尽快隔离，在使用计算机的过程，若发现电脑上存在有病毒或者是计算机异常时，应该及时中断网络；当发现计算机网络一直中断或者网络异常时，立即切断网络，以免病毒在网络中传播。

8.3　网络安全技术

计算机网络安全技术简称网络安全技术，指致力于解决诸如如何有效进行介入控制，以及如何保证数据传输的安全性的技术手段，主要包括物理安全分析技术、网络结构安全分析技术、系统安全分析技术、管理安全分析技术及其他的安全服务和安全机制策略。

8.3.1　反黑客技术

(1) 黑客概念

黑客是一个中文词语，皆源自英文 Hacker，随着灰鸽子的出现，灰鸽子成为了很多假借黑客名义控制他人电脑的黑客技术，于是出现了"骇客"与"黑客"分家。2012 年电影频道节目中心出品的电影《骇客》(Hacker)也已经开始使用骇客一词，显示出中文使用习惯的趋同。实际上，黑客(或骇客)与英文原文 Hacker、Cracker 等含义不能够达到完全对译，这是中英文语言词汇各自发展中形成的差异。Hacker 一词，最初曾指热心于计算机技术、水平高超的电脑高手，尤其是程序设计人员，逐渐区分为白帽、灰帽、黑帽等，其中黑帽实际就是 Cracker。在媒体报道中，黑客一词常指那些软件骇客，而与黑客(黑帽)相对的则是白帽。

(2) 黑客攻击方式

1) 收集网络系统中的信息

信息的收集并不对目标产生危害，只是为进一步的入侵提供有用信息。黑客可能会利用下列的公开协议或工具，收集驻留在网络系统中的各个主机系统的相关信息。

2) 探测目标网络系统的安全漏洞

在收集到一些准备要攻击目标的信息后，黑客们会探测目标网络上的每台主机，来寻求系统内部的安全漏洞。

3) 建立模拟环境，进行模拟攻击

根据前面两点所得的信息，建立一个类似攻击对象的模拟环境，然后对此模拟目标进行一系列的攻击。在此期间，通过检查被攻击方的日志，观察检测工具对攻击的反应，可以进一步了解在攻击过程中留下的"痕迹"及被攻击方的状态，以此来制订一个较为周密的攻击策略。

4）具体实施网络攻击

入侵者根据前几步获得的信息,同时结合自身的水平及经验总结出相应的攻击方法,在进行模拟攻击的实践后,将等待时机,以备实施真正的网络攻击。

（3）黑客的防范

黑客防范技术主要有以下 3 个方法,即安全评估技术、防火墙、入侵检测技术。

1）安全评估技术

通过扫描器发现远程或者本地主机所存在的安全问题,扫描器的一般功能是发现一个主机或者网络。安全评估技术根据发现什么服务正运行在这台主机上,通过测试这些服务,发现漏洞。

2）防火墙

防火墙是一种用来加强网络之间访问控制的特殊网络设备,它对两个或者多个网络之间传输的数据包和连接方式按照一定的安全策略进行检查,从而决定网络之间的通信是否被允许。防火墙能有效地控制内部网络与外部网络之间的访问以及数据传输,从而达到保护内部网络的信息不受外部非授权用户的访问和过滤不良信息的目的。

3）入侵检测技术

入侵检测技术可以被定义为对计算机和网络资源的恶意使用行为进行识别和相应处理的系统,包括来自系统外部的入侵行为和来自内部用户的非侵权行为。它从计算机网络系统中的若干关键点收集信息,并分析这些信息,看看网络中是否违反安全策略的行为和遭到袭击的迹象。在发现入侵后,会及时做出响应,包括切断网络连接、记录事件和报警等。

8.3.2　防火墙技术

（1）防火墙概念

防火墙技术是通过有机结合各类用于安全管理与筛选的软件和硬件设备,帮助计算机网络于其内、外网之间构建一道相对隔绝的保护屏障,以保护用户资料与信息安全性的一种技术。

防火墙技术的功能主要在于及时发现并处理计算机网络运行时可能存在的安全风险、数据传输等问题,其中处理措施包括隔离与保护,同时可对计算机网络安全当中的各项操作实施记录与检测,以确保计算机网络运行的安全性,保障用户资料与信息的完整性,为用户提供更好、更安全的计算机网络使用体验。

（2）防火墙的功能

防火墙对流经它的网络通信进行扫描,这样能够过滤掉一些攻击,以免其在目标计算机上被执行。防火墙还可以关闭不使用的端口。而且它还能禁止特定端口的流出通信,封锁特洛伊木马。最后,它可以禁止来自特殊站点的访问,从而防止来自不明入侵者的所有通信。

1）网络安全的屏障

一个防火墙（作为阻塞点、控制点）能极大地提高一个内部网络的安全性,并通过过滤不安全的服务而降低风险。由于只有经过精心选择的应用协议才能通过防火墙,所以网络环境变得更安全。如防火墙可以禁止诸如众所周知的不安全的 NFS 协议进出受保护网络,这样外部的攻击者就不可能利用这些脆弱的协议来攻击内部网络。防火墙同时可以保护网络免受基于路由的攻击,如 IP 选项中的源路由攻击和 ICMP 重定向中的重定向路径。防火墙应该可以拒绝所有以上类型攻击的报文并通知防火墙管理员。

2)强化网络安全策略

通过以防火墙为中心的安全方案配置,能将所有安全软件(如口令、加密、身份认证、审计等)配置在防火墙上。与将网络安全问题分散到各个主机上相比,防火墙的集中安全管理更经济。例如,在网络访问时,一次一个口令系统和其他的身份认证系统完全可以不必分散在各个主机上,而集中在防火墙一身上。

3)监控审计

如果所有的访问都经过防火墙,那么,防火墙就能记录下这些访问并作出日志记录,同时也能提供网络使用情况的统计数据。当发生可疑动作时,防火墙能进行报警,并提供网络是否受到监测和攻击的详细信息。另外,收集一个网络的使用和误用情况也是非常重要的。首先的理由是可以清楚防火墙是否能够抵挡攻击者的探测和攻击,并且清楚防火墙的控制是否充足。而网络使用统计对网络需求分析和威胁分析等而言也是非常重要的。

4)防止内部信息的外泄

通过利用防火墙对内部网络的划分,可实现内部网重点网段的隔离,从而限制了局部重点或敏感网络安全问题对全局网络造成的影响。再者,隐私是内部网络非常关心的问题,一个内部网络中不引人注意的细节可能包含了有关安全的线索而引起外部攻击者的兴趣,甚至因此而暴露了内部网络的某些安全漏洞。使用防火墙就可以隐蔽那些透漏内部细节如 Finger、DNS 等服务。Finger 显示了主机的所有用户的注册名、真名,最后登录时间和使用 shell 类型等。但是 Finger 显示的信息非常容易被攻击者所获悉。攻击者可以知道一个系统使用的频繁程度,这个系统是否有用户正在连线上网,这个系统是否在被攻击时引起注意等。防火墙可以同样阻塞有关内部网络中的 DNS 信息,这样一台主机的域名和 IP 地址就不会被外界所了解。除了安全作用,防火墙还支持具有 Internet 服务性的企业内部网络技术体系 VPN(虚拟专用网)。

5)日志记录与事件通知

进出网络的数据都必须经过防火墙,防火墙通过日志对其进行记录,能提供网络使用的详细统计信息。当发生可疑事件时,防火墙更能根据机制进行报警和通知,提供网络是否受到威胁的信息。

(3)防火墙的结构

防火墙是现代网络安全防护技术中的重要构成内容,可以有效地防护外部的侵扰与影响。随着网络技术手段的完善,防火墙技术的功能也在不断地完善,可以实现对信息的过滤,保障信息的安全性。防火墙就是一种在内部与外部网络的中间过程中发挥作用的防御系统(图8.1),具有安全防护的价值与作用,通过防火墙可以实现内部与外部资源的有效流通,及时处理各种安全隐患问题,进而提升信息数据资料的安全性。防火墙技术具有一定的抗攻击能力,对于外部攻击具有自我保护的作用,随着计算机技术的进步防火墙技术也在不断发展。

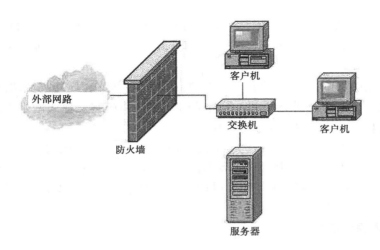

图 8.1　防火墙结构示意图

1）过滤型防火墙

过滤型防火墙是在网络层与传输层中,可以基于数据源头的地址以及协议类型等标志特征进行分析,确定是否可以通过。在符合防火墙规定标准之下,满足安全性能以及类型才可以进行信息的传递,而一些不安全的因素则会被防火墙过滤、阻挡。

2）应用代理类型防火墙

应用代理防火墙主要的工作范围就是在 OSI 的最高层,位于应用层之上。其主要的特征是可以完全隔离网络通信流,通过特定的代理程序就可以实现对应用层的监督与控制。这两种防火墙是应用较为普遍的防火墙,其他一些防火墙应用效果也较为显著,在实际应用中要综合具体的需求以及状况合理地选择防火墙的类型,这样才可以有效地避免防火墙的外部侵扰等问题的出现。

3）复合型

目前应用较为广泛的防火墙技术当属复合型防火墙技术,综合了包过滤防火墙技术以及应用代理防火墙技术的优点,譬如发过来的安全策略是包过滤策略,那么可以针对报文的报头部分进行访问控制;如果安全策略是代理策略,就可以针对报文的内容数据进行访问控制,因此复合型防火墙技术综合了其组成部分的优点,同时摒弃了两种防火墙的原有缺点,大大提高了防火墙技术在应用实践中的灵活性和安全性。

8.3.3　入侵检测技术

入侵检测系统(Intrusion Detection System,IDS)可以被定义为对计算机和网络资源的恶意使用行为进行识别和相应处理的系统。包括系统外部的入侵和内部用户的非授权行为,是为保证计算机系统的安全而设计与配置的一种能够及时发现并报告系统中未授权或异常现象的技术,是一种用于检测计算机网络中违反安全策略行为的技术。

入侵检测技术是为保证计算机系统的安全而设计与配置的一种能够及时发现并报告系统中未授权或异常现象的技术,是一种用于检测计算机网络中违反安全策略行为的技术。进行入侵检测的软件与硬件的组合便是入侵检测系统。

（1）入侵检测系统的功能

入侵检测系统的基本功能是对网络传输进行即时监视，在发现可疑传输时发出警报或者采取主动反应措施。它与其他网络安全设备的不同之处在于，IDS 是一种积极主动的安全防护技术。

在如今的网络拓扑中，已经很难找到以前的 HUB 式的共享介质冲突域的网络，绝大部分的网络区域都已经全面升级到交换式的网络结构。因此，IDS 在交换式网络中的位置一般选择在尽可能靠近攻击源或者尽可能靠近受保护资源的位置。

入侵检测系统根据入侵检测的行为分为两种模式：异常检测和误用检测。前者先要建立一个系统访问正常行为的模型，凡是访问者不符合这个模型的行为将被断定为入侵；后者则相反，先要将所有可能发生的不利的、不可接受的行为归纳建立一个模型，凡是访问者符合这个模型的行为将被断定为入侵。

（2）入侵检测系统的分类

1）按照技术划分

①异常检测模型（anomaly detection）：检测与可接受行为之间的偏差。如果可以定义每项可接受的行为，那么每项不可接受的行为就应该是入侵。首先总结正常操作应该具有的特征（用户轮廓），当用户活动与正常行为有重大偏离时即被认为是入侵。这种检测模型漏报率低、误报率高。因为不需要对每种入侵行为进行定义，所以能有效检测未知的入侵。

②误用检测模型（misuse detection）：检测与已知的不可接受行为之间的匹配程度。如果可以定义所有的不可接受行为，那么每种能够与之匹配的行为都会引起告警。收集非正常操作的行为特征，建立相关的特征库，当监测的用户或系统行为与库中的记录相匹配时，系统就认为这种行为是入侵。这种检测模型误报率低、漏报率高。对于已知的攻击，它可以详细、准确地报告出攻击类型，但是对未知攻击却效果有限，而且特征库必须不断更新。

2）按照处理对象划分

①基于主机：系统分析的数据是计算机操作系统的事件日志、应用程序的事件日志、系统调用、端口调用和安全审计记录。主机型入侵检测系统保护的一般是所在的主机系统，是由代理（agent）来实现的，代理是运行在目标主机上的小的可执行程序，它们与命令控制台（console）通信。

②基于网络：系统分析的数据是网络上的数据包。网络型入侵检测系统担负着保护整个网段的任务，基于网络的入侵检测系统由遍及网络的传感器（sensor）组成，传感器是一台将以太网卡置于混杂模式的计算机，用于嗅探网络上的数据包。

③混合型：基于网络和基于主机的入侵检测系统都有不足之处，会造成防御体系的不全面，综合了基于网络和基于主机的混合型入侵检测系统，既可以发现网络中的攻击信息，也可以从系统日志中发现异常情况。

（3）入侵检测技术

对各种事件进行分析，从中发现违反安全策略的行为是入侵检测系统的核心功能。从技术上，入侵检测系统主要为两种技术：一种是异常检测，另一种是特征检测。

①异常检测：异常检测的假设是入侵者活动异常于正常主体的活动，建立正常活动的"活动简档"，如 CPU 利用率、内存利用率、文件校验和等（这类数据可以人为定义，也可以通过观察系统、并用统计的办法得出），当前主体的活动违反其统计规律时，认为可能是"入侵"行为。

通过检测系统的行为或使用情况的变化来完成。这种检测方式的核心在于如何定义所谓的"正常"情况。

②特征检测：首先要定义违背安全策略的事件的特征，如网络数据包的某些头信息。检测主要判别这类特征是否在所收集到的数据中出现。特征检测假设入侵者活动可以用一种模式来表示，然后将观察对象与之进行比较，判别是否符合这些模式。此方法非常类似杀毒软件。

8.4　信息安全技术

计算机信息安全技术的主要任务是保证计算机系统的可靠性、安全性和保密性。它研究的主要问题是如何确保系统的可用性和可维护性，如何确保系统信息本身的安全和人身安全，以及如何确保对信息的占有和存取的合法性，信息安全技术的内涵在不断延伸，从最初的信息保密性发展到信息的完整性、可用性、可控性和不可否认性等多方面的基础理论和实施技术。

8.4.1　数据加密技术

(1)数据加密概述

数据加密技术是利用数学或物理手段，对电子信息在传输过程中和存储体内进行保护，以防止数据泄露的技术。采用数据加密技术，可以使得用户发送的数据经过加密之后在网络上传送，从而防止第三方在网络通信的过程中截获或者篡改数据。采用加密技术时，发送方在发送原始数据到网络之前必须首先通过加密算法，使用加密密钥对原始数据也就是明文进行加密，加密之后形成密文发送到网络中。接收方在接收数据后必须首先通过解密算法，使用解密密钥对密文进行解密，解密之后获得明文传送给计算机的 CPU。在这一过程中，由于网络中传输的是密文，第三方没有解密密钥，因此即使截获了数据，也不能够解密获得明文，从而保证了数据的安全性。

(2)古典加密方法

古典密码编码方法归根结底主要有两种，即置换和代换。

把明文中的字母重新排列，字母本身不变，但其位置改变了，这样编成的密码称为置换密码。最简单的置换密码是把明文中的字母顺序倒过来，然后截成固定长度的字母组作为密文。代换密码则是将明文中的字符替代成其他字符。

(3)现代加密方法

现代密码学将算法分为具有不同功能的几种，常用的加密一般分为对称加密(symmetric key encryption)和非对称加密(asymmetric key encryption)两种。

常见的对称加密算法：DES,3DES,DESX,Blowfish,IDEA,RC4,RC5,RC6 和 AES；

常见的非对称加密算法：RSA,ECC(移动设备用),Diffie-Hellman,EL Gamal,DSA (数字签名)；

常见的 Hash 算法：MD2,MD4,MD5,HAVAL,SHA,SHA-1,HMAC,HMAC-MD5,HMAC-SHA1 分组加密算法中，有 ECB,CBC,CFB,OFB 这几种算法模式。

8.4.2 安全认证技术

网络安全认证技术是网络安全技术的重要组成部分之一。认证指的是证实被认证对象是否属实和是否有效的一个过程。其基本思想是通过验证被认证对象的属性来达到确认被认证对象是否真实有效的目的。被认证对象的属性可以是口令、数字签名或者像指纹、声音、视网膜这样的生理特征。认证常常被用于通信双方相互确认身份，以保证通信的安全。

(1)消息认证

消息认证是指通过对消息或者消息有关的信息进行加密或签名变换进行的认证，目的是为了防止传输和存储的消息被有意无意地篡改，包括消息内容认证（即消息完整性认证）、消息的源和宿认证（即身份认证）及消息的序号和操作时间认证等。它在票据防伪中具有重要应用（如税务的金税系统和银行的支付密码器）。

消息认证所用的摘要算法与一般的对称或非对称加密算法不同，它并不用于防止信息被窃取，而是用于证明原文的完整性和准确性，也就是说，消息认证主要用于防止信息被篡改。

(2)数字签名

数字签名（又称公钥数字签名）是只有信息的发送者才能产生的别人无法伪造的一段数字串，这段数字串同时也是对信息的发送者发送信息真实性的一个有效证明。它是一种类似写在纸上的普通的物理签名，但是使用了公钥加密领域的技术来实现的，用于鉴别数字信息的方法。一套数字签名通常定义两种互补的运算，一个用于签名，另一个用于验证。数字签名是非对称密钥加密技术与数字摘要技术的应用。

(3)公钥基础设施

公钥基础设施（Public Key Infrastructure，PKI）是一个包括硬件、软件、人员、策略和规程的集合，用来实现基于公钥密码体制的密钥和证书的产生、管理、存储、分发和撤销等功能。

PKI体系是计算机软硬件、权威机构及应用系统的结合。它为实施电子商务、电子政务、办公自动化等提供了基本的安全服务，从而使那些彼此不认识或距离很远的用户能通过信任链安全地交流。

8.5 计算机系统安全法律规章与职业道德

随着计算机网络应用的日益普及，网络安全引发的问题也日趋增多，其主要表现是侵犯计算机信息网络中的各种资源，包括硬件、软件以及网络中存储和传输的数据，从而达到窃取钱财、信息、情报，以及破坏或恶作剧的目的。因此网络安全越来越受到人们的重视，许多国家都在研究有关计算机网络方面的法律问题，并制定了一系列法律规定，以规范计算机及其使用者在社会和经济活动中的行为。

在信息安全法规方面，我国增加了制裁计算机犯罪的法律法规，包括以下几条：

①《中华人民共和国计算机软件保护条例》。

②《互联网信息服务管理办法》。

③《中华人民共和国计算机信息系统安全保护条例》。

④《计算机信息系统国际联网保密管理规定》。

⑤《中华人民共和国计算机信息网络国际联网安全保护条例》。

除此之外，还有很多的计算机法律法规，这里不再一一列出。

在网络行为的道德规范方面，用户使用计算机网络时，应该注意提高自身的道德修养，规范自身的行为。在使用计算机网络时，应该能够做到：

①不利用计算机去伤害别人。

②不干扰别人的计算机工作。

③不窥视别人的文件。

④不利用计算机进行偷窃。

⑤不利用计算机做伪证。

⑥不使用或复制没有付费的软件。

⑦不应未经许可而使用别人的计算机资源。

⑧不盗用别人的智力成果。

⑨应该考虑所编制程序的社会后果。

⑩应该以深思熟虑和慎重的方式来使用计算机。

习　题

1. 单选题

（1）计算机病毒是指（　　　）。

A. 有错误的计算机程序　　　　　　　　　B. 不完善的计算机程序

C. 计算机程序已被破坏　　　　　　　　　D. 有害于系统的特殊计算机程序

（2）为保护计算机网络不受外部网络的工具，最常采用的技术措施是（　　　）。

A. 加密技术　　　　　B. 数字签名　　　　　C. 防火墙　　　　　　D. 访问控制技术

（3）计算机病毒除有破坏性、潜伏性和可触发性外，还有一个最明显的特征是（　　　）。

A. 传染性　　　　　　B. 自由性　　　　　　C. 欺骗性　　　　　　D. 危险性

（4）计算机网络安全机制不包括（　　　）。

A. 标识与验证机制　　　　　　　　　　　B. 网络访问控制机制

C. 加密机制　　　　　　　　　　　　　　D. 拒绝计算机接入网络

（5）关于防火墙技术的描述中，正确的是（　　　）。

A. 防火墙不能隔离网段

B. 防火墙可以布置在企业内部和外部网络之间

C. 防火墙可以查杀各种病毒

D. 防火墙可以防范各种攻击

2. 判断题

（1）由于软件出现漏洞导致信息安全受到威胁，这属于人为威胁。　　　　　　　　（　　　）

（2）由于环境的电磁干扰威胁到网络信息安全，这属于自然威胁。　　　　　　　　（　　　）

（3）计算机病毒只能感染可执行文件。　　　　　　　　　　　　　　　　　　　　（　　　）

（4）为了保证计算机正常使用和信息安全，除了防范计算机病毒外，还应该防范黑客攻击

和恶意插件等。 （　　）

（5）防止网络传输泄密最有效的方式是采取最新的 5G 网络传输。 （　　）

3. 简答题

（1）计算机网络安全所面临的威胁分为哪几类？

（2）计算机常见的安全攻击有哪些？

（3）什么是防火墙？防火墙与入侵检测系统的区别是什么？

（4）什么是计算机病毒？如何防范计算机病毒？

第 9 章

云计算基础

云计算(cloud computing)是分布式计算的一种,指的是通过网络"云"将巨大的数据计算处理程序分解成无数个小程序,然后,通过多部服务器组成的系统进行处理和分析这些小程序得到结果并返回给用户。云计算早期,简单地说,就是简单的分布式计算,解决任务分发,并进行计算结果的合并。因而,云计算又称为网格计算。通过这项技术,可以在很短的时间内(几秒种)完成对数以万计的数据的处理,从而完成强大的网络服务。现阶段所说的云服务已经不单是分布式计算,而是分布式计算、效用计算、负载均衡、并行计算、网络存储、热备份冗杂和虚拟化等计算机技术混合演进并跃升的结果。

学习目标

- 理解云计算的基本概念
- 了解云计算的特点和不足
- 掌握云计算的 3 种基本服务
- 理解云计算的技术
- 理解云计算的发展趋势

9.1 云计算简介

云计算这个概念从提出到今天,已经十几年了。在这期间,云计算取得了飞速的发展与巨大的成果。如今越来越多的应用正在迁移到"云"上,如我们生活中接触的各种"云盘"存储。实际上,"云"并不新潮,已经持续了超过十年,并还在不断应用到更多的领域。可预见的是,在下一个十年中,几乎所有的应用都会部署到云端,而它们中的大部分都将直接通过手中的移动设备,让人们获得各种各样的服务。现如今,云计算被视为计算机网络领域的一次革命,因为它的出现,社会的工作方式和商业模式也在发生巨大的改变。

9.1.1　云计算与云

云计算是指 IT 服务的交付和使用模式,是指通过网络以按需、易扩展的方式获得所需的资源(硬件、平台、软件)。提供资源的网络被称为"云"。

"云"中的资源在使用者看来是可以无限扩展的,并且可以随时获取,按需使用,随时扩展,按使用付费。这种特性经常形容为像使用水、电一样使用 IT 基础设施。

目前云计算仍没有一个统一的定义。根据美国国家标准与技术研究院(NIST)的定义,云计算是一种利用互联网实现随时随地、按需、便捷地访问共享资源池(如计算设施、存储设备、应用程序等)的计算模式。计算机资源服务化是云计算重要的表现形式,它为用户屏蔽了数据中心管理、大规模数据处理、应用程序部署等问题。

为什么需要"云"? 传统的应用正在变得越来越复杂:需要支持更多的用户,需要更强的计算能力,需要更加稳定安全等,而为了支撑这些不断增长的需求,企业不得不去购买各类硬件设备(服务器,存储,带宽等)和软件(数据库,中间件等),另外还需要组建一个完整的运维团队来支持这些设备或软件的正常运作,这些维护工作就包括安装、配置、测试、运行、升级以及保证系统的安全等。企业便会发现支持这些应用的开销变得非常巨大,而且它们的费用会随着应用的数量或规模的增加而不断提高。这也是为什么即使是在那些拥有很出色 IT 部门的大企业中,那些用户仍在不断抱怨他们所使用的系统难以满足他们的需求。而对于那些中小规模的企业,甚至个人创业者来说,创造软件产品的运维成本就更加难以承受了。

针对上述问题的解决方案便是"云计算"。将应用部署到云端后,可以不必再关注那些令人头疼的硬件和软件问题,它们会由云服务提供商的专业团队去解决。由于使用的是共享的硬件,这意味着像使用一个工具一样去利用云服务(就像插上插座,你就能使用电一样简单)。只需要按照你的使用情况来支付相应的费用,而关于软件的更新,资源的按需扩展都能自动完成。

云计算的基本思路十分简单,就是"合"的思路。由服务提供商的数据中心负责存储过去一直保存在最终用户个人计算机上或企业自己的数据中心的信息,用户通过互联网远程访问这些应用程序和数据。合久必分,分久必合:计算机最初是大型机的合的时代,然后过渡到以 PC 为中心的分的时代,目前又过渡到以网络计算和云计算为核心的新的合的时代。

根据前面所述,"云"就是一些可以自我维护和自我管理的虚拟资源。其通常由一些大规模服务器集群,包括计算服务器、存储服务器、宽带资源等组成。云计算将所有的资源集中在一起,并由软件自动管理。这使得用户无需为许多的细节而烦恼,能够把更多的精力放在自己的业务上,有利于创新和降低成本。

之所以称为"云",是因为它在某些方面具有现实中云的特征:云一般都较大;云的规模可以动态伸缩,它的边界是模糊的;云在空中飘忽不定,你无法也无需确定它的具体位置,但它确实存在于某处。之所以称为"云",还因为云计算的鼻祖之一亚马逊公司将曾经大家称作为网格计算的一个新产品,取了一个新名称为"弹性计算云"。由于互联网常以一个云状图案来表示,因此提供资源的网络被称为"云",如图 9.1 所示,"云"同时也是对底层基础设施的一种抽象概念。

图 9.1　云的形象化描述

云计算的出现,使得提供计算能力的方式发生了巨大的变化。这就好比当你需要水的时候,扭开水龙头,水就来了,你只需要操心交水费就是了;当你需要用一个软件时,你不用跑去电脑城,打开应用商店,它就下载下来了,你只需要交钱就是了;当你想看报纸的时候,你不用跑去报刊亭,只要打开头条新闻,新闻唾手可得;当你想看书的时候,你不用跑去书店,只需要打开阅读软件,找到这样的一本书,在手机上阅读;当你想听音乐的时候,你不用再跑去音像店苦苦找寻 CD 光碟,打开音乐软件,就能聆听音乐。云计算,像在每个不同地区开设不同的自来水公司,没有地域限制,优秀的云软件服务商,向世界每个角落提供软件服务——就像天空上的云一样,无论身处何方,只要抬头,就能看见。

云计算是分布式计算、并行计算、效用计算、虚拟化、网络存储、负载均衡、热备份冗余等传统计算机和网络技术发展融合的产物,更是 SaaS、SOA 等技术混合演进的结果,如图 9.2 所示的五大契机更是直接促进了云计算的诞生。

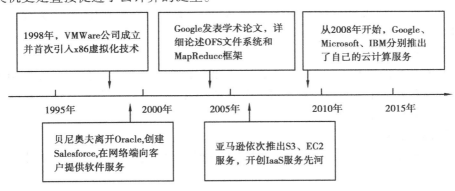

图 9.2　云计算的诞生

9.1.2　云计算的特点与不足

(1)云计算的特点

1)虚拟化技术(虚拟化)

必须强调的是,虚拟化突破了时间、空间的界限,是云计算最为显著的特点,虚拟化技术包括应用虚拟和资源虚拟两种。众所周知,物理平台与应用部署的环境在空间上是没有任何联系的,正是通过虚拟平台对相应终端操作完成数据备份、迁移和扩展等。

2)动态可扩展(高可扩展性)

云计算具有高效的运算能力,在原有服务器基础上增加云计算功能能够使计算速度迅速提高,最终实现动态扩展虚拟化的层次达到对应用进行扩展的目的。用户可以利用应用软件的快速部署条件来更为简单快捷地将自身所需的已有业务以及新业务进行扩展。例如,计算机云计算系统中出现设备的故障,对于用户来说,无论是在计算机层面上,或是在具体运用上均不会受到阻碍,可以利用计算机云计算具有的动态扩展功能来对其他服务器开展有效扩展。这样一来就能够确保任务得以有序完成。在对虚拟化资源进行动态扩展的情况下,同时能够高效扩展应用,提高计算机云计算的操作水平。

3)按需部署(按需服务)

计算机包含了许多应用、程序软件等,不同的应用对应的数据资源库不同,所以用户运行不同的应用需要较强的计算能力对资源进行部署,而云计算平台能够根据用户的需求快速配备计算能力及资源。

4)灵活性高(通用性)

目前市场上大多数 IT 资源、软件、硬件都支持虚拟化,比如存储网络、操作系统和开发软、硬件等。虚拟化要素统一放在云系统资源虚拟池当中进行管理,可见云计算的兼容性非常强,不仅可以兼容低配置机器、不同厂商的硬件产品,还能够外设获得更高性能计算。

5)可靠性高(高可靠性)

服务器故障也不影响计算与应用的正常运行。因为单点服务器出现故障可以通过虚拟化技术将分布在不同物理服务器上面的应用进行恢复或利用动态扩展功能部署新的服务器进行计算。

6)性价比高(价格低廉)

将资源放在虚拟资源池中统一管理在一定程度上优化了物理资源,用户不再需要昂贵、存储空间大的主机,可以选择相对廉价的 PC 组成云,一方面可减少费用,另一方面计算性能不逊于大型主机。

7)超大规模

"云"具有相当的规模,Google 云计算已经拥有 200 多万台服务器,Amazon、IBM、微软、Yahoo 等的"云"均拥有几十万台服务器。企业私有云一般拥有数百上千台服务器。"云"能赋予用户前所未有的计算能力。

(2)云计算的不足

与其说是云计算的不足,不如说是云计算在发展过程中已经面临的问题和未来可能面临的问题。

1)访问的权限问题

用户可以在云计算服务提供商处上传自己的数据资料,相比于传统的利用自己计算机或硬盘的存储方式,此时需要建立账号和密码完成虚拟信息的存储和获取。这种方式虽然为用户的信息资源获取和存储提供了方便,但用户失去了对数据资源的控制,而服务商则可能存在对资源的越权访问现象,从而造成信息资料的安全难以保障。

2）技术保密性问题

信息保密性是云计算技术的首要问题,也是当前云计算技术的主要问题。比如,用户的资源被一些企业进行资源共享。网络环境的特殊性使得人们可以自由地浏览相关信息资源,信息资源泄露是难以避免的,如果技术保密性不足就可能严重影响到信息资源的所有者。

3）数据完整性问题

在云计算技术的使用中,用户的数据被分散地存储于云计算数据中心的不同位置,而不是某个单一的系统中,数据资源的整体性受到影响,使其作用难以有效发挥。另一种情况就是,服务商没有妥善、有效地管理用户的数据信息,从而使数据存储的完整性受到影响,信息的应用作用难以被发挥。

4）法律法规不完善

云计算技术相关的法律法规不完善也是主要的问题,想要云计算技术作用能有效发挥,就必须对其相关的法律法规进行完善。目前来看,由于法律法规尚不完善,云计算技术作用的发挥仍然受到制约。就当前云计算技术在计算机网络中的应用来看,其缺乏完善的安全性标准,缺乏完善的服务等级协议管理标准,没有明确的责任人承担安全问题的法律责任。另外,缺乏完善的云计算安全管理的损失计算机制和责任评估机制,法律规范的缺乏也制约了各种活动的开展,计算机网络的云计算安全性难以得到保障。

5）网络问题和脱机

网络连接出现问题是云端化最为重要的缺点,因为若是没有持续的网络连接能力,很多功能都无法实现,用户会发现接收不到邮件,无法编辑文件,更无法取回备份。虽然谷歌已经公布了脱机应用程序的运行,但事实上,谷歌提供的应用程序只能让用户在脱机状态下观看电子邮件、行程安排和文件,对于只需要行程安排的用户来说可能不是什么大问题,但对用户来说,文件的编辑绝对是大问题,不但如此,用户会发现这些功能是被限定在了谷歌的 Chrome 浏览器上的,Firefox 和 IE 浏览器是无法实现这些功能的,这在一定程度上形成了用户绑定。谷歌也表示将会提供脱机编辑,但是同样将会面对绑定问题,因为只有 Google Doc 可以运作。人们在工作上都想依照自己的喜好来使用微软 Office、OpenOffice 或是 Google Doc,而不想被绑定在任何一种方式上。

6）故障问题

与脱机不同的是故障问题,即服务因某些原因出现故障无法提供服务,就谷歌来说,目前谷歌对于其提供的免费服务没有任何的支持,所以一旦出现故障问题,用户就只能祈祷在问题变大前,这些服务可以尽快恢复。目前微软与谷歌的云服务都发生了不同程度的故障,Google Doc 脱机了 1 个小时,微软的 Hotmail、Office 365 与 SkyDrive 断线 3 个小时,亚马逊也出现了严重的宕机事件,这些服务过去都有断线更久的记录,这些虽然不能证明他们是有多不可靠,至少表示故障的发生是迟早的问题。

9.2　云计算的基本类型

云计算是一种新的技术,也是一种新的服务模式。云计算服务提供方式包含:基础设施即服务(Infrastructure as a Service, IaaS)、平台即服务(Platform as a Service, PaaS)、软件即服务

（Software as a Service，SaaS）。云计算服务提供商可以专注于自己所在的层次，无需拥有 3 个层次的服务能力，上层服务提供商可以利用下层的云计算服务来实现自己计划提供的云计算服务。

9.2.1 基础设施即服务

IaaS 即基础设施即服务（图 9.3），指把 IT 基础设施作为一种服务通过网络对外提供，并根据用户对资源的实际使用量或占用量进行计费的一种服务模式。在这种服务模型中，普通用户不用自己构建一个数据中心等硬件设施，而是通过租用的方式，利用 Internet 从 IaaS 服务提供商获得计算机基础设施服务，包括服务器、存储和网络等服务。在使用模式上，IaaS 与传统的主机托管有相似之处，但是在服务的灵活性、扩展性和成本等方面 IaaS 具有很强的优势。

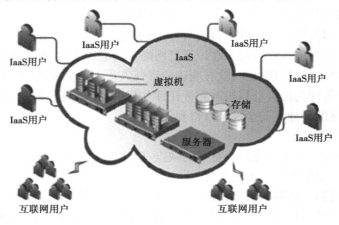

图 9.3　IaaS

IaaS，最简单的云计算交付模式，它用虚拟化操作系统、工作负载管理软件、硬件、网络和存储服务的形式交付计算资源。它也可以包括操作系统和虚拟化技术到管理资源的交付。

IaaS 能够按需提供计算能力和存储服务。不是在传统的数据中心中购买和安装所需的资源，而是根据公司需要，租用这些所需的资源。这种租赁模式可以部署在公司的防火墙之后或通过第三方服务提供商实现。

虚拟化经常作为云计算的基础。虚拟化从物理底层交付环境中分离资源和服务。通过这种方法，可以在单一的物理系统内创建多个虚拟系统。虚拟化的驱动因素来自服务器的合并，它可为组织提供效率和潜在成本的节约。

（1）IaaS 的特点

1）租赁

当使用 IaaS 服务，购买服务器和存储资源时，可以获得需要资源的即时访问。然而，你不是租赁实际的服务器或其他基础设施。它不像租来一辆卡车开到你的办公室交付服务。该物理组件仍放在基础设施服务提供商的数据中心。在一个私有的 IaaS 内，租赁呈现出不同的重点。虽然可能不会对每个访问资源的用户收费，在该收费模式中，可以根据各个部门的使用情况，按一星期、一个月或者一年分配使用费用。由于 IaaS 模型的灵活性，较多资源的使用者应该比较少资源的使用者支付更多的费用。

2）自助服务

自助服务是 IaaS 的一个关键特性，能让用户通过一个自助服务门户获得资源，如服务器和网络，而无需依赖 IT 为他们提供这些资源。该门户类似于一台银行自动取款机（ATM）模型，通过一个自助服务界面，可以轻松处理多个重复性任务。

3）动态缩放

当资源能按照工作负载或任务需求自动伸展或收缩时，这就称为动态缩放。如果用户需求比预期的资源要多，就可以立即获得它们。这种 IaaS 的提供商或创建者通常优化了环境，这样的硬件、操作系统和自动化可以支持一个巨量的工作负载。

4）服务等级

许多消费者获得了按需模型的能力，而无需签署合同。在其他解决方案中，消费者要为特定的存储量和/或计算量签订一份合同。一个典型的 IaaS 合同有某个等级的服务保障。在低端市场中，供应商可能会声明：该公司会尽最大努力提供良好的服务。根据不同的服务和价格，可以承包 99.999% 的可用性。用户需要的服务等级取决于用户正在运行的工作负载。

5）许可

使用公共的 IaaS 运行用户希望的软件，已导致在许可（不是用户和云提供商之间的许可）和支付模式上的创新。例如，一些 IaaS 和软件供应商已经创造了自带许可（BYOL）计划，这样，就用一种方法，即可在传统环境中也可在云环境中，使用软件了。另一种选择是即用即付（PAYG）模式，它一般集成了软件许可和按需基础设施服务。

6）计量

计量确保用户能按照需要的资源和使用收费。这种计量按照对 IaaS 服务的评估收费，从实例的启动开始，到实例的终止结束。除了每个实例的基本费用，IaaS 提供商还可以对存储、数据传输以及可选的服务（如增强安全性、技术支持或先进监视等）收费。

（2）IaaS 的核心技术

1）虚拟化技术

通常是指计算元件在虚拟的基础上而不是真实的基础上运行。虚拟化技术可以扩大硬件的容量，简化软件的重新配置过程。CPU 的虚拟化技术可以单 CPU 模拟多 CPU 并行，允许一个平台同时运行多个操作系统，并且应用程序都可以在相互独立的空间内运行而互不影响，从而显著提高计算机的工作效率。

2）分布式存储技术

分布式存储，是将数据分散存储在多台独立的设备上。传统的网络存储系统采用集中的存储服务器存放所有数据，存储服务器成为系统性能的瓶颈，也是可靠性和安全性的焦点，不能满足大规模存储应用的需要。分布式网络存储系统采用可扩展的系统结构，利用多台存储服务器分担存储负荷，利用位置服务器定位存储信息，它不但提高了系统的可靠性、可用性和存取效率，还易于扩展。

3）高速网络技术

通常人们把 4 Mbps 以下的网络称为低速网，把 10～16 Mbps 的网络称为中速网，而把 20 Mbps 以上的网络称为高速网。智能理论和技术在高速网络的业务量控制、路由选择等方面有很好的应用前景。高速网络的业务量控制和路由选择是高速网络管理的关键问题，直接影响到网络的效率和性能。它们的最大特点是实时性要求很高，复杂耗时的解析算法是难以采用的。为了保证实时性,在选择控制算法时,主要以简单快速为目标。但过于一般的简单算法往往难以提高网络的利用率,因此人们希望用智能化的方法来解决这类问题。大量研究结果表明,采用神经网络、遗传算法、模糊控制等方法的确能够有效地提高控制的实时性和网络的利用率,可以预计,高速网的管理和控制将越来越多地采用智能化的方法。

4)超大规模资源管理技术

云计算需要对分布的、海量的数据进行处理、分析,因此,数据管理技术必需能够高效地管理大量的数据。云计算系统中的数据管理技术主要是 Google 的 BigTable 数据管理技术和 Hadoop 团队开发的开源数据管理模块 HBase。由于云数据存储管理形式不同于传统的 RDBMS 数据管理方式,如何在规模巨大的分布式数据中找到特定的数据,也是云计算数据管理技术所必须解决的问题。同时,由于管理形式的不同造成传统的 SQL 数据库接口无法直接移植到云管理系统中来,研究关注在为云数据管理提供 RDBMS 和 SQL 的接口,如基于 Hadoop 子项目 HBase 和 Hive 等。另外,在云数据管理方面,如何保证数据安全性和数据访问高效性也是研究关注的重点问题之一。

5)云服务计费技术

云计费是使用一组预定义的计费策略从资源使用数据生成账单的过程。定义一种支持面向服务的体系结构的云计费服务模块,涵盖了功能要求(报价服务,转换功能和策略,支付方案和用户标识)以及非功能性但必不可少的要求,例如安全性、可扩展性、标准和容错能力。不同的云服务的计费策略是不同的。

(3)IaaS 的优势

1)低成本

企业不需要购置硬件,省去了前期的资金投入;使用 IaaS 服务是按照实际使用量进行收费的,不会产生闲置浪费;IaaS 可以满足突发性需求,企业不需要提前购买服务。

2)免维护

IT 资源运行在 IaaS 服务中心,企业不需要进行维护,维护工作由云计算服务商承担。

3)伸缩性强

IaaS 只需几分钟就可以给用户提供一个新的计算资源,而传统的企业数据中心则需要数天甚至更长时间才能完成;IaaS 可以根据用户需求来调整资源的大小。

4)支持应用广泛

IaaS 主要以虚拟机的形式为用户提供 IT 资源,可以支持各种类型的操作系统,因此 IaaS 可以支持的应用范围非常广泛。

5)灵活迁移

虽然很多 IaaS 服务平台都存在一些私有的功能,但是随着云计算技术标准的诞生,IaaS 的跨平台性能将得到提高。运行在 IaaS 上的应用将可以灵活地在 IaaS 服务平台间进行迁移,不会被固定在某个企业的数据中心。

9.2.2 平台即服务

PaaS 服务示意图如图 9.4 所示。把服务器平台作为一种服务提供的商业模式,通过网络进行程序提供的服务称为 SaaS,而云计算时代相应的服务器平台或者开发环境作为服务进行提供就成为了 PaaS。所谓 PaaS 实际上是指将软件研发的平台作为一种服务,以 SaaS

的模式提交给用户。因此,PaaS 也是 SaaS 模式的一种应用。但是,PaaS 的出现可以加快 SaaS 的发展,尤其是 SaaS 应用的开发速度。在 2007 年国内外 SaaS 厂商先后推出自己的 PaaS 平台。

PaaS 是一种分布式平台服务,为用户提供一个包括应用设计、应用开发、应用测试及应用托管的完整的计算机平台。PaaS 的主要用户是开发人员,PaaS 平台的种类目前较少,比较著名的有:Force. com、Google App Engine、Windows Azure、Cloud Foundry。

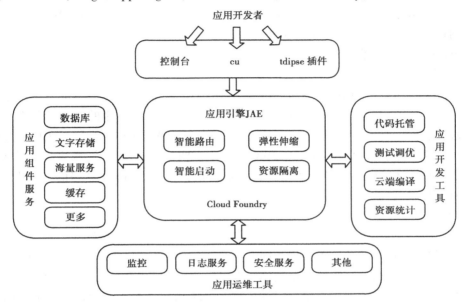

图 9.4　PaaS 服务示意图

(1)PaaS 的特点

PaaS 能将现有各种业务能力进行整合,具体可以归类为应用服务器、业务能力接入、业务引擎、业务开放平台,向下根据业务能力需要测算基础服务能力,通过 IaaS 提供的 API 调用硬件资源,向上提供业务调度中心服务,实时监控平台的各种资源,并将这些资源通过 API 开放给 SaaS 用户。PaaS 主要具备以下 3 个特点:

1)平台即服务

PaaS 所提供的服务与其他的服务最根本的区别是 PaaS 提供的是一个基础平台,而不是某种应用。在传统的观念中,平台是向外提供服务的基础。一般来说,平台作为应用系统部署的基础,是由应用服务提供商搭建和维护的,而 PaaS 颠覆了这种概念,由专门的平台服务提供商搭建和运营该基础平台,并将该平台以服务的方式提供给应用系统运营商。

2)平台及服务

PaaS 运营商所需提供的服务,不仅是单纯的基础平台,而且包括针对该平台的技术支持服务,甚至针对该平台而进行的应用系统开发、优化等服务。PaaS 的运营商最了解自己运营的基础平台,所以由 PaaS 运营商所提出的对应用系统优化和改进的建议也非常重要。而在新应用系统的开发过程中,PaaS 运营商的技术咨询和支持团队的介入,也是保证应用系统在以后的运营中得以长期、稳定运行的重要因素。

3）平台级服务

PaaS 运营商对外提供的服务不同于其他的服务，这种服务的背后是强大而稳定的基础运营平台以及专业的技术支持队伍。这种"平台级"服务能够保证支撑 SaaS 或其他软件服务提供商各种应用系统长时间、稳定的运行。PaaS 的实质是将互联网的资源服务化为可编程接口，为第三方开发者提供有商业价值的资源和服务平台。有了 PaaS 平台的支撑，云计算的开发者就获得了大量的可编程元素，这些可编程元素有具体的业务逻辑，这就为开发带来了极大的方便，不但提高了开发效率，还节约了开发成本。有了 PaaS 平台的支持，Web 应用的开发变得更加快捷，也为最终用户带来了实实在在的利益。

（2）PaaS 的核心技术

1）REST 技术

REST（Representational State Transfer）即表述性状态传递，是 Roy Fielding 博士于 2000 年在他的博士论文中提出来的一种软件架构。它是一种针对网络应用的设计和开发方式，可以降低开发的复杂性，提高系统的可伸缩性。在 3 种主流的 Web 服务实现方案中，因为 REST 模式的 Web 服务与复杂的 SOAP 和 XML-RPC 对比来讲明显的更加简洁，越来越多的 Web 服务开始采用 REST 风格设计和实现。例如，Amazon. com 提供接近 REST 风格的 Web 服务进行图书查找；雅虎提供的 Web 服务也是 REST 风格的。

2）多租户技术

多租户技术（multi-tenancy technology）或称多重租赁技术，是一种软件架构技术，它是在探讨与实现如何于多用户的环境下共用相同的系统或程序组件，并且仍可确保各用户间数据的隔离性。多租户简单来说是指一个单独的实例可以为多个组织服务。多租户技术为共用的数据中心内如何以单一系统架构与服务提供多数客户端相同甚至可定制化的服务，并且仍然可以保障客户的数据隔离。一个支持多租户技术的系统需要在设计上对它的数据和配置进行虚拟分区，从而使系统的每个租户或称组织都能够使用一个单独的系统实例，并且每个租户都可以根据自己的需求对租用的系统实例进行个性化配置。

3）并行计算技术

并行计算（parallel computing）或称平行计算是相对于串行计算来说的。它是一种一次可执行多个指令的算法，目的是提高计算速度，及通过扩大问题求解规模，解决大型而复杂的计算问题。所谓并行计算可分为时间上的并行和空间上的并行。时间上的并行就是指流水线技术，而空间上的并行则是指用多个处理器并发的执行计算。

4）应用服务器

随着 Internet 的发展壮大，"主机/终端"或"客户机/服务器"的传统的应用系统模式已经不能适应新的环境，于是就产生了新的分布式应用系统。相应地，新的开发模式也应运而生，即所谓的"浏览器/服务器"结构、"瘦客户机"模式。应用服务器便是一种实现这种模式核心技术。Web 应用程序驻留在应用服务器（application server）上。应用服务器为 Web 应用程序提供一种简单的和可管理的对系统资源的访问机制。它也提供低级别的服务，如 HTTP 协议的实现和数据库连接管理。Servlet 容器仅仅是应用服务器的一部分。除了 Servlet 容器外，应用服务器还可能提供其他的 Java EE（Enterprise Edition）组件，如 EJB 容器，JNDI 服务器以及 JMS 服务器等。

5）分布式缓存

分布式缓存能够处理大量的动态数据,因此比较适合应用在 Web 2.0 时代中的社交网站等需要由用户生成内容的场景。从本地缓存扩展到分布式缓存后,关注重点从 CPU、内存、缓存之间的数据传输速度差异也扩展到了业务系统、数据库、分布式缓存之间的数据传输速度差异。

（3）PaaS 的优势

1）友好的开发环境

通过提供 IDE 和 SDK 等工具来让用户不仅能够在本地方便地进行应用的开发和测试,而且能够进行远程部署。

2）丰富的服务

PaaS 平台会以 API 形式将各种各样的服务提供给上层的应用。系统软件、通用中间件、行业中间件都可以作为服务提供给应用开发者使用。

3）精细的管理和控制

PaaS 能够提供应用层的管理和监控,能够观察应用运行的情况和具体数值(如吞吐量和相应时间等)来更好地衡量应用的运行状态,还能够通过精确计量应用所消耗的资源进行计费。

4）弹性强

PaaS 平台会自动调整资源来帮助运行于其上的应用更好地应对突发流量。当应用负载突然提升的时候,平台会在很短时间内(1 min 左右)自动增加相应的资源来分担负载。当负载高峰期过去以后,平台会自动回收多余的资源,避免资源浪费。

5）多租户机制

PaaS 平台具备多租户机制,可以更经济地支撑海量数据规模,还能够提供一定的可定制性以满足用户的特殊需求。

6）整合率高

PaaS 平台的整合率非常高,如 Google App Engine 可以在一台服务器上承载成千上万个应用。

9.2.3　软件即服务

SaaS 即软件即服务,是随着互联网技术的发展和应用软件的成熟,在 21 世纪开始兴起的一种完全创新的软件应用模式。传统模式下,厂商通过 License 将软件产品部署到企业内部多个客户终端实现交付。SaaS 定义了一种新的交付方式,也使得软件进一步回归服务本质。企业部署信息化软件的本质是为了自身的运营管理服务,软件的表象是一种业务流程的信息化,本质还是第一种服务模式,SaaS 改变了传统软件服务的提供方式,减少本地部署所需的大量前期投入,进一步突出信息化软件的服务属性,或成为未来信息化软件市场的主流交付模式。

SaaS 云服务提供商负责维护和管理云中的软件以及支撑软件运行的硬件设施,同时免费为用户提供服务或者以按需使用的方式向用户收费。所以,用户无需进行安装、升级和防病毒等,并且免去了初期的软硬件支出。

（1）SaaS 的特点

1）互联网特性

一方面,SaaS 服务通过互联网浏览器或 Web Services/Web 2.0 程序连接的形式为用户提供服务,使得 SaaS 应用具备了典型互联网技术特点;另一方面,由于 SaaS 极大地缩短了用户与 SaaS 提供商之间的时空距离,从而使得 SaaS 服务的营销、交付与传统软件相比有着很大的不同。

2)多重租赁(multi-tenancy)特性

SaaS 服务通常基于一套标准软件系统为成百上千的不同客户(又称为租户)提供服务。这要求 SaaS 服务能够支持不同租户之间数据和配置的隔离,从而保证每个租户数据的安全与隐私,以及用户对诸如界面、业务逻辑、数据结构等的个性化需求。由于 SaaS 同时支持多个租户,每个租户又有很多用户,这对支撑软件的基础设施平台的性能、稳定性和扩展性提出很大挑战。SaaS 作为一种基于互联网的软件交付模式,优化软件大规模应用后的性能和运营成本是架构师的核心任务。

3)服务(service)特性

SaaS 使软件以互联网为载体的服务形式被客户使用,所以很多服务合约的签订、服务使用的计量、在线服务质量的保证和服务费用的收取等问题都必须加以考虑。而这些问题通常是传统软件没有考虑到的。

4)可扩展(scalable)特性

可扩展性意味着最大限度地提高系统的并发性,更有效地使用系统资源。例如,优化资源锁的持久性,使用无状态的进程,使用资源池来共享线和数据库连接等关键资源,缓存参考数据,为大型数据库分区。

(2)SaaS 的核心技术

1)大规模多租户支持

它是 SaaS 模式成为可能的核心技术,运行在应用提供商 SaaS 上的应用能够同时为多个组织和用户使用,能够保证用户之间的相互隔离。没有多租户技术的支持,SaaS 就不可能实现。

2)认证和安全

认证和安全是多租户的必要条件。当接收到用户发出的操作请求时,其发出请求的用户身份需要被认证,且操作的安全性需要被监控。

3)定价和计费

定价和计费是 SaaS 模式的客观要求。提供合理、灵活、具体且便于用户选择的定价策略是 SaaS 成功的关键之一。

4)服务整合

它是 SaaS 长期发展的动力。SaaS 应用提供商需要通过与其他产品的整合来提供整套产品的解决方案。

5)开发和定制

开发和定制是服务整合的内在需要。一般来讲,每个 SaaS 应用都提供了完备的软件功能,但是为了能够与其他软件产品进行整合,SaaS 应用最好具有一定的二次开发功能,包括公开 API,提供沙盒以及脚本运行环境等。

(3)SaaS 的优势

1)使用简单

通过浏览器访问,只要有网络,就可以随时随地通过多种设备使用 SaaS 服务。

2)支持公开协议

现有的 SaaS 服务都是基于公开协议的,如 HTTM4 和 HTTM5 等。用户只需要使用常用的浏览器就可以使用 SaaS 服务。

3）成本低

使用 SaaS 服务后,用户无需在使用前购买昂贵的许可证,省去了前期投入,只需要在使用过程中按照实际使用付费,成本远远低于桌面版。

4）安全保障

SaaS 服务提供商都提供了比较高级的安全机制,不仅为存储在云端的数据提供加密措施,还通过 HTTPS 协议确保用户和云平台之间的通信安全。

9.2.4　3 种类型的关系

云计算是一种新的计算资源使用模式,云端本身还是 IT 系统,所以逻辑上同样也划分为 4 层:基础设施层、平台软件层、应用软件层和数据信息层。底三层可以再划分出很多“小块”并出租出去,这有点像立体停车房,按车位大小和停车时间长短收取停车费。因此,云服务提供商出租计算资源有 3 种模式,满足云服务消费者的不同需求,分别是 IaaS、PaaS、SaaS,如图 9.5 所示。

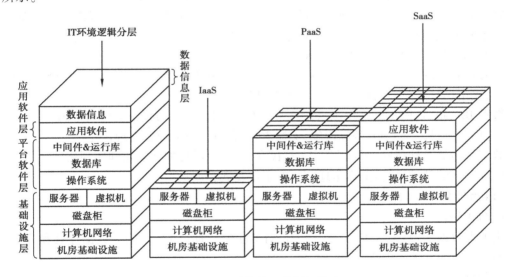

图 9.5　云计算的 3 种服务模式

需要注意的是,云服务提供商只负责出租层及以下各层的部署、运维和管理,而租户自己负责更上层次的部署和管理,两者负责的“逻辑层”加起来刚好就是一个完整的 4 层 IT 系统。

比如有一家云服务提供商对外出租 IaaS 云计算业务,云服务提供商负责机房基础设施、计算机网络、磁盘柜和服务器/虚拟机的建设和管理,而云服务消费者自己完成操作系统、数据库、中间件和应用软件的安装和维护。另外,还要管理数据信息(如初始化、数据备份、恢复等)。

再比如,另一家云服务提供商出租 PaaS 业务,那么云服务提供商负责的层数就更多了,云服务消费者只需安装自己需要的应用软件并进行数据初始化即可。总之,云服务提供商和消费者各自管理的层数加起来就是标准的 IT 系统的逻辑层次结构。

最后,比如另一家云服务提供商出租 SaaS 业务,那么云服务提供商负责的层数比 PaaS 还要多,云服务消费者只需要使用该应用软件和进行数据初始化即可,连软件安装这个步骤都省去了。

9.3 主流云计算技术介绍

9.3.1 常见的云解决方案

这里以阿里云作为例来介绍常见的云解决方案。

阿里云,阿里巴巴集团旗下云计算品牌,全球卓越的云计算技术和服务提供商,创立于2009年,在杭州、北京、硅谷等地设有研发中心和运营机构。

阿里云是全球领先的云计算及人工智能科技公司,致力于以在线公共服务的方式,提供安全、可靠的计算和数据处理能力,让计算和人工智能成为普惠科技。阿里云服务着制造、金融、政务、交通、医疗、电信、能源等众多领域的领军企业,包括中国联通、12306、中石化、中石油、飞利浦、华大基因等大型企业客户,以及微博、知乎、锤子科技等明星互联网公司。在天猫"双十一"全球狂欢节、12306春运购票等极富挑战的应用场景中,阿里云保持着良好的运行纪录。

阿里云在全球各地部署高效节能的绿色数据中心,利用清洁计算为万物互联的新世界提供源源不断的能源动力,目前开服的区域包括中国(华北、华东、华南、香港地区)、新加坡、美国、澳大利亚、日本以及欧洲、中东地区。

据Gartner数据,阿里云以19.6%的市场占有率成为了亚太市场第一。在全球云计算市场中,新兴市场只有阿里云脱颖而出,位列全球第三。

根据IDC报告,阿里云在中国云计算市场有绝对领导力,市场份额位居中国第一。

阿里云参与社会治理的基础设施:支撑30个省市政务治理能力现代化。

数字生活的基础设施:服务全球12亿民众,使得生活更加智能化和便利化。

经济发展的基础设施:助力全球300万企业发展和创新。

(1)为什么选择阿里云

1)自主研发

飞天大数据平台,中国唯一自主研发的计算引擎。拥有EB级的大数据存储和分析能力、10 K任务分布式部署和监控。

2)数据智能领先者

可靠易用的云、全局智能的大数据、云端一体的智联网和随时随地的移动协同。243个行业解决方案,37个行业通用解决方案全方面为企业赋能。

3)最佳实践

经受"双十一"、12306春运购票等极限并发场景挑战。利用领先的数据智能技术,解决交通拥堵等世界性难题。

4)完善生态

阿里云被广泛的生态伙伴所集成,全球合作伙伴数量超过10 000家,服务客户超过10万家。在技术领域,阿里云是国际开源社区贡献最大的中国公司。

5)安全合规

保护中国超过40%的网站,防护全国50%的大流量DDoS攻击,每天成功阻挡50亿次攻击;全年帮助用户修改超过833万个高危漏洞。

（2）阿里云的解决方案

根据前面讲述，阿里云有 243 个行业解决方案，37 个行业通用解决方案全方面为企业赋能。

①行业解决方案，如图 9.6 所示。

图 9.6　行业解决方案

②通用解决方案，如图 9.7 所示。

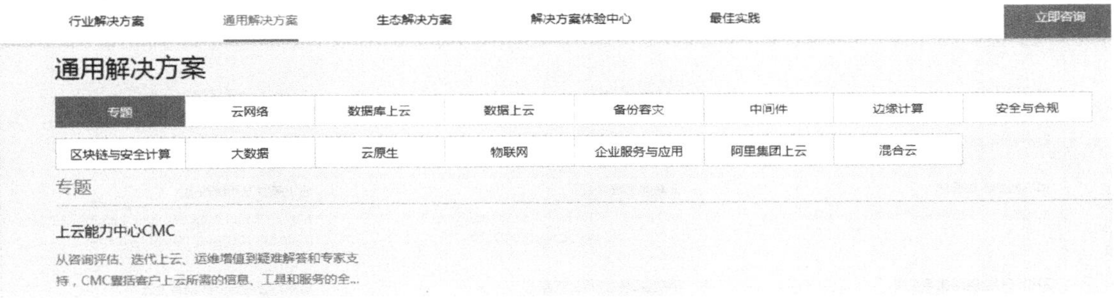

图 9.7　通用解决方案

③生态解决方案，如图 9.8 所示。

图 9.8　生态解决方案

④解决方案体验中心,如图 9.9 所示。

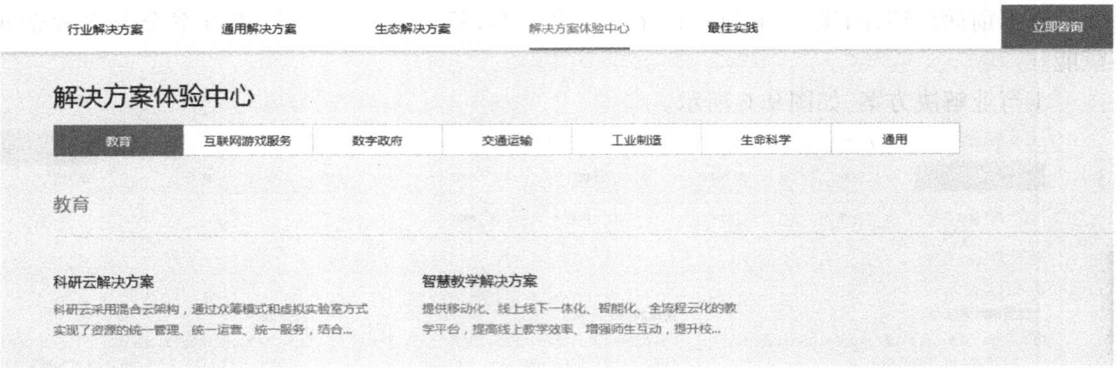

图 9.9 解决方案体验中心

⑤最佳实践,如图 9.10 所示。

图 9.10 最佳实践

阿里云主要的行业解决方案如下:

新零售解决方案:快速搭建新零售平台,支持秒杀、视频直播等业务。

新金融解决方案:满足互联网金融、证券、银行、保险业务需求。

新能源解决方案:帮新运营商、服务商快速搭建标准化商业平台。

新制造解决方案:提供快速搭建一站式亿级设备接入、管理能力。

新技术解决方案:提供"海量存储、高效分发、极速网络"等服务。

大游戏解决方案:为手游、页游、端游开发者提供部署方案。

大政务解决方案:满足政府、交通、公安、税务局等业务需求。

大健康解决方案:集合传统医疗优势,致力构建智能医疗云生态。

大运输解决方案:利用物联网及大数据的技术优势,助力运输企业降本增效。

大传媒解决方案:基于高性能基础脚骨,提供面向媒体行业的快速新闻生产、节目制作、专业直播等业务场景。

大视频解决方案:一站式提供"海量存储、高效分发、极速网络"等强大服务,轻松坐享

CCTV-5、新浪微博、知乎等量级的传播能力。

房地产解决方案：房地产＋互联网大数据，助力房地产行业无限创新。

网站解决方案：依据不同发展阶段，提供一站式建站方案。

移动 App 解决方案：轻松应对移动 App 爆发式增长。

专有云解决方案：帮助客户向混合云架构平滑演进。

企业互联网架构方案：经历阿里巴巴电商考验，助企业快速构建分布式应用。

央企采购电商解决方案：为企业提供集商流、物流、资金流三位一体的采购解决方案。

智能配送调度解决方案：高效高质量输出运输方案，显著降低运输成本。

等级保护安全合规方案：建立等保合规生态，提供一站式等保合规方案。

安全解决方案：多层防护＋云端大数据，提供整套安全产品和服务。

云存储解决方案：解决海量数据存档、备份、加工、加速分发等问题。

应用交付网络解决方案：帮助传统硬件负载均衡用户快速、平滑迁移到云平台。

VR 应用开发解决方案：便捷 3D 模型导入、ET 语音交互。

9.3.2 基本云计算的技术对比

云计算是一种以数据和处理能力为中心的密集型计算模式，它融合了多项 ICT 技术，是传统技术"平滑演进"的产物。其中以虚拟化技术、分布式数据存储技术、编程模型、大规模数据管理技术、分布式资源管理、信息安全、云计算平台管理技术、绿色节能技术最为关键。

（1）虚拟化技术

虚拟化是云计算最重要的核心技术之一，它为云计算服务提供基础架构层面的支撑，是 ICT 服务快速走向云计算的最主要驱动力。可以说，没有虚拟化技术也就没有云计算服务的落地与成功。随着云计算应用的持续升温，业内对虚拟化技术的重视也提到了一个新的高度。与此同时，调查发现，很多人对云计算和虚拟化的认识都存在误区，认为云计算就是虚拟化。事实上并非如此，虚拟化是云计算的重要组成部分但不是全部。

从技术上讲，虚拟化是一种在软件中仿真计算机硬件，以虚拟资源为用户提供服务的计算形式。旨在合理调配计算机资源，使其更高效地提供服务。它把应用系统各硬件间的物理划分打破，从而实现架构的动态化，实现物理资源的集中管理和使用。虚拟化的最大好处是增强系统的弹性和灵活性，降低成本、改进服务、提高资源利用效率。

从表现形式上看，虚拟化又分两种应用模式。一是将一台性能强大的服务器虚拟成多个独立的小服务器，服务不同的用户。二是将多个服务器虚拟成一个强大的服务器，完成特定的功能。这两种模式的核心都是统一管理，动态分配资源，提高资源利用率。在云计算中，这两种模式都有比较多的应用。

（2）分布式数据存储技术

云计算的另一大优势就是能够快速、高效地处理海量数据。在数据爆炸的今天，这一点至关重要。为了保证数据的高可靠性，云计算通常会采用分布式存储技术，将数据存储在不同的物理设备中。这种模式摆脱了硬件设备的限制，同时扩展性更好，能够快速响应用户需求的变化。

分布式存储与传统的网络存储并不完全一样，传统的网络存储系统采用集中的存储服务器存放所有数据，存储服务器成为系统性能的瓶颈，不能满足大规模存储应用的需要。分布式网络存储系统采用可扩展的系统结构,利用多台存储服务器分担存储负荷,利用位置服务器定位存储信息,它不但提高了系统的可靠性、可用性和存取效率,还易于扩展。

在当前的云计算领域,Google 的 GFS 和 Hadoop 开发的开源系统 HDFS 是比较流行的两种云计算分布式存储系统。

GFS(Google File System)技术:谷歌的非开源的 GFS 云计算平台满足大量用户的需求,并行地为大量用户提供服务。使得云计算的数据存储技术具有了高吞吐率和高传输率的特点。

HDFS(Hadoop Distributed File System)技术:大部分 ICT 厂商,包括 Yahoo、Intel 的"云"计划采用的都是 HDFS 的数据存储技术。未来的发展将集中在超大规模的数据存储、数据加密和安全性保证以及继续提高 I/O 速率等方面。

(3)编程模式

从本质上讲,云计算是一个多用户、多任务、支持并发处理的系统。高效、简捷、快速是其核心理念,它旨在通过网络把强大的服务器计算资源方便地分发到终端用户手中,同时保证低成本和良好的用户体验。在这个过程中,编程模式的选择至关重要。云计算项目中分布式并行编程模式将被广泛采用。

分布式并行编程模式创立的初衷是更高效地利用软、硬件资源,让用户更快速、更简单地使用应用或服务。在分布式并行编程模式中,后台复杂的任务处理和资源调度对于用户来说是透明的,这样用户体验能够大大提升。MapReduce 是当前云计算主流并行编程模式之一。MapReduce 模式将任务自动分成多个子任务,通过 Map(映射)和 Reduce(化简)两步实现任务在大规模计算节点中的高度与分配。

MapReduce 是 Google 开发的 Java、Python、C++ 编程模型,主要用于大规模数据集(大于1 TB)的并行运算。MapReduce 模式的思想是将要执行的问题分解成 Map 和 Reduce 的方式,先通过 Map 程序将数据切割成不相关的区块,分配(调度)给大量计算机处理,达到分布式运算的效果,再通过 Reduce 程序将结果汇整输出。

(4)大规模数据管理

处理海量数据是云计算的一大优势。如何处理则涉及很多层面的东西,因此高效的数据处理技术也是云计算不可或缺的核心技术之一。对于云计算来说,数据管理面临巨大的挑战。云计算不仅要保证数据的存储和访问,还要能够对海量数据进行特定的检索和分析。由于云计算需要对海量的分布式数据进行处理、分析,因此,数据管理技术必需能够高效地管理大量的数据。

Google 的 BT(BigTable)数据管理技术和 Hadoop 团队开发的开源数据管理模块 HBase 是业界比较典型的大规模数据管理技术。

BT 数据管理技术:BigTable 是非关系的数据库,是一个分布式的、持久化存储的多维度排序 Map。BigTable 建立在 GFS, Scheduler, Lock Service 和 MapReduce 之上,与传统的关系数据库不同,它把所有数据都作为对象来处理,形成一个巨大的表格,用来分布存储大规模结构化数据。BigTable 的设计目的是可靠地处理 PB 级别的数据,并且能够部署到上千台机器上。

开源数据管理模块 HBase:HBase 是 Apache 的 Hadoop 项目的子项目,定位于分布式、面向列的开源数据库。HBase 不同于一般的关系数据库,它是一个适合于非结构化数据存储的数据库。另一个不同的是 HBase 基于列的而不是基于行的模式。作为高可靠性分布式存储系统,HBase 在性能和可伸缩方面都有比较好的表现。利用 HBase 技术可在廉价 PC Server 上搭建起大规模结构化存储集群。

(5)分布式资源管理

云计算采用了分布式存储技术存储数据,那么自然要引入分布式资源管理技术。在多节点的并发执行环境中,各个节点的状态需要同步,并且在单个节点出现故障时,系统需要有效的机制保证其他节点不受影响。而分布式资源管理系统恰恰是这样的技术,它是保证系统状态的关键。

另外,云计算系统所处理的资源往往非常庞大,少则几百台服务器,多则上万台,同时可能跨跃多个地域。并且云平台中运行的应用也是数以千计,如何有效地管理这批资源,保证它们正常提供服务,需要强大的技术支撑。因此,分布式资源管理技术的重要性可想而知。

全球各大云计算方案/服务提供商们都在积极开展相关技术的研发工作。其中 Google 内部使用的 Borg 技术很受业内称道。另外,微软、IBM、Oracle/Sun 等云计算巨头都有相应解决方案提出。

(6)信息安全

调查数据表明,安全已经成为阻碍云计算发展的最主要原因之一。数据显示,32%已经使用云计算的组织和45%尚未使用云计算的组织的 ICT 管理将云安全作为进一步部署云的最大障碍。因此,要想保证云计算能够长期稳定、快速发展,安全是首要需要解决的问题。

事实上,云计算安全也不是新问题,传统互联网存在同样的问题。只是云计算出现以后,安全问题变得更加突出。在云计算体系中,安全涉及很多层面,包括网络安全、服务器安全、软件安全、系统安全等。因此,有分析师认为,云安全产业的发展,将把传统安全技术提到一个新的阶段。

现在,不管是软件安全厂商还是硬件安全厂商都在积极研发云计算安全产品和方案,包括传统杀毒软件厂商、软硬防火墙厂商、IDS/IPS 厂商在内的各个层面的安全供应商都已加入云安全领域。相信在不久的将来,云安全问题将得到很好的解决。

(7)云计算平台管理

云计算资源规模庞大,服务器数量众多并分布在不同的地点,同时运行着数百种应用,如何有效地管理这些服务器,保证整个系统提供不间断的服务是巨大的挑战。云计算系统的平台管理技术,需要具有高效调配大量服务器资源以及更好协同工作的能力。其中,方便地部署和开通新业务、快速发现并且恢复系统故障、通过自动化、智能化手段实现大规模系统可靠的运营是云计算平台管理技术的关键。

对于提供者而言,云计算可以有 3 种部署模式,即公共云、私有云和混合云。3 种模式对平台管理的要求大不相同。对于用户而言,由于企业对于 ICT 资源共享的控制、对系统效率的要求以及 ICT 成本投入预算不尽相同,企业所需要的云计算系统规模及可管理性能也大不相同。因此,云计算平台管理方案要更多地考虑到定制化需求,能够满足不同场景的应用需求。

包括 Google、IBM、微软、Oracle/Sun 等在内的许多厂商都有云计算平台管理方案推出。这些方案能够帮助企业实现基础架构整合、实现企业硬件资源和软件资源的统一管理、统一分配、统一部署、统一监控和统一备份,打破应用对资源的独占,让企业云计算平台价值得以充分发挥。

（8）绿色节能技术

节能环保是全球整个时代的大主题。云计算也以低成本、高效率著称。云计算具有巨大的规模经济效益,在提高资源利用效率的同时,节省了大量能源。绿色节能技术已经成为云计算必不可少的技术,未来越来越多的节能技术还会被引入云计算中来。

碳排放披露项目(Carbon Disclosure Project,CDP)近日发布了一项有关云计算有助于减少碳排放的研究报告。报告指出,迁移至云的美国公司每年就可以减少碳排放 8 570 万吨,这相当于 2 亿桶石油所排放出的碳总量。

总之,云计算服务提供商们需要持续改善技术,让云计算更绿色。

9.3.3 Google 的云计算技术构架分析

Google 拥有全球最大的搜索引擎,以及 Google Maps、Google Earth、Gmail、YouTube 等大规模业务。这些应用的共性在于数据量极其庞大,且要面向全球用户提供实时服务,因而 Google 必须解决海量数据存储和快速处理的问题。在长期的探索和实践中,Google 研发出了一种让多达百万台的廉价计算机协同工作的技术,即云计算技术。Google 云计算平台是建立在大量服务器集群上的,Node 是最基本的处理单元。在 Google 云计算平台的技术架构中,除了少量负责特定管理功能的节点(如 GFS master、Chubby 和 Scheduler 等),所有的节点都是同构的,即同时运行 BigTable Server、GFS chunkserver 和 MapReduce Job 等核心功能模块。

Google 云计算拥有分布式文件系统 GFS、海量数据并行处理"MapReduce"技术、分布式锁服务 Chubby、大规模分布式系统监控技术 Dapper、海量非结构化数据存储技术 BigTable、MySQL Sharding 以及数据中心优化等关键技术。Google 公司还于 2008 年推出了 Google App Engine(GAE),即一个基于云环境的开发和部署平台。它将 Google 的基础设施以云服务的形式提供给用户,通过 GAE 用户可以直接在 Google 的全球分布式基础设施上开发并部署应用程序,而不用购买和维护硬件设施。下面对 GFS、Mapreduce、BigTable 三大核心技术以及 GAE Web 开发平台做简要介绍。

（1）数据存储技术——GFS

网页搜索业务需要海量的数据存储,同时还需要满足高可用性、高可靠性和经济性等要求。GFS 支持海量数据处理,高并发访问、硬件故障自动恢复,并实现了一次写入、多次读取的数据处理模式。

GFS 由一个 master 和大量 chunkserver 构成。master 存放文件系统的所有元数据,包括名字空间、存取控制、文件分块信息、文件块的位置信息等。为了保证数据的可靠性,GFS 文件系统采用了冗余存储的方式。同时,为了保证数据的一致性,对于数据的所有修改需要在所有的备份上进行,并用版本号的方式来确保所有备份处于一致的状态。为避免大量读操作使 master 成为系统瓶颈,客户端不直接通过 master 读取数据,而是从 master 获取目标数据块的位置信息后,直接和 chunkserver 交互进行读操作。GFS 的写操作将控制信号和数据流分开,即客户端在获取 master 的写授权后,将数据传输给所有的数据副本,在所有的数据副本都收到修改的数据后,客户端才发出写请求控制信号,在所有的数据副本更新完数据后,由主副本向客户端发出写操作完成控制信号。通过服务器端和客户端的联合设计,GFS 对应用支持达到了性能与可用性的最优化。

（2）**数据管理技术——BigTable**

由于 Google 的许多应用需要管理大量的结构化以及半结构化数据，需要对海量数据进行存储、处理与分析，且数据的读操作频率远大于数据的更新频率等，为此 Google 开发了弱一致性要求的大规模数据库系统——BigTable。BigTable 针对数据读操作进行了优化，采用基于列存储的分布式数据管理模式以提高数据读取效率。BigTable 的基本元素是行、列、记录板和时间戳。

BigTable 中的数据项按照行关键字的字典序排列，每行动态地划分到 Tablet 中，每个服务器节点 Tablet Server 负责管理大约 100 个记录板。时间戳是一个 64 位的整数，表示数据的不同版本。列簇是若干列的集合，BigTable 中的存取权限控制在列簇的粒度进行。BigTable 系统依赖于集群系统的底层结构，一个是分布式的集群任务调度器，一个是 GFS 文件系统，另一个是分布式锁服务 Chubby。Chubby 是一个非常健壮的粗粒度锁，BigTable 使用 Chubby 来保存 Root Tablet 的指针，并使用一台服务器作为主服务器，用来保存和操作元数据。当客户端读取数据时，用户首先从 Chubby Server 中获得 Root Tablet 的位置信息，并从中读取相应的元数据表 Metadata Tablet 的位置信息，接着从 Metadata Tablet 中读取包含目标数据位置信息的 User Table 的位置信息，然后从该 User Table 中读取目标数据的位置信息项。BigTable 的主服务器除了管理元数据之外，还负责对 Tablet Server 进行远程管理与负载调配。客户端通过编程接口与主服务器进行控制通信以获得元数据，与 Tablet Server 进行数据通信，而具体的读写请求则由 Tablet Server 负责处理。BigTable 是客户端和服务器端的联合设计，使得性能能够最大程度地符合应用的需求。

（3）**编程模型——MapReduce**

Google 构造了 MapReduce 编程框架来支持并行计算，应用程序编写人员只需将精力放在应用程序本身，关于如何通过分布式的集群来支持并行计算，包括可靠性和可扩展性，则交由平台来处理，从而保证了后台复杂的并行执行和任务调度向用户和编程人员透明。

MapReduce 是一种处理和产生大规模数据集的编程模型，同时也是一种高效的任务调度模型，它通过"Map（映射）"和"Reduce（化简）"这样两个简单的概念来构成运算基本单元，程序员在 Map 函数中指定对各分块数据的处理过程，在 Reduce 函数中指定如何对分块数据处理的中间结果进行归约，就能完成分布式的并行程序开发。当在集群上运行 MapReduce 程序时，程序员不需要关心如何将输入的数据分块、分配和调度，同时系统还将处理集群内节点失败以及节点间通信的管理等。

MapReduce 模型具有很强的容错性，当 worker 节点出现错误时，只需要将该 worker 节点屏蔽在系统外等待修复，并将该 worker 上执行的程序迁移到其他 worker 上重新执行，同时将该迁移信息通过 master 发送给需要该节点处理结果的节点。MapReduce 使用检查点的方式来处理 master 出错失败的问题。

（4）Google App Engine

Google App Engine 是一个 PaaS 平台，它可以让开发人员在 Google 的基础架构上开发、部署和运行网络应用程序。在 GAE 上构建和维护应用程序将变得简单，并且应用可以根据访问量和数据存储需求的增长轻松地进行扩展。

GAE 的整体架构，它主要由应用运行时环境（app engine runtime）、沙盒（security sandbox）、Google 账户、App Engine 服务、数据库等组件构成。应用运行时，环境提供了对应用的基本支持,使应用可以在 GAE 上正常运行,目前支持 Python 和 Java 语言。沙盒(即安全运行环境),可以保证每个应用程序能够安全地隔离运行。GAE 还为开发者提供了一个 DataStore 服务,它是一个分布式存储数据库,可以随着应用规模的增长自动扩展。App Engine 服务则为用户提供了网页抓取、图像 API、邮件 API、MemcacheAPI、用户 API(Google 账户)、数据库 API 等基本功能,极大地降低了应用开发的难度。

9.4 云终端现状及发展趋势

9.4.1 云终端的现状

云终端是基于云计算商业模式应用的终端设备和云平台服务的总称,是云计算产业三级中的重要一环。云终端的终端技术可实现共享主机资源,桌面终端无需许可,从而大幅减少硬件投资和软件许可证的开销,并实现单机多用户,每个用户独立享用完整的 PC 功能,绿色环保,省电省维护。云终端行业的上游产业主要是云计算产业、电子原材料行业等,下游产业主要是云终端的应用领域,包括学校、政府、公司企业、酒店、房地产、金融等行业。随着云计算产业的发展,传统 PC 将会被云终端所替代。截至 2019 年,我国云终端行业正处于快速发展的初期阶段,子行业市场还处于摸索阶段,随着信息服务的大规模、爆发式增长、将为云终端带来巨大的发展空间。

近几年,随着云计算产业的发展,云终端应用领域将会越来越多,云终端市场需求会相应地大幅增加。我国拥有云终端企业较多,但是大多部分是一些规模小、生产水平较低的企业,企业集中度较低。云终端市场主要集中在我国经济最为发达珠三角地区、长三江地区、渤海地区,而在一些经济欠发达地区如西北地区分布最少。2019 年,我国云计算市场规模将达到1 174.12亿元,其中云终端市场规模约为 199.6 亿元,年增速达到 40%。2019 年我国云终端的需求达到 194 万台,而市场供给为 185 万台,行业呈现供不应求的现象,随着云计算的大力发展,未来云终端的需求会进一步加大。

我国云终端市场需求量大,云终端产业原料厂家比较齐全,云终端上下游产业链地域性距离短,有利于云终端产业控制成本,有利于云终端产品快速流通及销售。另外,我国云终端产品技术研发已经达到国际先进水平,我国人口多,劳动力成本相对比国外发达国家少,这也给我国云终端产业发展带来一定的优势。我国云终端生产技术虽然已达到世界先进水平,产量大,但是规模小,产品竞争力还不够强。高端产品技术不足,无法与国外优势企业竞争。我国云终端产业格局尚未定型,技术体系和标准有待成熟,对行业存在发展窗口期,但行业已经具备一定的产业基础,而且云终端的技术特点和开源化趋势也为我国企业提供了掌握核心技术、实现局部突破的良好契机。受到互联网企业大力发展云计算产业,使得云终端正处在快速发展阶段。在行业快速发展的环境下,企业可以使用扩张性投资战略。扩大投资规模,扩大经营规模,提高技术研发能力,增强企业的核心竞争力,提高市场占有率。

随着大数据云计算的发展,办公的形式也是越来越多样化的,有采用笔记本和台式机的办公的,也有使用平板电脑办公的,同时还有很多人开始使用云终端来进行上网办公的。和前面这些相比,云终端可以说并没有什么优势的,而且它的缺点也很明显的,比如配置低、性能差、兼容性不好等这些使用的人都知道,但是为什么还是有很多人会选择它呢?

首先,价格低。虽然说云终端没有笔记本和台式机那么高的配置,也没有平板电脑这么便捷和时尚,但是云终端价格却是比它们都要低,即使算上服务器的价格,它平分到每一个用户的价格也会比笔记本和台式机低,同时它的功耗只有 5 W,使用寿命长,所产生的使用成本也是比其他设备要更低的。

其次,免维护。不管是使用笔记本、台式机还是使用平板电脑,当系统和硬件出现故障时都需要一台一台的安装维护和进行排查故障,而云终端由于本地不进行计算,所有的计算和数据都在服务器上进行,当出现故障能快速地进行故障的排查,不管是系统故障还是硬件的故障,IT 人员都可以不用现场维护的,系统问题只需在后台服务器就可以操作,硬件故障使用者重新换一个好的就可使用,比使用其他设备维护更便捷。

第三,高安全。云终端如果单独使用的话缺点是很明显的,配置低、性能差,但是通过协议连接服务器使用后,它不仅可以达到高配置 PC 的性能,满足正常的办公需求,同时由于云终端本地不计算和进行数据的存储,用户访问和复制数据都需要得以授权才可以进行操作的,数据变得更加安全和可控的。

9.4.2　云终端发展趋势

当前不管是企业办公还是学校的计算机教室以及其他一些要用到电脑办公的场所,越来越多的地方开始使用云终端,仿佛突然之间云终端已成为替代传统 PC 的一种重要的上网办公解决方案之一。面对越来越的用户使用云终端来替代传统的 PC,未来云终端的发展趋势应该是怎样的呢?

(1)应用场景

从这几年云终端使用者的行业和场景可以发现,从一开始的在中小学计算机教室到企业办公以及培训中心实训室和医院政府办公等不同的行业都在使用。可以预测,云终端未来的应用场景会越来越广,甚至随着云计算技术的不断发展,未来有可能要用到电脑上网办公的场景云终端都会有所涉及和使用的。

(2)产品特点

那么未来云终端的产品又会是怎样的呢? 众所周知,当前的国内云终端主要使用的是 ARM 架构和 X86 架构这两种,而这两个云终端当前的产品特点就是体积做得越来越小,同时接口也变得越来越丰富,比如 USB 接口、音频输出接口和 HDMI 等。相信在未来云终端的体积应该越来越小,功耗越来越低,同时接口也越来越丰富。

(3)功能应用

虽然现在很多国内的云终端功能和应用已经非常丰富,进行 Office 办公、支持打印机等外设设备以及进行高清视频的播放这些功能应用都已经可以满足。然而对于一些特殊的应用,比如进行大型的 3D 渲染等工作云终端和传统的 PC 机相比还是有所差距的。所以未来云终端的发展趋势应该是功能和应用越来越完善,包括可以进行大型的 3D 渲染等应用,真正可以达到媲美传统 PC 的功能和应用。

(4)价格

云终端的价格虽然和传统的 PC 相比便宜了很多,但是随着云桌面技术的发展,对于云终端配置依赖性的降低,未来云终端的价格应该会越来越低。

云终端作为当前替代传统 PC 上网办公的一种新型的应用,正被越来越的多的用户所认可和使用的,在未来云终端也将会被更多的用户所使用和应用场景也将会越来越多。

习　题

1. 云计算的定义是什么?

2. 云计算有哪些优势?

3. 简述云计算的 3 种服务模式以及它们之间的关系。

4. IaaS 服务的主要特点有哪些?

5. IaaS 的核心技术有哪些?

6. IaaS 的主要优势有哪些?

7. PaaS 的核心技术有哪些?

8. PaaS 的主要优势有哪些?

9. SaaS 的主要优势有哪些?

10. SaaS 的核心技术有哪些?

11. 简述云计算的应用场景。

第 *10* 章
大数据处理基础

互联网技术不断发展,各种技术不断涌现,其中大数据技术已经成为一个闪耀的新星。现在我们处于数据世界,互联网每天产生大量的数据,利用好这些数据可以给我们的生活带来巨大的变化以及极大的便利。其中,对于大数据的处理是大数据在生产生活中的一个重要的环节,本章主要介绍大数据的概念和大数据分析技术。

学习目标

- 理解和掌握大数据的特征
- 了解和熟悉大数据分析技术
- 了解典型的大数据应用场景

10.1 大数据的基本概念及特征

10.1.1 大数据的含义

(1)数据

计算机的世界里只有两个数符:0、1。而正是这简单而又神奇的两个数字,却能表示现实生活中各式各样的数据。回想一下生活中有哪些数据呢? 书本中所包含的汉语、英语字符,与人交流所用的语音,照相摄影所留下的照片、录像,这些统统都是数据。细心的读者会问,诸如照片、语音这类连续的数据(信号),计算机怎么就能把它看作是0、1这两个神奇数字所构成的呢? 或者说,这些数据怎么才能被计算机所认识呢? 答案是模数转换器(ADC),它是用于将模拟信号(即真实世界的连续的信号)转换为数字信号(即用数值表示的离散信号)的一类设备。

在计算机科学中,数据是指所有能输入计算机并被计算机程序处理的,具有一定意义的数字、字母、符号和模拟量等的统称。

(2)数据处理操作

正如数据在计算机中的定义:输入计算机并进行处理的内容。将照片、音频等信息转化为二进制的过程,是计算机对数据的采集工作:将这些数据以二进制的方式存入计算机,计算机完成了对数据的存储操作;在存入计算机的信息中提取我们感兴趣的部分,是计算机对数据的检索操作;对数据进行加工,比如噪声去除、图像增强,是计算机对数据的加工操作;将关键数据进行加密等操作,是计算机对数据的变换操作;最后,将这些数据传输给其他计算机,计算机完成了对数据的传输操作。

以上各种操作均是数据处理的部分内容。数据处理指的就是对数据的采集、存储、检索、加工、变换和传输。

(3) 大数据

同样是数据,同样是对数据进行处理,何谓大数据呢?首先来看一下一些公司对大数据的定义。国际数据公司(IDC)从下面这四个特征来定义大数据,即海量的数据规模(volumee)、快速的数据流转和动态的数据体系(velocity)、多样的数据类型(variety)、巨大的数据价值(value)。

亚马逊(全球最大的电子商务公司)的大数据科学家 John Rauser 给出了一个简单的定义:"大数据是任何超过了一台计算机处理能力的数据量。"

维基百科解释道:"大数据(big data),指的是所涉及的资料量规模巨大到无法通过目前主流软件工具,在合理时间内达到撷取、管理、处理并整理成为帮助企业经营决策更积极目的的资讯。"

在许多领域,由于数据集庞大,科学家经常因为数据分析和处理过程的漫长而遭遇限制和阻碍。例如气象学、基因组学、神经网络体学、复杂的物理模拟,以及生物和环境研究。这样的限制也对网络搜索、金融与经济信息学造成影响。数据持续地从各种来源被广泛收集,这些来源包括搭载传感设备的移动设备、高空传感科技(遥感)、软件记录、相机、麦克风、无线射频辨识(RFID)和无线传感网络。

自 20 世纪 80 年代起,现代科技可存储数据的容量每 40 个月增加 1 倍,据统计,截至 2012 年,数据量已经从 TB(1 024 GB = 1 TB)级别跃升到 PB(1 024 TB = 1 PB)、EB(1 024 PB = 1 EB)乃至 ZB(1 024 EB = 1 ZB)级别。国际数据公司(IDC)的研究结果表明,2008 年全球产生的数据量为 0.49 ZB,2009 年的数据量为 0.8 ZB,2010 年增长为 1.2 ZB,2011 年的数量更是高达 1.82 ZB,相当于全球每人产生 200 GB 以上的数据。而到 2012 年为止,人类生产的所有印刷材料的数据量是 200 PB,全人类历史上说过的所有话的数据量大约是 5 EB。IBM 的一项研究称,整个人类文明所获得的全部数据中,有 90% 是过去两年内产生的。而到了 2020 年,全世界所产生的数据规模将达到今天的 44 倍。每一天,全世界会上传超过 5 亿张图片,每分钟就有 20 小时时长的视频被分享。然而,即使是人们每天创造的全部信息——包括语音通话、电子邮件和信息在内的各种通信,以及上传的全部图片、视频与音乐,其信息量也无法匹及每一天所创造出的关于人们自身的数字信息量。

大数据是一个宽泛的概念。上面几个定义,无一例外地都突出了"大"字。诚然"大"是大数据的一个重要特征,但远不是全部。大数据是"在多样的大量的数据中,迅速获取信息的能力"。这个定义凸显了大数据的功用,而其重心是"能力"。大数据的核心能力,是发现规律和预测未来。

10.1.2　大数据的特征

目前一般采用国际数据公司(IDC)的大数据定义上来总结大数据的特征。

(1)**规模性**(volume)

大数据的特征首先体现为"数据量大",存储单位从过去的 GB 到 TB,直至 PB、EB。随着网络及信息技术的高速发展,数据开始爆发性增长。社交网络、移动网络、各种智能终端等,都成为数据的来源,企业也面临着数据量的大规模增长,IDC 的一份报告预测称,到 2020 年,全球数据量将扩大 50 倍。此外,各种意想不到的来源都能产生数据。

(2)**多样性**(variety)

一个普遍观点认为,人们使用互联网搜索是形成数据多样性的主要原因,这一看法部分正确。大数据大体可分为 3 类:一是结构化数据,如财务系统数据、信息管理系统数据、医疗系统数据等,其特点是数据间因果关系强;二是非结构化的数据,如视频、图片、音频等,其特点是数据间没有因果关系;三是半结构化数据,如 HTML 文档、邮件、网页等,其特点是数据间的因果关系弱。

(3)**高速性**(velocity)

数据被创建和移动的速度快。在网络时代,通过高速的计算机和服务器,创建实时数据流已成为流行趋势。企业不仅需要了解如何快速创建数据,还必须知道如何快速处理、分析并返回给用户,以满足他们的实时需求。

(4)**价值性**(value)

相比于传统的小数据,大数据最大的价值在于通过从大量不相关的各种类型的数据中,挖掘出对未来趋势与模式预测分析有价值的数据,并通过机器学习方法、人工智能方法或数据挖掘方法进行深度分析,发现新规律和新知识,并运用于农业、金融、医疗等各个领域,从而最终达到改善社会治理、提高生产效率、推进科学研究的效果。

10.1.3　大数据的价值

大数据的价值关键在于大数据的应用,随着大数据技术飞速发展,大数据应用已经融入各行各业。大数据产业正快速发展成为新一代信息技术和服务业态,即对数量巨大、来源分散、格式多样的数据进行采集、存储和关联分析,并从中发现新知识、创造新价值、提升新能力。我国大数据应用技术的发展将涉及机器学习、多学科融合、大规模应用开源技术等领域。

(1)**数据辅助决策**

为企业提供基础的数据统计报表分析服务。分析师能够轻易获取数据产出分析报告指导产品和运营,产品经理能够通过统计数据完善产品功能和改善用户体验,运营人员可以通过数据发现运营问题并确定运营的策略和方向,管理层可以通过数据掌握公司业务运营状况,从而进行一些战略决策。

(2)**数据驱动业务**

通过数据产品、数据挖掘模型实现企业产品和运营的智能化,从而极大地提高企业的整体效能产出。最常见的应用领域有基于个性化推荐技术的精准营销服务、广告服务、基于模型算法的风控反欺诈服务征信服务等。

（3）数据对外变现

通过对数据进行精心的包装，对外提供数据服务，从而获得现金收入。市面上比较常见有各大数据公司利用自己掌握的大数据，提供风控查询、验证、反欺诈服务，提供导客、导流、精准营销服务，提供数据开放平台服务等。

10.1.4　大数据的技术基础

随着互联网技术的不断发展以及数字化的不断提高，大数据分析计算成为当今网络化和数字化的最新、最高的应用技术，各种搜索引擎，网络导航和数据统计等都依赖于大数据分析计算。目前，大数据领域涌现出了许多新技术，成为大数据获取、存储、处理分析及可视化的有效手段。总体来说，基于大数据分析计算流程的大数据技术体系如图 10.1 所示，其中，底层是基础设施，涵盖云计算技术及软件系统，具体表现为计算节点、集群、机柜和云计算数据中心以及大数据计算软件平台。在此基础之上是大数据存储与管理层，包括数据采集、预处理，涉及分布式文件系统、非关系数据库及资源管理系统等。然后是大数据分析计算层，涵盖数据挖掘算法、Hadoop、MapReduce 和 Spark 以及在此之上的各种不同计算模式，如批处理、流计算和图计算，包括衍生出的编程技术等。大数据可视化层基于分析计算层对分析计算结果进行展示，通过交互式可视化，可以探索性地提出问题，形成迭代的分析和可视化内容。

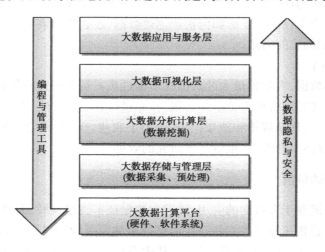

图 10.1　大数据技术体系

同时，还有两个领域垂直涵盖各层，需要整体、协同地看待：一个是编程和管理工具，方向是机器通过学习实现自动最优化，尽量无须编程和无须进行复杂的配置；另一个是大数据隐私与安全，也贯穿整个技术体系。另外，还有一些技术跨越多层，例如内存计算事实上覆盖了整个技术体系。

大数据技术体系所涉及的内容只做概况性介绍，感兴趣的读者可以进行选修：大数据采集技术；大数据预处理技术；大数据存储与管理；数据挖掘（大数据分析与计算模式）技术；大数据可视化与应用技术。

（1）大数据采集技术

大数据采集是指通过射频识别（RFID）、传感器、社交网络交互和移动互联网等方式获得各种类型的结构化、半结构化（或称为弱结构化）及非结构化的海量数据。大数据采集技术包括分布式高速、高可靠数据抓取或采集,高速数据全映像等,同时还要涉及高速数据解析、转换与装载等大数据整合技术以及数据质量评估模型的设计等。

(2)大数据预处理技术

大数据预处理主要完成对已接收数据的抽取、清洗等操作。

抽取——因获取的数据可能具有多种结构和类型,数据抽取过程就是将复杂的数据转化为单一的或者便于处理的类型,以达到快速分析处理的目的。

清洗——大数据并不全是有价值的,有些数据并不是人们所关心的内容,而另一些数据则可能是完全错误的干扰项,因此需要对数据通过过滤"去噪",提取出有效数据。

(3)大数据存储与管理

数据经过采集和转换之后,需要存储归档。针对海量的数据,一般可以采用分布式文件系统和分布式数据库的存储方式,把数据分布到多个存储节点上,同时还要提供备份、安全、访问接口及协议等机制。

大数据存储技术包括建立相应的数据库,并进行管理和调用。该技术重点解决结构化、半结构化和非结构化大数据的管理与处理,涉及大数据的可存储、可表示、可处理、可靠性及有效传输等问题。

①新型数据库技术包括关系数据库、非关系数据库(NoSQL)以及数据库缓存系统。其中,非关系数据库又分为键值数据库(key-value store)、列存数据库(column family)、图存数据库(graph)以及文档数据库(document)4 种类型;关系数据库包含传统关系数据库和各种新的可扩展/高性能数据库(NewSQL)。

②大数据安全技术包括改进数据销毁、透明加解密、分布式访问控制、数据审计等技术,以及突破隐私保护和推理控制、数据真伪识别和取证、数据持有完整性验证等技术。

(4)数据挖掘技术

数据挖掘就是从大量的、不完全的、有噪声的、模糊的、随机的实际应用数据中,通过分析与计算提取隐含在其中,人们事先不知道但又潜在有用的信息和知识的过程。数据挖掘技术包括改进已有数据挖掘和机器学习技术,以及开发数据网络挖掘、特异群组挖掘、图挖掘等新型数据挖掘技术;其重点在于突破基于对象的数据连接、相似性连接等大数据融合技术,突破用户兴趣分析、网络行为分析、情感语义分析等领域的大数据挖掘技术。数据挖掘所涉及的技术方法很多,并有多种分类方法。

根据挖掘任务可分为:分类或预测模型发现,聚类、关联规则发现,序列模式发现,依赖关系或依赖模型发现,异常和趋势发现等。

根据挖掘对象可分为:关系数据库、面向对象数据库、空间数据库、时态数据库、文本数据源、图数据库、异质数据库等。

根据数据挖掘的方法可分为:机器学习方法、统计方法、神经网络方法和数据库方法。其中,机器学习方法又可细分为归纳学习方法(决策树、规则归纳等)、基于范例学习法、遗传算法等。统计方法又可细分为回归分析(多元回归、自回归等)、判别分析(贝叶斯判别、费歇尔判别、非参数判别等)、聚类分析(系统聚类、动态聚类等)、探索性分析(主元分析法、相关分析法等)等。

大数据挖掘任务和挖掘方法主要集中在以下方面:

①可视化分析。数据可视化无论对于普通用户还是数据分析专家,都是最基本的功能;数

据图像化可以让数据自己说话,让用户直观地感受到结果。

②数据挖掘算法。数据挖掘的目的是通过分割、集群、孤立点分析及其他各种算法让人们精炼数据、挖掘价值,其算法一定要能够应付大数据的量,同时还要具有很高的处理速度。

③预测性分析。分析师根据图像化分析和数据挖掘的结果做出一些前瞻性判断。

④语义引擎。采用人工智能技术从数据中主动地提取信息。语义处理技术包括机器翻译、情感分析、舆情分析、智能输入、问答系统等。

⑤数据质量和数据管理。通过标准化流程和机器对数据进行处理,以确保获得一个预设质量的分析结论。

在数据科学领域,国际权威的学术组织 IEEE 于 2006 年 12 月在中国香港召开的 IEEE Internation Conference on Data Mining(ICDM)会议上评选出了十大经典算法,包括 C4.5 算法、k-均值算法、支持向量机、Apriori 算法、EM 算法、PageRank 算法、AdaBoost 算法、k-近邻算法、朴素贝叶斯算法和回归树算法。这十大算法中的任何一种都可以称得上是机器学习领域的经典算法,都在数据分析领域产生了极为深远的影响。

(5)大数据可视化与应用技术

数据可视化与交互在大数据技术中至关重要,因为数据最终需要为人们所使用,为生产、运营、规划提供决策支持。数据可视化除了用于末端展示,它也是数据分析时不可或缺的一部分,即返回数据时的二次分析。大数据技术能够将隐藏于海量数据中的信息和知识挖掘出来,为人类的社会经济活动提供依据,从而提高各个领域的运行效率,提升整个社会经济的集约化程度。因此,选择恰当的、生动直观的数据展示方式,有助于用户更好地理解数据及其内涵和关联关系,也能够更有效地解释和运用数据,发挥其价值。

数据可视化还有利于大数据分析平台的学习功能建设,让没有技术背景的初学者也能很快掌握大数据分析平台的操作。在数据展示方式上,除了传统的报表、图形之外,可以结合现代化的可视化工具及人机交互手段展示大数据的价值取向。

10.2　大数据分析技术

10.2.1　大数据分析的基本要求

随着移动互联时代的到来,特别是虚拟现实、人工智能、物联网和车联网等科学技术的不断发展,使得当今世界对信息技术的依赖程度日渐加深,每天都会产生和存储海量的数据。数据来源多种多样,除了生产过程中的自动检测系统、传感器和科学仪器会产生大量的数据外,日常生活中的网上购物、预订车票、发微信、写微博等,也都会产生大量的数据,处理这些海量数据,并从中提取出有价值的信息的过程就是数据分析。

数据分析是指用适当的统计分析方法对收集来的大量原始数据进行分析,为提取有用信息和形成结论而对数据加以详细研究和概括总结的过程。数据分析的目的是提取不易推断的信息并加以分析,一旦理解了这些信息,就能够对产生数据的系统的运行机制进行研究,从而对系统可能的响应和演变做出预测。

数据分析最初用作数据保护,现已发展成为数据建模的方法论。模型实际上是指将所研究的系统转化成数学形式,一旦建立了数学或逻辑模型,就能对系统的响应做出不同精度的预测。而模型的预测能力不仅取决于建模的质量,还取决于选择出供分析用的优质数据集的能力。因此,数据采集、数据提取和数据准备等预处理工作也属于数据分析的范畴,它们对最终结果有着重要的影响。

在数据分析中,理解数据的最好方法莫过于将其转变为可视化图形,从而传达出数字中蕴含(有时是隐藏)的信息。因此,数据分析可看成是模型和图形化的展示。根据模型可以预测所研究系统的响应,用已知输出结果的一个数据集对模型进行测试。这些数据不是用来生成模型的,而是用来检验系统能否重现实际观察到的输出,从而掌握模型的误差,了解其有效性和局限性。然后,将新模型与原来模型进行比较,如果新模型胜出,即可进行数据分析的最后一步部署。部署阶段需要根据模型给出预测结果,实现相应的决策,同时还要防范模型预测到的潜在风险。

10.2.2 大数据处理分析工具

目前,主流的数据分析语言有 3 个,分别是 Python、R 语言、MATLAB。其中 Python 具有丰富且强大的库,常被称为胶水语言,能够把其他语言制作的各种模块(尤其 C/C++)很轻松地连接在一起,是一门更易学、更严谨的程序设计语言。R 语言是用于统计分析、绘图的语言和操作环境。它属于 GNU 系统的一个自由、免费、源代码开放的软件。MATLAB 的作用是进行矩阵运算、绘制函数与数据、实现算法、创建用户界面和连接其他编程语言的程序,主要应用于工程计算、控制设计、信号处理与通信、图像处理、信号检测、金融建模设计与分析领域。

3 个语言均可进行数据分析,这里简单从学习难易程度,使用场景,第三方支持等几个方面进行对比。

Python 接口统一,比较容易上手,主要功能有数据分析、机器学习、矩阵运算、科学数据可视化、数字图像处理、Web 应用、网络爬虫和系统运维等方面,拥有大量的第三方库,能够简便地调用 C、C++、Fortran、Java 等其他程序语言,在工业场景中比较多,软件属于开源免费。

R 语言接口众多,不是很容易上手,主要功能有统计分析、机器学习、科学数据可视化等,拥有大量的包,可调用 C、C++、Fortran、Java 等其他语言,主要在经济领域使用,也是开源免费的。

Matlab 自由度大,学习起来也比较容易,主要功能有矩阵运算、数值分析、科学数据可视化、机器学习、数字图像处理、数字信息处理、仿真模拟等,拥有大量专业的工具箱,在新版本中加入对 C、C++、Java 的支持,主要用在学术研究方面,并且要收费的。

10.2.3 大数据热门职业及要求

对于大数据这样新的技术、新兴应用造就了对应职位新的发展趋势,经过科多大数据的调研,发现目前大数据技术的对应岗位有以下几种:大数据开发工程师、商业智能分析师、算法工程师、数据挖掘专家等,同时,也会强化原有职位的新职位,比如网络工程师、系统架构师、数据库管理与开发等。

(1)大数据开发工程师

大数据开发工程师主要是负责搭建整个技术框架,负责后台运行程序的整体设计,就好比一栋大楼的整体框架一样。目前这个岗位的要求主要是熟练 Java,Hadoop,Spark,Hive,Hbase 等。

（2）商业智能分析师

算法工程师延伸出来的商业智能,尤其是在大数据领域变得更加火热。IT 职业与咨询服务公司 Bluewolf 曾经发布报告指出,互联网行业需求增长最快的是移动、数据、云服务和面向用户的技术人员,其中具体的职位则包括有商业智能分析师一项。商业智能分析师往往需要精通数据库知识和统计分析的能力,能够使用商业智能工具,识别或监控现有的和潜在的客户。收集商业情报数据,提供行业报告,分析技术的发展趋势,确定市场未来的产品开发策略或改进现有产品的销售。商业智能和逻辑分析技能在大数据时代显得特别重要,拥有商业知识以及强大的数据和数学分析背景的 IT 人才,在将来的 IT 职场上更能获得大型企业的青睐。

（3）数据挖掘工程师

数据挖掘工程师,也可以称为"数据挖掘专家"。数据挖掘是通过分析每个数据,从大量数据中寻找其规律的技术。数据挖掘主要基于人工智能、机器学习、模式识别、统计学、数据库、可视化技术等,高度自动化地分析企业的数据,做出归纳性的推理,从中挖掘出潜在的模式,帮助决策者调整市场策略,减少风险,做出正确的决策。北京数据挖掘工程师的平均薪资为 2.507 万元/月,随着人工智能、大数据的发展,行业对数据挖掘工程师的需求也将不断变大,特别是对高端人才的需求。

（4）算法工程师

算法工程师在现在可以说是非常吃香的,数据挖掘、互联网搜索算法这些体现大数据发展方向的算法,在近几年越来越流行,而且算法工程师也逐渐朝向人工智能的方向发展。在某网站上查看背景算法工程师的平均薪资,北京的平均薪资是 2.615 万元/月。受行业的影响,算法工程师的热门程度将会越来越高！

（5）数据分析员

数据分析员需要将数据转换成可指导业务发展的商业洞察力。他们是技术团队和商业战略、销售或营销团队的桥梁。数据可视化将成为日常工作的重要组成部分。需要将经过训练和测试的模型和大量用户数据转换为让人易于理解的形式,以便根据数据分析结论设计业务策略。数据分析员帮助确保数据科学团队不会浪费时间在不能提供业务价值的问题上面。使用的技术包括 Python、SQL、Tableau 和 Excel,还需要是一个好的沟通者。

10.3 常见的大数据应用

在我国,大数据技术将重点应用于商业智能、政府决策、公共服务三大领域。例如,商业智能技术、政府决策技术、电信数据信息处理与挖掘技术、电网数据信息处理与挖掘技术、气象信息分析技术、环境监测技术、警务云应用系统（道路监控、视频监控、网络监控、智能交通、反电信诈骗、指挥调度等公安信息系统）、大规模基因序列分析比对技术、Web 信息挖掘技术、多媒体数据并行化处理技术、影视制作渲染技术、其他各种行业的云计算和海量数据处理应用技术等。

10.3.1 互联网的大数据

互联网企业拥有大量的线上数据,而且数据量还在快速增长,除了利用大数据提升自己的业务之外,互联网企业已经开始实现数据业务化,利用大数据发现新的商业价值。

以阿里巴巴为例,它不仅在不断加强个性化推荐、"千人千面"这种面向消费者的大数据应用,并且还在尝试利用大数据进行智能客户服务,这种应用场景会逐渐从内部应用延展到外部很多企业的呼叫中心之中。

在面向商家的大数据应用中,以"生意参谋"为例,超过 600 万商家在利用"生意参谋"提升自己的电商店面运营水平。除了面向自己的生态之外,阿里巴巴数据业务化也在不断加速,"芝麻信用"这种基于收集的个人数据进行个人信用评估的应用获得了长足发展,应用场景从阿里巴巴的内部延展到越来越多的外部场景,如租车、酒店、签证等。

互联网企业使用大数据技术采集有关客户的各类数据,并通过大数据分析建立"用户画像"来抽象地描述一个用户的信息全貌,从而可以对用户进行个性化推荐、精准营销和广告投放等。大数据在过去几年中已经改变了电子商务的面貌,具体来讲,电子商务行业的大数据应用有以下几个方面:精准营销、个性化服务、商品个性化推荐。

10.3.2　政府的大数据

随着社会生产力的不断发展,特别是科学技术水平和信息化程度的提升,我们正在迎来以大规模生产、分享和应用数据为主要内容和特征的大数据时代。同传统数据相比,大数据不仅包括结构化数据,更包括大量非结构化数据,且具有数据量大、应用价值大、速度快、种类繁多、波动大等特点。面对日新月异的形势,作为生产和管理数据的政府统计部门,面对大数据带来的新形势和新变化,更是机遇和挑战并存,动力与压力同在。

政府大数据应用的例子有很多,在教育、医疗、交通、金融、环境保护、公共服务等各行业都有具体应用。

(1) 交通部门——大数据助力杭州"治堵"

2016 年 10 月,杭州市政府联合阿里云公布了一项计划:为这座城市安装一个人工智能中枢——杭州城市数据大脑。城市大脑的内核将采用阿里云 ET 人工智能技术,可以对整个城市进行全局实时分析,自动调配公共资源,修正城市运行中的问题,并最终进化成为能够治理城市的超级人工智能。"缓解交通堵塞"是城市大脑的首个尝试,并已在萧山区市心路投入使用,部分路段车辆通行速度提升了 11% 。

(2) 教育部门——徐州市教育局利用大数据改善教学体验

徐州市教育局实施"教育大数据分析研究",旨在应用数据挖掘和学习分析工具,在网络学习和面对面学习融合的混合式学习方式下,实现教育大数据的获取、存储、管理和分析,为教师教学方式构建全新的评价体系,改善教与学的体验。此项工作需要在前期工作的基础上,利用中央电化教育馆掌握的数据资料、指标体系和分析工具进行数据挖掘和分析,构建统一的教学行为数据仓库,对目前的教学行为趋势进行预测,为"徐州市信息技术支持下的学讲课堂"提供高水平的服务,并能提供随教学改革发展一直跟进、持续更新完善的系统和应用服务。

(3) 医疗卫生部门——微软助上海市浦东新区卫生局更加智能化

作为上海市公共卫生的主导部门,浦东新区卫生局在微软 SQL Server 2012 的帮助之下,积极利用大数据,推动卫生医疗信息化走上新的高度。公共卫生部门可通过覆盖区域的居民健康档案和电子病历数据库,快速检测传染病,进行全面的疫情监测,并通过集成疾病监测和响应程序,快速进行响应。与此同时,得益于非结构化数据的分析能力的日益加强,大数据分析技术也使得临床决策支持系统更智能。

（4）气象部门——气象数据为理性救灾指明道路

大数据对地震等"天灾"救援已经开始发挥重要作用，一旦发生自然灾害，通过大数据技术将为"理性救灾"指明道路。抓取气象局、地震局的气象历史数据、星云图变化历史数据，以及城建局、规划局等的城市规划、房屋结构数据等数据源，通过构建大气运动规律评估模型、气象变化关联性分析等路径，精准地预测气象变化，寻找最佳的解决方案，规划应急、救灾工作。

（5）政法部门——济南公安用大数据提升警务工作能力

浪潮在帮助济南公安局在搭建云数据中心的基础上构建了大数据平台，以开展行为轨迹分析、社会关系分析、生物特征识别、音视频识别、银行电信诈骗行为分析、舆情分析等多种大数据研判手段的应用，为指挥决策、各警种情报分析、研判提供支持，做到围绕治安焦点能够快速精确定位、及时全面掌握信息、科学指挥调度警力和社会安保力量迅速解决问题。

10.3.3 企业的大数据

大数据的企业应用场景就是介绍大数据在行业中的应用，如何提升大数据商业价值。大数据的应用场景会提升企业对大数据的关注，鼓励企业投入更加多的精力在大数据中，利用大数据为企业谋福利。

（1）产品设计与研发

福特公司利用大数据技术分析用户驾驶习惯后，为下一代电动汽车产品的功能优化提供了更为明确的改善点，也使汽车制造企业对用户需求更加明确，能够更好地提升用户体验。

（2）能耗优化

恒逸石化公司对工艺流程中相关参数的数据采集和筛选，利用筛选出的关键参数建立模型，从而优化实际生产的燃煤消耗，达到了能耗优化的目的。公司利用大数据技术实现燃煤效率提升2.6%。

（3）供应链优化

海尔集团利用大数据技术首先采集和分析用户体验，持续改进和优化供应链，改变了传统供应链系统对于固定提前期概念的严重依赖。通过分析相关数据创建更具有弹性的供应链，能够缩短供应周期，使企业获得更大的利润。

（4）预测性维护

金风科技是一个制作风电装备的公司，利用大数据建立结冰动力模型，对风机特征进行动态观测、重点观测和分析风机利用率、环境温度等特征，尽可能监测和诊断到早期结冰的状况，并进行及时处理，防止出现严重结冰，提高了风机运行效率和电网的安全。

习　题

1. 什么是数据？什么是大数据？
2. 大数据有哪些特征？在生活中有哪些应用？
3. 大数据处理的基本流程有哪些？
4. 常见的大数据分析的工具有哪些？
5. 你认为大数据在未来会改变我们哪些生活？

第**11**章
人工智能基础

人工智能是一门极富挑战性的科学，它包括十分广泛的科学，由不同的领域组成，如机器学习、计算机视觉等。总的说来，人工智能研究的一个主要目标是使机器能够胜任一些通常需要人类智能才能完成的复杂工作，但不同的时代、不同的人对这种"复杂工作"的理解是不同的。

人工智能是研究使计算机来模拟人的某些思维过程和智能行为（如学习、推理、思考、规划等）的学科，主要包括计算机实现智能的原理、制造类似人脑智能的计算机，使计算机能实现更高层次的应用，可以说几乎是自然科学和社会科学的所有学科，其范围已远远超出了计算机科学的范畴，人工智能与思维科学的关系是实践和理论的关系，是处于思维科学的技术应用层次，是它的一个应用分支。

学习目标

- 理解人工智能的基本概念
- 了解人工智能的发展过程
- 理解人工智能的研究方法
- 了解人工智能的发展领域

11.1　人工智能概述

人工智能（Artificial Intelligence，AI）是计算机学科的一个分支，是一门正在发展中的综合性的前沿学科，它是研究人类智能活动的规律，并用于模拟、延伸和扩展人类智能的一门新的技术科学，是在计算机、控制论、信息论、数学、心理学等多种学科相互综合、相互渗透的基础上发展起来的一门新兴边缘学科。人工智能目前已在指纹及人脸识别、专家系统、定理证明、博弈、自动程序设计以及航空航天等领域取得了应用。

当20世纪40年代数字计算机研制成功时，当时的研究者就采用启发式思维，运用领域知识，编写了能够完成复杂问题求解的计算机程序，包括可以下国际象棋和证明平面几何定理的计算机程序，运用计算机处理这些复杂问题的方法具有显著人类智能的特色，从而导致了人工智能的诞生。人工智能、原子能和空间技术被誉为是 20 世纪三大尖端科技成就。预言家们说:谁掌握了人工智能,谁就能征服世界。

在我们所处的信息时代,人类需要用机器去放大和延伸自己的智能,实现脑力劳动的自动化。因此,人工智能的前景十分诱人,同时作为一门新兴学科又是任重而道远,如图 11.1 所示。

图 11.1　人工智能

11.1.1　人工智能的定义

所谓"人工智能"是指用计算机模拟或实现的智能。作为一门学科,人工智能研究的是如何使机器(计算机)具有智能的科学和技术。因此,从学科角度讲,当前的人工智能是计算机科学的一个分支。

人工智能虽然是计算机科学的一个分支,但它的研究却不仅涉及计算机科学,而且还涉及脑科学、神经生理学、心理学等众多学科领域。因此,人工智能实际上是一门综合性的交叉学科和边缘学科。

广义的人工智能学科是模拟、延伸和扩展人的智能,研究与开发各种机器智能和智能机器的理论、方法与技术的综合性学科。

人工智能企图了解智能的实质,并生产出一种新的能以人类智能相似的方式做出反应的智能机器,该领域的研究包括机器人、语言识别、图像识别、自然语言处理和专家系统等。人工智能从诞生以来,理论和技术日益成熟,应用领域也不断扩大,可以设想,未来人工智能带来的科技产品,将会是人类智慧的"容器",并且可以对人的意识、思维的信息过程进行模拟。因此人工智能不是人的智能,但能像人那样思考、也可能超过人的智能。

人工智能的定义可以分为两部分,即"人工"和"智能"。"人工"比较好理解,争议性也不大。有时会要考虑什么是人力所能及制造的,或者人自身的智能程度有没有高到可以创造人工智能的地步等。但总的来说,"人工系统"就是通常意义下的人工系统。

关于什么是"智能",涉及其他诸如意识(consciousness)、自我(self)、思维(mind)等问题,人唯一了解的智能是人本身的智能,这是普遍认同的观点。但是人类对自身智能的理解都非常有限,对构成人的智能的必要元素也了解有限,所以就很难定义什么是"人工"制造的"智能"了。因此,人工智能的研究往往涉及对人的智能本身的研究,其他关于动物或其他人造系统的智能也普遍被认为是人工智能相关的研究课题。

斯坦福大学人工智能研究中心的尼尔逊教授从处理的对象出发,对人工智能下了这样一个定义:"人工智能是关于知识的学科,即怎样表示知识、怎样获取知识以及怎样使用知识的科学。"

美国麻省理工学院的温斯顿教授认为:"人工智能就是研究如何使计算机去做过去只有人才能做的富有智能工作。"

斯坦福大学费根鲍姆教授从知识工程的角度出发,认为"人工智能是一个知识信息处理系统"。

这些说法反映了人工智能学科的基本思想和基本内容,即人工智能是研究人类智能活动的规律,构造具有一定智能的人工系统,研究如何让计算机去完成以往需要人的智力才能胜任的工作,也就是研究如何应用计算机的软硬件来模拟人类某些智能行为的基本理论、方法和技术。

综合各种不同的人工智能观点,可以从"能力"和"学科"两个方面对人工智能进行定义。从能力的角度来看,人工智能是相对于人的自然智能而言,所谓人工智能是指用人工的方法在机器上实现的智能;从学科的角度来看,人工智能是作为一个学科名称来使用的。总之,人工智能是一门综合性的边缘学科,它借助于计算机建造智能系统,完成诸如模式识别、自然语言理解、程序自动设计、自动定理证明等智能活动,它的最终目标是构造智能机。

因此,从内涵来讲,智能应该是知识 + 思维;从外延来讲,智能就是发现规律、运用规律的能力和分析问题、解决问题的能力。

11.1.2　人工智能的研究目标

电子计算机是迄今为止最有效的信息处理工具,以至于人们称它为"电脑"。但现在的普通计算机系统的智能还相当低下,譬如缺乏自适应、自学习、自优化等能力,也缺乏社会常识或专业知识等,而只能是被动地按照人们为它事先安排好的工作步骤进行工作。因而它的功能和作用就受到很大的限制,难以满足越来越复杂和越来越广泛的社会需求。既然计算机和人脑一样可进行信息处理,那么是否也能让计算机同人脑一样也具有智能呢? 这正是人们研究人工智能的初衷。

事实上,如果计算机自身也具有一定智能的话,那么它的功效将会发生质的飞跃,成为名副其实的电"脑"。这样的电脑将是人脑更为有效的扩展和延伸,也是人类智能的扩展和延伸,其作用将是不可估量的。例如,用这样的电脑武装起来的机器人就是智能机器人。智能机器人的出现,将标志人类社会进入了一个新的时代。

研究人工智能也是当前信息化社会的迫切要求。人类社会现在已经进入了信息化时代,但信息化的进一步发展,就必须有智能技术的支持。例如,当前迅速发展着的因特网就强烈地需要智能技术,特别是当人们要在因特网上构筑信息高速公路时,其中许多技术问题就要用人工智能的方法来解决,这就是说,人工智能技术在因特网和未来的信息高速公路上将发挥重要作用。

　　智能化也是自动化发展的必然趋势。自动化发展到一定水平,再向前发展就是智能化,即智能化是继机械化、自动化之后,人类生产和生活中的又一个技术特征。

　　关于人工智能的研究目标,还没有一个统一的说法,从研究的内容出发,李文特和费根鲍姆提出了人工智能的9个最终目标,大致包含以下几个方面:

　　1)理解人类的认识

　　研究人类如何进行思维,而不是研究机器如何工作。要尽量深入了解人的记忆、问题求解能力、学习的能力和一般的决策等过程。

　　2)有效的自动化

　　在需要智能的各种任务上用机器取代人,其结果是要建造执行起来和人一样好的程序。

　　3)有效的智能拓展

　　建造思维上的弥补物,有助于人们的思维更富有成效、更快、更深刻、更清晰。

　　4)超人的智力

　　建造超过人的性能的程序。如果越过这一知识阈值,就可以导致进一步地增殖,如制造行业上的革新、理论上的突破、超人的教师和非凡的研究人员等。

　　5)通用问题求解

　　可使程序能解决或至少能尝试其范围之外的一系列问题,包括过去从未听说过的领域。

　　6)连贯性交谈

　　类似于图灵测试,可以令人满意地与人交谈。交谈使用完整的句子,而句子是用某一种人类的语言。

　　7)自治

　　能够主动地在现实世界中完成任务。它与下列情况形成对比:仅在某一抽象的空间做规划,在一个模拟世界中执行,建议人去做某种事情。该目标的思想是:现实世界永远比人们的模型要复杂得多,因此它才成为测试所谓智能程序的唯一公正的手段。

　　8)学习

　　建造一个程序,它能够选择收集什么数据和如何收集数据,然后再进行数据的收集工作。学习是将经验进行概括,成为有用的观念、方法、启发性知识,并能以类似方式进行推理。

　　9)存储信息

　　存储大量的知识,系统要有一个类似于百科辞典式的,包含广泛范围知识的知识库。

　　要实现这些目标,需要同时开展对智能机理和智能构造技术的研究。即使对图灵所期望的那种智能机器,尽管它没有提到思维过程,但要真正实现这种智能机器,却同样离不开对智能机理的研究。因此,揭示人类智能的根本机理,用智能机器去模拟、延伸和扩展人类智能应该是人工智能研究的根本目标,或者称为远期目标。

　　人工智能研究的远期目标是要制造智能机器。具体来讲,就是要使计算机具有看、听、说、写等感知能力和交互功能,具有联想、推理、理解、学习等高级思维能力,还要有分析问题、解决问题和发明创造的能力。简言之,也就是使计算机像人一样具有自动发现规律和利用规律的能力,或者说具有自动获取知识和利用知识的能力,从而扩展和延伸人的智能。

　　人工智能的近期目标是实现机器智能,是研究如何使现有的计算机更聪明,即先部分地或某种程度地实现机器的智能,从而使现有的计算机更灵活、更好用和更有用,成为人类的智能化信息处理工具,使它能够运用知识去处理问题,能够模拟人类的智能行为。为了实现这一目标,人们需要根据现有计算机的特点,研究实现智能的有关理论、方法和技术,建立相应的智能系统。

实际上,人工智能的远期目标与近期目标是相互依存的。远期目标为近期目标指明了方向,而近期目标则为远期目标奠定了理论和技术基础。同时,近期目标和远期目标之间并无严格界限,近期目标会随人工智能研究的发展而变化,并最终达到远期目标。

人工智能的远期目标虽然现在还不能全部实现,但在某些侧面,当前的机器智能已表现出相当高的水平。例如,在机器博弈、机器证明、识别和控制等方面,当前的机器智能的确已达到或接近了同人类抗衡和媲美的水平。

下面的两例可见一斑:1995 年,美国研制的自动汽车(即智能机器人驾驶的汽车),在高速公路上以 55 km/h 的速度,从美国的东部一直开到西部,其中的 98.8% 的操作都是由机器自动完成的。

1997 年 5 月 3 日至 11 日,IBM 公司的“深蓝”(Deep Blue)巨型计算机与蝉联世界国标象棋冠军 12 年之久的卡斯帕罗夫进行了 6 场比赛,厮杀得难分难解。在决定胜负的最后一局比赛中,深蓝以不到 1 h 的时间,在第 19 步棋就轻易逼得卡斯帕罗夫俯首称臣,从而以 3.5∶2.5 的总成绩取得胜利。IBM“深蓝”超级计算机如图 11.2 所示。

图 11.2　IBM“深蓝”超级计算机

总之,无论是人工智能研究的近期目标,还是远期目标,摆在人们面前的任务异常艰巨,还有一段很长的路要走。在人工智能的基础理论和物理实现上,还有许多问题要解决。当然,仅仅只靠人工智能工作者是远远不够,还应聚集诸如心理学家、逻辑学家、数学家、哲学家、生物学家和计算机科学家等,依靠群体的共同努力,去实现人类梦想的“第 2 次知识革命”。

11.1.3　人工智能的发展

1956 年夏季,以麦卡赛、明斯基、罗切斯特和申农等为首的一批有远见卓识的年轻科学家在一起聚会,共同研究和探讨用机器模拟智能的一系列有关问题,并首次提出了“人工智能”这一术语,它标志着“人工智能”这门新兴学科的正式诞生。IBM 公司“深蓝”电脑击败了人类的世界国际象棋冠军更是人工智能技术的一个完美表现。

从 1956 年正式提出人工智能学科算起,50 多年来取得长足的发展,成为一门广泛的交叉和前沿科学。总的说来,人工智能的目的就是让计算机这台机器能够像人一样思考。如果希望做出一台能够思考的机器,那就必须知道什么是思考,更进一步讲就是什么是智慧。什么样的机器才是智慧的呢? 科学家已经制造出汽车、火车、飞机、收音机等,它们模仿我们身体器官的功能,但是能不能模仿人类大脑的功能呢? 到目前为止,我们也仅仅知道大脑是由数十亿个神经细胞组成的器官,我们对这个东西知之甚少,模仿它或许是天下最困难的事情了。

当计算机出现后,人类开始真正有了一个可以模拟人类思维的工具,在以后的岁月中,无数科学家为这个目标努力。如今人工智能已经不再是几个科学家的专利了,全世界几乎所有大学的计算机系都有人在研究这门学科,学习计算机的大学生也必须学习这样一门课程,在大家不懈的努力下,如今计算机似乎已经变得十分聪明了。或许不会注意到,在一些地方计算机帮助人进行其他原来只属于人类的工作,计算机以它的高速和准确为人类发挥着它的作用。人工智能始终是计算机科学的前沿学科,计算机编程语言和其他计算机软件都因为有了人工智能的进展而得以存在。

人工智能的产生与发展过程大致可分为下述几个阶段。

(1) 孕育期——1956 年以前

在人工智能诞生之前,一些著名的科学家就已经创立了数理逻辑、自动机理论、控制论和信息论,并发明了通用电子数字计算机,这些为人工智能的产生准备了必要的思想、理论和物质技术条件。

例如,亚里士多德的演绎法,培根的归纳法,巴贝奇发明了差分机和分析机,冯·诺依曼的存储程序概念等。

(2) 形成期——1956—1970 年

1956 年,在一次有关为使得计算机变得更"聪明"的学术研讨会上,麦卡斯正式采用了"人工智能"这一术语。从此一个研究以机器来模拟人类智能的新兴学科——人工智能诞生了。之后,形成了 3 个研究小组:心理学小组、IBM 工程课题研究小组、MIT 小组。

人工智能在诞生后十余年很快在定理证明、问题求解、博弈等领域取得了重大进展。主要研究大致包括以下几个方面:

①心理学小组:1957 年纽厄尔、肖、西蒙等人的心理学小组研制了一个称为逻辑理论机的数学定理证明程序。开创了用机器研究人类思维活动规律的工作。

②IBM 工程课题小组:1956 年,塞缪尔研制成功了一个具有自学习、自组织和自适应能力的西洋跳棋程序。主要贡献在于发现了启发式搜索是表现智能行为的最基本机制。

③MIT 小组:1958 年,麦卡斯建立了行动规划咨询系统;1960 年,麦卡斯又研制了人工智能语言 LISP;1961 年,明斯基发表了"走向人工智能的步骤"的论文。

④其他方面:1965 年,鲁滨逊提出了归结原理;1965 年,费根鲍姆成功的研制了第一个专家系统;1969 年,成立了国际人工智能联合会议。

(3) 知识应用期——1971—80 年代末

人工智能在经过形成期的快速发展之后,很快遇到了许多困难,遭受到很大的挫折,例如在定理证明方面,发现归结原理能力有限;在问题求解方面,处理结构不良问题时,会产生组合爆炸等,在众多的挫折面前,人工智能的研究陷入了困境,处于低谷。

因此,人们从反思中总结经验教训,很快走出了一条以知识为中心,面向应用开发的研究道路。主要包含以下几个方面:

①专家系统的发展和应用。专家系统是人工智能发展史上的一次重大转折。

②计算机视觉和机器人,自然语言理解与机器翻译的发展。

③在知识的表示、不精确推理、人工智能语言等方面也有重大进展。

④1977 年,在第 5 届国际人工智能联合会议上,费根鲍姆正式提出了知识工程的概念。

专家系统的成功,使得人们更清楚地认识到人工智能系统应该是一个知识处理系统,而知识表示、知识获取、知识利用则是人工智能系统的 3 个基本问题。

（4）综合集成期——20 世纪 80 年代末至今

随着专家系统应用的不断深入和计算机技术的飞速发展,专家系统本身存在应用领域狭窄、缺乏常识性知识、知识获取困难、推理方法单一、没有分布式功能、不能访问现存数据库等问题暴露出来。要摆脱困境,必须走综合集成的发展道路。

在当时,人工智能面临的技术瓶颈主要是 3 个方面:

①计算机性能不足,导致早期很多程序无法在人工智能领域得到应用。

②问题的复杂性,早期人工智能程序主要是解决特定的问题,因为特定的问题对象少,复杂性低,可一旦问题上升维度,程序立马就不堪重负了。

③数据量严重缺失,在当时不可能找到足够大的数据库来支撑程序进行深度学习,这很容易导致机器无法读取足够量的数据进行智能化处理。

时至今日,人工智能发展日新月异,此刻 AI 已经走出实验室,离开棋盘,已通过智能客服、智能医生、智能家电等服务场景在诸多行业进行深入而广泛的应用。可以说,AI 正在全面进入我们的日常生活,属于未来的力量正席卷而来。让我们来回顾下人工智能走过的曲折发展的 60 年历程中的一些关键事件:

1946 年,全球第一台通用计算机 ENIAC 诞生,它最初是为美军作战研制,每秒能完成 5 000 次加法,400 次乘法等运算,ENIAC 为人工智能的研究提供了物质基础。

1950 年,艾伦·图灵提出"图灵测试"。如果计算机能在 5 分钟内回答由人类测试者提出的一系列问题,且其超过 30% 的回答让测试者误认为是人类所答,则通过测试。

1956 年,"人工智能"概念首次提出,在美国达特茅斯大学举行的一场为其两个月的讨论会上,"人工智能"概念首次被提出。

1959 年,首台工业机器人诞生。美国发明家乔治·德沃尔与约瑟夫·英格伯格发明了首台工业机器人,该机器人借助计算机读取示教存储程序和信息,发出指令控制一台多自由度的机械,它对外界环境没有感知。

1964 年,首台聊天机器人诞生。美国麻省理工学院 AI 实验室的约瑟夫·魏岑鲍姆教授开发了 ELIZA 聊天机器人,实现了计算机与人通过文本来交流,这是人工智能研究的一个重要方面。不过,它只是用符合语法的方式将问题复述一遍。

1965 年,专家系统首次亮相。美国科学家爱德华·费根鲍姆等研制出化学分析专家系统程序 DENDRAL,它能够分析实验数据来判断未知化合物的分子结构。

1968 年,首台人工智能机器人诞生。美国斯坦福研究所(SRI)研发的机器人 Shakey,能够自主感知、分析环境、规划行为并执行任务,可以感觉人的指令,发现并抓取积木,这种机器人拥有类似人的感觉,如触觉、听觉等。

1970 年,能够分析语义、理解语言的系统诞生。美国斯坦福大学计算机教授薇诺格拉德开发的人机对话系统 SHRDLU,能分析指令,比如理解语义、解释不明确的句子、并通过虚拟方块操作来完成任务。由于它能够正确理解语言,被视为人工智能研究的一次巨大成功。

1976 年,专家系统广泛使用。美国斯坦福大学肖特里夫等人发布的医疗咨询系统 MYCIN,可用于对传染性血液病患诊断。这一时期还陆续研制除了用于生产制造、财务会计、金融等各领域的专家系统。

1980 年,专家系统商业化。美国卡耐基·梅隆大学为 DEC 公司制造出 XCON 专家系统,帮助 DEC 公司每年节约 4 000 万美元左右的费用,特别是在决策方面能提供有价值的内容。

1981 年,第五代计算机项目研发。日本率先拨款支持,目标是制造出能够与人对话、翻译语言、解释图像,并能像人一样推理的机器。随后,英美等国也开始为 AI 和信息技术领域的研究提供大量资金。

1984 年,大百科全书(Cyc)项目。Cyc 项目试图将人类拥有的所有一般性知识都输入计算机,建立一个巨型数据库,并在此基础上实现知识推理,它的目标是让人工智能的应用能够以类似人类推理的方式工作,成为人工智能领域的一个全新研发方向。

1997 年,"深蓝"战胜国际象棋世界冠军。IBM 公司的国际象棋计算机"深蓝"战胜了国际象棋世界冠军卡斯帕罗夫。它的运算速度为每秒 2 亿步棋,并存有 70 万份大师对战的棋局数据,可搜寻并估计随后的 12 步棋。

2011 年,"沃森"(Watson)参加智力问答节目。IBM 开发的人工智能程序"沃森"参加一档智力问答节目并战胜了两位人类冠军。沃森存储了 2 亿页数据,能够将与问题相关的关键词从看似相关的答案中抽取出来,这一人工智能程序已被 IBM 广泛应用于医疗诊断领域。

2016—2017 年,Alpha Go 战胜围棋冠军。Alpha Go 是由 Google DeepMind 开发的人工智能围棋程序,具有自我学习能力。它能够搜集大量围棋对弈数据和名人棋谱,学习并模仿人类下棋。DeepMind 已进军医疗保健等领域。

2017 年,深度学习大热。Alpha Go Zero(第四代 Alpha Go)在无任何数据输入的情况下,开始自学围棋,3 天后便以 100∶0 横扫了第二版本的"旧狗",学习 40 天后又战胜了在人类高手看来不可企及的第三个版本"大师",人工智能发展史如图 11.3 所示。

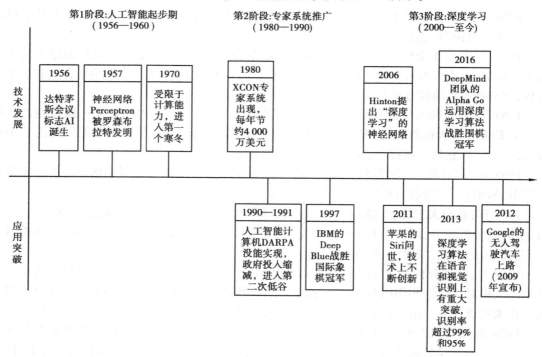

图 11.3 人工智能的发展史

从目前来看,人工智能仍处于学科发展的早期阶段,其理论、方法和技术都不太成熟,人们对它的认识也比较肤浅,还有待于人们的长期探索。

11.2 人工智能的研究方法

由于人们对人工智能本质的不同理解和认识,形成了人工智能研究的多种不同途径。在不同的研究途径下,其研究方法、学术观点和研究重点有所不同,进而形成不同的主义形式。

研究方法,对一个问题的研究方法从根本上说分为两种:其一,对要解决的问题扩展到它所隶属的领域,对该领域做广泛了解,研究该领域从而实现对该领域的研究,讲究广度,从对该领域的广泛研究收缩到问题本身;第二,把研究的问题特殊化,提炼出要研究问题的典型子问题或实例,从一个更具体的问题出发,做深刻的分析,研究透彻该问题,在一般化扩展到要解决的问题,讲究研究深度,从更具体的问题入手研究扩展到问题本身。

11.2.1 符号主义

符号主义又称为逻辑主义、心理学派或计算机学派,是基于物理符号假设和有限合理性原理的人工智能学派。

符号主义诞生于 1956 年,主要代表人物有纽厄尔、肖、西蒙和尼尔逊等,代表性成果为1957 年纽厄尔和西蒙等人研制的称为逻辑理论机的数学定理证明程序 LT。

符号主义认为人工智能起源于数理逻辑,人类认知的基本元素是符号,认知过程是符号表示上的一种运算,主张用公理和逻辑体系搭建一套人工智能系统。主要观点包括:

①认知的基本是符号。

②认知的过程是符号运算。

③智能行为的充要条件是物理符号系统,人脑、电脑都是物理符号系统。

④智能的基础是知识,其核心是知识的表示和知识的推理。

⑤知识可用符号表示,也可用符号进行推理,因而可建立基于知识的人类智能和机器智能的统一的理论体系。

数理逻辑从 19 世纪末起得以迅速发展,到 20 世纪 30 年代开始用于描述智能行为。计算机出现后,又在计算机上实现了逻辑演绎系统,其有代表性的成果为启发式程序 LT 逻辑理论家,它证明了 38 条数学定理,表明了可以应用计算机研究人的思维过程,模拟人类智能活动。

正是这些符号主义者,在 1956 年首先采用"人工智能"这个术语,后来又发展了启发式算法 > 专家系统 > 知识工程理论与技术,并在 20 世纪 80 年代取得很大发展。

符号主义曾长期一枝独秀,为人工智能的发展作出了重要贡献,尤其是专家系统的成功开发与应用,为人工智能走向工程应用和实现理论联系实际起到特别重要的意义。在人工智能的其他学派出现之后,符号主义仍然是人工智能的主流派别。

符号主义的主要优势体现在越来越多的人认识到高风险决策领域对人工智能系统有需求,因此这些系统的行为要有可验证下与可解释性,而这恰恰是符号主义 AI 的优势,联结主义算法的短板。

但是符号主义也存在不足,虽然符号主义 AI 技术可以处理部分不可观察概率模型,但这些技术并不适用于有噪输入信号,也不适用于无法精确建模的结合。在那些可以准确判断出特定条件下特定动作利弊与否的场合中,它们会更有效。此外,算法系统还要提供适当的机制来实现清晰的规则编码与规则执行。

符号主义算法会剔除不符合特定模型的备选值,并能对符合所有约束条件的所求值做出验证,符号主义 AI 远比联结主义 AI 便捷,主要原因是符号主义 AI 几乎或根本不包括算法训练,所以这个模型是动态的,能根据需要迅速调整。

11.2.2　联结主义

以鲁姆哈特(Rumelhart)和霍普菲尔德(Hopfield)等人为代表,从人的大脑神经系统结构出发,研究非程序的、适应性的、类似大脑风格的信息处理的本质和能力,人们也称为神经计算。这种方法一般通过人工神经网络的"自学习"获得知识,再利用知识解决问题。由于它近年来的迅速发展,大量的人工神经网络的机理、模型、算法不断地涌现出来。人工神经网络具有高度的并行分布性、很强的健壮性和容错性,使其在图像、声音等信息的识别和处理中广泛应用。主要观点包括:

①思维的基本是神经元,而不是符号。

②思维的过程是神经元的联结活动过程,而不是符号运算过程。

③反对符号主义关于物理符号的假设,认为人脑不同于电脑。

④提出用联结主义的人脑的工作模式来代替符号主义的电脑工作模式。

11.2.3　行为主义

以布鲁克斯(R. A. Brooks)等人为代表,认为智能行为只能在现实世界中,由系统与周围环境的交互过程中表现出来。行为人工智能源于控制论,控制论思想早在 20 世纪40—50 年代就成为时代思潮的重要部分,影响了早期的人工智能工作者。

1991 年,布鲁克斯提出了无须知识表示的智能和无须推理的智能。他还以其观点为基础,研制了一种机器虫。该机器用一些相对独立的功能单元,分别实现避让、前进、平衡等功能,组成分层异步分布式网络,该学派对机器人的研究开创了一种新方法。

该学派的主要观点:首先,智能系统与环境进行交互,即从运行的环境中获取信息(感知),并通过自己的动作对环境施加影响;其次,指出智能取决于感知和行为,提出了智能行为的"感知-行为"模型,认为智能系统可以不需要知识、不需要表示、不需要推理,像人类智能一样可以逐步进化;再次,强调直觉和反馈的重要性,智能行为体现在系统与环境的交互中,功能、结构和智能行为是不可分割的。

人工智能的研究方法会随着技术的进步而不断丰富,很多新名词还会被提出,但研究的目的基本不变,日趋多样化的研究方法追根溯源也就是研究问题的两种方法的演变,对人工智能中尚未解决的众多问题,运用基本的研究问题的方法,结合先进的技术,不断实现更多的智能化。

11.3　人工智能的应用领域

在世界机器人大会上,各式各样的机器人赚足了眼球,并向人们展示了人工智能未来的无限可能性。人工智能已经在全球范围受到关注,无人驾驶汽车、手术机器人等与之相关的产品和技术也相继出现。在国内,作为全球新一轮的技术潮流,人工智能更是首次出现在"十三五"规划草案中,被正式提升至国家战略高度,政策的出台和支持,使人工智能有了更广阔的发展空间。

人工智能在棋局上不断向人类提出挑战,证明了其强大的学习能力,回顾其 60 年来的发展历史,再看当前国内外人工智能的发展现状,我们不难发现,人工智能已经渗透到多个行业之中。

11.3.1　博弈

无论国际还是国内,人工智能正掀起新一轮的创新热潮,而开启人们对人工智能新认识的要数 Alpha Go 战胜围棋高手李世石事件。实际上,这并不是人工智能与人类的首次下棋,在"棋道"上,人工智能与人类之间的博弈早已开始,而人工智能与人类在棋局上的斗智斗勇,也是其在起起伏伏中不断探索的发展之路。

11.3.2　定理自动证明

定理自动证明是人工智能研究领域中的一个非常重要的课题,其任务是对数学中提出的定理或猜想寻找一种证明或反证的方法。因此,智能系统不仅需要具有根据假设进行演绎的能力,而且也需要一定的判定技巧。

定理自动证明是指人类证明定理的过程变成能在计算机上自动实现符号演算的过程,它是典型的逻辑推理问题之一,在发展人工智能方法上起过重大作用。很多非数学领域的任务,例如医疗诊断、信息检索、规划制定和问题求解,都可以转换成一个定理证明问题。自动定理证明的方法有 4 类:

①自然演绎法:依据推理规则,从前提和公理中可以推出许多定理,如果待证的定理恰在其中,则定理得证。因此,又可分为正向推理(从前提到结论)、逆向推理(从结论找前提)和双向推理等方法。

②判定法:对一类问题找出统一的计算机上可实现的算法解。

③定理证明器:研究一切可判定问题的证明方法。

④计算机辅助证明:以计算机为辅助工具,利用机器的高速度和大容量,帮助人完成手工证明中难以完成的大量计算、推理和穷举。证明过程中所得到的大量中间结果,又可以帮助人们形成新的思路,修改原来的判断和证明过程,逐步前进直至定理得证。

11.3.3　自然语言处理

像计算机视觉技术一样,将各种有助于实现目标的多种技术进行了融合,实现人机间自然语言的通信。自然语言处理过程如图 11.4 所示。

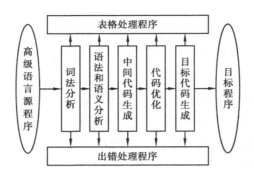

图 11.4 自然语言处理过程

11.3.4 计算机视觉

计算机视觉是指计算机从图像中识别出物体、场景和活动的能力。计算机视觉有着广泛的细分应用,其中包括医疗领域成像分析、人脸识别、公关安全、安防监控等。

计算机视觉是一门用计算机实现或模拟人类视觉功能的新兴学科,其主要研究目标使得计算机具有通过二维图像认知三维环境信息的能力。

目前,计算机视觉已经在许多领域得到成功的应用。例如,在图像、图形识别方面有指纹识别、染色体识别等;在航天与军事方面有卫星图像处理、飞行器跟踪等;在医学方面有 CT 图像的脏器重建,机器视觉如图 11.5 所示。

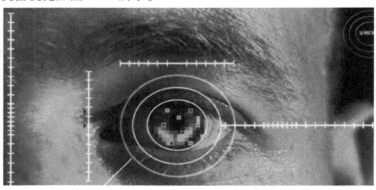

图 11.5 机器视觉

11.3.5 语音识别

语音识别,是把语音转化为文字,并对其进行识别、认知和处理。语音识别的主要应用包括电话外呼、医疗领域听写、语音书写、电脑系统声控、电话客服等。语音识别器如图 11.6 所示。语音识别处理过程主要包括:

①对声音进行处理,使用移动函数对声音进行分帧。

②声音被分帧后,变为很多波形,需要将波形做声学体征提取。

③声音特征提取之后,声音就变成了一个矩阵,然后通过音素组合成单词。

图 11.6　语音识别的机器

11.3.6　机器学习

机器学习是一门多领域交叉学科,涉及概率论、统计学、逼近论、算法复杂度理论等多门学科,专门研究计算机怎样模拟或实现人类的学习行为,以获取新的知识或技能,重新组织已有的知识结构使之不断改善自身的性能。它是人工智能的核心,是使计算机具有智能的根本途径。

11.3.7　智能机器人

智能机器人在生活中随处可见,例如扫地机器人、陪伴机器人等,这些机器人不管是跟人语音聊天,还是自主定位导航行走、安防监控等,都离不开人工智能技术的支持。

人工智能技术把机器视觉、自动规划等认知技术、各种传感器整合到机器人身上,使得机器人拥有判断、决策的能力,能在各种不同的环境中处理不同的任务,智能机器人如图 11.7 所示。

图 11.7　智能机器人

控制机器人的问题在于模拟动物运动和人的适应能力,建立机器人控制的等级。因此,需要在机器人的各个等级水平上和子系统之间实行知觉功能、信息处理功能和控制功能的分配。

第三代机器人具有大规模处理能力,在这种情况下,信息的处理和控制的完全统一算法,实际上是低效的,甚至是不中用的。所以,等级自适应结构的出现首先是为了提高机器人控制的质量,也就是降低不定性水平,增加动作的快速性。

为了发挥各个等级和子系统的作用,必须使信息量大大减少,因此算法的各司其职使人们可以在不定性大大减少的情况下来完成任务。总之,智能的发达是第三代机器人的一个重要特征,人们根据机器人的智力水平决定其所属的机器人代别。有的人甚至依次将机器人分为以下几类:受控机器人——"零带"机器人,不具备任何智力性能,是由人来掌握操纵的机械手;可以训练的机器人——第一代机器人,拥有存储器,由人操作,动作的计划和程序由人指定,它只是记住(接受训练的能力)和再现出来;感觉机器人——机器人记住人安排的计划后,再依据外界数据(反馈)算出动作的具体程序;智能机器人——人指定目标后,机器人独自编制操作计划,依据实际情况确定动作程序,然后把动作变为操作机构的运动。因此,它有广泛的感觉系统、智能、模拟装置等。

11.3.8 专家系统

专家系统是一个智能计算机程序系统,其内部含有大量的某个领域专家水平的知识与经验,能够利用人类专家的知识和解决问题的方法来处理该领域问题。也就是说,专家系统是一个具有大量的专门知识与经验的程序系统,它应用人工智能技术和计算机技术,根据某领域一个或多个专家提供的知识和经验,进行推理和判断,模拟人类专家的决策过程,以便解决那些需要人类专家处理的复杂问题,简而言之,专家系统就是一种模拟人类专家解决领域问题的计算机程序系统。

专家系统就是人工智能中最重要的、也是最活跃的一个应用领域,它实现了人工智能从理论研究走向实际应用、从一般推理策略探讨转向运用专门知识的重大突破,专家系统机构图如图 11.8 所示。

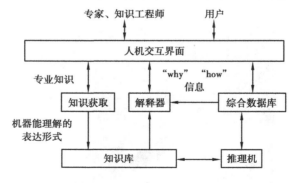

图 11.8 专家系统机构图

根据定义,专家系统应具备以下几个功能:

① 存储问题求解所需知识。

② 存储具体问题求解的初始数据和推理过程中涉及的各种信息,如中间结果、目标、字母表以及假设等。

③ 根据当前输入的数据,利用已有的知识,按照一定的推理策略,去解决当前问题,并能控制和协调整个系统。

④能够对推理过程、结论或系统自身行为作出必要的解释,如解题步骤、处理策略、选择处理方法的理由、系统求解某种问题的能力、系统如何组织和管理其自身知识等。这样既便于用户的理解和接受,同时也便于系统的维护。

⑤提供知识获取,机器学习以及知识库的修改、扩充和完善等维护手段,只有这样才能更有效地提高系统的问题求解能力及准确性。

⑥提供一种用户接口,既便于用户使用,又便于分析和理解用户的各种要求和请求。

一个高性能的专家系统应具备的特征包括:

①启发性:不仅能使用逻辑知识,也能使用启发性知识,运用规范的专门知识和直觉的评判知识进行判断、推理和联想实现问题求解。

②透明性:使用户在对专家系统结构不了解的情况下,可以进行相互交往,并了解知识的内容和推理思路,系统还能回答用户的一些有关系统自身行为的问题。

③灵活性:专家系统的知识与推理机构的分离,使系统不断接纳新的知识,从而确保系统内知识不断增长以满足商业和研究的需要。

11.3.9　自动驾驶汽车

自动驾驶汽车(Autonomous vehicles:Self-driving automobile)又称无人驾驶汽车,是一种通过电脑系统实现无人驾驶的智能汽车,在 20 世纪已有数十年的历史,21 世纪初呈现出接近实用化的趋势。

自动驾驶汽车依靠人工智能、视觉计算、雷达、监控装置和全球定位系统协同合作,让电脑可以在没有任何人类主动的操作下,自动安全地驾驶机动车辆。

2019 年 9 月,由百度和一汽联手打造的中国首批量产 L4 级自动驾驶乘用车——红旗 EV,获得 5 张北京市自动驾驶道路测试牌照。2019 年 9 月 26 日,百度在长沙宣布,自动驾驶出粗车队 Robotaxi 试运营正式开启。

自动驾驶汽车能够促使人们拼车,从而最大限度地减少汽车的使用,创造"明天的高速公路火车",这些高速公路火车能减少能源消耗,增加主要道路的运力。在节约时间方面,美国交通运输估计,每一工作日,人们平均花费 52 min 在上下班路上。未来,人们可以以更有效率的方式使用这些时间。

自动驾驶汽车对社会、驾驶员和行人均有益处。自动驾驶汽车的交通事故发生率几乎可以下降至零,即使受其他汽车交通事故发生率的干扰,自动驾驶汽车市场份额的高速增长也会使整体交通事故发生率稳步下降,自动驾驶汽车的行驶模式可以更加节能高效,因此交通拥堵及对空气的污染将得以减少。

除了上面的应用外,人工智能技术肯定会朝着越来越多的分支领域发展。医疗、教育、金融、衣食住行等涉及人类生活的各个方面都会有所渗透。

11.4　人工智能的发展趋势

当前人工智能技术正处于飞速发展时期,大量的人工智能公司雨后春笋般层出不穷,国际的大型 IT 企业在不断收购新建立的公司,网络行业内的顶尖人才试图抢占行业制高点。人工智能技术发展过程中催生了许多新兴行业的出现,比如智能机器人、手势控制、自然语言处理、虚拟私人助理等。2016 年,国际著名的咨询公司对全球超过 900 家人工智能企业的发展情况进行了统计分析。结果显示,21 世纪,人工智能行业已经成为各国重要的创业及投资点,全球人工智能企业总融资金额超过 48 亿美元。

11.4.1　人工智能与经济社会发展

人工智能的快速发展将使世界经济发生深刻的变革,其凭借强大的赋能性,对制造、金融、医疗、零售、物流等行业均产生深刻影响。

(1)提高生产率,促进经济增长

人工智能作为 21 世纪人类科技进步的代表作,其出现的根本目的是能够极大地提高人类对社会的劳动生产率,从而促进经济的进一步增长。主要的促进作用有:

第一,人工智能的一个重要标准是减少劳动者的体力,将复杂的工作通过智能分配进行简单化,提高自动化标准,有学者定义为"智能自动化"。

第二,由于人工智能对劳动者具有替代效应,对现有的劳动力是一种补充,这就可以让一定数量的劳动者从现有的工作中解放出来,从而可以拥有更多的时间来对自身素质进行提升,通过职业培训等教育活动提高自身能力,进而提高劳动生产率。

第三,人工智能不仅改变了我们的行为习惯,更重要的是改变了我们的思维方式,思维方式的改变会带来技术的变革和创新,技术的进步可以渗透到各行业,从而促进经济的发展。

(2)创造更多就业岗位

工业革命的特点就是机器对人类劳动的替代,人工智能时代的到来势必要提高自动化水平,降低劳动力成本。技术进步对就业可能同时具有负向的抑制效应和正向的创造效应,技术进步带来的生产力的提升会替代人类劳动,从而对就业产生负面影响。但从积极的方面来看,技术进步及其广泛应用又会创造新产业、新部门和新职业,从而创造就业岗位,对就业产生积极的影响。

人工智能系统的开发和应用,已为人类创造出可观的经济效益。科学家要发展人工智能技术是需要很大的投入的。在当今时代,技术的发展是以人类的意志为转移的,人类开发人工智能最主要的目的还是要为人类服务,当然经济利益的回报无疑是最直接最有效的,尤其是对企业而言,如果这个技术能为其带来高额的经济利益,那无疑会得到优先的发展。

人工智能对经济的促进作用不单是对个别企业和行业,随着计算机系统价格的继续下降,人工智能技术必将得到更大范围的推广,产生更大的经济效益。专家系统的应用就是一个很好的例子。

一般来说,专家系统是一个智能计算机程序系统,其内部具有大量专家水平的某个领域的知识与经验,能够利用人类专家的知识和解决问题的方法来解决该领域的问题。也就是说,专家系统是一个具有大量专门知识的系统,它应用人工智能技术,模拟人类专家的决策过程,以解决那些需要专家决定的复杂问题。

成功的专家系统能为它的建造者、拥有者和用户带来明显的经济效益。用机器来执行任务而不需要有经验的专家,可以极大地减少劳务开支和培养费用。由于软件易于复制,所以专家系统能够广泛传播专家知识和经验,推广应用,如果保护得当,软件能被长期地和完整地保存,并可根据该领域知识的发展及时更新。

11.4.2　人工智能发展带来的挑战

近年来,人工智能在各领域的突破,自人工智能在围棋领域击败人类棋手,展示出强大的棋力后,各方就对人工智能未来的发展充满信心。人类社会将进入智慧生命时代。当然,也有部分人对人工智能产生恐惧,认为其会取代人类工作,进而产生强大的抵触情绪。

人工智能已在越来越多的领域得到应用。在传统行业的重复性劳动环节,已经实现了大规模替代人工的现象,无人工厂、无人仓库等越来越普遍,生产效率、产品一致性非常高,成本也大幅度降低。而且,人工智能还会写新闻、写诗、画画、炒股等,几乎所有的领域,人工智能都在涉及并显示出强大的替代能力。事实上,在医疗领域也早就引入人工智能,诸如手术机器人、智能医疗系统等。

同时,也要清醒的看到,我国人工智能整体发展水平与发达国家相比仍存在差距,缺少重大原创成果,在基础理论、核心算法以及关键设备、高端芯片、重大产品与系统、基础材料、元器件、软件与接口等方面差距较大;科研机构和企业尚未形成具有国际影响力的生态圈和产业链,缺乏系统的超前研发布局;人工智能尖端人才远远不能满足需求;适应人工智能发展的基础设施、政策法规、标准体系亟待完善。

这是一个好时代,人工智能的发展,让我们看到它给人类带来诸多利益,使我们活得更轻松;也许这也是一个坏时代,随着人工智能发展,当它也有了愤怒和悲伤的情绪,可能有一天会像一把剑刺向我们人类。我们只有对人工智能技术有可能引发的问题提高警惕、防患于未然,才能使人工智能技术趋利避害,为人类谋取更多福利。

帕斯卡说过:人是会思想的芦苇,虽然脆弱,但即使面对置人于死地的东西依然高贵,因为有思想。只要不丢弃思想,人类永远是万物之灵,尽管我们对人工智能的认识还需走一段漫长、艰难的路,但对人类未来充满信心。

习　题

1. 单选题

(1)被誉为"人工智能之父"的科学家是(　　　)。

A. 明斯基　　　　　　B. 图灵　　　　　　C. 麦卡锡　　　　　　D. 冯·诺依曼

(2)下面不属于人工智能研究基本内容的是(　　　)。

A. 机器感知　　　　　B. 机器学习　　　　　C. 自动化　　　　　　D. 机器思维

(3)机器学习的一个最新研究领域是(　　　)。

A. 数据挖掘　　　　　B. 神经网络　　　　　C. 类比学习　　　　　D. 自学习

(4)下列哪部分不是专家系统的组成部分(　　　)。

A. 用户　　　　　　　B. 综合数据库　　　　C. 推理机　　　　　　D. 知识库

2. 判断题

(1)人工智能研究的最重要最广泛的两大领域是专家系统和机器学习。　　　　　(　　　)

(2)智力具有自我提高能力、记忆与思维能力、学习及自适应能力、行为能力。　(　　　)

3. 简答题

（1）简述人工智能的研究目标及人工智能的研究途径。

（2）什么是人工智能？简述人工智能和计算机程序之间的区别。

（3）当前人工智能有哪些学派？他们对人工智能在理论上有何不同观点？

（4）什么是专家系统？它具有哪些特点和优点？

参考文献

［1］金玉苹,远新蕾,刘陶唐,等. 计算机导论［M］. 北京：清华大学出版社,2018.

［2］袁方,王兵. 计算机导论［M］. 4 版. 北京：清华大学出版社,2020.

［3］刘金岭,肖绍章,宗慧. 计算机导论［M］. 北京：人民邮电出版社,2019.

［4］黄国兴,丁岳伟,张瑜. 计算机导论［M］. 4 版. 北京：清华大学出版社,2019.

［5］潘银松,颜烨,毛盼娣,等. 大学计算机基础［M］. 重庆：重庆大学出版社,2017.

［6］夏敏捷,杨关,张慧档,等. Python 程序设计——从基础到开发［M］. 北京：清华大学出版社,2017.

［7］梁海英,王凤领,谭晓东,等. 数据结构(C 语言版)［M］. 北京：清华大学出版社,2017.

［8］沙行勉. 计算机科学导论——以 Python 为舟［M］. 2 版. 北京：清华大学出版社,2016.

［9］袁方,王兵. 计算机导论(微课版)［M］. 4 版. 北京：清华大学出版社,2020.

［10］吕云翔,钟巧灵,衣志昊. 大数据基础及应用［M］. 北京：清华大学出版社,2017.

［11］张万民,王振友. 计算机导论［M］. 北京：北京理工大学出版社,2016.

［12］王珊,萨师煊. 数据库系统概论［M］. 5 版. 北京：高等教育出版社,2014.

［13］廉师友. 人工智能导论［M］. 北京：清华大学出版社,2020.

［14］刘禹,魏庆来. 人工智能与人机博弈［M］. 北京：清华大学出版社,2020.

［15］王东,利节,许莎. 人工智能［M］. 北京：清华大学出版社,2019.

［16］马延周. 新一代人工智能与语音识别［M］. 北京：清华大学出版社,2019.

［17］贾可荣,张彦铎. 人工智能［M］. 3 版. 北京：清华大学出版社,2018.

［18］潘银松,颜烨,高瑜,等. C 语言程序设计基础教程［M］. 重庆：重庆大学出版社,2019.